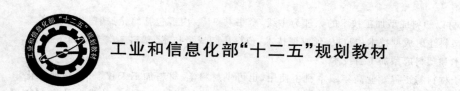

工业和信息化部"十二五"规划教材

SULIAO CHENGXING JIAGONG JISHU

塑料成型加工技术

张广成　史学涛　编

西北工业大学出版社

【内容简介】 本教材以塑料成型加工技术的原理为主线,全书共 9 章,内容包括绪论、塑料成型加工基础、塑料挤出成型技术、塑料注射成型技术、塑料压延成型技术、塑料压制成型技术、塑料二次成型加工技术、塑料浇铸成型与涂覆技术和塑料成型加工新技术。

本教材主要供高分子材料与工程专业高年级本科生使用,也可供材料学、材料加工工程、材料物理与化学、高分子化学与物理、材料工程等学科研究生选用,还可供从事高分子材料与工程领域的技术人员作为参考资料。

图书在版编目(CIP)数据

塑料成型加工技术/张广成,史学涛编 . —西安:西北工业大学出版社,2015.9
工业和信息化部"十二五"规划教材
ISBN 978 - 7 - 5612 - 4599 - 6

Ⅰ.①塑… Ⅱ.①张… ②史… Ⅲ.①塑料成型—工艺—高等学校—教材 Ⅳ.①TQ320.66
中国版本图书馆 CIP 数据核字(2015)第 215609 号

出版发行:西北工业大学出版社
通信地址:西安市友谊西路 127 号   邮编:710072
电   话:(029)88493844 88491757
网   址:www.nwpup.com
印 刷 者:陕西省富平县万象印务有限公司
开   本:787 mm×1 092 mm   1/16
印   张:18
字   数:437 千字
版   次:2016 年 1 月第 1 版   2016 年 1 月第 1 次印刷
定   价:48.00 元

前　言

　　材料、能源、信息是 21 世纪科学与技术的三大支柱,材料只有通过成型加工才能成为具有一定形状、尺寸、性能的制品。高分子材料成型加工技术是材料加工工程领域不可缺少的分支,与金属材料、无机非金属材料等传统材料成型加工相比,其制品性能对成型加工技术的依赖度更高。在成型加工过程中,聚合物不仅会发生物理或者相态变化,也会发生化学变化。制品中聚合物的取向、结晶、内应力、交联、降解、气泡、多组分的分散程度等内在因素均依赖于成型加工过程而发生变化,模具结构、产品形状与尺寸、加工过程中温度、压力、时间、速度、外场等外在因素对制品最终性能也有着至关重要的影响。近年来,人们发现高分子材料的性能不仅依赖于其本身的大分子结构,而且越来越多地依赖于成型加工过程及其后处理过程所形成的形态结构。

　　塑料是高分子材料最主要的品种,塑料成型加工技术集中体现了高分子材料的整体成型加工技术水平。塑料成型加工技术隶属高分子材料加工工程学科,也是高分子材料加工工程学科最为活跃的研究领域与发展领域之一。它以高分子材料、高分子物理为最主要的专业基础,研究将塑料转变为塑料制品的方法与技术,涉及聚合物流变学、聚合物热力学、分散与混合等基础理论,同时与塑料材料学、塑料模具设计、塑料成型机械、塑料制品设计、塑料性能测试技术紧密相关。塑料成型加工技术是一门既有一定理论指导又偏重于工程技术的多学科交叉的课程。塑料成型加工也是整个塑料工业中的一个重要环节,与树脂合成工业、助剂工业、模具工业、塑料机械工业、改性塑料工业密不可分,相互依存,相互发展,缺一不可。

　　本教材是在西北工业大学出版社已经出版的两本教材《塑料成型工艺》(1994年)与《塑料成型机械》(1992 年)的基础上,参考国内外现有相关教材及论文,并结合了笔者多年来从事高分子材料成型加工技术的教学与科研的经验重新编写的专业教材。首先,由于原教材距今已经 20 多年,塑料成型加工技术发生了很大变化,教材内容明显严重老化,与现有发展很不协调;其次,经过多年教学改革,教学方式也获得不断进步,采用多媒体、动画演示等教学方式已成为教学主流。此外,工业和信息化部所属七所高校尚无"塑料成型加工技术"教材,而国内其他行业虽然也有反映"塑料成型机械""塑料成型工艺"的相关教材或者专著,但与现行"高分子材料与工程"专业的定位与办学特色不符,难以选用。因此,需要尽快出版反映当今塑料成型加工技术发展的新教材。

　　本教材在原先两本教材的基础上重新提炼为九章内容。第 1 章为绪论,主要讲述塑料成型加工技术与其他学科的关系、发展历史、分类、基本成型加工过程以及发展方向等;第2章为塑料成型加工基础,主要讲述塑料混合与分散、成型加工流变学、热力学等;第3章为塑料挤出成型技术,主要讲述挤出成型原理、挤出成型设备的工作原理、挤出理论以及典型塑料制品的挤出成型;第4章为塑料注射成型技术,主要讲述塑料注射成型机的工作原理以及结构,热塑性塑料注射成型工艺技术、热固性塑料注射成型工艺技术以及特种注射成型加工技术;第5章为塑料压延成型技术,主要讲述压延成型的工作原理、压延机的结构以及热塑性塑料典型压延制品的成型工艺;第6章为塑料压制成型技术,主要讲述液压机的工作原理以及塑料模压成型、传递模塑、冷压烧结、层压成型工艺技术;第7章为塑料二次成型加工技术,主要讲述中空吹塑、热成型以及薄膜双向拉伸技术;第8章为塑料浇铸与涂覆加工技术,主要讲述塑料浇铸和塑料涂覆两种二次加工技术;第9章为塑料成型加工新技术,主要讲述近年来逐渐发展的气辅注射成型、反应挤出成型、熔芯注射成型、自增强成型和快速成型等塑料成型加工新技术。

　　塑料成型加工技术与高分子物理、塑料材料学、塑料制品设计、塑料模具设计和塑料成型机械等专业知识密切相关。作为教学用书,笔者力求将相关基础课和专业基础课的基本理论和基本知识与本教材所论述的成型加工技术相结合,体现出不同成型加工技术的共性问题,因此编写了第2章即塑料成型加工基础。同时笔者也注意将本教材与塑料材料学、塑料制品设计和塑料模具设计等有关专业课程的教材进行区分与配合。

　　与其他教材相比,本教材力图做到:

1.内容全面,重点突出

　　本教材在原教材基础上,进行了编写内容的精密推敲和优选。重点突出了塑料成型加工技术的共性问题、成型加工技术的基本原理和基本方法,强化了主要成型加工技术如挤出成型技术、注射成型技术、压延成型技术、压制成型技术、中空吹塑技术、热成型技术等,同时也对其他传统成型加工技术及新型成型加工技术进行了介绍。舍弃了原《塑料成型机械》教材中的液压传动、成型设备的机械零部件以及传动、电气控制等内容,舍弃了原《塑料成型工艺》教材中的塑料二次加工、塑料成型加工质量控制以及计算机在塑料成型加工中的应用等内容。因此,从事该行业的技术人员需要在实践中进一步学习相关知识,才能全面掌握塑料成型加工技术。

2.层次分明,结构合理

　　本教材章节的编排遵循现有塑料成型加工技术的重要性次序以及知识体系的规律性,使读者在学习时能够由易到难、由简到繁、由基础到应用,循序渐进地掌握全书内容,以达到应用所学知识分析问题、解决问题的能力。每章后附有思考题与习题,以便于学生进一步巩固所学知识并利用这些知识求解一些实际问题,加深对于所学知识的理解与应用。在参考文献中尽可能多地列出了可供参考的相关教材和专著,以便于读者能够了解国内外有关塑料成型加工技术的发展历史和发展动态,也便于进一步选择阅读其他书籍,弥补本教材对内容取舍的不足。鉴于相关刊物研究论文数量十分浩大,本教材的参考文献并未选取。

3. 适合教学,体现创新

与国内已经出版的同类教材相比,本教材致力于满足我国高分子材料与工程专业对塑料成型加工课程的教学要求,使学生能在 50 学时内掌握塑料成型加工技术的基本原理与基本知识,增加学生对塑料成型加工新技术的认知,提高学生对于塑料成型加工技术的创新能力。

本教材第 1 章至第 3 章、第 5 章、第 7 章和第 9 章由西北工业大学张广成教授编写,第 4 章和第 6 章由西北工业大学史学涛博士/讲师编写,全书由张广成教授统稿。

本教材承蒙西安交通大学郑元锁教授、西北工业大学王汝敏教授审阅,以及西北工业大学高分子材料与工程方向研究生张鸿鸣、范晓龙、雷蕊英、张新宇、陶敏等的校对并提出宝贵意见,在本教材的立项和编写过程中还得到西北工业大学出版社杨军、何格夫老师的支持与帮助,在此一并表示感谢。同时向本教材参考文献的作者致谢。

作为工业和信息化部"十二五"规划教材,我们力图将本教材编写成为一本精品教材,但由于水平有限、时间紧张等因素,错谬与疏忽在所难免,恳请读者给予批评指正,以便不断修正和提高。

编　者

2015 年 10 月

目　　录

第1章 绪 论

1.1 塑料成型加工与其他学科的关系

材料、能源、信息是 21 世纪科学与技术的三大支柱。材料科学与工程是一级学科,下设材料学、材料加工工程、材料物理与化学三个二级学科。目前材料通常分为金属材料、无机非金属材料、有机高分子材料、复合材料和功能材料等类型,每一类材料都有自己的独特性能,相应也有自己的独特成型加工技术。

材料学科主要研究材料的组成与结构、材料制备、材料性能、材料应用等内容,而材料加工工程学科主要研究将材料成型加工为制品的方法与工艺,材料通过加工不仅能够获得具有一定形状和尺寸要求的制品,满足制品后续装配要求和使用性能要求,同时还可以进一步改变或者调控材料的微观结构,提高材料的性能。

高分子材料成型加工技术是材料加工工程领域不可缺少的分支,与金属材料、无机非金属材料等传统材料成型加工相比,其制品性能对成型加工技术的依赖度更高。在成型加工过程中,聚合物不仅会发生物理或者相态变化,也会发生化学变化。制品中聚合物的取向、结晶、内应力、多组分的分散程度、交联、气泡等内在因素均依赖于成型加工过程而发生变化,模具结构、产品形状与尺寸、加工过程中温度、压力、时间、速度、外场等外在因素对制品最终性能有着至关重要的影响。

近年来,人们发现高分子材料的性能不仅依赖于其本身的大分子结构,而且越来越多地依赖于成型加工过程及其后处理过程所形成的形态结构。例如,超高分子量聚乙烯经过凝胶挤出纺丝所形成的纤维,其拉伸强度、拉伸模量高达 7 GPa 和 100 GPa,分别是普通高密度聚乙烯的 200 倍和 100 倍,这一性能的突出变化在很大程度上就取决于加工过程中聚乙烯大分子链的高度取向以及串晶结构的形成。再比如,通过在管材挤出口模中增加超声波,使大分子链沿着管材环向取向,可以使聚乙烯管材的爆破内压提高 4 倍以上。

塑料成型加工技术隶属高分子材料加工工程学科,是高分子材料加工工程学科最为活跃的研究与发展领域之一。它以高分子材料、高分子物理等为基础,研究将塑料转变为塑料制品的方法与技术,涉及传质传热、分散与混合、固体力学、聚合物熔体流变学等基本工程原理,还涉及熔体流变学、高分子物理、高分子化学等高分子科学(见图 1-1)。同时,与塑料材料学、塑料模具设计、塑料成型机械、塑料制品设计紧密相关(见图 1-2)。塑料成型加工技术是一门既有一定理论指导又偏重于工程技术的多学科交叉的课程。

塑料成型加工也是整个塑料工业中的一个重要环节,与树脂合成工业、助剂工业、模具工业、塑料机械工业、改性塑料工业密不可分。树脂合成工业提供各种合成树脂原料,助剂工业提供塑料用各种添加剂,模具工业提供各种成型模具,塑料机械工业提供各种塑料成型设备,改性塑料工业提供以合成树脂为主要原料,添加各种添加剂的改性塑料,塑料加工业则进行各种塑料制品的制造,六大行业相互依存、相互发展、缺一不可。

基本步骤	固体颗粒处理	成型工艺	初步成型	后期处理
	熔化		模塑和注射	
	压力输送和抽吸		拉伸成型	
	混合		压延和涂膜	
	脱挥发分和杂质分离		塑模涂层	
高分子材料成型加工中所涉及的高分子知识				
传递现象	混合原理	固体力学	聚合物熔体流变学	高分子物理	高分子化学
工程原理			高分子科学		

图 1 - 1 塑料成型加工基本框架

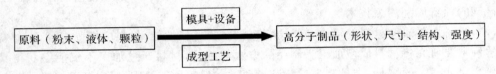

图 1 - 2 塑料成型加工包含的专业知识

1.2 塑料成型加工的发展历史

塑料是有机高分子材料中最主要的品种,其成型加工技术代表了高分子材料最主要的成型加工技术。相比于金属材料,塑料的发展只有近百年的历史,因此,塑料成型加工技术初期是从金属材料、无机材料(玻璃、陶瓷)以及橡胶等材料的成型加工技术中移植过来的,随后经过不断创新与发展,形成了比较独立和完善的塑料成型加工技术体系。因此,可以将塑料成型加工技术的发展历史分为移植期、改进期和创新期。表 1 - 1 给出了与塑料成型有关的设备发展历史,从这些设备的发展历史也能够看出塑料成型加工技术的发展进程。

表 1 - 1 塑料成型加工相关设备的发展历史

设备名称	加工	发明者	时间/年	用途
浸渍机	批料混合	T. Hancock	1820	再生胶
轧制机	批料混合	E. Chaffe	1836	蒸汽加热轧辊
压延机	涂层及片材成型	E. Chaffe	1836	布料和皮革涂层
硫化机	硫化作用	Charles Goodyear	1839	橡胶硫化
柱塞式挤出机	挤出	H. Bewly and R. Brooman	1845	电线包覆
螺杆挤出机	挤出	A. G. DeWolfe	1860	以阿基米德螺旋线为原理,设计出了螺杆和机筒,实现聚合物加料、压缩、排气、熔融、泵送等,是塑料与橡胶加工中最重要的机器
		Phoenix Gummi werke	1873	
		W. Kiel and J. Prior	1876	
		M. Gray	1879	
		F. Shaw	1879	
		J. Royle	1880	

续表

设备名称	加工	发明者	时间/年	用途
注射机	注射模塑法	J. W. Hyatt	1872	加工赛璐珞
异向旋转非啮合双螺杆挤出机	挤出	P. Pfleiderer	1881	增加混炼剪切
齿轮泵	挤出	W. Smith	1887	熔体增压
同向旋转啮合型双螺杆挤出机	混合及挤出	R. W. Easton	1916	增加混合效果,自洁作用
班伯里机	批料混合	F. H. Banbury	1916	橡胶混合
异向旋转啮合型双螺杆挤出机	挤出	A. Olier	1912	正排量泵,强制输送
异向旋转啮合双螺杆挤出机 Knetuolf	双转子混合	W. Ellerman	1941	剪切效果强
捏合机	混合与挤出	H. List	1945	布斯股份公司,混合物料
三角捏合段	连续混合	R. Erdmenger	1949	在 ZSK 挤出机中使用
嵌入式往复注射机	注射模塑法	W. H. Wilert	1952	取代柱塞式挤出法
ZSK	连续混合与挤出	R. Erdmenger, G. Fahr, and H. Ocker	1955	带混合元件的共转互啮合双螺杆挤出机
第一例塑料成型理论体系	热塑性塑料	E. C. Bernhardt, J. M. McKelvey, P. H. Squires, W. H. Darnell, W. D. Mohr D. I. Marshall, J. T. Bergen, R. F. Westover, etc.	1958	杜邦团队完成,挤出理论
传递混炼	连续混合	N. C. Parshall and P. Geyer	1956	单螺杆在一个螺槽被切断的柱体中
法向应力挤出机	挤出	B. Maxwell and A. J. Scalora	1959	两圆盘相对转动
连续式柱塞挤出机	挤出	R. F. Westover	1960	往复式柱塞
滑垫挤出机	挤出	R. F. Westover	1962	滑垫于固定圆盘上旋转
FCM	连续混合	P. Hold et al.	1969	连续式班伯里密炼机
可换式磁盘组	挤出	Z. Tadmor	1979	共旋式圆盘加工机

1.2.1 移植期

从 19 纪 70 年代开始,硝化纤维素和酚醛塑料的出现以及 20 世纪初醋酸纤维素和脲醛塑料的出现,如何将这些新型材料加工成为有用的塑料制品就成为工业界最为关心的技术问题。

此时,由于没有成型加工塑料的专业化设备,缺乏对于这些新材料基本成型原理的认识,人们自然想到了这几种塑料与已有传统材料在成型工艺上有许多相似之处,通过移植传统材料的成型加工技术和成型设备,或对传统成型加工技术、成型设备进行改进,可以实现塑料制品的成型加工并将其应用于日用品和工业零件。

借助于铸铁在加热到熔点以上具有良好流动性并可以填充模具形成金属铸件这一铸造技

术,形成了"塑料浇铸"这一成型技术;借助于橡胶在高温高压下可以转变为不溶不熔固体物这一技术,将酚醛塑料在高温下压制形成了"压缩模塑"这一成型技术;利用玻璃制品的吹瓶技术形成了塑料中空制品的"吹塑成型"技术;从造纸工业滚筒技术出发,形成了塑料的"压延成型"技术;利用金属的压力挤压铸造技术,形成了塑料的"柱塞注射"成型技术;借鉴金属的钣金加工技术,形成了塑料片材的"热成型"技术等。

　　由于受到成型原理不清楚、成型设备不完备、成型工艺控制技术不精确以及对于塑料成型工艺性认识不足等条件的制约,移植时期成型加工出的塑料制品质量差,形状简单,生产效率低。

1.2.2　改造时期

　　从 20 世纪 20 年代开始,大量聚合物新品种的问世(见图 1-3)使得人们对于塑料成型加工的要求更加迫切,机械工业已经能够为塑料制品生产企业提供多种专用成型设备,塑料成型加工理论已经取得重大进展,塑料制品从传统材料的代用品逐渐成为一些工业部门不可缺少的零部件。这一切都促使塑料成型加工技术从移植期向改造期转变。

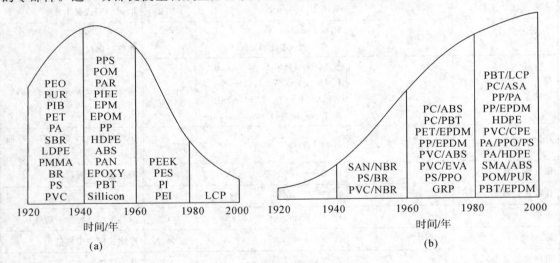

图 1-3　塑料品种的发展历史

(a)单一聚合物的发展;(b)聚合物合金/共混的发展

　　1936 年出现的塑料专用电加热单螺杆挤出机,是塑料成型加工技术进入改造期的第一个重大成就,能够完成固体塑料的加料、压缩、熔融、排气、混合、泵送、挤出等基本操作单元。单螺杆挤出机使得热塑性塑料型材如板材、管材、棒材、片材、膜材和异型材的高效连续化挤出生产成为可能,这一方法依然是当今热塑性塑料连续化挤出的主要技术。

1.2.3　创新时期

　　从 20 世纪 50 年代中期开始,出现了如聚碳酸酯、聚甲醛、聚苯醚、聚砜、聚酰亚胺、环氧树脂、不饱和聚酯和聚氨酯等一大批高性能的塑料。而这些新塑料品种的成型工艺性又各具特色,这就要求有适合它们的成型加工技术将其高效而经济地制造为产品,加之各种尖端技术的发展对塑料制品的性能、结构复杂性和尺寸精度等提出了更高的要求,促使塑料成型加工技术快速发展。电子计算机和各种自动化控制仪表的普及,塑料成型设备的设计和制造技术不断取得的新成果,以及塑料成型加工理论研究的新进展,则为塑料成型加工技术的创新提供了条件。

1956年出现的往复式螺杆注射机,以及早前问世的双螺杆挤出机,使热敏性和高熔体黏度的热塑性与热固性塑料,都能采用高效的成型技术生产优质的制品。往复式螺杆注射机不仅提高了注射成型的效率,而且对于注射制品的质量也有明显的改善。双螺杆挤出机具有强制加料、自洁、高效混合、混炼、排气脱挥、自压缩泵送等一系列优点,使得塑料填充、塑料合金、塑料增强、反应挤出等一系列新材料、新技术的出现成为可能。这一时期出现的反应注射技术,使聚氨酯、环氧树脂和不饱和聚酯的液态单体或低聚物的聚合与成型能在同一生产线上一次完成;而滚塑技术的采用,使特大型塑料中空容器的成型成为可能。往复螺杆式注射、反应注射和滚塑等一批塑料独有的制品生产技术的出现,标志着塑料成型加工已从以改造各种移植技术为主的时期,转变到开发更能发挥塑料优异成型工艺性的时期。在这一时期成型加工技术的发展,也促使高效成型技术的制品生产过程从机械化和自动化,进一步向着连续化、程序化和自适应控制的方向发展。

进入创新时期的塑料成型加工技术与前一时期相比,可成型加工制品的范围和制品质量控制等方面均有重大突破。采用创新的成型技术,不仅使以往难以成型的热敏性和高熔体黏度的塑料可方便地成型为制品,而且也使以往较少采用的长纤维增强塑料、片状模塑料和团状模塑料也可大量用作高效成型技术的原材料。重量超过100 kg的汽车外壳和船体、容积超过50 000 L的特大容器、幅宽大于30 m的薄膜和宽度大于2 m的板材,以及重量仅几十毫克的微型齿轮、微型轴承和厚度仅几微米的超薄薄膜,在成型加工技术进入创新期后都已经成为塑料制品家族中的成员。计算机在塑料成型加工中的推广应用,不仅可对成型设备进行程序控制以实现制品成型过程的全自动化,而且通过发挥计算机的监控、反馈和自动调节功能,可使一些塑料制品的成型过程实现自适应控制,这对提高塑料制品生产效率、降低制品的不合格率和保证同一批次制品的质量指标接近等方面,均起重要作用。

塑料成型加工技术的发展仍在延续,其近期发展趋势是:由单一技术向组合型技术发展,如注射-拉伸-吹塑成型技术和挤出-模压-热成型技术等;由常规条件下的成型技术向特殊条件下的成型技术发展,如超高压和高真空条件下的塑料成型加工技术;由基本上不改变塑料原有性能的成型技术向赋予塑料新性能的成型加工技术发展,如双轴拉伸薄膜成型、发泡成型、交联挤出、振动挤出、凝胶纺丝、电磁动态挤出和注射等。

1.2.4 我国塑料成型加工技术的发展

我国的塑料成型加工工业,在新中国成立之前几乎是个空白,仅上海、重庆、武汉和广州等少数几个大城市有十几家小型塑料制品生产厂。这些小厂一年的总产量只有约400 t赛璐珞、酚醛胶木粉和电玉粉的日用塑料制品。而且所用的塑料原料和主要成型加工设备多依赖从国外进口。新中国成立后,我国的各类塑料制品生产,才从无到有或从小到大得到迅速发展。

20 世纪 50 年代我国塑料制品的产量,平均每年以 71％高速递增。但由于原来的基础薄弱。这一时期塑料制品的年产量低,制品的类别单一,应用范围也比较窄,而且是以生产酚醛和脲醛等热固性塑料制品为主。

进入 20 世纪 60 年代后,由于大批量聚氯乙烯树脂的投产,我国塑料成型加工工业由以生产热固性塑料制品为主,转变为以生产热塑性聚氯乙烯塑料制品为主。塑料制品的应用也从日常生活开始扩展到农业和一些工业部门。这一时期我国塑料制品的产量,平均每年以 18.6％的速度递增。

20 世纪 70 年代由于从国外引进了数套大型树脂生产装置,树脂产量比 60 年代增长 4.3 倍。合成树脂产量的大幅度增长,带动了塑料制品生产工业的大发展。我国 70 年代塑料制品的总产量是 60 年代的 5 倍,年平均增长率为 14.4％。到 1979 年我国塑料制品的年产量已达百万吨,而且产品的品种、结构也发生了较大变化。

20 世纪 80 年代,改革开放政策的实施,为我国塑料成型加工工业的发展注入了新的活力。这一时期虽然塑料制品产量的基数较大,但仍以年平均 14％的高速度递增,到 1989 年我国塑料制品的年产量已达 300×10^4 t,80 年代我国塑料制品生产发展的特点可概括为速度快、产量大、品种多和应用广。与前 10 年相比,我国塑料制品的生产不仅在产量和制品质量上均有明显提高,而且制品的品种大幅度增加,从而使塑料制品的应用扩展到国民经济的各个领域。

进入到 21 世纪,由于建材、农业、包装、日用品、汽车、交通运输、纺织业等行业对塑料制品的需求量猛增,我国塑料行业进入到高速发展期,塑料行业的增长速度保持在 10％左右。2012 年我国规模以上塑料制品加工业企业已达 1.34 万家,产值达 1.67 万亿元。当前我国的塑料机械、塑料制品和一些树脂生产量已经跃居世界第一,成为真正的塑料大国。塑料制品在各行各业的生产发展和技术进步中起着愈来愈重要的作用。

1.3　塑料成型加工技术的分类

1.3.1　按所属成型加工阶段划分

1. 一次成型技术

一次成型技术,是指将聚合物熔体加热到流动温度或熔点以上,借助于聚合物熔体的黏流态实现聚合物造型。一次成型能将塑料原材料转变成具有一定形状和尺寸要求的制品或半成品,目前生产上广泛采用的挤出、注射、压延、压制、浇铸、涂覆等均为一次成型。一次成型所用原料称为成型物料,通常为粉料、粒料、纤维增强粒料、片料、糊料、碎屑料等,这些原料基本都含有添加剂。

2. 二次成型技术

二次成型技术,是指利用一次成型半成品作为原料,借助于聚合物的高弹态实现塑料制品的再次成型或变形的技术。二次成型既能改变一次成型所得塑料半成品(如型材和坯件等)的形状和尺寸,又不会使其整体性能受到破坏。目前生产上采用的双轴拉伸成型、中空吹塑成型和热成型等均为二次成型技术。

3. 二次加工技术

在保持一次成型或二次成型产物固态不变的条件下,为改变其形状、尺寸和表观性质所进行的各种工艺操作方法称为二次加工技术,也称作"后加工技术"。大致可分为机械加工、连接加工和修饰加工三类方法。

1.3.2 按聚合物在成型加工过程中的物理化学变化划分

1. 以物理变化为主的成型加工技术

塑料的主要组分聚合物在这一类技术的成型加工过程中,主要发生相态与物理状态转变、流动与变形和机械分离之类物理变化。在这种成型加工过程中,聚合物发生物理变化是其最主要的行为,同时可能会产生少量聚合物热降解、力降解、支化和轻度交联等化学变化,但这些化学变化对成型加工过程的完成和制品性能的影响不起主要作用。热塑性塑料的一次成型、二次成型以及大部分塑料的二次加工过程都是以物理变化为主的成型加工过程。

2. 以化学变化为主的成型加工技术

属于这一类的成型加工技术,在其成型加工过程中,聚合物或其单体有明显的交联反应或聚合反应,而且这些化学反应进行的程度对制品的性能有决定性影响。如加有引发剂的甲基丙烯酸甲酯的静态浇铸成型,加有固化剂的环氧树脂的静态浇铸成型,异氰酸酯与多元醇化合物的反应注射,聚烯烃接枝不饱和单体的反应挤出,热固性树脂的树脂传递模塑(RTM)成型技术等。

3. 物理和化学变化兼有的成型加工技术

热固性塑料如酚醛或者脲醛模塑粉的传递模塑、压缩模塑、注射是这类成型技工技术的典型代表,其成型过程首先通过将聚合物从玻璃态加热到黏流态以上,通过黏流态实现充模填充,再借助于高温实现聚合物的交联固化,从而脱模取出制品。在此成型加工过程中,第一阶段聚合物在加热、加压下的流动充模过程为主要的物理变化过程,第二阶段的聚合物在更高温度下的固化过程为化学变化过程。

1.3.3 按成型加工的操作方式划分

1. 间歇式成型加工技术

这类技术的共同持点是,成型加工过程的操作不能连续进行,各个制品成型加工操作时间并不固定;有时具体的操作步骤也不完全相同。这类成型加工技术的机械化和自动化程度都比较低,手工操作多。用移动式模具的压缩模塑和传递模塑、冷压烧结成型、层压成型、静态浇铸、滚塑以及大多数二次加工技术均属此类。

2. 连续式成型加工技术

这类技术的共同持点是,其成型加工过程一旦开始,就可以不间断地一直进行下去。塑料产品长度可不受限制,因而都是管、棒、单丝、板、片、膜之类的型材。典型的连续式塑料成型加工技术有型材的挤出,薄膜和片材的压延,薄膜的流延浇铸,压延和涂覆人造革成型和薄膜的凹版轮转印刷与真空蒸镀金属等均为连续式成型加工技术。

3.周期式成型加工技术

这一类技术在成型加工过程中,每个制品均以相同的步骤、每个步骤均以相同的时间,以周期循环的方式完成工艺操作,主要依靠成型设备预先设定的程序完成各个制品的成型加工操作,因而成型过程中只有很少的人工操作。如全自动式控制的注射和注坯吹塑,以及自动生产线上的片材热成型和蘸浸成型等。

1.4　塑料成型加工过程

塑料成型加工一般均要经过三个阶段,第一是成型准备阶段,第二是成型加工阶段,第三是成型制品的后处理阶段。依据成型物料和成型制品的不同,各个阶段的复杂程度也不同。

1.4.1　成型准备阶段

成型准备阶段一般包含成型物料的制备,成型物料的预处理。

成型物料的制备又包含塑料的着色、塑料的填充、塑料增强、塑料合金化、热固性塑料的配制、热塑性糊塑料的配制等一系列用于后续一次成型用物料的准备。双螺杆挤出造粒工艺通常用于成型物料的制备过程中,即将聚合物从主喂料口加入到螺杆中,通过其他加料口再将粉料、液体原料、纤维等引入到螺杆中,通过双螺杆的强制喂料作用、高的混合分散作用,将不同种类、不同形状的原料进行混合,实现对成型物料的改性。通过螺杆结构的设计以及成型工艺的调控,双螺杆挤出工艺也可以适用于热固性原料各组分的混合。

成型物料的预处理包含成型物料的干燥与预热,热塑性塑料的粉碎。

成型物料的干燥是为了除去成型物料中的水分以及低分子挥发分。水分和低分子挥发分的存在,在成型加工的高温阶段会挥发成为气体,从而造成制品表面缺乏光泽、出现银丝等外观缺陷,对于透明塑料制品如聚苯乙烯、聚甲基丙烯酸甲酯、聚碳酸酯等影响特别严重;其次,水分也会在成型加工的高温阶段造成聚酯类、聚酰胺类等聚合物降解;第三,制品中的挥发分冷却凝固产生微小气泡,往往会造成制品力学性能和电性能降低。因此,不同塑料对其允许含有的水分要求不同。可以通过热风循环干燥、红外线干燥、真空干燥、沸腾床干燥和远红外干燥等一系列手段实现对成型物料的干燥。目前,挤出机和注射机料斗带有料斗干燥器,是一种十分方便和高效的除湿设备。

成型物料的预热一般针对热固性模塑料,特别适用于纤维增强热固性塑料的模压成型,预热可以提高模塑料在成型条件下的流动性,有利于降低成型压力,减小模具成型面的磨损,还有利于缩短成型时间、减小制品内应力。

热塑性塑料的粉碎是指将热塑性塑料废品、边角料、流道冷凝物等粉碎后为回收使用所做的准备工作,也包含将开炼机塑炼的片料进行粉碎以适应后续成型机的加料要求,还包含将粒料、碎片料破碎、磨细以适应于滚塑、粉末涂覆等工艺对成型物料的要求。

1.4.2　成型加工阶段

成型加工阶段是塑料制品生产过程中的主阶段,一次成型、二次成型、二次加工均属于成型加工阶段。在这一阶段中,塑料由原料变成为不同形状的制品。塑料挤出成型、注射成型、压延成型、压制成型、热成型、吹塑成型、双向拉伸成型、浇铸成型、涂覆成型等均为传统的成型加工阶段,本书将对这一阶段进行详细的叙述。此外,气体辅助注射成型、反应挤出、反应注射、熔芯注射成型、注射压缩成型、自增强成型、快速成型等新型成型加工技术也属于成型加工主阶段。

1.4.3　制品的后处理阶段

由成型加工阶段获得的制品还可能进行一些后处理操作,例如为减少内应力所进行的热处理,为减小制品翘曲变形所进行的定型处理,为减少制品因吸湿造成的尺寸变化所进行的调湿处理等均属于制品的后处理阶段。后处理依据材料、制品形状、成型工艺不同而异,并非所有塑料制品都要进行后处理。

1.5　塑料成型加工新技术及其未来发展

经过近百年的努力,伴随着整个塑料工业的整体发展,塑料成型加工技术也取得长足的发展,经典的挤出成型、注射成型、压延成型、模压成型、热成型、吹塑成型、铸塑成型等主要成型技术都衍生出许多新的成型加工技术,能够满足对于塑料制品结构、形状、尺寸、性能等更高的要求。

在挤出成型加工技术中,发展出了反应挤出、复合挤出、双螺杆及多螺杆挤出、排气式挤出、多级挤出、振动挤出、电磁塑化挤出等新型成型加工技术。在注射成型加工技术中,发展出了反应注射、气体辅助注射、水辅注射、流动注射、注射压缩、熔芯注射、共注射、层状注射等新型成型加工技术。在压延成型加工技术中,发展出了多层复合压延等新技术。在模压成型加工技术中,发展出了片状模塑料(SMC)连续化压制成型等新技术。在吹塑成型加工技术中,发展出了挤出-拉伸-吹塑、注射-拉伸-吹塑、双壁吹塑、模压吹塑、共挤吹塑、复合吹塑、三维吹塑等新型成型加工技术。近年来,基于增材制造的塑料制品 3D 打印等快速成型技术又将使塑料成型加工技术迈上一个新的历史时期。

与金属、无机非金属相比,塑料及其成型加工技术依然是一个年轻的行业,塑料成型加工领域的研究较多地集中在某些具体产品的制造技术及工艺条件控制方面,缺乏系统全面的科学研究基础,成型加工的理论研究十分薄弱,宏观问题考虑多,而对聚合物结构、填充体系、成型加工流变学、热力学等微观因素对制品性能的影响研究较少。随着科学技术的发展,塑料成型加工技术将以从制品设计到材料设计再到成型加工设计的整体全方位思路发展,成型加工技术对制品结构与性能的影响越来越强。

塑料成型加工是一门多学科交叉、科学与工程技术紧密结合的学科,塑料新材料的不断涌现、塑料填充、塑料增强、塑料合金等改性技术的发展以及塑料应用领域的不断拓展,促使人们对于塑料成型加工技术提出了更高的要求。塑料制品的性能不仅依赖于聚合物的大分子结构,而且在很大程度上依赖于材料成型过程及其后处理过程中形成的形态结构。塑料成型加工技术的根本任务需要了解材料的特性,确定适宜的加工条件,控制形态结构制取最佳性能的产品。塑料成型加工的发展方向是,进一步研究成型过程中多尺度、多相聚合物的流变学,成型加工过程中的基本物理、化学问题,加工外场对制品的形态、结构和性能的影响规律,成型加工过程中材料的结构演变与构筑,计算机模拟和辅助设计、增材制造以及环境友好塑料成型加工等相关科学与技术问题,为发展新型成型加工技术以及提高制品性能提供理论与实践指导。

思考题与习题

1-1　为什么塑料成型加工技术的发展要经历移植、改造和创新三个时期?

1-2　移植期、改造期和创新期的塑料成型加工技术各有什么特点?

1-3　按所属成型加工阶段划分,塑料成型加工可分为几种类型? 说明其特点。

第 2 章　塑料成型加工基础

2.1　概　　述

塑料成型加工技术就是在保持或改进材料原有性能的基础下,将组成和物理形态各不相同的成型物料转变成为制品。成型物料通常为颗粒料、粉料和液体物料,而成型出的制品却为具有一定形状、尺寸和性能要求的固体。由于改性塑料的技术发展,成型物料已经由单一的聚合物变为多种聚合物共混(塑料合金)、聚合物与无机填料共混(填充塑料)、聚合物与增加纤维共混(增强塑料)等复杂形式。

成型过程中物料表现出形状、结构和性能等多方面的变化,这些变化可能是物理变化、化学变化,也可能是兼有物理变化和化学变化的复杂过程。因此,塑料成型加工过程不仅会涉及塑料材料学、塑料模具和塑料成型加工设备等专业知识,也会涉及高分子物理学、高分子化学、热力学、传递工程等多个学科的基础理论。只有掌握这些相关的理论知识,才能对各种成型加工技术所依据的原理,成型加工过程中所发生的各种变化的本质,物料组成及工艺因素对制品性能影响的规律性等有较为深刻的了解。

对于绝大多数的塑料成型加工技术,由于成型物料在配制和成型时的均一化主要依靠混合与分散实现,成型过程的造型主要依赖流动与变形来实现,成型过程中的熔融与冷却凝固主要依赖加热与冷却定型来实现。因此,本章着重介绍与在塑料成型加工技术中所涉及的塑料混合与分散、塑料成型加工流变学与塑料成型加工热力学有关的基础理论知识。塑料成型加工技术中涉及到的其他基础知识和专业知识,读者可参考其他教科书进一步学习。

2.2　塑料混合与分散

2.2.1　混合分类

几乎所有塑料制品的生产,都会在不同的工序、不同程度上涉及成型物料的混合(mixing)。这种使物料体系均一化的过程,不仅是成型物料的配料、着色、共混改性等预处理操作的关键所在,而且也对挤出和注射等一次成型设备中物料的均匀塑化起重要作用。

在塑料制品生产过程中,采用的混合方法多种多样,通常依据混合物料物理状态的不同,将常用的混合方法归纳为干掺混(dry mixing)、捏和(kneading)和塑炼(plasticating)。干掺混也称简单混合,是指两种或两种以上粉、粒状固体物的非强烈混合,有些物料的干掺混也允许加进少量的液体组分。干掺混主要用于制备粉状成型物料,也常用作造粒的预混操作,常用的干掺混设备是转鼓式混合机、桨叶式混合机和螺带式混合机。捏和是指少量粉状添加剂或液状物与大量粉体物料、纤维状固体物料以及糊状物料的较强烈混合。捏和主要用于湿粉状、纤维状和糊状成型物料的制备,最常用的捏和设备是桨式捏和机和高速捏和机。塑炼也称混炼,是指大量的塑性状态聚合物与较少量的液状、粉状和纤维状添加剂的塑性混合。塑炼不仅广泛用于要求组分均一性高的热固性模塑料和多组分热塑性粒料的配制,而且是聚合物共混改性和成型设备中物料塑化必不可少的操作,目前生产中广泛采用的塑炼设备是二辊开炼机、密炼机和各种类型的塑化挤出机,有关混合设备和混合工艺内容见2.2.5节。

在上述三种混合方式中,干掺混与捏和多在低于聚合物熔点或流动温度的条件下进行,促使物料均匀化的外部强制作用力较缓和,在混合后的物料中各组分本质上无变化;而塑炼是在高于聚合物熔点或流动温度的条件下进行,促进物料均匀化的作用力更加强烈,塑炼后的物料各组分在物理性质或化学性质上往往会出现一定的改变。一般来说,在塑料成型加工过程中干掺混与捏和多用作成型物料的预混合,物料的充分混合多依靠塑炼来实现。

2.2.2 混合与分散

广义的混合作用应包括混合与分散两个基本过程。混合是指多组分体系内各组分在其组成单元无本质变化的情况下,相互进入其他组分单元所占空间位置的过程。图2-1所示是混合过程中两种组分单元所占位置变化的示意图。即在整个体系所占的全部空间内,各组分单元趋向均匀分布的过程。可以看出,混合作用使体系内各组分单元由起始的有序分离的分布状态,向更加无序,更加均匀分布的状态转变。在此过程中,各组分单元的尺寸大小并未发生变化。

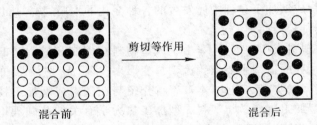

图2-1 混合过程中两种组分单元所占位置变化的示意

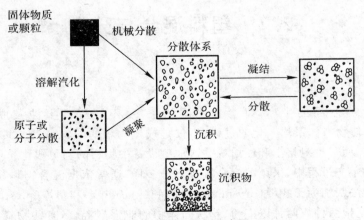

图2-2 分散作用示意图

分散(dispersion)是指多组分体系内的至少一种组分在混合过程中发生了单元尺寸减小的变化,即这是一种不仅有组分单元空间位置交换,而且有组分单元本身细化的混合过程。图2-2

所示是分散作用的示意图,可以看出,物料在进行分散的同时,还伴随有凝聚和沉积等反分散过程的发生。这就是很多物料单元在分散过程中很难细化到微细粒子程度的一个重要原因。

通常也将无明显分散作用的混合称为非分散混合,而将伴随有明显分散作用的混合称为分散混合。在实际的混合操作中,非分散混合与分散混合往往是同时发生的,应了解过程中哪一种混合方式占主导地位。

2.2.3　混合机理

混合过程中各组分单元分布均匀性的提高和某些组分单元的细化,只能通过各组分单元的物理运动来实现。发现这种物理运动所采取的形式,就是认识混合机理的过程。目前混合机理认为多组分物料的混合是借助分子扩散、涡旋扩散和体积扩散三种基本运动形式来实现的。

1. 分子扩散

分子扩散是一种由浓度梯度驱使,能够自发进行的物理运动,借助分子扩散而实现的混合常称作分子扩散混合。分子扩散混合时,各组分单元由其浓度较大的区域不断迁移到其浓度较小的区域,最终达到各组分在体系内各处的均匀分布。分子扩散机理在气体或低黏度液体的混合中占支配地位。气体与气体之间的混合,分子扩散能以较高的速率进行;在低黏度的液体与液体或液体与固体间的混合,分子扩散也能以比较显著的速率进行,但比气体间的扩散速率小得多;而在固体与固体之间,分子扩散的速率一般都非常小。塑料成型加工过程中常需将几种熔体物混匀,由于聚合物熔体的黏度都很高,熔体与熔体之间的分子扩散速率也很小,因而这种混合机理对聚合物熔体体系的均一化无实际意义,即聚合物熔体间的混合不能靠分子扩散来实现。但若参与熔体混合的组分中有低分子物质(如有机染料、抗氧剂和发泡剂等),分子扩散就成为将这些组分在熔体中混匀的重要因素。在除去塑料中的挥发物和气体时,分子扩散机理也起重要作用。

2. 涡旋扩散

涡旋扩散也称湍流扩散,在一般化工过程中,流体间的混合主要是依靠体系内产生湍流来实现。在塑料的成型加工过程中,由于塑料熔体的流速低而黏度又很高,流动很难达到湍流状态,故很少能依靠涡旋扩散来实现物料的均一化。因为要使黏度很高的熔体达到湍流状态,就必须使其具有很高的流速,这势必要对熔体施加极大的剪切应力,而过高的剪切应力不可避免地会造成聚合物大分子的力降解以及不稳定流动,这在实际生产中显然是不允许的。

3. 体积扩散

体积扩散就是对流扩散,是指在机械搅拌等外力的推动下,物料体系内各部分空间发生相对位移,从而促使各组分的质点、液滴或固体微粒由体系的一个空间位置向另一个空间位置运动,以达到各组分单元均匀分布的过程。在塑料成型加工的许多过程中,这种物理运动的混合机理常占有主导地位。由体积扩散所引起的对流混合通常可通过两种方式发生,一种称为体积对流混合,另一种称为层流对流混合或简称为层流混合。体积对流混合仅涉及对流作用使物料各组分单元进行空间的重新排布,而不发生物料的连续变形。这种可多次重复进行的物料单元重新排布,可以是无规律的,也可以是有序的。在干掺混设备中,粉、粒状固体物料间的体积对流混合是无规律的,而在静态混合器中塑性物料的体积对流混合就十分有序。层流混合涉及流体因层状流动而引起的各种形式变形,这是一种主要发生在塑性物料间的均一化过程,在这种方式的混合过程中,多组分体系物料的均一化主要是靠外部所施加的剪切、拉伸和压缩等作用而引起的变形来实现的。

剪切是促使塑性物料实现层流混合最重要的外部作用,大部分的塑炼操作就是依靠多次重复的剪切作用而使成型物料实现充分的分散与混合。常见的剪切方式,是介于两平行面间的塑性物料由于面间相对运动而使物料内部产生永久变形的"黏性剪切"。在这种情况下,剪切混合效果与外部所施加剪切力的大小和力作用距离有关。一般情况是,剪切力愈大而作用力的距离愈小,混合效果就愈好。如果物料仅受一个方向剪切力的作用,往往只能使其在一个平面层内流动,只有不断变换剪切力作用的方向,才能造成层间的交流,从而大大增强混合与分散的效果。若塑性物料在承受剪切作用之前先承受一定的压缩作用,使物料的密度适当增大,就能使剪切时的剪切作用增强;而且在物料被压缩时,物料内部发生的流动会产生因压缩变形而引起的附加剪切作用。外部拉力可使塑性物料产生伸长变形,从而减小料层厚度并增加界面面积,这也有利于增强层流作用所产生的分散与混合效果。

2.2.4　混合状态评定

混合操作完成程度,混合料的质量是否达到了预定的要求,混合终点如何判断等,这一切都涉及混合状态的评定,即涉及分析与检验混合体系内各组分单元分布的均匀程度。为了分析与测定混合体系内各组分单元的均匀分布程度,有必要先明确两个相关的概念:一个是"检验尺度",另一个是抽取检验用"试样的大小"。所谓均匀分布的检验尺度,是指考察多组分物料均一化程度时所依据的基本组分尺寸。例如,用目测检验仅经过初步混合的粉状物料体系,也许会作出物料已达到均一化状态的判断;但改用显微镜来检验时,因可分辨的组分尺寸大为减小,就会发现物料仍呈现为非均匀状态;而当以分子大小为检验尺度时,任何固体粒子的混合物都呈现非均匀状态。由此不难看出,混合物料体系的均匀程度的评定,与所选用的检验尺寸大小有密切关系。试样的大小是指为检验物料混合均匀程度而抽取的试样量,相对于整个混合料的量和相对于基本单元的比率。为考察混合料中各组分分布均匀程度而抽取试样时,试样量的大小与整个混合料的量相比应当很小,而与组分基本单元相比则应当很大。

对混合状态的评定,有直接描述和间接描述两种方法。

1. 直接描述法

这种评定混合状态的方法,是指直接从混合后的物料中取样并对其混合状态进行检测,检测可用视觉观察法、聚团计数法、光学显微镜法、电子显微镜法和光电分析法等进行。用这些方法进行检测时,一般是将观察所得的混合料形态结构、各组分微粒的大小及分布情况与标准试样进行对比,或经过统计分析后,以定性或定量的方式表征各组分分布的均一性与分散程度。所谓分布的均一性,是指所抽取试样中混入物(通常为小组分物料)占试样量的比率与理论或总体的比率之间差异的大小。当测得的结果表明二者有相同的值时,由于实际混合情况十分复杂,仍需作进一步的考查。图2-3所示是两种固体粒子混合物取样检测所得比率与混合料总体比率有相同值时可能呈现的三种混合状态示意图。

从图2-3可以看出,若这一混合料中甲、乙两组分在总体量中各占一半,而且用黑、白二色分别代表甲、乙两组分时,理想的分布情况应如图2-3(a)所示,但这种高度均一化的分布在实际生产中很难达到,而 2-3(b)图和(c)图所示的两种分布情况却很可能出现。若一次抽取试样的量足够多,则由图 2-3(a)(b)和(c)所示三种试样的检测结果,均可得出甲、乙两组分在所抽取试样中各占一半的结论;而在每次抽取的试样量虽不多,可是取样的次数足够多时,对每次所抽取的试样检测得到的比率值会有所出入,但取多个试样检测结果的平均值时,仍然可以得出图 2-3(a)(b)(c)所示三种混合状态的物料中所取试样内两组分均各占一半的结论;然而三种混合状态中两组分的分散程度来看则相差甚远。因此,在评定固体物料和塑性物料的混合状态时,还必须考虑各组分在混合料内的分散程度。

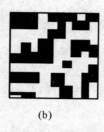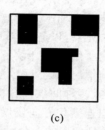

(a)　　　　　　　　　(b)　　　　　　　　　(c)

图 2-3　两组分固体粒子的混合状态示意图

分散程度涉及混合料体系中各个混入组分的粒子在混合后的破碎程度,而破碎程度的高低直接影响混合料中各组分单元微观分布的均匀性。破碎程度大,粒径小,其分散程度就高;反之,则分散程度就低。分散程度常用同一组分的相邻粒子间平均距离来描述。一般情况是,这一平均距离愈小就表明分散程度愈高;而同一组分的相邻粒子间距离的大小又与各组分粒子自身的大小有关。粒子自身的体积愈小或在混合过程中其体积不断减小,粒子微观分布可能达到的均匀程度就愈高。从几率的概念出发,亦可说明同样重量或体积的试样中粒子的体积愈小,相当数量的同一组分粒子集中于某一局部位置的可能性就愈小。

2. 间接描述法

所谓混合状态的间接描述,是指不直接检测混合料,而检测由混合料所成型的塑料制品或标准试件的物理性能、力学性能和化学性能等,再用这些性能的检测结果间接地表征多组分体系的混合状态,这是因为由制品或标准试件测得的性能与混合料的混合状态有密切关系。例如,两种聚合物共混物的玻璃化转变温度,与两种聚合物组分分子级的混合均匀程度有直接关系。若两聚合物真正达到分子级的均匀混合,共混物呈均相体系,就只有一个玻璃化转变温度,而且这个温度值由两组分的玻璃化温度值和各组分在共混物中所占的体积分数所决定。如果两组分聚合物共混体系完全没有分子级的混合,共混物就可测得两个玻璃化转变温度,而且这两个测得值分别等于两种聚合物独立存在时的玻璃化温度。当两组分聚合物共混体系中有部分的分子级混合时,共混物虽仍有两个玻璃化转变温度,但这两个玻璃化温度测定值与两种聚合物独立存在时测得的玻璃化温度相比更加靠近,而且相互靠近程度与共混物所达的分子级混合程度密切相关。据此,只要测出两聚合物共混产物的玻璃化转变温度及其变化情况,即可推断两种聚合物所达到的分子级混合程度。又如,用填料改性聚合物所得填充塑料的力学性能,除与被填充聚合物的种类及其所占体积分数,以及是否使用偶联剂和偶联剂的种类与用量等一系列因素有关外,也与填充塑料中聚合物与填料的混合状态有关。一般来说,聚合物与填料混合愈均匀,填充塑料的力学性能指标就愈高。同样,用增强剂改性聚合物时,如果加入的增强剂与聚合物混合不匀,就会在增强塑料制品中产生强度上的薄弱点,使测得的强度值偏低。因此,通过测定填充塑料和增强塑料的强度性能,即可间接判定在这两种塑料中聚合物与填料或增强剂的混合状态。

2.2.5 混合设备和工艺

1. 混合设备

塑料制品生产中所用的混合设备,系由橡胶、涂料等工业中引用过来并加以改进的,同时也采用了另一些符合塑料生产所需的特殊设备。一般所处理的物料具有一定腐蚀性,所以设备要用耐腐蚀材料制造或用衬里,而且要有加热、冷却装置,有时还需密闭减压,故应耐压。混合室和搅拌装置应利于产生剪切作用和易于使物料发生对流或扩散作用,设备结构应尽量消除物料滞留的死点,以避免物料降解,还要利于换色、换料和便于完全和迅速卸料。

塑料工业所用的混合设备,按操作方式通常可分为间歇和连续混合设备二大类;就塑料制品生产的目前情况来说,间歇法更为重要,因为,工业上用的大部分塑料配合料是完全由某些间歇法(一种或多种间歇混合法)或半连续法(即以间歇混合的预混料供应连续法)来完成的,而且正逐步向连续化方向发展。

塑料工业中常用的混合设备有捏合机、高速混合机(见图2-4)、管道式捏合机(见图2-5)等,主要用于初混合;双辊塑炼机、密炼机(见图2-6)和挤出机等主要用于塑炼混合。

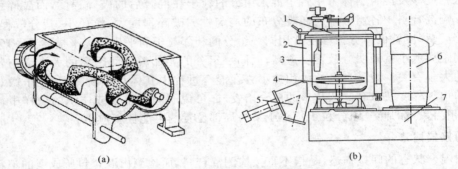

(a)   (b)

图 2-4 捏合机和高速混合机

(a)Z形捏合机;(b)高速混合机

1—回转容器盖;2—回转容器;3—快速叶轮;4—弹簧底座;5—放料口;6—电机;7—机座

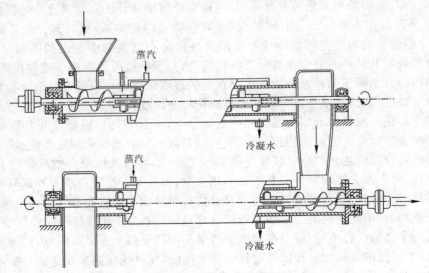

图 2-5 管道式捏合机

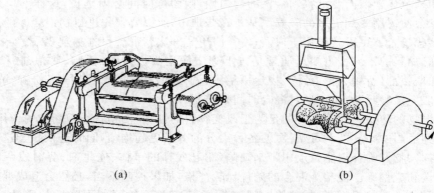

图 2 - 6　塑炼设备
（a）双辊塑炼机；（b）密炼机

以上设备中,挤出机能将初混合和塑炼两个步骤同时完成,而且是一种连续式的操作过程。其他设备均是间歇的操作过程,不能同时完成初混合和塑炼,但由于受到所要混合原料的限制,目前仍然被采用。近年来,还采用静态混合器,以改进混合时垂直流动方向物料的均匀性,以加强混合效果。通常都安装在挤出机和机头之间,它除了有上述效果外,还能使熔体的温度更为均匀。双螺杆挤出机是非常有效的混合设备,可作为塑料与其他粉末物料、纤维状、液体物料的高效连续化混合设备。

2. 混合工艺

（1）粉料和粒料的配制

粉料和粒料的配制一般分为以下四步。

1）原料的配制。原料的配制通常包括物料的预处理、称样及输送。

聚合物(或树脂)常常由于远途装运或其他原因,有可能混入一些机械杂质等,为了保证质量和安全生产,首先进行过筛(主要是为了除去粒状杂质等)和吸磁处理(除去金属杂质等),过筛还会使聚合物颗粒度大小比较均匀,以便与其他添加剂混合。贮存时易吸湿的聚合物使用前还应进行干燥。

增塑剂通常在混合之前进行预热,以降低其黏度并加快其向聚合物扩散的速度。同时强化传热过程,使受热聚合物加速溶胀以提高混合效率。

抗氧剂、稳定剂、防老剂、填料等添加剂组分的固体粒子大都在 $0.5~\mu m$ 以上,要将其在塑料中分散比较困难,且易造成粉尘飞扬,影响加料准确性,并且有些添加剂(如铅盐)对人体健康危害很大;另外随着塑料使用经验的累积和配方技术的发展,对复合稳定剂的需要逐渐迫切,对于这些量少,难于分散的组分,必须采用有效措施。而作为着色剂的颜料(或染料)用量更少,且易发生凝聚现象,所以要让其很好地分散在塑料中也是不容易的。为了简化配料操作和避免配料误差,最好配成添加剂含量高的母料(液态浆料或固体颗粒料),再加到体系中进行混合。

2）初混合。初混合是在聚合物熔点以下的温度和较为缓和的剪切应力下进行的一种简单混合,混合过程仅仅在于增加各组分微小粒子空间的无规排列程度,并不减小粒子本身。混合直接采用塑炼是有利的,但塑炼要求的条件比较苛刻,所用设备受料量有限,要使大批生产时质量上能达到满意的结果,则在塑炼前用初混合先求得原料组分间的一定均匀性是合理的。其次,由于受现有塑炼设备特性的限制,对某些不很均匀的物料,即使其重量小于塑炼设备的受料量,如果单凭塑炼而要求得到合格的均匀性,则塑炼时间必须延长,这样不单延长了生产周期,而且会使树脂受到更多的降解。基于这些理由,所以要求先进行初混合。经过初混合的物料,在某些场合下也可直接用于成型;但一般单凭一次初混合很难达到要求。

混合时加料的次序很重要。通常是按下列次序逐步加入的:树脂、增塑剂、稳定剂、润滑剂、染料和增塑剂(所用数量应计入规定用量中)调制的混合物和其他固态物料(填料等)。混合终点一般凭经验判断,也可通过混合时间来控制。

3)初混物的塑炼。塑炼的目的是为了改变物料的性状,使物料在剪切力的作用下热熔、剪切混合达到适当的柔软度和可塑性,使各种组分的分散更趋均匀,同时还依赖于这种条件来驱逐其中的挥发物及弥补树脂合成中带来缺陷(驱赶残存的单体、催化剂、溶剂残余体等),使其有利于输送和成型等。但塑炼混合的条件比较严格,如果控制不当,必然会造成混合料各组分蒙受物理及化学上的损伤,例如塑炼时间过久,会引起聚合物降解而降低其质量。因此,不同种类的塑料应各有其相宜的塑炼条件,并需要通过实践来确定。主要的工艺控制条件是塑炼温度、时间和剪切力。

塑炼的终点虽可用测定试样的均匀性和分散程度来决定,但最好采用测定塑料试样的拉伸强度来决定。

4)塑炼物的粉碎和粒化。粉碎与粒化都是使固体物料在尺寸得到减小,所不同的只是前者所成的颗粒大小不等,而后者比较整齐且具有固定形状。粉料一般是将片状塑炼物用切碎机先进行切碎,而后再用粉碎机完成的。粒料是用切粒机,将片状塑炼物分次作纵切和横切完成;也有用挤出机将初混合物挤成条状物,然后,再由装在挤出机上的旋刀切成颗粒料。

(2)溶液的配制

溶液的主要成分是溶质与溶剂;作为成型用的树脂溶液,有些是在合成树脂时为了某种需要而特意制成的,如酚醛树脂、脲醛树脂和聚酯等的溶液;而另一些则是在临用时进行配制,如醋酸纤维素、氯乙烯-乙酸乙烯酯共聚物等的溶液。溶剂一般为醇类、酮类、烷烃、氯代烃类等。溶剂只是为了分散树脂而加入,它能将聚合物溶解成具有一定黏度的液体,在成型过程中必须予以排出。故对溶剂的要求是无色、无臭、无毒、成本低、易挥发等,但主要还是要求它对聚合物具有较高的溶解能力。此外,树脂溶液中还可能加有增塑剂、稳定剂、着色剂和稀释剂等。前三种助剂的作用与在粉、粒料中加入这些组分的作用相同;至于稀释剂的作用可认为是为降低溶液黏度和成本,以及提高溶剂的挥发能力等而加入的。

配制溶液所用的设备是带有强力搅拌和加热夹套的溶解釜,配料方法一般分为慢加快搅法和低温分散法。通常采用慢加快搅,先将溶剂在溶解釜内加热至一定温度,而后在强力高速搅拌下缓慢地投入粉状或片状的聚合物,投料速度应以不出现结块现象为度。

树脂溶液具有聚合物浓溶液性质,此性质随所配制树脂溶液的种类及采用树脂品种不同而异,因而需采用不同的成型方法以制造不同的制品。如酚醛树脂液供浸渍织物,通过压制成型生产层压材料等;醋酸纤维素的溶液可供流延成型制片基(电影胶片等)。在浓溶液(如醋酸纤维素的溶液质量分数约10%;酚醛树脂液质量分数为50%~60%)中,大分子之间距离近,相互作用力大,溶液内部结构很复杂,所以溶液的黏度受各种因素的影响很显著,主要是温度和压力等。从成型角度来看,浓溶液的黏度对浸渍织物作层压材料影响很大,若黏度太大则不易浸渍,操作也困难;黏度太小虽易浸渍,但成型时大量流胶,促使织物黏接不好而强度降低。另外,对流延成膜亦有很大影响;黏度太低,则流延速度太快,没有足够时间让溶剂挥发或聚合物凝聚,所以成膜困难。反之,溶液过滤困难,流延很慢。也会影响成膜,故黏度应控制适当。

（3）糊的配制和性质

利用糊状聚合物生产某些软制品、涂层制品等早已是一种重要的成型加工方法。聚氯乙烯糊是其最重要和最有代表性的一种，通常它是由乳液聚合所制得的聚氯乙烯树脂和液体增塑剂等非水溶性液体组分所组成。在常温下，增塑剂很少被聚氯乙烯吸收；但当升温至适当温度时，增塑剂应能被聚氯乙烯完全吸收进而使树脂塑化，成为均匀而有柔性的固体。

聚氯乙烯糊除含聚氯乙烯树脂和增塑剂外，还配有稳定剂、填料、着色剂、稀释剂、胶凝剂、溶剂等。配入的目的和种类都取决于制品的使用要求，采用的树脂最好是乳液聚氯乙烯树脂，因其成糊性好。树脂和增塑剂的用量随所用树脂种类和成型方法与制品使用要求而定，一般约为 1：（1～1.4）。填料大多为粉状无机物，要求其颗粒均匀不带水分；胶凝剂常用金属皂类或有机膨润黏土，用量为树脂 3%～5%；稀释剂常用烃类；溶剂常用酮类；后三种添加剂使用与否，视需要而定。

制备聚氯乙烯糊时，应先将各种添加剂与少量增塑剂（此量应计入增塑剂总量中）混合，并用三辊磨研细以作为"小料"备用，而后将乳液树脂和剩余增塑剂，于室温下在混合设备内通过搅拌而使其混合；混合过程中缓缓注入"小料"，直至成均匀糊状物为止。为求质量进一步提高，可将所成糊状物再用三辊磨研细，然后再真空（或离心）脱气。

糊在常温常压下通常是稳定的，但直接与光和铁、锌接触时，会在贮存、成型和使用中造成树脂的降解，因此贮存容器不能用铁或锌制造，而应内衬锡、玻璃、搪瓷等材质。糊具有触变性，贮存时也可能由于溶剂化的增加而使其黏度上升，贮存温度一般不应超过 30 ℃。

糊随剪切速率的不同而表现出不同的流动行为，当剪切速率很低时，其流动行为可能与牛顿液体一样；而在剪切速率高时则表现为假塑性液体；如果剪切速率继续增高，则又能显示出膨胀性液体的行为（此一现象仅限于树脂浓度大的聚氯乙烯糊中）。但也有在表现为牛顿液体后，径直表现为膨胀性液体的（如果所用分散剂的溶剂化能力是优良的）；当加有胶凝剂时还具有一屈服值（即应力很小时表现出宾汉液体的行为，只有当剪切应力高达一定值时才发生流动，此定值就是屈服值）。出现假塑性液体行为的原因是树脂表面吸附层或溶胀层在受剪应力时会被剥落或变形的结果；出现膨胀性液体行为则是因为树脂颗粒产生了敛集效应，以致能够任意活动的液体数量有所减少而造成。糊的低剪切流动性能在涂布多孔性基料如布类时十分重要，低的屈服值将防止糊渗透入纤维而造成僵硬使手感不好。对于高速应用，最希望的流动曲线形式是假塑性液体型的曲线。不然，假如在高速时出现过大的膨胀性，则糊因产生很大的阻力，以致从基料上被刮去，或在辊涂中造成"飞溅"。在这种场合下，糊料实际上因膨胀而干结，并因离心力而从辊上飞溅，所以涂布时应引起注意。也可使用混合粒度的树脂，使在膨胀前能达到一较高浓度，从而避免上述现象。

由糊生产制品要经过塑形（成型）或烘熔两个过程。

糊的用途很广，用于制造人造革、地板、地毯衬里、纸张涂布、泡沫塑料、铸塑（搪塑或滚塑等）成型、浸渍制品等。

（4）聚合物共混物的制备

聚合物与聚合物之间的混合、聚合物与增强纤维之间的混合通常都要在聚合物熔融状态进行，这种混合目前大多借助于双螺杆挤出造粒机组来实现，双螺杆挤出机具有分区加料、强制喂料、高效混炼、捏合、剪切、分流、排气等优点，可以将不同聚合物以及聚合物与纤维之间进行强有力的混合与分散。由于绝大多数聚合物与聚合物之间的相容性较差，因此，在制备聚合物-聚合物共混物料（如尼龙 66 与聚丙烯共混物）时，一般需要加入增容剂（如聚丙烯接枝马来酸酐）以实现其分散与混合，并达到控制相态结构的目的，从而获得更佳的性能。在制备聚合物–纤维增强物料（如玻璃纤维增强尼龙66）时，聚合物从双螺杆挤出机的主加料口加入，当其熔融后将短纤维或长纤维从另一加料口加入，利用螺杆的剪切作用将长纤维剪断，纤维在聚合物中的含量由主辅喂料速度、螺杆转速、熔体黏度、纤维根数、牵引速度以及双螺杆挤出机中螺杆元件的组合等因素控制。

2.3　塑料成型加工流变学

塑料因其主要组分是有机聚合物，在加热和加压条件下容易流动与变形而具有良好的成型工艺性。热固性聚合物在流变过程中，因为不可避免地伴随有明显的化学变化，对其流变行为的描述与分析会复杂化；加之当今热塑性塑料制品在产量和用途的广泛性上都远远超过热固性塑料制品，所以聚合物成型流变学的主要研究对象是热塑性聚合物。几乎所有的塑料成型技术，都是依靠外力作用下聚合物的流动与变形实现从塑料原材料或坯件到制品的转变。重要的一次成型技术，如挤出、注射、压延、压缩模塑、传递模塑、浇铸和涂覆等，都是借助聚合物流体的流动实现造型过程。聚合物流体，可以是处于流动温度或熔点之上的聚合物熔体，也可以是在不高的温度下仍能保持良好流动性的聚合物溶液或分散体。这几种流体形式的热塑性聚合物，在塑料的成型中都有应用。但聚合物熔体在挤出、注射、压延和传递模塑等重要成型技术中占有特别重要的地位。因此，有关热塑性聚合物流变行为的讨论将以熔体为主要对象。在实际成型条件下，即使是热塑性聚合物，其流变行为也十分复杂，例如，低密度聚乙烯熔体在高剪切应力作用下，不仅有切变黏性流动，而且流动过程中还常伴随有弹性效应和热效应，有时还会发生一定程度的热氧化降解与交联之类的化学反应。这些流变之外的物理效应和化学反应，无疑会对热塑性聚合物的流变行为产生多方面的影响；加之聚合物流变学理论目前尚不十分完善，一些流变参数间的定性关系多属经验性的，若干定量分析方法还必须附加许多假定条件；这些都使由流变理论分析和计算得出的结果与真实情况并不完全相符。但聚合物流变学已有的研究成果，对塑料成型方法的选择、成型工艺条件的确定和制品质量的改进等仍具有重要的指导作用。鉴于高弹态、玻璃态和晶态聚合物的变形行为，以及影响聚合物流体切黏度的因素和切黏度的测定方法，在高分子物理学中均有较详尽的讨论，故以下着重介绍聚合物流体的基本流变特性、熔体在简单几何形状管道内的流动规律和流动过程中的弹性表现。

2.3.1　熔体的流动特性

1.流体流动的基本类型

（1）层流和紊流

液体在管道内流动时，可以表现为层流和紊流两种形式。层流也被称为黏性流动或者流线流动，其特征是流体的质点沿着平行于流道轴线方向运动，与边壁等距离的液层以同一速度向前移动，不存在层间质点运动，所有质点的运动均相互平行，但不同层间存在明显的速度梯度，靠近管壁处流速最小，管子中心流速最高，如图2－7(a)所示。紊流又称为湍流，其流体的质点除了向前运动外，还存在层间不规则的相互运动，质点的流线呈现紊乱状态，如图2－7(b)所示。

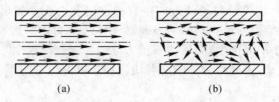

图 2 - 7　液体质点在管道中的流线

(a)层流;(b)湍流

英国物理学家雷诺(Reynolds)首先给出了流体的流动状态由层流转变为湍流的条件为

$$Re = Dv\rho/\eta > Re_c \qquad\qquad (2-1)$$

式中,Re 称为雷诺准数,为一无量纲的数群;D 为管道直径;ρ 为流体的密度;v 为流体的流速;η 为流体的切黏度;Re_c 称为临界雷诺数,其值与流道的断面形状和流道壁的表面光洁度等有关,对于光滑的金属圆管 $Re_c = 2\,000 \sim 2\,300$。

由于 Re 与流体的流速成正比而与其黏度成反比,所以流体的流速愈小、黏度愈大就愈不容易呈现湍流状态。大多数聚合物流体,特别是聚合物熔体,在成型时的流动都有很高的黏度,加之成型条件下的流速都不允许过高,故其流动时的 Re 值总是远小于 Re_c,聚合物熔体在成型条件下的 Re 值很少大于 10。因此,聚合物流体在成型过程中的流动,一般均呈现层流流动状态。由于聚合物熔体的黏度大,流速低,在加工过程中剪切速率一般小于 $10^4\ \mathrm{s}^{-1}$,形成层流。聚合物熔体或浓溶液在挤出机,注射机等截面管道、喷丝板孔道中的流动大都属于这种流动。

(2)稳态流动和非稳态流动

稳态流动,是指流体的流动状况不随时间而变化的流动,其主要特征是引起流动的力与流体的黏性阻力相平衡,即流体的温度、压力、流动速度、速度分布和剪切应变等都不随时间而变化。反之,流体的流动状况随时间而变化者就称为非稳态流动。聚合物熔体是一黏弹性流体,在受到恒定外力作用时,同时有黏性形变和弹性形变发生。在弹性形变达到平衡之前,总形变速率由大到小变化,呈非稳态流动;而在弹性变形达到平衡后,就只有黏性形变随时间延长而均衡地发展,流动即进入稳定状态。对聚合物流体流变性的研究,一般都假定是在稳态条件下进行的。塑料熔体在注射充模过程中,模腔中的流动速率、温度和压力等各种影响流动的因素都随时间而变化,因此塑料熔体属于不稳定流动。

(3)等温流动和非等温流动

等温流动,是指流体各处的温度保持不变情况下的流动。在等温流动的情况下,流体与外界可以进行热量传递,但传入和传出的热量应保持相等。在塑料成型的实际条件下,聚合物流体的流动一般均呈现非等温状态。这一方面是由于几乎所有成型工艺要求将流道各区域控制在不同的温度;另一方面是由于黏性流动过程中有能量耗散的生热效应和应力下降引起的流体体积膨胀产生的吸热效应存在。这些都使在流道径向上和轴向上均存在一定的温度差,故等温流动实际上只是一种理想状态下的流动。虽然聚合物流体在各种成型装置流道中的流动不可能达到理想的等温条件,但实践证明在流道的有限长度范围内和在一定的时间区间内,将聚合物流体在成型条件下的流动当作等温流动来处理并不会引起过大的偏差,却可以使流动过程的流变分析大为简化。

(4)剪切流动和拉伸流动

流体流动时,即使其流动状态为层状稳态流动,流体内各处质点的速度并不完全相同,质点速度的变化方式称为速度分布。按照流体内质点速度分布与流动方向的关系,可将聚合物流体的流动分为两类:一类是质点速度仅沿流动方向发生变化的,如图 2 - 8(a)所示,称为拉伸流动;另一类是质点速度仅沿与流动方向垂直的方向发生变化的,如图 2-8(b)所示,称为剪切流动。剪切流动可能由管道运动壁的表面对流体进行剪切摩擦而产生,即所谓的拖曳流动;也可能因压力梯度作用而产生,即所谓的压力流动。聚合物成型时在管道内的流动多属于压力梯度引起的剪切流动,因此这种形式的剪切流动是以下讨论的重点。

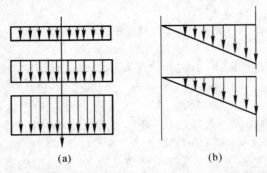

(a)   (b)

图 2-8   拉伸流动和剪切流动的速度分布(长箭头所示为液体流动方向)
(a)拉伸流动;(b)剪切流动

(5)一维流动、二维流动和三维流动

当流体在流道内流动时,由于外力作用方式和流道几何形状的不同,流体内质点的速度分布仍可具有不同的特征,其中较为简单的一种称为一维流动,较复杂的称为二维流动,最复杂的称为三维流动。在一维流动中,流体内质点的速度仅在一个方向上变化,即在流道截面上任何一点的速度只需用一个垂直于流动方向的坐标表示。例如,聚合物流体在等截面圆管内作层状流动时,其速度分布仅是圆管半径的函数,是一种典型的一维流动。在二维流动中,流道截面上各点的速度需要用两个垂直于流动方向的坐标表示。流体在矩形截面通道中流动时,其流速在通道的高度和宽度两个方向上均发生变化,是典型的二维流动。流体在锥形或其他截面呈逐渐缩小形状通道中的流动,其质点的速度不仅沿通道截面纵横两个方向变化,而且也沿主流动方向变化,即流体的流速要用三个相互垂直的坐标表示,因而称为三维流动。二维流动和三维流动的规律在数学处理上比较复杂,一维流动则要简单得多。有的二维流动,如平行板狭缝通道和间隙很小的圆环通道中的流动,虽然都是二维流动,但按一维流动作近似处理时不会引起大的误差,故一维流动是以下讨论的重点。

2. 聚合物流体的非牛顿特性

大多数低分子物质的流体以切变方式流动时,其剪切应力与剪切速率间存在线性关系,通常将符合这种关系的流体称为牛顿型流体。聚合物熔体、浓溶液和分散体(糊料)的流动行为远比低分子物流体的流动复杂,除极少数几种外,绝大多数聚合物流体在塑料成型条件下的流动行为与牛顿型流体不符。凡流体以切变方式流动但其剪切应力与剪切速率之间呈非线性关系者,均称为非牛顿型流体。非牛顿型流体按其剪切应力与剪切速率之间呈现非线性关系的不同特征,又可分为黏性系统、有时间依赖性系统和黏弹性系统三大类,在这三类中与塑料成型密切相关的是黏性系统。黏性系统流体受剪应力作用而流动时,其剪切速率只依赖于所施剪切应力的大小,而与剪切应力作用的时间长短无关。

(1)剪切应力和剪切速率

在塑料的成型过程中,聚合物熔体、浓溶液与糊料主要以切变方式流动,因此在聚合物成型流变学中,主要通过考察剪切应力和剪切速率之间的关系来研究其流变性。

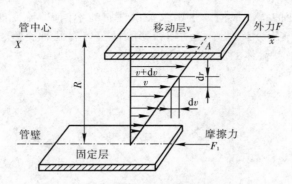

图 2 - 9　剪切流动的层流模型

　　为了研究以切变方式流动流体的性质,可将这种流体的流动看作许多层彼此相邻的薄液层沿外力作用的方向进行相对滑移。图 2 - 9 所示为流体层流模型,图中,F 为外部作用于整个流体的恒定剪切力;A 为向两端延伸的液层面积;F_1 为流体流动时所产生的摩擦阻力。在达到稳态流动后,F 与 F_1 两力大小相等而方向相反,即 $F=-F_1$。单位面积上受到的剪切力称为剪切应力,通常以 τ 表示,其单位是 Pa,因而有 $\tau=F/A=-(F_1/A)$。

　　在恒定剪切应力作用下,流体的剪切应变表现为液层以均匀的速度 v 沿剪切力作用的方向移动;但液层间存在的黏性阻力(即内摩擦力)和流道壁对液层移动的阻力(即外摩擦力),使相邻液层之间在前进方向上出现速度差。流道中心的阻力最小,故中心处液层的移动速度最大;流道壁附近的液层因同时受到流体的内摩擦和壁面外摩擦的双重作用,因而移动速度最小。若假定紧靠流道壁的液层对壁面无滑移,则这一液层的流动速度应当为零。当径向距离为 dr 的两液层移动速度分别为 v 和 $v+dv$ 时,dv/dr 就是速度梯度。但由于液层的移动速度 v 等于液层沿剪切力作用方向(即图 2 - 9 中 x 轴正向)的移动距离 dx 与相应的移动时间 dt 之比,即 $v=dx/dt$,故速度梯度可表示为

$$dv/dr = d(dx/dt)/dr = d(dx/dr)/dt \qquad (2-2)$$

式中,dx/dr 表示径向距离为 dr 的两液层在 dt 时间内的相对移动距离,这就是剪切力作用下流体所产生的剪切应变 γ,即 $\gamma=dx/dr$。考虑到流体在流道内的流动速度 v 随半径 r 的增大而减小,式(2 - 2)又可改写为

$$\dot{\gamma} = \frac{dr}{dt} = -\frac{dv}{dr} \qquad (2-3)$$

式中,$\dot{\gamma}$ 为单位时间内流体所产生的剪切应变,通常称之为剪切速率,其单位为 s^{-1}。由于剪切速率与速度梯度二者在数值上相等,在进行流动分析时,常用前者代替后者。对于牛顿型流体,剪切应力与剪切速率间的关系可用下式表示(该式称为牛顿型流体的流变方程):

$$\tau = \mu\left(\frac{dv}{dr}\right) = \mu\left(\frac{dr}{dt}\right) = \mu\dot{\gamma} \qquad (2-4)$$

式中,比例常数 μ 称为牛顿黏度或绝对黏度,其单位为 Pa·s,是牛顿型流体本身所固有的性质,其值大小表征牛顿型流体抵抗外力引起流动变形的能力。

　　(2)非牛顿型流体黏性流动的流变学分类

　　非牛顿型流体的黏性系统,通过测定其剪切应力 τ 和剪切速率 $\dot{\gamma}$,即可确定这一系统中各种流体黏性流动时 τ 函数关系的性质。若将测得的一系列 τ 值和 $\dot{\gamma}$ 值标在直角坐标系上,就可以得到不同类型流体黏性流动时的 τ 随 $\dot{\gamma}$ 变化的关系曲线。用这种方法得到的 $\tau-\dot{\gamma}$ 关系曲线

常称为流动曲线或流变曲线。根据 τ-$\dot{\gamma}$ 函数关系性质的不同(即流变曲线形状的不同),可将黏性系统的流体分为宾哈流体、假塑性流体和膨胀性流体等几种类型。上述三种非牛顿型流体的流动曲线连同牛顿型流体的流动曲线同示于图2-10之中。

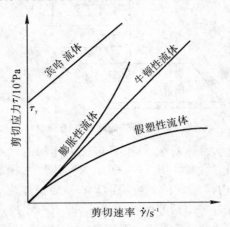

图 2 - 10 不同类型流体的流动曲线

1)宾哈流体。这种非牛顿型流体与牛顿型流体相比,相同之处是二者的 τ 与 $\dot{\gamma}$ 之间均呈线性关系,即二者的流动曲线均为直线;不同之处是宾哈流体仅当剪应力大于某个最低值 τ_y 之后才开始流动,即与牛顿型流体的流动曲线为一通过坐标原点的直线不同,宾哈流体的流动曲线为一在 τ 坐标轴上有一截距的直线(见图2-10)。使宾哈流体流动所必需之最低剪切应力 τ_y,通常称之为剪切屈服应力。宾哈流体的流变方程可表示为

$$\tau - \tau_y = \eta_P \dot{\gamma} \,(其中\ \tau > \tau_y) \tag{2-5}$$

式中,η_P 称为宾哈黏度或塑性黏度。如果能够使宾哈流体在流动变形之后解除外力,因流动而产生的形变完全不能恢复而作为永久变形保存下来,即这种流动变形具有典型塑性形变的特征,故又常将宾哈流体称为塑性流体。在塑料成型的物料中,几乎所有的聚合物浓溶液和凝胶性糊塑料的流变行为都与宾哈流体相近。

2)假塑性流体。这种非牛顿型流体的流动曲线不是直线,而是一条非线性曲线,剪切速率的增加快于剪切应力的增加,而且不存在屈服应力。曾提出过多种描述假塑性流体流变行为的经验方程式,其中最为简单而准确的是如下的幂律函数方程式:

$$\tau = K\left(\frac{dv}{dr}\right)^n = K\dot{\gamma}^n \,(其中\ n < 1) \tag{2-6}$$

式中,K 与 n 均为常数,K 称为流体的稠度,流体的黏稠性愈大,K 值就愈高;n 称为流体的流动行为指数,是判断这种流体与牛顿型流体流动行为差别大小的参数,n 值小于1且离整数1愈远就表明该流体的非牛顿性愈强。表2-1给出了6种热塑性聚合物不同剪切速率和温度条件下的 n 值。为了将方程式(2-6)与方程式(2-4)作比较,可将方程式(2-6)改写为

$$\tau = K\left(\frac{dv}{dr}\right)^{n-1}\frac{dv}{dr} = K\dot{\gamma}^{n-1}\dot{\gamma} \tag{2-7}$$

若取 $\eta_a = K\dot{\gamma}^{n-1}$,式(2-6)又可写为

$$\tau = \eta_a \dot{\gamma} \tag{2-8}$$

由此可知,在给定温度和压力的条件下,如果 η_a 为常量,则式(2-8)与式(2-4)相同,即

同为牛顿型流体的流变方程,而 η_a 就是牛顿型流体的绝对黏度 μ。如果 η_a 不为常量且与剪切速率有关,这种流体就是非牛顿型流体,η_a 即是该非牛顿型流体的表观黏度,其单位与牛顿黏度相同。

表 2-1 六种热塑性聚合物熔体在不同剪切速率下的 n 值

剪切速率/s^{-1}	PMMA 230 ℃	POM 200 ℃	PA66 285 ℃	EPR 230 ℃	LDPE 170 ℃	未增塑 PVC 150 ℃
10^{-1}	—	—	—	0.93	0.70	—
1	1.00	1.00	—	0.66	0.44	—
10	0.82	1.00	0.96	0.46	0.32	0.62
10^2	0.46	0.80	0.91	0.34	0.26	0.55
10^3	0.22	0.42	0.71	0.19		0.47
10^4	0.18	0.18	0.40	0.15		
10^5			0.28			

描述假塑性流体流动行为的幂律函数还有下面的另一种表达式:

$$\dot{\gamma} = \frac{\mathrm{d}v}{\mathrm{d}r} = k\tau^m \tag{2-9}$$

式中,k 与 m 也是常数,k 称为流动度或流动常数,k 值愈小表明流体愈黏稠,亦即流动愈困难;m 与 n 的意义相同,但其值大于 1,也是表示流体非牛顿行为程度的指数。比较式(2-9)和式(2-6)可以得到 m 与 n 和 k 与 K 的关系,分别为

$$m = 1/n \tag{2-10}$$

$$(1/k)^n = K \tag{2-11}$$

应当指出的是,幂律方程中的 n 和 m 为常量仅是一种理想的情况,对实际的假塑性流体来说,n 和 m 均不为常量。但当剪切速率变化范围不大时,即只取假塑性流体流变曲线上一个不长的线段时,n 和 m 即可近似地视为常量而不会引起大的分析误差。绝大多数聚合物熔体和溶液在较高剪切速率成型条件下的流动行为都接近于假塑性流体。

3)膨胀性流体。这种非牛顿型流体的流动行为与假塑性流体的流动行为相类似,其流动行为也可用式(2-6)和式(2-9)描述,但两式中的 $n>1$ 而 $m<1$。因此,膨胀性流体的流动曲线与假塑性流体的流动曲线之不同之处,是其黏度随剪切速率或剪切应力的增大而升高(见图2-10)。一些固体粒子含量高的悬浮液是膨胀性流体的代表,在较高剪切速率下的聚氯乙烯增塑糊的流动行为也与这种流体的流动行为相近。

将聚合物非牛顿型流体划分为上述的三个类别的目的,只在于简化实际流动情况,以便更好地认识和研究聚合物流体的流动行为。事实上,在塑料的成型过程中常可发现同一种聚合物的熔体、溶液或分散体,在不同成型技术中或同一成型技术的不同成型条件下,分别表现出宾哈流体、假塑性流体和膨胀性流体的流动行为。

3. 熔体流动的普适切变流动曲线

在塑料成型条件下大多数聚合物流体的流变行为接近假塑性流体,前面关于这种非牛顿型聚合物流体流变行为的讨论仅局限于剪切速率范围较小的情况,而在宽广的剪切速率范围内聚合物流体的 $\tau - \dot{\gamma}$ 关系与前述之情况并不相同。在宽广剪切速率范围内由实验得到的聚合物流体的典型流动曲线如图 2-11 所示。

由图 2-11 可以看出,在很低的剪切速率内,剪切应力随剪切速率的增大而快速地直线上升;当剪切速率增大到一定值后,剪切应力随剪切速率增大而上升的速率变小,这时 τ-$\dot{\gamma}$ 不再显示直线关系;但当剪切速率增大到很高值的范围时,剪切应力又随剪切速率的增大而直线上升。因此,按 τ 与 $\dot{\gamma}$ 关系性质的不同,可将聚合物流体在宽广剪切速率范围内测得的流动曲线划分为三个流动区。

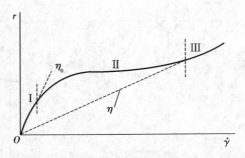

图 2-11　宽剪切速率范围聚合物流体的流动曲线

第一流动区,也称第一牛顿区或低剪切牛顿区,聚合物流体在此区的流动行为与牛顿型流体相近,有恒定的黏度,而且黏度值在三个区中为最大。这一流动区的黏度,通常用在低剪切速率下测得的多个黏度向剪切速率为零外推而得到的极限值表征,这个极限值常称为零切黏度或第一牛顿黏度,多以符号 η_0 表示。不同聚合物流体呈现第一牛顿区的剪切速率范围并不相同,故其零切黏度也有差异。糊塑料的刮涂与蘸浸操作大多在第一牛顿区所对应的剪切速率范围内进行。

第二流动区,也称假塑性区或非牛顿区,聚合物流体在这一区的剪切速率范围内的流动与假塑性流体的流变行为相近,因而可用描述假塑性流体流变行为的幂律方程来分析聚合物流体在这一流动区的流变行为。由假塑性流体的表观黏度 $\eta_a = K\dot{\gamma}^{n-1}$ 且 $n<1$ 可知,聚合物流体在这一流动区的表观黏度应随剪切速率的增大而减小,这种现象常称为"切力变稀"或"剪切稀化"。由于塑料的主要成型技术多在这一流动区所对应的剪切速率范围内进行成型操作(见表 2-2),因而聚合物的熔体、浓溶液和部分悬浮体的"切力变稀"特性对塑料成型具有特别重要的意义。虽然这一流动区的 τ-$\dot{\gamma}$ 关系不是直线,但在剪切速率变化不大的区段内仍可将流动曲线当作直线处理。例如,对聚氯乙烯熔体来说,在值变化 1.5~2 个数量级的范围内,或相当于 τ 值变化 1 个数量级的范围内,将其流动曲线当作直线处理引起的误差就很小。

表 2-2　塑料重要成型技术的剪切速率范围

成型技术	浇铸	压制	压延	涂覆	挤出	注射
剪切速率/s^{-1}	1~10	1~10	10~10^2	10^2~10^3	10^2~10^3	10^3~10^5

第三流动区,也称第二牛顿区或高剪切牛顿区,在这一剪切速率很高的流动区大多数聚合物流体的黏度再次表现出不依赖剪切速率变化而为恒定值的特性。在三个流动区中,聚合物流体在这一区具有最小黏度值,这一黏度值常称为第二牛顿黏度或极限黏度,可以看作是剪切速率接近无穷大时所测得的黏度极限值,极限黏度常以符号 η_∞ 表示。由于在很高的剪切速率下聚合物容易出现力降解,塑料成型极少在这一流动区所对应的剪切速率范围内进行。

4. 热固性塑料的流变特性

用于成型的热固性塑料原材料的主要组分多是分子量不太高的线型聚合物,但这种热固性线型聚合物与作为热塑性塑料主要组分的线型聚合物不同，其分子链上都带有多个可反应的基团（如羟甲基、酚羟基、异菁酸酯基和环氧基等）或活性点（如不饱和聚合物中的双键等）。这些活性基团和活性点的存在，使热固性聚合物具有多方面不同于热塑性聚合物的流变特性。

成型时的加热不仅可使热固性聚合物实现熔融、流动、变形以及取得制品所需形状等物理作用，而且还能使其分子在足够高的温度下发生交联反应并最终完成制品的固化。热固性聚合物一旦完成交联固化反应之后，可以认为其黏度已变为无穷大，这使热固性聚合物失去了再次熔融、流动和借助加热而改变形状的能力。由此不难看出，热固性聚合物在成型过程中的黏度变化规律与热塑性聚合物有本质上的不同。在恒定加热温度下，热固性塑料和热塑性塑料黏度如图 2-12 所示。

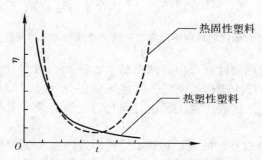

图 2-12　热固性塑料与热塑性塑料黏度随时间的变化

热固性聚合物的黏度除对温度有强烈的依赖性外，也受剪切速率的影响。剪切作用可增加活性基团或活性点间的碰撞机会，有利于降低反应活化能，故可增大交联反应的速度使熔体的黏度随之增大。加之，大多数交联反应都明显放热，反应热引起的系统温度升高也对交联固化过程有加速作用，这又导致黏度的更迅速增大。由以上简单分析可以看出，热固性聚合物熔体的切黏度（η）可以用温度（T）、剪切速率（$\dot{\gamma}$）和交联反应进行的程度（α）等参量的函数表示，即 $\eta = f(T, \dot{\gamma}, \alpha)$。但这只是一个定性的表达式，由于热固性聚合物在成型过程中化学反应的复杂性，以及由于化学反应会引起一系列复杂的物理和化学变化，使得用黏度、温度、剪切速率和交联程度等参数的定量关系来描述热固性聚合物熔体流变行为变得非常困难，所以至今对这些参数间的关系只有定性的了解。热固性聚合物熔体的流动总伴随着交联反应，而交联反应又必然导致熔体黏度的不断增大，因此有人提出热固性聚合物在一定温度下的流度随受热时间的延长而减小的关系可用下面的经验式表示：

$$\phi = 1/\eta = A' e^{-at} \tag{2-12}$$

式中，ϕ 为流度，是黏度的倒数；A' 和 a 均为经验常数；t 为受热时间。由式（2-12）可以看出，流度随受热时间的延长而减小，即热固性聚合物在完全熔融后其熔体的流动性或流动速度均随受热时间延长而降低，这种情况可从图 2-13 所示的注射用酚醛塑料粉的流动性（Q）与加热时间（t）的关系得到证实。显然，加热初期热固性聚合物黏度的急剧减小或流动性的明显增大，是在交联反应尚未发生之前加热使聚合物分子活动性迅速增大的结果。在流动性达到最大值后的一段长时间内，由于交联反应的速度还很低，因而体系的流动性随时间的变化不大。此后，当交联反应以较高的速度进行时，随交联固化程度的增大，体系黏度急剧增大而流动性迅速降低。

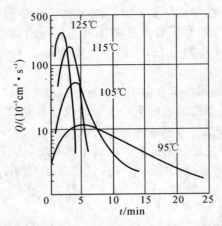

图 2-13　酚醛注射料在不同温度下的流动性与加热时间的关系曲线

成型时的加热温度对热固性聚合物熔体流动性的影响,可以用固化时间来表征。由于聚合物分子上官能团的化学反应规律与低分子官能团间的化学反应规律相似,因而热固性聚合物熔体流动性降低到某一指定值所需之固化时间与温度的关系可表示为

$$H = A'' e^{-bT} \tag{2-13}$$

式中,H 为固化时间;T 为成型时的加热温度;A'' 和 b 为用实验测得的常数。由式(2-13)可以看出,随加热温度的升高,流动性降低到指定值所需的固化时间相应缩短,这显然是由于交联反应速度随温度升高而增大的结果。因此,塑料成型过程中,热固性聚合物熔体的流动性及在高流动性状态的保持时间,均可通过调整加热温度来控制,图 2-14 所示为一种酚醛注射料在不同温度下的黏度与加热时间的关系曲线。

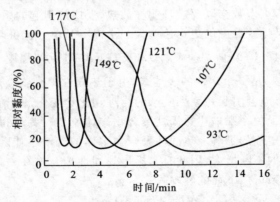

图 2-14　酚醛注射料在不同温度下的黏度-时间曲线

温度对热固性聚合物熔体流动性影响的这一特性,正是一些成型技术中将热固性塑料的塑化和塑化料取得模腔形状后的定型采用不同加热温度的原因。例如,热固性塑料注射时,料筒的加热应控制在使物料塑化后能达到最低黏度而不会发生明显交联反应的温度,而模具的加热温度则应保证成型物在最短的时间内固化定型。

对热固性聚合物,由于时间和温度对熔体的流动性都有重要影响,成型时的固化速率与温度和时间的关系可用如下经验式表示:

$$v_c = A e^{at+bT} \tag{2-14}$$

式中，v_c 为固化速率；A，a 和 b 均为经验常数；t 为时间；T 为温度。式(2-14)虽然给出了固化速率和温度与时间关系的数学表达式，但由于热固性塑料的导热性很差以及熔体流动过程中存在的压力梯度和温度梯度，这些都使熔体的黏度和固化速率均随时间和位置而改变，从而确定式(2-14)中的三个经验常数非常困难。因此，对成型过程中热固性聚合物熔体流动行为的分析，目前还主要依靠经验方法，如不同温度下凝胶时间的测定。

2.3.2　熔体在管道中的流动分析

塑料的重要成型技术，如挤出、注射和传递模塑等，均依靠聚合物熔体在成型设备和成型模具的管道或模腔中的流动而实现物料的输送与造型。因此，通过对聚合物熔体在流道中流动规律的分析，能够为测定熔体的流变性能和处理成型过程中的工艺与工程问题提供依据。由于熔体流动时存在内部黏滞阻力和管道壁的摩擦阻力，这将使流动过程中出现明显的压力降和速度分布的变化；管道的截面形状和尺寸若有改变，也会引起熔体中的压力、流速分布和体积流率(单位时间内的体积流量)的变化；所有这些变化，对成型设备需提供的功率和生产效率及聚合物的成型工艺性等都会产生不可忽视的影响。聚合物熔体在简单几何形状管道中的流动分析目前已有比较满意的方法，但复杂几何形状管道中的流动分析，目前还主要依靠一些经验的或半经验的方法，一般是以等截面的圆形和狭缝形等简单几何形状管道的分析计算为基础，经过适当的修正而用于实践之中。因此，以下着重讨论的是等截面圆形和狭缝形两种管道中的熔体流动。为了简化分析计算，假定所讨论的聚合物熔体是牛顿型流体或服从幂律函数关系的"幂律流体"，这两种流体在正常情况下进行等温的稳态层流，并假定熔体为不可压缩、流动时液层在管道壁面上无滑移、管道为无限长。尽管聚合物熔体在实际成型过程中的流动并不完全符合上述的各种假设条件，但实践证明引进这些假设对流动过程的分析与计算结果不会引起过大的偏差。

1. 等截面圆形管道中的流动

具有等截面的圆形管道，是许多成型设备和成型模具中常见的一种流道形式，如注射机的喷孔、模具中的浇道和浇口以及挤出棒材和单丝的口模通道等。与其他几何形状的通道相比，等截面圆形通道具有形状简单、易于制造加工、熔体在其中受压力梯度作用仅产生一维剪切流动等优点。

(1)剪切应力计算

如果聚合物熔体在半径为 R 的等截面圆管中的流动符合上述假设条件，取距离管中心为 r 长为 L 的流体圆柱单元(见图 2-15)。

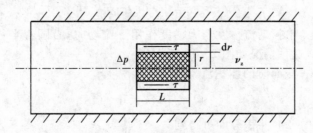

图 2-15　流体在等截面圆管中流动

当其在压力梯度($\Delta p/L$)的推动下移动时，将受到相邻液层阻止其移动的摩擦力作用，在达到稳态层流后，作用在圆柱单元上的推动力和阻力必处于平衡状态，其推动力为压力降与圆柱体横截面积(πr^2)的乘积,而其阻力则等于剪切应力(τ)与圆柱体表面积($2\pi rL$)的乘积,因此等式 $\Delta p(\pi r^2)=\tau(2\pi rL)$ 成立,由此等式可得到

$$\tau_r = r\Delta p/(2L) \tag{2-15}$$

对于紧靠管壁的液层有 $r=R$,因此管壁处的剪应力为

$$\tau_R = R\Delta p/(2L) \tag{2-16}$$

由式(2-15)和式(2-16)可以看出,任一液层的剪切力(τ_r)与其到圆管中心轴线的距离(r)和管长方向上的压力梯度($\Delta p/L$)均成正比,在管道中心处($r=0$)的剪切应力为零,而在管壁处($r=R$)的剪切应力达到最大值,剪切应力在圆管径上的分布如图2-16所示。

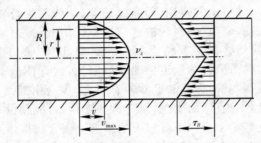

图 2-16 流体在等截面圆管中流动时的速度和应力分布

由于以上剪切应力的计算并未指明流体的性质,可见管道内液层的剪切应力与流体的性质无关,因而式(2-15)和式(2-16)对牛顿型流体和非牛顿型流体均适用。如前所述,在不同的剪切速率范围内,聚合物熔体可以呈现牛顿型流体的流动行为,也可以呈现假塑性幂律流体的流动特性,故以下分别分析这两种流体在等截面圆管中的流动。

(2)牛顿型流体在等截面圆管中的流动

牛顿型流体的剪切应力与剪切速率符合式(2-4)所表达的关系,将式(2-4)与式(2-15)联立即可得到

$$\dot{\gamma}_r = r\Delta p/(2\mu L) \tag{2-17}$$

由上式可以看出,牛顿型流体的剪切速率也与液层的半径成正比,在管道中心处为零,在管壁处达到最大值$\dot{\gamma}_R$,有

$$\dot{\gamma}_R = R\Delta p/(2\mu L) \tag{2-18}$$

将式(2-18)与式(2-3)联立,经过积分即可求得牛顿流体流动时沿圆管半径方向的速度分布为

$$v_r = \int_0^v \mathrm{d}v = -\frac{\Delta p}{2\mu L}\int_R^r r\,\mathrm{d}r = \frac{\Delta p}{4\mu L}(R^2 - r^2) \tag{2-19}$$

由式(2-19)可以看出,牛顿型流体在压力梯度作用下流动时,沿圆管半径方向的速度分布为抛物线形的二次曲线,这种情况如图2-16所示。

流体流过圆管任一截面时的体积流率(Q)为

$$Q = \int_0^R 2\pi r v_r \mathrm{d}r \tag{2-20}$$

将式(2-19)代入式(2-20)并积分即可得到

$$Q = \pi R^4 \Delta p/(8\mu L) \tag{2-21}$$

$$\Delta p = 8\mu L Q/(\pi R^4) \tag{2-22}$$

式(2-21)就是有名的泊肃叶-哈根方程。当牛顿型流体的绝对黏度和压力差为已知时,由式

(2-21)可得到体积流率与等截面圆管几何尺寸的关系,这为分析成型设备的管道尺寸对生产率的影响提供了理论依据。此外,由式(2-21)还可通过测定已知几何尺寸等截面圆管的体积流率计算流体的牛顿黏度。

将式(2-18)与式(2-22)联立,可得到牛顿型流体在管壁处的剪切速率与体积流率的关系为

$$\dot{\gamma}_R = 4Q/(\pi R^3) \tag{2-23}$$

用实验方法测得体积流率(Q)后,用式(2-23)计算得到的剪切速率又称牛顿剪切速率,在不同的压差(Δp)下分别得到 τ_R 和 $\dot{\gamma}_R$ 值后,即可绘出如图 2-10 所示的牛顿流体 τ-$\dot{\gamma}$ 流动曲线。

(3)假塑性幂律流体在等截面圆管中的流动

在挤出和注射等重要的塑料一次成型技术中,聚合物熔体流动时的剪切速率都比较高。如前所述,聚合物熔体在较高剪切速率下的流动规律可用幂律方程式(2-6)表示,故在分析这种流体的等截面圆管中的流动特性时应引入非牛顿性指数 n 或 m,以便导出幂律流体在等截面圆管中流动时各参量的关系式。因幂律方程本身是半经验的,以该方程为依据推导出的结果,显然也应具有半经验的性质。

比较式(2-6)和式(2-15)可以得到 $r\Delta p/(2L)=K\dot{\gamma}_r^n$ 的关系式,经移项整理后,可得任一半径处的剪切速率为

$$\dot{\gamma}_r = (r\Delta p/2KL)^{1/n} \tag{2-24}$$

由上式可以看出,幂律流体在等截面圆管中流动时的剪切速率,随圆管半径的($1/n$)次方变化,在圆管中心处($r=0$)剪切速率为零,而在管壁处($r=R$)达到最大值 $\dot{\gamma}_R$,有

$$\dot{\gamma}_R = (R\Delta p/2KL)^{1/n} \tag{2-25}$$

联立 $\dot{\gamma}_r = -(\mathrm{d}v/\mathrm{d}r)$ 与式(2-24)即可得到

$$\mathrm{d}v = -(r\Delta p/2KL)^{1/n}\mathrm{d}r \tag{2-26}$$

积分上式可得幂律流体在等截面圆管内半径方向上速度分布的表达式为

$$v_r = \frac{n}{n+1}\left(\frac{\Delta p}{2KL}\right)^{\frac{1}{n}}(R^{\frac{n+1}{n}} - r^{\frac{n+1}{n}}) \tag{2-27}$$

将式(2-27)对 r 作整个圆管截面的积分,即可得到幂律流体在等截面圆管中流动时的体积流率(Q)的计算式为

$$Q = \int_0^R 2\pi r v_r \mathrm{d}r = \frac{\pi n}{3n+1}\left(\frac{\Delta p}{2KL}\right)^{\frac{1}{n}}R^{\frac{3n+1}{n}} \tag{2-28}$$

式(2-28)是对假塑性幂律流体在等截面圆管中的流动进行分析的最重要关系式,有幂律流体基本方程之称,用此方程可分别导出幂律流体在等截面圆管内流动时的平均流速和压力降的表达式,以及用于流变性能测定的关系式。为此,将式(2-28)两边各除以圆管的截面积(πR^2)即可得到平均流速为

$$\bar{v} = \frac{Q}{\pi R^2} = \frac{n}{3n+1}\left(\frac{\Delta p}{2KL}\right)^{\frac{1}{n}}R^{\frac{n+1}{n}} \tag{2-29}$$

将式(2-28)重排,即可得到压力降(Δp)的表达式为

$$\Delta p = \frac{2KL}{R}\left[\frac{(3n+1)Q}{n\pi R^3}\right]^n \tag{2-30}$$

将式(2-28)两边取自然对数后,即可得到测定幂律流体流变特性参数 n 和 K 的关系式为

$$\ln Q = \frac{1}{n}\Delta p + \ln\left[\frac{\pi n}{3n+1}\left(\frac{1}{2KL}\right)^{\frac{1}{n}}R^{\frac{3n+1}{n}}\right] \tag{2-31}$$

用毛细管黏度计测聚合物熔体的流变特性参数时,在已知毛细管的几何尺寸后,可认为式(2-31)右边第二项为常数。用此毛细管通过改变压力差(Δp)测得不同的体积流率(Q)值后,再用多个 $\ln Q$ 对 $\ln \Delta p$ 作图得一直线,由该直线的斜率($1/n$)可求得流动行为指数(n),随后将求得的 n 值代入式(2-30)或式(2-31),即可计算得到稠度(K)值。用这种方法得到的 n 和 K 值,比仅用两组 Δp 和 Q 值代入式(2-31)求得的值有更高的精确度。

将式(2-28)和式(2-30)联立,可以得到幂律流体在等截面圆管内流动时管壁处剪切速率($\dot{\gamma}_R$)的表达式为

$$\dot{\gamma}_R = \left(\frac{3n+1}{n}\right)\frac{Q}{\pi R^3} \tag{2-32}$$

在幂律流体的流变性测定中,只要已知毛细管的半径 R 和长度 L,并已测得体积流率 Q 和求得 n 值,其剪切应力即可由式(2-16)计算,对应的剪切速率用式(2-32)计算。借助多次改变 Δp 值以测出多组 τ_R 和 $\dot{\gamma}_R$,再以 τ_R 对 $\dot{\gamma}_R$ 作图,即可得到图2-10中假塑性流体或膨胀性流体的 $\tau-\dot{\gamma}$ 流动曲线。

幂律流体的剪切速率有时也用计算牛顿型流体剪切速率的式(2-23)求取,用这种近似计算方法得到的幂律流体剪切速率称为非牛顿流体的"表观剪切速率"($\dot{\gamma}_a$),故有 $\dot{\gamma}_a=4Q/\pi R^3$。许多工程文献中给出的幂律流体流动曲线,就是由管壁处最大剪切应力(τ_R)对($4Q/\pi R^3$)作图得到的。幂律流体的真实剪切速率 $\dot{\gamma}_R$ 和表观剪切速率 $\dot{\gamma}_a$ 可用下式进行换算,即

$$\dot{\gamma}_R = [(3n+1)/4n]\dot{\gamma}_a \tag{2-33}$$

幂律流体在等截面圆管中流动时的表观黏度(η_a)可用下式计算得到,即

$$\eta_a = \frac{\tau_R}{\dot{\gamma}_R} = \left(\frac{n}{3n+1}\right)\frac{\pi R^4 \Delta p}{2LQ} \tag{2-34}$$

2. 狭缝通道中的流动

通常将高度(或称厚度)远比宽度或周边长度小得多的流道称作狭缝通道。狭缝通道也是塑料成型设备和成型模具中常见的流道形式,如用挤出机挤膜、挤板、挤管和各种中空异型材的机头模孔以及注射模具的片状浇口等。常见狭缝通道的截面形状有平缝形、圆环形和异形等三种。

(1)平行板狭缝通道内的流动

由二平行板构成的狭缝通道,是与等截面圆管同样简单的几何形状通道。若这种通道的宽与高之比大于10,即可忽略高度方向上两侧壁表面对熔体流动的摩擦阻力,可认为熔体在狭缝中流动时只有上、下二平行板表面的摩擦阻力的作用,因而流体的速度只在狭缝高度方向上有变化,这就使原为二维流动的流变学关系能当作一维流动处理。

设平行板狭缝通道的宽度为 W,高度为 $2H$,在长度为 L 的一段上存在的压力差为 $\Delta p = p - p_0$;如果压力梯度($\Delta p/L$)产生的推动力足以克服内外摩擦阻力,熔体即可由高压端向低压端流动。在狭缝高度方向的中平面上、下对称地取一宽为 W,长为 L,高为 $2h$ 的长方体液柱单元,其中在平面一侧的高为 h(见图2-17)。液柱单元受到的推动力为 $F_1=2Wh\Delta p$,受到上、下两液层的摩擦阻力 $F_3=2WL\tau_h$,τ_h 为与中平面的距离为 h 的液层的剪切应力。在达到稳态流动后,推动力和摩擦阻力相等,因而有 $2WL\tau_h=2Wh\Delta p$,经化简后得

$$\tau_h = h\Delta p/L \tag{2-35}$$

在狭缝的上、下壁面处($h=H$)熔体的剪切应力为

$$\tau_H = H\Delta p/L \tag{2-36}$$

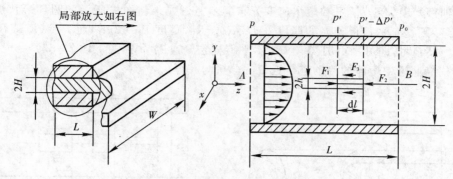

图 2-17 平行板狭缝通道中流体单元受力示意图

对于幂律流体,联立式(2-6)和式(2-35)即可得到任一液层的剪切速率$\dot{\gamma}_h$为

$$\dot{\gamma}_h = (h\Delta p/LK)^{1/n} \tag{2-37}$$

在狭缝的上、下壁面处($h=H$)的剪切速率$\dot{\gamma}_H$为

$$\dot{\gamma}_H = (H\Delta p/LK)^{1/n} \tag{2-38}$$

由于$\dot{\gamma}_h = (\mathrm{d}v/\mathrm{d}h)$,将式(2-37)代入得

$$\mathrm{d}v = -(\Delta p/LK)^{1/n}h^{1/n}\mathrm{d}h \tag{2-39}$$

经积分,即可得到在平行板狭缝通道的高度方向上的速度分布表达式为

$$v_h = \int_0^v \mathrm{d}v = -\int_H^h \left(\frac{\Delta p}{LK}\right)^{\frac{1}{n}} h^{\frac{1}{n}}\mathrm{d}h = \frac{n}{n+1}\left(\frac{\Delta p}{LK}\right)^{\frac{1}{n}}\left(H^{\frac{n+1}{n}} - h^{\frac{n+1}{n}}\right) \tag{2-40}$$

由式(2-40)可见,熔体在平行板狭缝通道中流动时,在狭缝的高度方向上的速度分布具有抛物线形特征。

在整个狭缝通道的截面积上积分式(2-40),可以得到熔体在平行板狭缝通道中流动时的体积流率(Q)计算式为

$$Q = 2\int_0^H v_h W\mathrm{d}h = \frac{2n}{2n+1}\left(\frac{\Delta p}{KL}\right)^{\frac{1}{n}}WH^{\frac{2n+1}{n}} \tag{2-41}$$

对于牛顿型流体将$n=1$和$K=\mu$代入式(2-41),即得牛顿型流体在平行板狭缝通道中流动时的体积流率(Q)为

$$Q = \frac{2H^3W\Delta p}{3\mu L} \tag{2-42}$$

式(2-41)和式(2-42)表明,流体通过平行板狭缝通道时,其体积流率随通道截面尺寸(W和H)和压力梯度($\Delta p/L$)的增大而增大,随流体黏度或稠度的增大而减小。将式(2-38)和式(2-41)联立,可以得到狭缝通道上、下壁面处剪切速率的另一表达式为

$$\dot{\gamma}_H = \left(\frac{2n+1}{2n}\right)\left(\frac{Q}{WH^2}\right) \tag{2-43}$$

式(2-43)表明,对于牛顿流体或已知n值的幂律流体,在已知截面尺寸的平行板狭缝通道中流动时,只要测得体积流率即可计算得到上、下壁面处的剪切速率。

(2)圆环形狭缝通道中的流动

由两个同心圆筒构成环隙时,若外筒的内半径R_0与内筒的外半径R_1接近,就表明环隙的

周边长度远比环隙的厚度大,这样的环隙就是圆环形狭缝通道。聚合物熔体在圆环形狭缝通道中沿圆筒轴向的流动,也可当作一维流动处理。图 2-18 所示为熔体在环形狭缝通道内流动时,一液柱单元的受力情况和熔体速度分布的示意。如果将图中所示的圆环形狭缝履开为平行板狭缝,则这一平行板狭缝的厚度 $2H = R_0 - R_1$,宽度 $W = 2\pi R$,而 $R = (R_0 + R_1)/2$,当 $2\pi R \gg (R_0 - R_1)$ 时,即可用由图 2-17 所示平行板狭缝通道所导出的式(2-36)~式(2-43),对圆环形狭缝通道中熔体的流动进行近似的分析与计算。

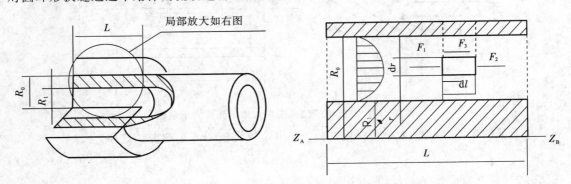

图 2-18 同心圆环形通道中流体液柱单元受力和速度分布示意图

(3)异形狭缝通道中的流动

通常将由平行板和同心圆筒构成的平缝和圆形狭缝通道以外的各种截面形状的狭缝通道,均称作异形狭缝通道。用挤出机挤出中空异型材的机头模孔是常见的异形狭缝通道。图 2-19 绘出了几种厚度均一异形狭缝通道的截面形状与尺寸符号,这些异形狭缝均可看作平行板狭缝和圆环形狭缝的不同方式组合。若用 $2H$ 表示种异形狭缝的缝隙厚度,而将异形狭缝各部分中线长度的总和当作平行板狭缝的宽度 W,且($W/2H \gg 10$),就可分别用式(2-42)、式(2-36)和式(2-43)分析与计算熔体流过这类狭缝通道时的体积流率、缝壁处的切应力、剪切速率。

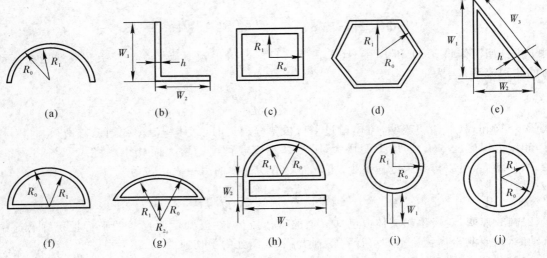

图 2-19 厚度均一的异型流道

3. 锥形通道中的流动

当聚合物流体在等截面的管道中进行压力流动时，尽管流体中各部分随所处位置的不同而有速度上的差异，但在流动方向上所有流体质点的流线都保持相互平行，即呈现层流条件下的一维流动，但当聚合物流体在沿流动方向截面尺寸逐渐变小的管道中流动时，流体中各部分质点的流线就不再保持相互平行。例如，在层流条件下当聚合物流体从一大直径管流入一小直径管时，大管中各位置上的流体将改变原有的流动方向，而以一自然角度进入小管，这时流体质点的流线将形成一锥角，常称此锥角的一半称为收敛角并以 α 表示（见图 2-20）。流体以这种方式进行的流动称为收敛流动。

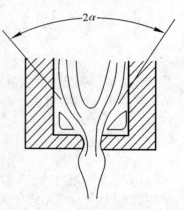

图 2-20　收敛流动示意图

流体由大直径管流入小直径管时，流道截面尺寸的突然缩小，使流体中的速度分布发生显著变化，从而在流体中产生很大的扰动和压力降，这会造成塑料成型设备功率消耗不必要的增加，并可能对制品质量产生不良影响。因此，大多数塑料成型设备的成型模具都采用具有一定锥度的管道来实现由大截面尺寸的管道向小截面尺寸的管道过渡。以避免因流道中存在"死角"而引起聚合物的热降解，并有利于减少因出现强烈扰动而引起的过大压力降和流动缺陷。最常用圆锥形的和楔形的管道，来实现由大截面管向小截面管的过渡，这两种锥形管道的形状及在其中进行的收敛流动如图 2-21 所示。

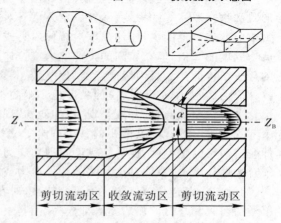

图 2-21　锥形或楔形管道中的流动

聚合物流体在锥形管道中以收敛的方式流动时，在垂直流动的方向上和主流动方向上都存在速度梯度，垂直流动方向上的最大速度在锥形管道的中心，锥形管道壁面处的速度为零；主流动方向上的最大速度在锥形管道的最小截面处，而最小速度则在锥形管道截面最大的入口处。两种速度梯度的存在，说明流体流过锥形管道时除产生剪切流动外，还伴随有拉伸流动。剪切和拉伸两种流动成分的相对大小主要由收敛角决定，一般情况是随收敛角的减小，主流动方向上的速度差减小，拉伸流动成分减少而剪切流动成分增多，当收敛角减小到零时，收敛流动就完全转变成纯剪切流动。为简化分析，通常在收敛角很小时，将因流线收敛而在主流动方上产生的速度梯度忽略不计，仍按纯剪切流动处理。当流体流过锥形管道的流线有明显收敛，即当收敛角较大而不能再按纯剪切流动处理时，就必须考虑拉伸流动对收敛流动的影响。聚合物熔体以收敛方式流动时，其拉伸应变速率 $\dot{\varepsilon}$ 可以用流动方向 dz 距离上的速度变化 dv_2 表示，即 $\dot{\varepsilon} = dv_2/dz$。与联系剪切应力和剪切速率的方程式（2-4）相似，联系拉应力 σ 和拉伸应变速率的方程式为

$$\sigma = \lambda \dot{\varepsilon} = \lambda(dv_2/dz) \qquad (2-45)$$

式中，λ 为拉伸黏度。

有人曾推导出聚合物熔体以收敛方式流动时，拉伸应力 σ 和拉伸压力降 Δp_E 与剪切速

率、收敛角 α 和圆锥形通道大端与小端截面半径 r_1 和 r_2 的关系为

$$\sigma = \lambda(\dot{\gamma}/2)\tan\alpha \tag{2-46}$$

$$\Delta p_E = \frac{2}{3}\sigma\left[1-\left(\frac{r_1}{r_2}\right)^3\right] \tag{2-47}$$

并推导出圆锥形流道收敛角 α_1 和楔形流道收敛角 α_2，与这两种流道入口处的剪切速率为 $\dot{\gamma}$ 时的表观黏度 η_a 和拉伸黏度 λ 的关系为

$$\alpha_1 = \arctan[(2\eta_a/\lambda)^{1/2}] \tag{2-48}$$

$$\alpha_2 = \arctan[3(\eta_a/\lambda)^{1/2}/2] \tag{2-49}$$

由式(2-46)和式(2-47)可知，在圆锥形流道几何尺寸已定且剪切速率和拉伸黏度也已知时，由收敛流动而产生的拉伸应力和拉伸压力降均可计算得出；而当剪切表观黏度和拉伸黏度均已知时，可分别用式(2-48)和式(2-49)计算出圆锥形和楔形流道中收敛流动的收敛角。

聚合物熔体以收敛方式流动时，其拉伸黏度和剪切黏度一样，除受聚合物分子结构、填料形状和物料温度等的影响外，在一定条件下对拉伸应变速率也有明显的依赖性。在低拉伸应力或应变速率范围内，拉伸黏度对拉伸应力或拉伸应变速率无明显依赖性，且其在数值上等于剪切黏度的 3 倍；但在较高的拉伸应力或拉伸应变速率范围内，拉伸黏度的变化情况随聚合物的分子结构而异。聚丙烯酸酯类、聚酰胺、共聚甲醛和 ABS 等聚合度不太高的线型聚合物，在拉伸应力高达 1 MPa 时，拉伸黏度也不随拉伸应变速率变化；但聚丙烯和高密度聚乙烯等高聚合度的线型聚合物，一般呈现"拉伸变稀"现象；而大分子链上有较多支链的低密度聚乙烯和聚苯乙烯等，多呈现"拉伸变稠"或"拉伸变硬"现象。上述情况表明，拉伸黏度对拉伸应力或拉伸应变速率的依赖性，比剪切黏度对剪切应力或剪切速率的依赖性更为多样化。但就大多数聚合物熔体来说，拉伸黏度还是随拉伸应力或拉伸应变速率的增大而增大，即多具有"拉伸变稠"的倾向。聚合物熔体的这一流变特性，对在熔融温度附近成型的中空制品、吹塑薄膜、拉伸单丝与薄膜和片材的热成型等都极为有利。

2.3.3 熔体流动过程中的弹性表现

具有黏弹性的聚合物熔体，在外力作用下除表现出不可逆形变和黏性流动外，还产生一定量可恢复的弹性形变，这种弹性形变具有大分子链特有的高弹形变本质。聚合物熔体的弹性，可以通过许多特殊的和"反常"的现象表现出来，在塑料的成型过程中，聚合物熔体在流动过程中产生的弹性形变及其随后的松弛过程，不仅影响到成型设备产生能力的发挥和工艺控制的难易，也影响制品外观、尺寸稳定性和内应力的大小。聚合物熔体流动过程中最常见的弹性表现是入口效应、口模膨胀效应和不稳定流动现象。

1. 入口效应

聚合物熔体在管道入口端因出现收敛流动，使压力降突然增大的现象称为入口效应。管道入口区和出口区熔体的流动情况如图 2-22 所示。熔体从大直径管道进入小直径管道，须经一定距离 L_e 后稳态流动方能形成。L_e 称为入口效应区长度，对于不同的聚合物和不同直径的管道，入口效应区长度并不相同。常用入口效应区长度 L_e 与管道直径 D 的比值(L_e/D)来表征产生入口效应范围的大小。实验测定表明，在层流条件下，对牛顿型流体，L_e 约为0.05 $D \cdot Re$；对非牛顿型的假塑性流体 L_e 在 $0.03\sim0.05D \cdot Re$ 的范围内，Re 为雷诺数，又称雷诺准数。

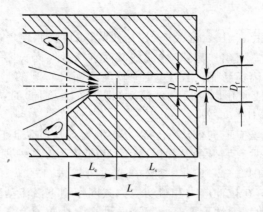

图 2 - 22 聚合物液体在管道入口区域和出口区域的流动

　　入口端压力降出现突增有两个方面的原因:其一是当聚合物熔体以收敛形式进入小直径管时,为保持体积流率不变,必须调整熔体中各部分的流速才能适应管径突然减小的情况。这时除管径中心部分的熔体流速增大外,还需要靠近管壁处的熔体能以比正常流速更高的速度移动。如果管壁处的流速仍然要保持为零就只有增大熔体内的速度梯度,才能满足调整流速的要求,为此只有消耗适当的能量才能增大速度梯度,加之随流速的增大,流动的动能也相应增大,这也使能量的消耗增多;其二是增大熔体内的剪切速率,将迫使聚合物大分子发生更大和更快的形变,使其能够沿流动方向更充分地伸展。而且这种方式的形变过程从入口端开始并在一定的流动距离内持续地进行,而为发展这种具有高弹性特征的形变,需克服分子内和分子间的作用力,也要消耗一定的能量。以上两个方面的原因,都使熔体从大直径管进入小直径管时的能量消耗突增,从而在入口端的一定区域内产生较大的压力降。

　　按照式(2-21)和式(2-28)所表示的体积流率与压力降的关系,在测得体积流率后计算压力降时,如果不考虑入口效应,所得结果往往偏低。因此,应将入口效应的额外压力降也包括在计算式中,才能得到比较符合实际的结果。为此需要对计算式进行修正,一种简单可行的办法是将入口端的额外压力降看成是一段"相当长度"管道所引起的压力降相等。若用 eR 表示这个"相当长度",即将有入口效应时熔体流过长度为 L 的管道的压力降,当作没有入口效应时熔体需流过$(L+eR)$长度的压力降。用"相当长度"修正后的圆截面管管壁处的剪应力若为 τ'_R,τ'_R 与修正前同一处的剪切应力 τ_R 之间有如下关系:

$$\tau'_R = \frac{\Delta pR}{2(L+eR)} = \frac{L}{L+eR}\tau_R \qquad (2-50)$$

式中,R 为等截面圆管的半径;e 为入口效应修正系数;L 为入口效应区的长度。由于 $L/(L+eR)<1$,故修正后的管壁处剪切应力小于修正前同一处的剪切应力。

　　实验表明,各种聚合物熔体在变直径圆管内流动时,修正入口效应所引起额外压力降的"相当长度",一般约为管道直径的 $1\sim5$ 倍,且随具体流动条件而改变。在没有确切实验数据的情况下,取 $6R$ 作为"相当长度"不会引起大的计算误差。

　　聚合物熔体的弹性表现是成型加工中必须充分重视的问题,因为熔体的弹性形变及其随后的松弛过程会对制品的外观和尺寸稳定性产生不利影响,造成制品尺寸精度难以控制、表面出现缺陷、收缩内应力等。但熔体的弹性表现也有其有利的一面,如利用熔体的弹性实现"记忆效应",制造热收缩管和热膨胀管。

2. 挤出物胀大

口模膨胀效应又称巴拉斯(Barus)效应、记忆效应、离模膨胀现象,是指聚合物黏弹性熔体在压力下挤出口模或离开管道出口后,熔体流柱截面直径增大而长度缩小的现象。

曾采用多种方法表征离模膨胀的程度,其中较简便而又直观的是测定膨胀比。膨胀比通常以 B 表示,是指熔体流柱离开口模后自然流动(即无外力拉伸)时,膨胀所达到的最大直径 D_f 与口模直径 D 之比,即 $B = D_f/D$。

引起口模膨胀的原因虽有取向效应、记忆效应、熵增效应和法向应力效应等多种解释,但由于大多数聚合物熔体都具有明显的黏弹性,因而目前多认为这一现象的产生是熔体流动过程中弹性行为的反映。如图 2-22 所示,熔体在通过管道进口区 L_e 段的收敛流动和通过 L_s 段的剪切流动后,大分子链在拉伸应力和剪切应力共同作用下沿流动方向伸展取向,前者引起拉伸弹性形变,后者引起剪切弹性形变。既然这两种高弹性质的形变都具有可逆性,只要造成熔体内速度梯度的应力消失,伸展取向的大分子链就将恢复其原有的卷曲构象,即出现弹性恢复。弹性恢复的程度与熔体的连续受力情况和允许应变进行松弛的时间有关。若 L_s 段足够长,即 (L_s/D) 很大,如 $(L_s/D) > 16$ 时,熔体流过 L_e 段因入口效应而产生的弹性形变在通过 L_s 段时有充分的时间松弛,可使贮存在熔体中的拉伸弹性能在随后的流动中消散,在这种情况下,因剪切流动而贮存在熔体中的弹性能是引起出口膨胀的主要原因;相反,若 L_s 段很短,即 (L_s/D) 很小时,因入口效应而产生的弹性形变在熔体流过 L_s 段时大部分未能松弛,在这种情况下入口效应区熔体内的剪切和拉伸作用所贮存的弹性能就成为引起口模膨胀的主要原因。熔体流柱中各液层的速度,从出口处的近似抛物线形分布转变为离口模不远处的等速分布,从而导致高度应变的表层迫使中心层流速降低,是出口附近熔体流柱截面先产生收缩而后又明显膨胀的重要原因(见图 2-22)。

大量的实验表明,影响口模膨胀效应和影响入口效应的因素是相似的,这些因素包括聚合物的分子量和分子量的分布、熔体中剪切应力或剪切速率的大小、熔体的温度和管道的几何形状与尺寸等。总之,凡是能使流动过程中弹性应变成分增加的因素,都会使口模膨胀效应更为明显。调整熔体温度、成型压力和流率等工艺参数和改变流道尺寸来变更离模膨胀比,对塑料成型过程控制最具实际意义。膨胀比与剪切速率的关系如图 2-23 所示。

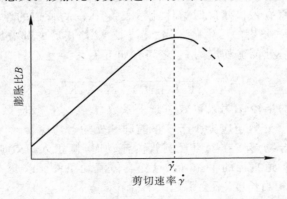

图 2-23 口模膨胀比(B)与剪切速率($\dot{\gamma}$)的依赖关系

由图 2-23 可以看出,在剪切速率较低时膨胀比随剪切速率的增大而增大,但当剪切速率超过某个值后膨胀比反而下降,膨胀比开始下降时所对应的剪切速率称为临界剪切速率($\dot{\gamma}_c$)。实验表明,当剪切速率超过临界值后,熔体的流动已转入成型过程不希望出现的不稳定流动状态。在 200 ℃下测得的各种聚合物熔体膨胀比与剪切速率的关系如图 2 – 24 所示。

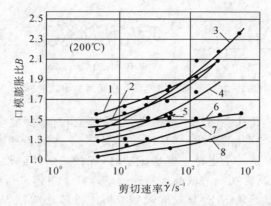

图 2 – 24　若干聚合物剪切速率对口模膨胀比的影响
1—高密度聚乙烯；2—PP 共聚物；3—PP 均聚物；4—结晶型 PS；5—低密度聚乙烯；
6—抗冲改性 PVC；7—抗冲改性 PS；8—抗冲改性 PMMA

由图 2 – 24 可以看出，在剪切速率相同时不同聚合物的离模膨胀比并不相同。温度对离模膨胀比也有影响，一般情况是：在剪切速率相同的条件下膨胀比随温度升高而减小，但不同剪切速率下测得的最大膨胀比随温度的升高而增大，这种情况如图 2 – 25 所示。

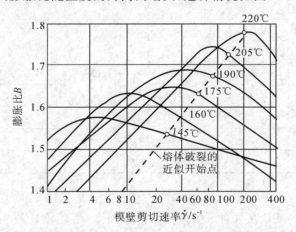

图 2 – 25　低密度聚乙烯在六种温度下的膨胀比与剪切速率的关系

增大管道直径、提高其长度与直径之比和减小入口端的收敛角，这些都有利于降低熔体流动过程中的弹性应变成分，从而使离模膨胀比减小。截面几何形状不对称的管道，在截面不同方向上测得的膨胀比并不相同，对于平行狭缝通道在截面厚度方向上的膨胀比大于宽度方向上的膨胀比，且前者常是后者的平方倍。在切变流动的情况下，从圆形截面通道中流出的熔体柱的膨胀比，一般都介于平行板狭缝通道截面厚、宽两个方向的膨胀比之间。

3. 不稳定流动

聚合物熔体从挤出机口模、注射机喷嘴和流变仪毛细管流出时，熔体流柱除有膨胀现象外，还可观察到在熔体流出的速率较低时，流柱具有光滑的表面和均匀截面形状随着流出速率的不断增大，依次出现流柱表面失去光泽变得粗糙、柱体粗细变得不匀和形状明显扭曲等现象;在流出速率很高时,甚至会观察到呈间断流出且形状也极不规则的熔体碎片。上述各种情况下流出熔体典型试样的形状如图2-26所示。

波纹状　　　　　竹节状　　　严重无规的粗糙表面　　　熔体破碎

图2-26　不同剪切速率下挤压时挤出物的形状

　　形状出现畸变的熔体流柱表面都十分粗糙,与鲨鱼皮相似,因此常称为挤出物的"鲨鱼皮症";而将出现间断的熔体碎片的现象称为"熔体破裂"。上述的各种现象说明,聚合物熔体在低剪切应力或低剪切速率条件下进行牛顿型流动时,各种与熔体弹性有关的因素引起的微小扰动容易受到抑制;而在高剪切应力或高剪切速率的条件下熔体进行非牛顿流动时,与其弹性有关因素引起的扰动难以抑制,并容易发展成导致熔体流柱连续性破坏的不稳定流动。出现熔体流连续性破坏的最小剪切应力和剪切速率,分别称为临界剪切应力(τ_c)和临界剪切速率($\dot{\gamma}_c$)。表2-3给出了几种聚合物不同温度下出现不稳定流动时的τ_c和$\dot{\gamma}_c$值,由表可以看出各种聚合物的τ_c值和$\dot{\gamma}_c$值均随温度的升高而增大。

表2-3　某些聚合物产生不稳定流动时的临界剪切应力τ_c和临界剪切速率$\dot{\gamma}_c$

聚合物	$T/℃$	$\tau_c/(10^{-5}\ \text{MPa})$	$\dot{\gamma}_c/\text{s}^{-1}$	聚合物	$T/℃$	$\tau_c/(10^{-5}\ \text{MPa})$	$\dot{\gamma}_c/\text{s}^{-1}$
低密度聚乙烯	158	0.57	140	聚丙烯	180	1.0	250
	190	0.70	405		200	1.0	350
	210	0.80	841		240	1.0	1000
高密度聚乙烯	190	3.6	1000		260	1.0	1200
聚苯乙烯	170	0.8	50				
	190	0.9	300				
	210	1.0	1000				

　　(1)鲨鱼皮症

　　鲨鱼皮症的主要症迹是在垂直于熔体流动的方向上,熔体流柱的表面规则地出现凹凸不平的皱纹。随不稳定流动的加剧,这种皱纹或密或疏,从波纹状、竹节状直到明显的无规则粗糙表面依次出现。但鲨鱼皮症大多是熔体柱表层的破坏现象,一般不会延伸到熔体流柱的内部。现在多认为熔体流动时在流道壁上的滑移和熔体离开流道口时受到的拉伸作用,是引起鲨鱼皮症的主要原因。由前面的叙述可知,熔体在管道中流动时,管道壁附近的速率梯度最大,因而管道壁附近的聚合物分子伸展变形程度较中心部大。如果熔体在流动过程中因大分子伸展而产生的弹性形变发生松弛,就会引起熔体流在管道壁上出现周期性的滑移;另一方面,流道出口对熔体的拉伸作用也是时大时小,随着这种张力的周期性变化,熔体流柱表层的移动速度也时快时慢。熔体流柱表面上出现不同形状的皱纹,主要是以上两种因素作用的周期时间和作用强度不同组合的结果。鲨鱼皮症的产生还与熔体在流道平直部分和出口区的流动状态有关,同时还明显地依赖于熔体的温度和聚合物的种类,因此有时在较低的剪切应力或剪切速率下也会观察到熔体流柱有这种表面缺陷。

（2）熔体破裂

熔体破裂与鲨鱼皮症的重要区别除熔体流柱形状的扭曲更加严重外，还在于不稳定流动引起的破坏已深入到流柱的内部。因此，熔体破裂现象在熔体流动过程中的出现，不仅限制了成型塑料制品时的生产效率，而且也严重影响塑料制品质量。关于熔体破裂现象产生的机理至今仍不十分清楚，但一般认为主要与熔体高速流动时在管道壁上出现滑移和熔体中的弹性形变恢复有关，即与鲨鱼皮症的产生有类似的机理。与解释鲨鱼皮症现象出现的原因不同，文献中对不同类型聚合物出现熔体破裂的原因往往提出不同的解释。例如，对目前研究较多的低密度聚乙烯（支化聚合物的代表）和高密度聚乙烯（较规整线型聚合物的代表）的熔体破裂原因，多认为有以下三个方面的不同：

1）流动曲线的连续性不同。图 2-27 所示为高密度聚乙烯（HDPE）和低密度聚乙烯（LDPE）的剪切应力与剪切速率流动曲线，由图可以看出，高密度聚乙烯出现熔体破裂（图中 M_F 点）后，流动曲线上出现不连续区，即在熔体破裂出现后的一定区间内同一剪切速率对应有两个剪切应力值，致使流动曲线在此区间内的连续性中断；低密度聚乙烯的情况不同，出现熔体破裂后流动曲线仍保持其连续性。

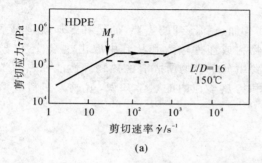 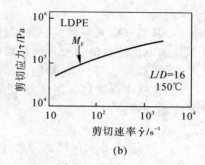

图 2-27 两类聚乙烯的流动曲线

2）流道几何尺寸效应不同。在同样的剪切速率时，低密度聚乙烯熔体流柱的扭曲程度随流道长度的增加而减轻；而高密度聚乙烯则相反，流道愈长其熔体流柱的扭曲就愈严重。

3）流道入口区的流动图像不同。高密度聚乙烯熔体在由大直径管进入小直径管时，收敛式流线充满入口区的全部有效空间；而低密度聚乙烯熔体在同样的入口区的周围，则为循环的涡流所充满。入口区这两种不同的流动如图 2-28 所示。

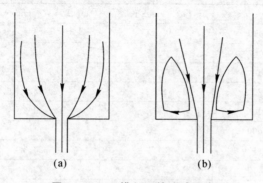

图 2-28 口模入口的流动图像

综上所述可以看出，高密度聚乙烯的熔体破裂主要发生在管壁处，这是由于熔体流柱与管壁界面的黏附破坏而产生的滑移,是使熔体流柱形状发生扭曲和流动曲线上出现不连续区的主要原因。由于黏着和滑移交替发生,因而流道愈长流出熔体柱的破碎就愈严重,低密度聚乙烯的熔体破裂主要发生在小直径管的入口区,这是因为入口区流线的严重收敛会导致熔体流较大的拉伸弹性变形,这种弹性变形达到极限值后,就不能再经受更大的变形,从而使熔体出现弹性断裂。此时经入口区直接进入小直径管的熔体流断开,使循环涡流熔体能够周期性地进入小直径管,两种具有不同剪切经历的熔体混在一起,就造成流出熔体柱因膨胀程度不同而发生扭曲和断裂。以上分析表明,熔体破裂是聚合物熔体在高剪切速率的流动过程中所产生的弹性湍流和流出管道后发生不均匀弹性恢复的综合结果。由于提高温度可使出现弹性湍流的剪切应力和剪切速率值增大,因此为避免不稳定流动对成型过程和制品的不利影响,熔融聚合物成型时的温度下限不是流动温度,而是成型时剪切速率条件下出现弹性湍流时的温度。

2.4　塑料成型加工的热力学

如前所述,塑料的大多数成型加工过程都有加热和冷却的需要,加热和冷却就是向系统输入和从系统中取出热量的过程。向塑料成型物料或坯件输入和从其中取出热量,不仅与热量传递方式有关,而且也与塑料,特别是与其主要组分聚合物所固有的热物理性能和热力学性质有关。因此,包括聚合物热物理性能、热力学和传热学在内的热学知识,就成为塑料成型加工的又一重要基础理论。

2.4.1　聚合物的热物理性能

塑料成型加工过程的传热分析和加热与冷却所需热量的计算,都需要聚合物或塑料的热物理性能数据,表 2-4 列出了包括常见聚合物和塑料在内的一些材料的热物理性能值。在聚合物四个重要的热物理性能中,热扩散系数 α 是密度 ρ、比热容 c_ρ 和导热系数 λ 的函数,通常是通过实验测得一种材料的密度、比热容和导热系数后,再用计算的方法求得这种材料的热扩散系数。

表 2-4　某些材料的热性能(常温)

材料名称	$\rho/(\text{kg} \cdot \text{m}^2)$	$c_\rho/[\text{kJ} \cdot (\text{kg} \cdot \text{K})^{-1}]$	$\lambda/[10^{-2}\text{W} \cdot (\text{m} \cdot \text{K})^{-1}]$	$\alpha/(10^{-8}\text{m}^2 \cdot \text{s}^{-1})$
聚苯乙烯	1 050	1.34	12.6	8.96
ABS	1 050	1.05	29.3	26.6
硬质聚氯乙烯	1400	1.84	15.9	6.17
低密度聚乙烯	920	2.09	33.5	17.4
高密度聚乙烯	940	2.56	48.2	20.0
聚丙烯	900	1.93	11.8	6.79
尼龙 66	1 140	1.89	23.3	10.8
聚碳酸酯	1 200	1.72	19.3	9.35
均聚甲醛	1 420	1.76	23.0	9.20
聚甲基丙烯酸甲酯	1 200	1.47	20.9	11.8

续表

材料名称	$\rho/(kg \cdot m^3)$	$c_p/[kJ \cdot (kg \cdot K)^{-1}]$	$\lambda/[10^{-2}W \cdot (m \cdot K)^{-1}]$	$\alpha/(10^{-8}m^2 \cdot s^{-1})$
聚三氟氯乙烯	2 100	1.05	20.9	9.48
聚四氟乙烯	2 100	1.05	24.4	11.1
石棉板	770	0.82	11.6	18.4
木材	800	1.76	20.7	14.7
玻璃	2 500	0.67	74.5	44.5
钢	7 900	0.46	4 540	1 250
铝	2 670	0.92	20 400	8 290
铜	8 800	0.38	38 400	11 200

1. 密度

材料的密度取决于单位容积所占有的质量,而比容则定义为单位质量材料所占有的容积,因而密度和比容二者互为倒数。在塑料的成型加工中,有时为简化分析和计算而将聚合物固体和熔体视为不可压缩,并忽略温度和加热速率与冷却速率对其密度的影响。但当成型加工过程涉及的温度变化范围较宽和外加压力很高时,就不能忽视聚合物的可压缩性和温度与加热速率等对密度的影响。几种聚合物的比容与温度的关系如图 2-29 所示,由图可以看出,各种聚合物的比容均随温度的升高而增大,而且在玻璃化温度或熔点处出现转折。

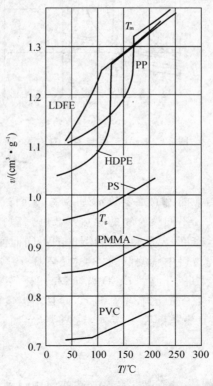

图 2-29 聚合物的比容与温度的关系图

T_g—玻璃化温度;T_m—熔化温度

2. 比热容

比热容定义为单位质量物质温度升高一度所需要的热量。由于向物系供给的热量,既可能引起内能的改变,也可能引起熵的改变,当所取的物质量为一个单位时,比热容可分别在定容和定压下定义为

$$c_V = (\partial E/\partial T)_V \qquad (2-51)$$
$$c_p = (\partial H/\partial T)_p \qquad (2-52)$$

在以上二式中,c_V 和 c_p 分别为定容比热容和定压比热容;E 为内能;H 为熵;T 为温度。加热晶态聚合物时,供给的热量不仅消耗于温度的升高,而且也消耗于相态的转变,即在加热到其熔化温度时,在温度基本保持不变的情况下,供给大量的热才能使晶态聚合物完全熔化。几种晶态聚合物和非晶态聚合物的比热容与温度的关系如图 2-30 所示。图中低密度聚乙烯、高密度聚乙烯和聚丙烯三种晶态聚合物,在加热到一定温度时比热容出现突变,显然是由于在熔点附近这三种聚合物吸收大量熔化潜热所引起的。

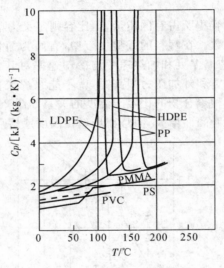

图 2-30　比热容与温度的关系

3. 导热系数

导热系数是表征物质热传导能力的重要热物理参数,后面讨论傅里叶(Fourier)导热方程时将给出导热系数的精确定义。不同聚合物的导热系数因其固有的热传导能力不同而存在差异,同一种聚合物也会因结构、密度、温度、压力和湿度的不同而使其导热系数出现变化。有机聚合物的导热系数在各类工程材料中属偏低的一类(见表 2-4),因而包括塑料在内的高分子材料多为热的不良导体。聚合物在升温到其物理状态和相态转变点时,导热系数会出现明显的变化。晶态聚合物的导热系数一般比非晶态的大,而且随温度的升高导热系数减小;非晶态聚合物则相反,随温度的升高导热系数略有增大,这两类聚合物的导热系数与温度的关系如图 2-31所示。

4. 热扩散系数

热扩散系数也称导温系数,是表征温度在被加热物体中达到均一状态快慢的热物理参数。热扩散系数与其他三个热物理参数的关系为

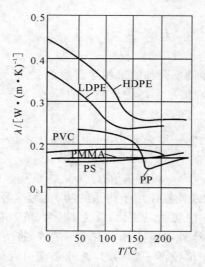

图 2-31　导热系数与温度的关系

$$\alpha = \lambda/(c_p\rho) \qquad\qquad (2-53)$$

式中，α 为热扩散系数；λ 为导热系数；c_p 为定压比热容；ρ 为密度。

由表 2-4 给出的各种材料的热扩散系数值可以看出，各种聚合物的热扩散系数值相差不大，常温下一般在 $(5\sim25)\times10^{-4}\,cm^2/s$ 的范围内，但与钢和铜等金属材料相比其值相当低，这是塑料成型加工时难于实现成型物料快速加热和成型物快速冷却的一个重要原因。几种聚合物的热扩散系数与温度的关系如图 2-32 所示。

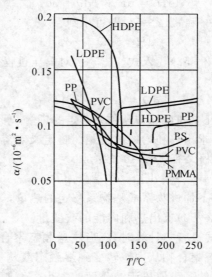

图 2-32　热扩散系数与温度的关系

由图 2-32 可以看出，各种聚合物由固态加热到熔融态的过程中，热扩散系数均呈下降的趋势，但晶态聚合物比非晶态聚合物下降得更快；转变到熔融态后，在较大的温度范围内，各种聚合物的扩散系数都几乎保持不变。聚合物熔体的热扩散系数能够基本保持不变的主要原因，是比热容随温度升高而增大的趋势恰为密度随温度升高而下降的趋势所抵消。

2.4.2 成型加工的热力学基础

热力学第一定律表明了能量不灭和能量相互转换的关系,是塑料成型加工过程热工计算的基础,而聚合物固体和熔体在温度和压力作用下的行为,与其热力学性质有密切关系。

1. 热力学的一般关系式

作为热工计算基础的热力学一般关系式,可根据热力学第一定律写为

$$dE = dQ - dW \qquad (2-54)$$

式中,E 为内能,是物系的性质,为一状态函数;Q 为从物系移走或加进的热量,W 为一途径函数;W 为物系对外界所做的功或外界作用于物系的功,也为途径函数。通常规定,由外界输入物系的热量和物系对外界所做的功为"正"值;反之,则为"负"值。由于式(2-54)中的物系总是以单位质量为基准,所以在计算物系交换的热量和所做的功时也就以单位质量为基准,此外,式(2-54)中尚有功和热的单位不一致问题,为此必须引入热功当量 J,引入 J 之后式(2-54)可改写为

$$dE = dQ - (1/J)dW \qquad (2-55)$$

若物系对外界所做之功和外界对物系所做之功仅是物系膨胀或收缩所产生的机械功,对可逆过程有

$$dW = pdv \qquad (2-56)$$

式中,p 为压强;v 为物系的比容。内能是物系的重要状态函数,不能直接测得,但内能与物的焓 H 有 $H = E + pv$ 的函数关系,这一函数关系的微分式为

$$dH = dE + pdv + vdp \qquad (2-57)$$

联立式(2-54)、式(2-56)和式(2-57)即可得到

$$dH = dQ + vdp \qquad (2-58)$$

将定义定压比热容的式(2-52)代入式(2-58),对等压过程又有 $vdp=0$,因而式(2-58)可改写为

$$dQ = dH = c_p dT \qquad (2-59)$$

从上式可知,在等压条件下加进物系或从物系移走的热量,等于物系焓的改变量。若定压比热容为已知,即可用式(2-59)求出热和焓的改变量。将定义定容比热容的式(2-51)和式(2-56)代入式(2-54),对等容过程又有 $pdv=0$,故有

$$dQ = dE = c_v dT \qquad (2-60)$$

从上式可知,在等容条件下加进物系或从物系移走的热量,等于物系内能的改变量。若定容比热容为已知,即可用式(2-60)求出热和内能的改变量。

在用以上的热力学关系式进行热计算时,应当注意晶态聚合物在加热和冷却时与非晶态聚合物有不同的热行为。晶态聚合物从固态转变到熔融态或从熔融态转变到固态,总伴随有潜热的吸收或释放,而且潜热的多少取决于结晶度的大小。例如,将低密度聚乙烯加热到成型温度 126 ℃时,每公斤需要供给的总热量约为 636.4 kJ,其中 129.8 kJ 为熔化潜热,约占总热量的 20%,显然这 129.8 kJ 的熔化潜热并未直接用于低密度聚乙烯温度的升高,而是用于晶格能的破坏。

2. 聚合物的膨胀与收缩

在热塑性塑料的重要成型技术中,热塑性聚合物大多因受热从玻璃态或晶态转变到黏流

态,黏流态的熔体流动造型后,又因冷却而恢复到玻璃态或晶态。在这样的成型过程中,聚合物不仅有相态和物理状态的转变,而且还经常伴随有体积的膨胀与收缩。聚合物在塑料成型过程中表现出的膨胀与收缩等热力学性质,不仅影响制品尺寸精度的控制,而且对成型过程的控制(如调整脱模力)也有不可忽视的影响。聚合物的膨胀与收缩特性,通常用膨胀系数(β)和压缩系数(κ)来表征,二者的定义是

$$\beta = \frac{1}{v}\left(\frac{\partial v}{\partial T}\right)_p = -\frac{1}{\rho}\left(\frac{\partial \rho}{\partial T}\right)_p \tag{2-61}$$

$$\kappa = \frac{1}{v}\left(\frac{\partial v}{\partial p}\right)_T = \frac{1}{\rho}\left(\frac{\partial \rho}{\partial p}\right)_T \tag{2-62}$$

在定压下绘制如图 2-33 所示的比容-温度关系曲线,可得曲线的斜率$(\partial v/\partial T)_p$值,而 v 是给定压力下和对应温度范围内的比容值。将 v 和$(\partial v/\partial T)_p$的值代入式(2-61)中,即可计算得到膨胀系数值。用同样的绘图法可由式(2-62)求得压缩系数值。

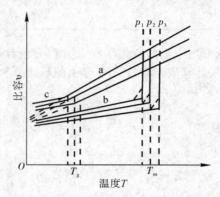

图 2-33　聚合物熔态(a)、晶态(b)和玻璃态(c)时的比容与压力($p_1 < p_2 < p_3$)和温度的关系
T_g—玻璃化温度；T_m—熔化温度

若同时考虑温度和压力所引起的体积变化,热塑性聚合物在给定温度(T)和给定压力(p)时的比容(v)可按下式计算,即

$$v = v_0[1 + \beta(T - T_0) + \kappa(p - p_0)] \tag{2-63}$$

式中,v_0 为选作标准温度 T_0 和标准压力 p_0 条件下的标准比容。应当指出,热塑性聚合物的比容具有松弛特性,加热和冷却速率对其非平衡值有明显影响；而压缩系数通常随温度的升高而增大,随压力的提高而减小。

3. 聚合物的状态方程式

范德华状态方程式($pV = nRT$),仅适用于气体物质,很少用于液体和固体物质的温度(T)、压力(p)和体积(V)三者关系的分析计算。斯潘塞(Spencer)和吉尔摩(Gilmore)的研究表明,聚合物的温度、压力和体积三者间的关系,可用如下经过修正的范德华状态方程式表示

$$(p + \pi)(v - \omega) = R'T \tag{2-64}$$

式中,p 为外界压力(10^4 Pa)；π 为内压力(10^4 Pa)；v 为聚合物比容(cm^3/g)；ω 为绝对零度时的比容(cm^3/g)；R' 为修正的气体常数(N·cm^3/(cm^2·g·K))；T 为绝对温度(K)。修正的范德华方程式适用于非晶态聚合物,也可近似地用于一些晶态聚合物。一些聚合物的 π,ω 和 R'值列于表 2-5 之中,这些常数仅与聚合物的性质有关,而与实验条件无关。

表 2 - 5 状态方程的 π,ω 和 R' 值

聚合物	π	ω	R'	T
	10^4 Pa	cm³/g	$\dfrac{\text{N} \cdot \text{cm}^3}{\text{cm}^2 \cdot \text{g} \cdot \text{K}}$	℃
聚苯乙烯(PS)	19 010	0.822	8.16	
通用聚苯乙烯(GPS)	34 840	0.807	18.90	160
有机玻璃(PMMA)	22 040	0.734	8.49	175
乙基纤维素(EC)	24 510	0.720	14.05	195
醋酸丁酸纤维素(CAB)	29 080	0.688	15.62	181
低密度聚乙烯(LDPE)	33 520	0.875	30.28	178
高密度聚乙烯(HDPE)	34 770	0.956	27.10	180
聚丙烯(PP)	25 300	0.922	22.90	220
聚甲醛(POM)	27 550	0.633	10.60	190
尼龙 610(PA610)	13 510	0.86	18.50	25~121

在已知三个常数后,不仅可用修正的范德华状态方程分析计算聚合物在成型过程中的温度、压力和比容关系,还可用来计算成型条件下聚合物的压缩系数和膨胀系数。为此,在定温下将式(2-64)对压力(p)求导得

$$\left(\frac{\partial v}{\partial p}\right)_T = -\frac{v-\omega}{p+\pi} \qquad (2-65)$$

将上式两边同除以比容 v 后得到

$$\frac{1}{v}\left(\frac{\partial v}{\partial p}\right)_T = -\frac{1}{v}\left(\frac{v-\omega}{p+\pi}\right) \qquad (2-66)$$

由式(2-64)可知

$$v = (R'T/p+\pi) + \omega \qquad (2-67)$$

将式(2-67)代入式(2-66)的右端以消去 v,即得

$$\frac{1}{v}\left(\frac{\partial v}{\partial p}\right)_T = -\frac{R'T}{(p+\pi)(R'T+\omega(p+\pi))} \qquad (2-68)$$

由式(2-62)可知压缩系数与温度和压力有如下关系:

$$\kappa = -R'T/\{(p+\pi)[R'T+\omega(p+\pi)]\} \qquad (2-69)$$

用同样的方法在定压条件下将式(2-64)对温度(T)求导,即可得到膨胀系数与温度和压力的关系为

$$\beta = R'/[R'T+\omega(p+\pi)] \qquad (2-70)$$

聚合物像大多数低分子物质一样,在定温条件下比容随压力的升高而减小,所以压缩系数均为负值,而在定压条件下比容随温度的升高而增大,所以膨胀系数均为正值。

2.4.3 成型加工过程中的热量传递

热力学第二定律表明,热量总是自动地由高温区转移到低温区。因此,只要有温差存在,就必定有热量传递过程进行。热量传递通常简称换热,换热过程一般通过传导、对流和辐射三种基本方式实现。在实际的塑料成型加工过程中,这三种基本换热方式很少单独出现,而往往是相互伴随同时发生,只不过在不同的过程中可能以其中的一种方式或两种方式为主。鉴于传导换热在塑料成型加工中最为普遍,以下着重讨论这种换热方式的基本规律,对于对流换热

和辐射换热仅介绍一些基本概念。

1. 传导换热

存在温差的固体各部分之间在无相对运动的情况下,热量由高温处转移到低温处的过程称为传导换热,或简称为导热。不同的固体物之间的传导换热,只有在这些物体紧密接触时才有可能发生。流体仅在其内部无宏观相对运动的条件下,才可能进行单纯的传导换热。研究传导换热的基本规律,有助于确定导热体内的温度分布和了解提高传热速率的途径,以便于对塑料成型加工过程实施有效的热控制。

(1)温度场与温度梯度

温差是传导换热的前提。只要有温差存在,热量就会自动地从高温处传导到低温处,而且传递热量的多少和传递方向,都与温度分布有非常密切的关系。通常将某一瞬间空间各点的温度分布称为"温度场",温度场是空间坐标和时间的函数。如果温度场不随时间变化就称为稳定温度场,具有稳定温度场的导热称为稳态导热;如果温度场随时间而变化就称为非稳定温度场,而具有非稳定温度场的导热称为非稳态导热。稳态导热比较简单,也容易分析,非稳态导热情况要复杂得多。虽然在塑料成型加工中的导热多属于非稳态的情况,但在定性分析传导换热过程时,常将其有条件地当作稳态导热处理。

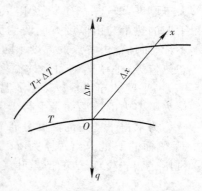

图 2－34　温度梯度定义示意图

任一瞬间温度场中具有相同温度各点的几何轨迹称为等温面,在同一个等温面上不存在温差也就不会有热量传递,热量传递只能发生在不同温度的等温面间。图 2－34 是温度分别为 T 和 $T+\Delta T$ 两等温面与一平面相交后在平面上形成的二等温线,O 是温度为 T 等温面上的任一点,n 为通过 O 点温度为 T 等温面的法线方向,x 为法线方向以外的任一方向,q 为热流方向。就单位距离温度变化而言有 $(\Delta T/\Delta n)>(\Delta T/\Delta x)$,即两等温面间的最大温度改变是在等温面的法线方向上。两等温面间的温差 ΔT 与此二面法线方向上的距离 Δn 比值的极限称为温度梯度,即

$$\lim_{\Delta n \to 0}\left(\frac{\Delta T}{\Delta n}\right)=\frac{\partial T}{\partial n} \tag{2-71}$$

用偏微分 $\partial T/\partial n$ 表示温度梯度是因为对于等温面只考虑其沿法线方向上的温差。温度梯度是一个向量,其方向为从低温指向高温,即指向温度升高的方向。负的温度梯度称为温度降度,由于热传递的方向(图 2－34 中 q 的方向)总是从高温指向低温,即与温度降度的方向一致。在稳定温度场中,温度梯度与时间无关;而在不稳定温度场中,温度梯度始终与时间保持密切联系。

(2)傅里叶定律

法国物理学家傅里叶在研究固体热传导现象时发现,对于均匀而各向同性的固体物质,导热量与温度梯度有线性关系。这就是著名的傅里叶定律,其数学表达式为

$$q=-\lambda(\partial T/\partial n) \tag{2-72}$$

式中,q 为热流密度,即单位时间内通过单位面积等温面所传导的热量;λ 为导热系数。式中的负号表示热流方向与温度梯度的方向相反。通过面积为 F 的整个等温面的热流量 $Q=qF$,故有

$$Q=-\lambda(\partial T/\partial n)F \tag{2-73}$$

导热系数的定义式可由傅里叶定律的数学表达式导出,由式(2-72)可得

$$\lambda = q / -(\partial T/\partial n) \tag{2-74}$$

由此可见,导热系数在数值上等于单位温度降度作用下通过等温面的热流密度。在已知导热系数后,对简单的导热过程可用傅里叶定律方程式直接积分求解。下面将要讨论的无限大平壁和圆筒壁的稳态热传导,就是用傅里叶定律对简单导热过程求解的实例。

(3)通过平壁的稳态热传导

图2-35所示为置于直角坐标系中的厚度均匀单层平壁,壁的厚度为δ,其方向与x轴一致。现假定:平壁的长度和宽度均远大于厚度,即这一平壁为无限大;沿长度和宽度方向的端面进、出平壁的热量与由厚度方向两侧面进、出平壁的热量相比可以忽略不计,而且壁内各点的温度不随时间变化,即平壁的导热为一维稳态热传导;平壁两侧面上的温度各处相等分别为T_1和T_2,且$T_1 > T_2$;平壁的导热系数λ不随温度变化。在上述假设条件下,可以认为平壁内的等温面是平行于两侧面的平面。

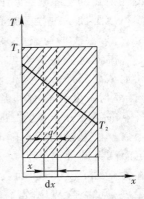

图2-35 单层平壁的热传导

为求得平壁内的温度分布和通过平壁的热流量,在距温度为T_1侧面的x处分出一厚为$\mathrm{d}x$的薄层,通过这一薄层的热流密度可用式(2-72)表达的傅里叶定律确定,因而有

$$q = -\lambda(\mathrm{d}T/\mathrm{d}x) \tag{2-75}$$

式中的温度梯度不用偏微分表示,是因为平壁内各等温面的温度在所给条件下仅与x值有关。将式(2-75)分离变量后积分得到

$$\int_0^x q\mathrm{d}x = -\int_{T_1}^T \lambda\mathrm{d}T \tag{2-76}$$

由于是稳态热传导,热流密度q在导热过程中始终为常数,故式(2-76)的积分结果为

$$T = T_1 - (q/\lambda)x \tag{2-77}$$

式(2-77)表明,平壁内厚度方向的温度分布为直线。当$x=\delta$时,$T=T_2$,因此通过平壁的热流密度和热流量与两侧面温度的关系为

$$q = \frac{T_1 - T_2}{\delta/\lambda} = \frac{\Delta T}{\delta/\lambda} = \frac{\Delta T}{R} \tag{2-78}$$

$$Q = \frac{T_1 - T_2}{\delta/\lambda}F = \frac{\Delta T}{R}F \tag{2-79}$$

式中,F为平壁侧面的面积。式(2-79)中的$R=\delta/\lambda$称为热阻,当温差一定时,热阻愈大通过平壁的热流密度就愈小。

若平壁是由几种不同材料的平板紧贴在一起构成的,这种平壁就称为多层平壁。图2-36所示为由三层平板构成的多层平壁,各层板的厚度分别为δ_1、δ_2和δ_3,其导热系数分别为λ_1、λ_2和λ_3,两外侧表面的温度均匀分别为T_1和T_4,且$T_1 > T_4$,其他假设条件与前述之单层平壁相同。

在多层平壁的情况下,热流依次通过壁的各层平板,与电流依次通过串联的电阻器十分类似。因此,像串联电阻器的总电阻等于各电阻器的电阻之和一样,多层平壁的总热阻也等于各层平板热阻之和,即

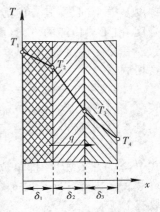

图2-36 多层平壁的热传导

$$\sum R = R_1 + R_2 + R_3 = \delta_1/\lambda_1 + \delta_2/\lambda_2 + \delta_3/\lambda_3 \qquad (2-80)$$

因而有

$$q = \frac{\Delta T}{\sum R} = \frac{T_1 - T_4}{\delta_1/\lambda_1 + \delta_2/\lambda_2 + \delta_3/\lambda_3} \qquad (2-81)$$

式中，$\Delta T = T_1 - T_4$，为推动多层平壁热传导的总温差。

在已知多层平壁的热流密度后，可用式（2-77）分别计算壁内各平板相接触面处的温度 T_2 和 T_3。

（4）通过圆筒壁的稳态热传导

图 2-37 所示为一壁厚均匀的等截面圆筒，筒的内、外半径分别为 r_1 和 r_2，筒的长度为 l。假定 $l \gg r_2$，且内、外壁面的温度均匀分别为 T_1 和 T_2。其他假设条件与单层平壁相同。由以上假设条件可知，圆筒壁内各等温面应为同心圆柱面。

为得到圆筒壁内的温度分布和通过筒壁的热流量，在壁内距筒中心线 r 处取厚度为 dr 的薄筒层，通过这一薄筒层的热流量可用式（2-73）所表达的傅里叶定律确定，因而有

$$Q = -\lambda(dT/dr)F_r = -\lambda(dT/dr)2\pi r l \qquad (2-82)$$

将上式分离变量并积分，得

$$\frac{Q}{2\pi l}\int_{r_1}^{r}\frac{dr}{r} = -\lambda\int_{T_1}^{T}dT \qquad (2-83)$$

$$T = T_1 - (Q/2\pi\lambda l)\ln(r/r_1) \qquad (2-84)$$

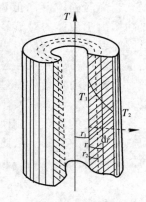

图 2-37　圆筒壁的热传导

在 $r = r_2$ 处，$T = T_2$，故有

$$Q = 2\pi\lambda l(T_1 - T_2)/\ln(r_2/r_1) \qquad (2-85)$$

由上式可知，圆筒壁的热阻为

$$R = \ln(r_2/r_1)/(2\pi\lambda l) \qquad (2-86)$$

由式（2-85）可以看出，圆筒壁内的温度分布为对数曲线，这与平壁内的温度分布为直线不同。出现这种差异的原因是由于圆筒壁的内、外表面面积不等，而平壁两侧表面的面积完全相等。若圆筒壁的内、外表面的面积相差不大，其通过壁面的导热过程可近似当作平壁处理，在此情况下式（2-85）可近似写为式（2-79）的形式，即

$$Q = \frac{T_1 - T_2}{\delta/(\lambda F_m)} \qquad (2-87)$$

式中，$\delta = r_2 - r_1$，为圆筒壁的厚度；$F_m = 2\pi r_m l = \pi(r_1 + r_2)l$，为圆筒内、外表面面积的平均值。

当圆筒的外半径与内半径之比小于 2 时，用式（2-85）和式（2-87）计算同一圆筒壁的热流量，两式计算结果之差一般不大于 4%，这对大多数工程应用的热计算来说，是在允许的误差范围之内。

可用与导出多层平壁热流量计算式相同的方法，推导出多层圆筒壁稳定热传导的计算式为

$$Q = \frac{2\pi l(T_1 - T_{n+1})}{\displaystyle\sum_{i=1}^{n}\frac{1}{\lambda_i}\ln\frac{r_{i+1}}{r_i}} \qquad (2-88)$$

式中，T_1 和 T_{n+1} 分别为多层圆筒壁内、外表面的温度；n 为筒壁的层数；i 为壁层的序数。

2. 对流换热

热对流是指流体(气体和液体)中,借助温度不同的各部分之间相互混合的宏观运动引起的热量传递过程,是一种比热容传导更复杂的热量传递方式。塑料成型加工中常见的对流换热多为流体先将热量传递给固体壁,或由固体壁先将热量传递给与之接触的流体,然后发生流体内部温度不同的各部分之间相互混合。已知当流体流动时,即使为湍流,紧邻固体壁处也必有一滞流边界层。图 2 - 38 所示为低温流体流过高温壁面时流体中的温度分布。

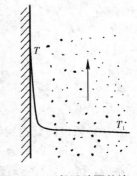

图 2 - 38 邻近壁面处流体温度的分布

当高温固体壁向低温流体传递热量(如加热料筒向筒内熔体传热)时,由于流体的对流经常有温度较低的流体与边界层接触,这时高温固体壁先将其热量传递给不动的滞流边界层的外缘,然后这一部分热量再以传导的方式穿过边界层而进入低温流体。由此可以看出,这种对流换热的热量传递过程仍是一种复合换热,其中包含了滞流边界层的传导换热和边界层以外流体中的纯对流换热。

对上述的复杂对流换热过程,通常采用牛顿提出的对流换热定律(又称牛顿冷却公式)作为热工计算的基础。依此定律,壁面温度为 T_w 的固体壁将热量传递给温度为 T_1 且与之接触的流体时,传递的热量 Q_c 与壁面面积和流体的温差均成正比,以数学式表示则有

$$Q_c = \alpha_c F(T_w - T_1) = (T_w - T_1)/(1/\alpha_c F) = (T_w - T_1)/R_c \qquad (2-89)$$

也可改写为

$$q_c = Q_c/F = (T_w - T_1)/(1/\alpha_c) = (T_w - T_1)/R'_c \qquad (2-90)$$

以上二式中,F 为固体壁面的面积;q_c 为热流密度;α_c 为对流换热系数,其定义为当壁面和流体间的温差为 1 ℃时通过单位面积壁面所传递的热量,常用的单位是(W/(m² · K));$R_c = (1/\alpha_c F)$ 为换热壁面的热阻,单位是(℃/W);$R'_c (1/\alpha_c)$ 为单位面积壁面的热阻,单位是((m² · K)/W)。

应用式(2-89)和式(2-90)进行对流换热的热流量或热流密度计算的关键,在于首先要得到换热系数 α_c,而 α_c 与流体的类型、性质、运动状况、对流方式、传热壁的形状、位置和大小,以及传热壁的温度和流体的温度和压力等多方面的因素有关。因此,对流换热系数不是材料的热性能参数,而是反映影响对流换热各方面因素综合影响情况的一个经验常数,只能用实验的方法针对特定的换热条件测得。

3. 辐射换热

物体的温度只要高于绝对零度,就会以电磁波的形式向空间发射辐射能。按对其他物体产生效应的不同,可将电磁波分成许多波段,其中波长在 0.1～100 μm 范围内的波段,投射到物体上之后能为物体吸收并转变成热量。一般物体在通常温度下向空间发射的电磁波,绝大部分的能量就集中在这一波段,所以将这一波长范围内的电磁波称为热射线,并将其传播过程称作热辐射。

热辐射与热传导和热对流相比,有如下三个明显的特点:

1)辐射能可在真空中传播,无须通过中间介质。

2)在热辐射过程中,不仅有能量的转移,而且有能量形式的转化。辐射换热的基本过程是,物体的一部分内能首先转化为电磁波形式的辐射能发射到周围空间,当此电磁波投射到另一物体上而被吸收时,电磁波形式的辐射能重新转化为物质的内能。

3)一物体在发射辐射能时,也在不断地吸收其他物体投射到该物体表面上的辐射能,故两物体间的辐射换热实际上是双向辐射能传递之差。若两物体的温度相等,表明二者发射出的和吸收入的辐射能相等,是处在一种动态的平衡之中。

当热射线投向一物体时,可能部分地被吸收,部分地被反射,还有一部分能穿透过去。若用 q 表示单位时间投射到一物体表面上的辐射能,其中被吸收的部分为 q_A,被反射的部分为 q_R,穿透过去的部分为 q_D,根据能量守恒定律则有 $q=q_A+q_R+q_D$,将此式两边同除以 q 后即得

$$q_A/q + q_R/q + q_D/q = 1 \tag{2-91}$$

上式中左边的三个分数项分别表示吸收、反射和透过的辐射能在投射来的总能量中所占的比率,分别称为吸收率、反射率和透过率。三者常分别用 A、R 和 D 表示,显然 $A+R+D=1$。

能全部透过热射线的物体($D=1$)称为透热体,能全部反射热射线的物体($R=1$)称为绝对白体或镜体,能全部吸收热射线的物体($A=1$)称为绝对黑体。只能部分吸收热射线的物体($A<1$)称为灰体,灰体能以相等的吸收率吸收各种波长的热射线,大多数工程材料对辐射换热而言可视作灰体。

塑料成型加工过程中常见的辐射换热,多数情况下为可视作灰体的两固体物间的相互辐射,如热成型过程中用红外线灯加热塑料片材就是这种情况。两固体物依靠辐射而进行换热时,从一物体表面发射出的辐射能,只有一部分到达另一物体表面,而到达的这一部分又由于部分地被反射和透射而不能全部被吸收。同理,从另一物体表面反射回来的辐射能,亦只有一部分回到原物体的表面,而回到的这一部分又发生部分的吸收和部分的反射,这种过程将反复地继续进行下去。因此,在计算两固体间相互辐射时,必须同时考虑两物体表面的吸收率、反射率和物体的形状、大小以及二者之间的距离、相对位置和介质的类型。不难看出,热辐射换热的计算远比热容传导和热对流复杂。

玻尔兹曼(Boltzmann)用热力学的方法证明了黑体的辐射力 E_b(即黑体每平方米表面每秒钟发射的能量)与其温度有如下关系,即

$$E_b = \sigma_b T^4 \tag{2-92}$$

式中,T 为黑体的温度(K);σ_b 为斯蒂芬玻尔兹曼常数,其值为 5.67×10^{-8} W/(m²·K⁴)。在同样的温度下,黑体具有最大的辐射力,灰体的辐射力 E 为

$$E = \varepsilon\sigma_b T^4 \tag{2-93}$$

式中,ε 称为辐射率或黑度,对于黑体 $\varepsilon=1$,对于灰体 $\varepsilon<1$,ε 在数值上与灰体的吸收率 A 相等。

两灰体间的辐射换热量 $Q_{1,2}$ 可按下式计算,即

$$Q_{1,2} = \varepsilon_{1,2}F_1\sigma_b(T_1^4 - T_2^4) \tag{2-94}$$

式中,T_1 和 T_2 分别为两灰体表面的绝对温度;$\varepsilon_{1,2}$ 为辐射换热系统两物体的综合黑度,其值不仅与二者表面本身的黑度 ε_1 和 ε_2 有关,而且还与二者的辐射面积 F_1 和 F_2 等因素有关。

如果参与辐射换热的只是由温度为 T_x 的透明气体隔开的两灰体表面 I 和 II,而不涉及第三者,则 $Q_{1,2}$ 显然是从表面 I 传出的净辐射热流量,同时也是传给表面 II 的净辐射热流量,如果将这一热流量记为 Q_r 并写成式(2-84)的形式,则有

$$Q_r = \alpha_r F_1(T_1 - T_x) \tag{2-95}$$

因 $Q_r=Q_{1,2}$,比较式(2-94)和式(2-95)即得

$$\alpha_r = [\varepsilon_{1,2}\sigma_b(T_1^4 - T_2^4)]/(T_1 - T_x) \tag{2-96}$$

式中,α_r 称为辐射换热系数,其单位为(W/(m²·℃))。考虑到表面 I 与透明气体之间还有对流换热,故表面 I 的总换热量 Q 为

$$Q = Q_c + Q_r = \alpha_c(T_1 - T_x)F_1 + \alpha_r(T_1 - T_x)F_1 = (\alpha_c + \alpha_r)F_1(T_1 - T_x) = \alpha F_1(T_1 - T_x) \tag{2-97}$$

式中,$\alpha = \alpha_c + \alpha_r$,称为总换热系数。用实验的方法测得 α_c 和 α_r 后,即可利用式(2-96)和式(2-97)分别计算固体物表面的净辐射热流量和总换热量。

思考题与习题

2-1　物料的混合有哪三种机理? 塑料成型时熔融物料的混合以哪一种机理为主?

2-2　为什么在评定固体物料的混合状态时不仅要比较取样中各组分的比率与总体比率间的差异大小而且还要考查混合料的分散程度?

2-3　在宽广的剪切速率范围内,聚合物流体的剪切应力与剪切速率之间的关系会出现怎样的变化?

2-4　温度、压力和时间如何影响热固性聚合物熔体的流动性?

2-5　聚合物熔体在剪切流动过程中有哪些弹性表现形式? 在塑料成型过程中可采取哪些措施以减少弹性表现对制品质量的不良影响?

2-6　一种聚合物熔体在 3 MPa 压力作用下通过直径 2 mm、长 8 mm 的等截面圆形管道时,测得的体积流率为 0.054 cm³/s,若该聚合物熔体的流变行为等同于牛顿型流体,求管壁处的最大剪切应力、剪切速率和牛顿黏度。

2-7　一种聚合物熔体以 1 MPa 的压力降通过直径 2 mm、长 8 mm 的等截面圆管时测得的体积流率为 0.05 cm³/s,在温度不变的情况下以 5 MPa 压力降测试时体积流率增大到 0.5 cm³/s,试从以上测试结果分析该熔体在圆管中的流动是牛顿型还是非牛顿型。

2-8　若上题的分析结果表明流动是非牛顿型,试建立表征这种聚合物熔体流动行为的幂律方程。

2-9　聚合物很低的导热系数和热扩散系数对塑料成型加工有哪些不利影响?

2-10　晶态和非晶态聚合物在加热和冷却时的不同热行为对二者的热计算有何影响?

2-11　在塑料成型的条件下聚合物的温度、压力和比容三者之间有何联系? 如何用三者间的关系式估算聚合物的膨胀系数和压缩系数?

2-12　如何用实验方法得到修正范德华方程的常数 ω 和 π?

2-13　影响传导、对流和辐射三种换热效果的主要因素各有哪些?

2-14　牛顿对流换热系数与导热系数有什么本质上的不同? 影响牛顿对流换热系数的因素有哪些?

2-15　辐射换热与传导换热和对流换热相比有哪些特点?

2-16　已知一种聚乙烯在常压下温度超过 120 ℃后其比容 v 与绝对温度 T 有 $v = 0.900 + 0.000\,89T$ 的关系,试计算这种聚乙烯常压下 200 ℃时的密度和体积膨胀系数。

2-17　已知一种低密度聚乙烯在温度 120 ℃和压力 0.1 MPa 时的比容、压力和温度三者的关系可用修正的范德华状态方程表示,状态方程式的常数 $R' = 30.28$ N·cm³/(cm²·g·K),$\omega = 0.875$ cm³/g,$\pi = 33\,520$ N/cm²,计算该温度和压力条件下的膨胀系数和压缩系数。

2-18　大型塑料制品热处理炉隔热壁由三层材料组成,三层材料的厚度分别为 20 cm,50 cm 和 240 cm,三种材料的导热系数依次为 0.1 W/(m·℃),0.034 W/(m·℃)和 0.58 W/(m·℃),已测得壁的内、外表面温度分别为 250 ℃和 50 ℃,假定炉内向炉外散热是稳态传导换热所致,试求每平方米炉壁在每秒钟内散失的热量,并估算各层材料接触处的温度。

第3章 塑料挤出成型技术

3.1 概　述

3.1.1 挤出成型原理

挤出成型(extrusion molding)是目前热塑性塑料制品最主要的成型加工技术之一,由于其高效连续化使其产品的产量位居所有塑料制品的第一位。其基本原理是:塑料从料斗中加入到挤出机螺杆的加料段螺槽后,在压力作用下被向前推进(固体输送阶段),然后在料筒的外加热和内摩擦热的作用下逐渐熔融(固体熔融阶段),再通过螺杆的计量段实现熔体均匀化后(熔体均化阶段)通过挤出机的口模成为具有恒定截面形状的塑性连续体,最后经过适当处理(冷却或交联)使连续体失去塑性而成为具有固定截面形状和尺寸要求的塑料制品。

由挤出成型原理不难看出,挤出成型加工技术是一种高效连续化作业过程,其制品的制备是在一条生产线中完成的,需要完成加料、加压输送、固体熔融、熔体均化、泵送、口模成型、定型、凝固、牵引、软质品卷取、硬制品切割等基本环节。通过改变口模并使其旋转运动,也可以制备出一系列变截面形状的连续制品,还可以通过多台挤出机共用一个口模制备出不同材料的复合挤出制品,还可以通过T型口模制备包覆制品。因此,挤出成型加工技术具有连续高效、制品变化多、占用场地大等特点。

3.1.2 挤出成型分类

按挤出过程中成型物料塑化方式的不同,挤出工艺分为干法挤出和湿法挤出两种。干法挤出是依靠挤出机将固体物料转变成熔体(称为塑化过程),塑化和挤出在同一台挤出机上进行,通过口模挤出的塑性连续体的定型处理仅为简单的冷却操作,这是目前绝大多数热塑性塑料(如 PE,PP,PVC,PMMA,PA,POM,PC,PSU 等)挤出制品的最主要方法。湿法挤出的成型物料塑化需用溶剂将其充分塑化,因此塑化和挤出必须分别在两个设备中各自独立完成,而挤出物的定型处理则依靠脱除溶剂来完成。湿法挤出虽有容易塑化均匀和可避免成型物料因过度受热而分解的优点,但由于塑化和定型操作复杂又需使用大量易燃有机溶剂等严重缺点,其适用范围目前仅限于硝酸纤维素(NC)、聚乙烯醇(PVA)、超高分子量聚乙烯(UHMWPE)、聚丙烯腈(PAN)等少数不能加热塑化成为良好黏流体或极易分解的塑料。

按挤出时连续性的不同,又可将挤出成型分为连续式挤出和间歇式挤出。连续式挤出采用螺杆式挤出机,间歇式挤出采用柱塞式挤出机。柱塞式挤出机的主要成型部件是加热料筒和施压柱塞。当其成型制品时,先将一份成型物料加进料筒,而后借助料筒的加热塑化并依靠柱塞的推挤作用将其推进挤出机头的模孔之内成型后再从模孔挤出。加进的一份物料挤完后柱塞需退回,待加进新的一份物料后再进行下一次的推挤操作,显然柱塞式挤出机的成型过程是不连续的,而且在塑化过程中无法使物料受到搅拌混合,致使塑料的塑化温度均一性较差,但由于柱塞可对塑化料施加很高的推挤压力,故柱塞式挤出机现在还用于超高分子量聚乙烯、聚四氟乙烯等熔融黏度很高的特种工程塑料的型材挤出成型。

按照螺杆数量的多少,挤出成型又分为单螺杆挤出、双螺杆挤出和多螺杆式挤出,目前使用最多的还是单螺杆挤出和双螺杆挤出,其中单螺杆挤出主要用于挤出成型制品,而双螺杆挤出由于具有更好的强制输送性、自洁性、混合分散性等优点,更多用于塑料的填充、增强、合金等改性塑料的制备。

按照挤出辅机的不同,挤出成型还可分为挤出造粒、挤出吹膜、挤出中空吹塑、挤出压延、挤出型材、挤出发泡、挤出包覆等制品的生产。

3.1.3　挤出成型应用

通过改变挤出机料筒、螺杆、口模、辅机等设备的结构和控制系统,挤出成型可用于以下目的:

1)挤出造粒:将以聚合物为主体的原料与其他添加剂如阻燃剂、增塑剂、增韧剂、颜料、填料、纤维以及不同聚合物的混合为目的挤出称为挤出造粒,其优点是能够将塑料中的各组分通过熔融过程达到均匀分散和混合,为后续其他加工提供成型用颗粒原料。这是树脂合成工业最后一道工艺,更是改性塑料工业最主要的工艺手段,这一工艺手段目前主要采用双螺杆挤出机实现。

2)挤出制品:通过螺杆挤出机制备连续等截面制品是挤出成型的最主要用途,塑料带、塑料棒、塑料管、塑料片、塑料板、塑料丝、塑料膜、塑料型材、塑料发泡制品、塑料中空产品、塑料电线电缆等制品均是依靠挤出成型加工技术而制备出来的。通过口模的旋转变化或挤出物处于熔融状态时进一步后加工,也能够挤出成型连续变截面制品,如塑料波纹管、塑料网、塑料草坪、变截面塑料绳、塑料竹子等特殊产品。将不同挤出机的熔融物料通过同一口模共挤出或者将金属型材引入挤出口模,还可以得到不同颜色、多层复合挤出制品,如带有不同颜色的塑料管、多层塑料管、铝塑复合管、铝塑复合板、复合中空吹塑汽车油箱等。

3)反应挤出:通过改变螺杆结构、增加加料口数量、加强排气等措施,可以实现一系列的反应挤出,如制备 POM,TPU,PMMA,PA6 等产品的聚合反应挤出,PE-g-MAA,PP-g-MAH,PS-g-MAH 等产品的接枝反应挤出,制备 PA66/EPDM/PP-g-MAH 等产品的合金塑料挤出,详见本教材的第 9 章。

3.2　挤出成型设备

3.2.1　挤出成型设备的组成

挤出成型设备是以挤出机组的形式出现,无论挤出制品的形状如何,都包括挤出机、口模、定型装置、冷却装置、牵引装置、卷取或切割装置等组成。以塑料管材挤出为例,其基本组成如图 3-1 所示。

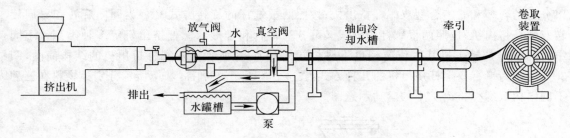

图 3-1 管材挤出机组

1)挤出机:挤出机是挤出机组的核心设备,承担成型物料的固体输送、熔融塑化、熔体均化以及使熔体从口模挤出的主要作用。

2)口模:熔体通过口模取得制品的初始形状和尺寸。

3)定型装置:将从口模挤出的熔体初始形状稳定下来,并对其进行精整,得到更加精确的截面形状、尺寸和表面质量,通常采用冷却和加压的方法达到定型的目的。

4)冷却装置:由定型装置出来的制品在此装置中进一步冷却,以获得最终的形状和尺寸。

5)牵引装置:均匀牵引制品,保证挤出过程连续稳定,也能增加制品在挤出方向的取向度。

6)卷取或切割装置:软制品通过卷取成卷,硬制品通过切割获得所需长度和宽度。

3.2.2 挤出机的类型

1.单螺杆挤出机

在挤出机料筒中安装单根螺杆的挤出机称为单螺杆挤出机,主要用来挤出成型各种塑料制品。单螺杆挤出机遵循经典的三大挤出理论,即固体输送、固体熔融、熔体输送。其结构如图 3-2 所示,主要结构和参数在 3.3.3 小节中介绍。

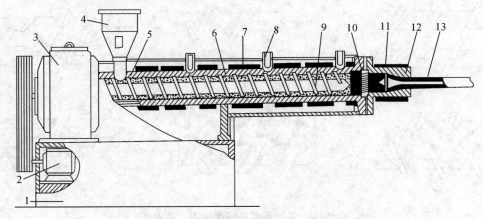

图 3-2 单螺杆挤出机结构示意图

1—机座;2—电机;3—传动装置;4—料斗;5—料斗冷却区;6—料筒;7—料筒加热器;8—热电偶;
9—螺杆;10—过滤网和分流板;11—机头加热器;12—机头;13—挤出物

2. 双螺杆挤出机

在挤出机料筒中安装两根螺杆的挤出机称为双螺杆挤出机,按照两根螺杆的啮合方式可以分为啮合型和非啮合型双螺杆挤出机;按照两根螺杆的旋转方式又分为同向旋转和异向旋转双螺杆挤出机;按照两根螺杆的轴线又可分为平行和锥形双螺杆挤出机等多种类型。不同结构的双螺杆挤出机其工作原理也不尽相同。图3-3所示为双螺杆挤出机的结构简图,图3-4所示为平行双螺杆挤出机的几种方式,图3-5、图3-6和图3-7所示分别为物料在三种不同结构双螺杆挤出机中的运动示意图。

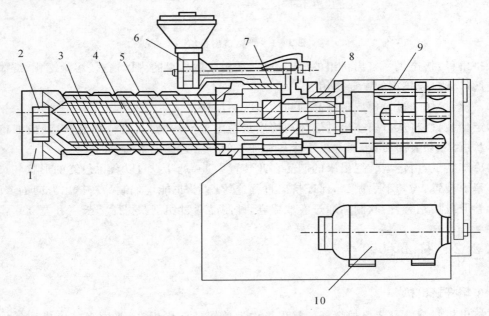

图 3-3 双螺杆挤出机的结构简图

1—连接器;2—过滤器;3—料筒;4—螺杆;5—加热器;6—加料斗;7—支座;8—止推轴承;9—减速机;10—电机

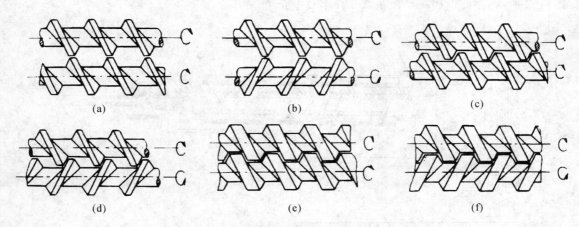

(a)   (b)   (c)

(d)   (e)   (f)

图 3-4 平行双螺杆挤出机的几种方式

(a)同向平行非啮合;(b)异向平行非啮合;(c)同向平行半啮合;
(d)异向平行半啮合;(e)同向平行全啮合;(f)异向平行全啮合

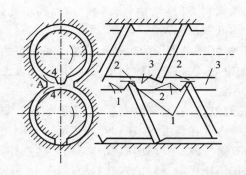

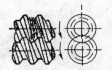

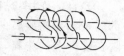

图 3 - 5　物料在非啮合异向旋转螺纹中的运动　　　图 3 - 6　物料在啮合同向旋转螺纹中的运动

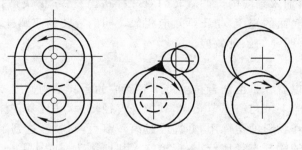

图 3 - 7　物料在啮合异向旋转螺纹中的运动

图 3 - 5 所示为物料在非啮合异向旋转螺纹中的运动情况。由于两根螺杆不相啮合,因此其间的漏流 1 非常大,该漏流的一部分流向另一根螺杆,形成第二种流动 2;由于一根螺杆推力面的压力大于另一根螺杆拖曳面的压力,又产生了从一方流向另一方的第 3 种流动;由于螺杆异向旋转,物料在 A 处受到阻碍,产生了第 4 种流动。这几种流动使物料的混炼剪切作用大大增强,因此,这种螺杆比较适合混料。

图 3 - 6 所示为物料在啮合同向旋转螺纹中的运动情况。各螺槽与料筒内壁形成了一些封闭的小室,物料在小室内按照螺旋线向口模方向流动,但由于在啮合处两根螺杆圆周上各点的运动方向相反,而且啮合处间隙非常小,迫使物料从一根螺杆螺槽向另一根螺杆螺槽运动,从而形成 8 字形流动,比单螺杆增加了物料流动距离,进一步加强了混合作用,两根螺杆间歇处基本没有物料,自洁作用强烈。

图 3 - 7 所示为物料在啮合异向旋转螺纹中的运动情况。由于两根螺杆旋转方向不同,一根螺杆上的物料螺旋前进的道路被另一根螺杆堵死,不能形成 8 字形流动,只能通过两根螺杆的间隙做圆周运动,同时也在螺旋作用下向口模方向流动。物料通过两根螺杆的间隙运动类似于物料通过压延辊筒的辊隙,具有十分强烈的剪切作用。此外,在螺棱与料筒内壁之间的间隙以及两根螺杆螺棱侧壁之间也有漏流出现。因此,在啮合异向旋转的双螺杆中,一根螺杆的螺棱顶部与另一根螺杆螺槽底部必须留出一定间隙,才能保证物料正常向前输送以及螺杆的运动。这种螺杆剪切作用最为强烈、塑化效果好、自洁作用较啮合同向双螺杆差,多用于加工制品。但不适用热敏性塑料。

与单螺杆挤出机相比,双螺杆挤出机具有以下优点:

1)强制输送作用:在异向旋转啮合双螺杆挤出机中(见图 3 - 7),依靠正位移原理输送物料,没有压力回流,无论螺槽是否填满,输送速率基本不变,具有最大强制输送物料能力,因此加料容易。在单螺杆挤出机中难以加入的带状料、粉状料、纤维增强料、高黏度料、高填充料、低摩擦因数料等，通过双螺杆挤出机的不同加料口均可实现加入。

2）混合作用：由于两根螺杆互相啮合，物料在双螺杆挤出机中的运动比单螺杆挤出更为复杂，受到的剪切混合作用更加强烈，物料的塑化更加快捷，物料停留时间更短，适用于热敏性塑料如聚氯乙烯、聚甲醛以及热固性塑料的挤出加工。

3）自洁作用：黏附在螺杆上的物料，如果停留时间过长，容易降解变质，严重影响最终制品的质量。异向旋转的双螺杆，在啮合处、螺杆间、螺槽内存在速度差，在相互擦离时相互剥离黏附在螺杆上的物料，使螺杆得到自洁。同向旋转的双螺杆，在啮合处，螺纹和螺槽的速度相反，相对速度很大，剪切作用强烈，能够撤离物料，自洁作用比异向旋转的双螺杆更好。

4）压延效应：物料加入到向内异向旋转的双螺杆挤出机中，很快被拉入螺杆啮合间隙处，受到螺棱顶面和螺槽底面的辊压，与压延效应相似。同向旋转的双螺杆，由于啮合处两根螺杆的运动方向相反，没有明显的压延效应。

3. 双节式挤出机

双节式挤出机可以看作是由两台挤出机串联而成的。其结构如图3-8所示。

双节式挤出机的第一节与第二节相比，其螺杆直径较大，并且有较深的螺槽和较大的加热功率。第一节主要是作物料的塑炼用，亦即经过第一节后，塑料已达到半熔融状态而向第二节喂料。第二节挤出机的螺杆直径比较小，螺槽深度和加热功率亦比第一节的小，但转速则比第一节高。第二节主要是将从第一节送来的物料进一步的塑化、均化并完成挤出成型。这种挤出机可以成型高填料含量的热塑性塑料，并有高的生产效率。

这类挤出机如在第二节开设有排气机构时，则可称为双节排气式挤出机。双节式挤出机的螺杆转速、加热温度及挤出压力等均可按需要单独进行调节。

双节式挤出机的优点如下：

1）因物料在送到第二节时已处于半熔融状态，因此，在第二节主要是完成对物料进一步的塑化和均化及挤出成型，对控制第二节的温度是较容易的。

2）因物料在进入第二节时，在进料口处会被螺杆的螺纹分割成（或刮成）薄层，则可使物料在第一节中所存在的塑化、混炼的不均匀情况得到改善。

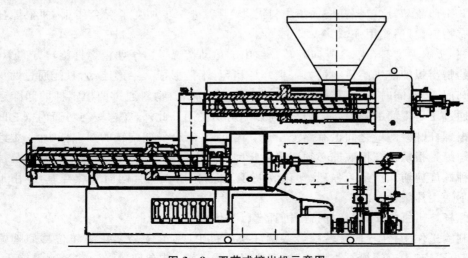

图3-8 双节式挤出机示意图

3)由于两节的螺杆长径比均较小(如一台 $D_1=115$ mm,$D_2=90$ mm 的两节挤出机,$L_1/D_1=13\sim15$,$L_2/D_2=8\sim9$),这样给设备的制造带来很大的方便。

4)这种挤出机还便于开设排气机构,可排除物料中所含的气体和各种挥发分,以提高制品的质量。这种双节式挤出机既可加工粒料也可加工粉料。

5)生产能力大幅度提高,如螺杆直径 $D_1=115$ mm,$D_2=90$ mm 的两段式挤出机,其生产率可达到 350~400 kg/h,而同样一台 $D=115$ mm 的普通挤出机其生产率仅有 150~200 kg/h。

4.排气式挤出机

排气式挤出机的核心在于螺杆结构,相当于两根螺杆的串联。螺杆设计成二阶六段。排气口前至加料口叫一阶螺杆,它由加料段、第一压缩段、第一均化段组成。排气段后至螺杆头叫二阶螺杆,它由减压排气段、第二压缩段、第二均化段组成,如图 3-9 所示。排气段位于第一均化段末、第二压缩段前,主要依靠排气段螺槽体积突然增大以及真空泵作用使熔料处于负压状态,从而排除其中的水分、低分子挥发物等。

塑料在排气螺杆中经历了三个过程。在第一阶中塑料经过加热达到基本塑化状态。塑化料在进入排气段后,由于排气段螺槽突然加深,加上真空泵的抽吸作用,压力急剧下降。塑料熔体内受压气体和气化了的挥发物在熔体中溢出,并在螺杆的搅拌剪切作用下气泡破裂,逸出的气体从排气口排出。经过排气段的熔体通过第二压缩段和第二均化段,进一步塑化、均化、增压并从机头挤出。

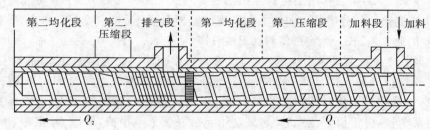

图 3-9　排气式挤出机的示意图

3.2.3　挤出机的主要组成

1.螺杆

螺杆是挤出机的心脏,由螺杆和料筒组成的挤压系统将完成固体加料输送、固体熔融、熔体输送、熔体均化等十分重要的工作,这是热塑性塑料连续高效成型加工技术的重大突破。因此,螺杆形状、结构、尺寸等参数十分关键,也是挤出技术发展的关键所在。

(1)普通螺杆的结构和尺寸

普通螺杆是指从加料段开始至均化段结束只有一条连续的螺旋线,为了适应物料固体输送、固体熔融、熔体输送的需求,普通螺杆一般要设计成为加料段、压缩段和均化段。目前普通螺杆分为等距变深螺杆(又分为等距渐变螺杆和等距突变螺杆)、等深变距螺杆、变深变距螺杆三种类型。图 3-10 给出了普通三段式等距变深螺杆的结构和尺寸示意图。

1)螺杆直径 D:指螺杆的外径,代表挤出机的规格,随螺杆直径增大,挤出机的生产能力提高。一般螺杆直径为 30 mm,45 mm,65 mm,90 mm,120 mm,150 mm,200 mm 等系列。

2）螺杆长径比 L/D：螺杆的有效长度（带螺纹的长度）与螺杆直径之比。增大 L/D，物料在螺杆上的运动时间增加，有利于提高物料的温度分布均匀性和物料的混合均匀性。但 L/D 增大后，挤出产量会下降、挤出机功率消耗增大、制造和安装难度增加、螺杆和料筒的磨损也会加剧。一般 L/D 在 15～30 之间，也有的达到 50。

3）螺杆压缩比 ε：指加料段第一螺槽的容积与均化段最后一个螺槽容积之比。其作用是压实物料、排出气体、加速熔融。螺杆的压缩比一般在 2～5 之间变化。螺杆的几何压缩比可表示为

$$\varepsilon = \frac{(D-h_1)h_1}{(D-h_3)h_3} \tag{3-1}$$

4）螺槽深度 h：又分为加料段、压缩段、均化段螺槽深度 $h_1，h_2，h_3$。螺槽深度越小，产生的剪切作用越大，塑化效果越好，但生产效率越低。螺槽深度与物料的稳定性有关。对剪切较敏感的的塑料如 PE，PP，PA 适合选择均化段螺槽浅的螺杆，对于剪切速率不太敏感的刚性分子链的塑料如 PC，PPO 等，则选择较深的螺槽。

5）螺旋角 Φ：Φ 是螺纹与螺杆横截面之间的夹角，通常在 10°～30°之间。随着螺旋角度增大，生产能力提高，但会造成挤压剪切作用减少，目前经过优化的螺旋角度基本为 17°20′。

6）螺纹棱宽度 E：E 大动力消耗大，E 小漏流增加，一般 $E=(0.08～0.12)D$。

7）螺杆与料筒的间隙 δ：指螺棱顶端与料筒内表面的间隙，δ 值大漏流多、生产效率低，δ 值过小时，剪切强烈，易引起过热降解。一般而言，δ 与螺杆直径之比为 0.000 5～0.002。

8）加料段长度 L_1：主要作用是将料斗供给的物料送往压缩段，塑料在移动过程中一般保持固体状态，由于受热而部分熔化。加热段的长度随塑料种类不同，一般而言，结晶型塑料在熔融前难以压缩，因此 L_1 较长。无定形塑料随温度升高，形变增大，有一定程度压缩，因此 L_1 较短。

9）压缩段长度 L_2：主要作用是压实物料，使物料由固体转化为熔融体，并排除颗粒物料之间的空气以及物料内部的低分子挥发物。为适应将物料中气体返回至加料段并从料斗中溢出、压实物料以及物料熔化时体积减少的要求，压缩段螺杆的螺槽深度 h_2 要小于加料段 h_1。对于结晶型聚合物，由于熔点范围较窄，到达熔点后黏度下降很快，所以 L_2 很短，为 $(1～4)D$。对于无定形聚合物，黏流温度范围较宽，L_2 较长，占整个螺杆长度的 55%～65%。

10）均化段长度 L_3：主要作用是将熔融物料，定容定压定量送入机头并使其在口模中成型。均化段要维持较高且稳定的压力，以保持料流稳定，因此应有足够的长度。L_3 较大，有利于减小压力、产量、温度、流速的波动，对稳定挤出质量有益。但 L_3 过长，会减小压缩段和加料段在螺杆总长中的比例，不利于物料的熔融。一般情况下，对于无定形聚合物 L_3 占螺杆总长的 20%～25%，对于结晶形聚合物 L_3 占螺杆总长的 25%～35%。

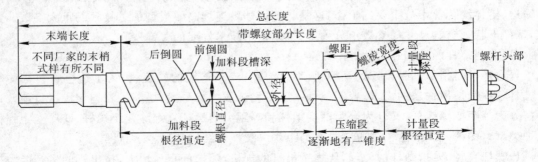

图 3-10　常规全螺纹三段式螺杆的结构

（2）螺杆头的结构形式

当塑料熔体从螺旋槽进入机头流道时，其料流形式急剧改变，由螺旋带状的流动变成直线流动。为得到较好的挤出质量，要求物料尽可能平稳地从螺杆进入机头，尽可能避免局部受热时间过长而产生热分解现象。这与螺杆头部形状、螺杆末端螺纹的形状以及机头体中流道的设计和分流板的设计等有密切关系。螺杆头部结构形式的确定，必须与螺杆末端的形式、机头体中的流道、分流板、滤网等一起考虑。目前国内外常用的螺杆头部的结构形式如图 3 - 11 所示。

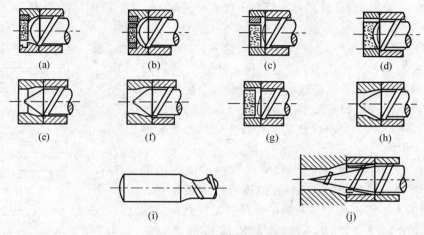

图 3 - 11　螺杆头部的结构形式

钝的螺杆头（见图 3 - 11(a)(b)(c)(d)(g)）总有因物料在螺杆头前面停滞而分解的危险，即使稍有曲面和锥面的螺头通常也不足以防止这一点，对以上形式的螺杆头一般要求装分流板。带有较长锥面的螺杆头（见图 3 - 11(e)(f)），可用来加工硬质聚氯乙烯。图 3 - 11(h)所示的斜切截锥体的螺杆头，其端部有一个椭圆平面，当螺杆转动时，它能使物料搅动，物料不易因滞留而分解。当挤出电缆时可用图 3 - 11(j)所示的螺杆头，它能使物料借助锥部螺纹的作用而运动。图 3 - 11(i)所示的光滑鱼雷头，其全长 $L = (2 - 5)D$，它与机筒的间隙仅为压缩段最后螺纹深度的 $40\% \sim 50\%$。有的鱼雷头表面上开有沟槽或加工出特殊花纹，再加上间隙小，因此剪切搅拌作用比较强烈，大量的机械功能转变为热，使塑料能更好地塑化。此外，由于有这段鱼雷头，当塑料通过这一段时还能起到消除出料不均的波动现象。这种螺杆头常用来挤出黏度较大，导热性不良或有较为明显熔点的塑料，如醋酸纤维素（CA）、聚苯乙烯（PS）、聚酰胺（PA）、有机玻璃（PMMA）等，也适于聚烯烃（PE，PP）造粒。

2. 料筒

料筒和螺杆组成了挤压系统，与螺杆一样，料筒也是在高压、高温、磨损、腐蚀的环境条件下工作的。在挤出过程中，料筒还有将热量传给物料或将热量从物料中传走的作用。因此，料筒上要设置加热冷却系统，安装机头。此外，料筒上要开加料口，而加料口的几何形状及其位置的选定对加料性能的影响很大。料筒内表面的光洁度、加料段内壁开设沟槽等，对挤出过程有很大影响，设计或选择料筒时都要考虑到上述因素。

料筒分为整体料筒和组合料筒。整体料筒是在整体坯料上加工出来的，这种结构容易保证较高的制造精度和装配精度，也可以简化装配工作，便于加热冷却系统的设置和装拆，而且热量沿轴向分布比较均匀,这种料筒要求较高的加工制造条件。组合料筒是指一根料筒是由几个料筒段组合起来的,实验性挤出机、排气式挤出机以及现有的双螺杆挤出机多用组合料筒。组合料筒有利于通过改变料筒长度来适应不同长径比的螺杆,设置排气段,也有利于在不同区域设置冷却介质通道。组合料筒各料筒段多用法兰螺栓连接在一起,组合料筒对加工安装精度要求很高,安装维修难度较高。

为了满足料筒对材质的要求,又能节省贵重材料,不少料筒在一般碳素钢或铸铁的基体内部镶一合金钢衬套,衬套磨损后可以拆出加以更换。衬套和料筒基体要配合好,要保证整个料筒壁上热传导不受影响;料筒和衬套间既不能有相对运动,又要能方便的拆出,要选择合适的配合精度。

为了提高固体输送率,由固体输送理论知,一种方法就是增加料筒表面的摩擦因数,还有一种方法就是增加加料口处的物料通过垂直于螺杆轴线的横截面积。在料筒加料段内壁开设纵向沟槽和将加料段靠近加料口处的一段料筒内壁做成锥形(IKV 系统)就是这两种方法的具体表现形式,如图 3 – 12 所示。

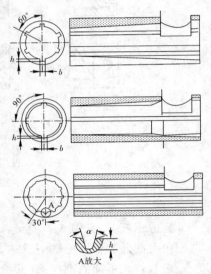

一般情况下,在料筒加料段开设纵向沟槽或加工出锥度的长度可取$(3\sim5)D$,加工粉料时,锥度可以加长到$(6\sim10)D$。锥度的大小取决于物料颗粒的直径和螺杆直径。螺杆直径增加时,锥度要减小,同时加料段的长度要相应增加。

纵向沟槽只能在物料仍然是固体或开始熔融前的料筒上开设,槽长约$(3\sim5)D$,有锥度。沟槽的数目与螺杆直径有关,槽数太多会导致物料横流,使输送量下降。槽的形状可以是长方形的、三角形的或其他形状的。横截面为长方形的沟槽的宽度和深度与螺杆直径有关。

图 3 – 12　开设纵向沟槽的料筒结构

为了提高固体输送量,还有一种方法,就是冷却加料段料筒,目的是使被输送的物料的温度保持在软化点或熔点以下,避免熔膜提前出现,以保持物料的固体摩擦性质。

采用上述方法后,输出效率由 0.3 提高到 0.6,而且挤出量对机头压力变化的敏感性减小。采用这种结构有可能改变压力轮廓线峰值在轴向的位置(见图 3 – 13)。

但这种系统也有如下缺点:强力冷却会造成显著的能量损失;由于在料筒加料段末处可能产生极高的压力(有的高达 80～150 MPa),有损坏带有沟槽的薄壁料筒的危险;螺杆磨损较大;挤出性能对原料的依赖性较大。此外,在小型挤出机上采用此结构受到限制。

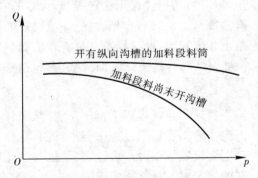

图 3 – 13　开设纵向沟槽和强力冷却的 Q – p 曲线

加料口的形状及其在料筒上的开设位置对加料性能有很大影响。加料口应能使物料自由高效地加入料筒而不产生架桥,还应考虑到加料口是否适于设置加料装置,是否有利于清理,是否便于在此段设置冷却系统。加料口的形状(俯视)有圆形、方形、矩形。一般情况下多用矩形,其长边平行于料筒轴线,长度约为螺杆直径的 1.5～2 倍。圆形加料口主要用于设置机械搅拌器强制加料的场合。图 3－14 所示为常用加料口的断面形状。其中(a)多见于早年的挤出机,适于带状料,不适于粒料和粉料。以(f)用得最成功,其一壁垂直地与料筒圆柱面相交,另一壁下方倾斜 45°,加料口的中心线与螺杆轴线错开 1/4 料筒直径。(b)的右侧壁倾角为 7～15°。

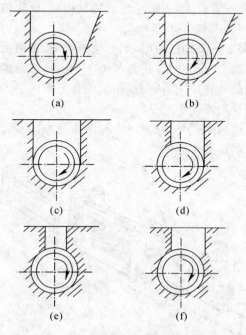

图 3－14　常见加料口的断面形状

3. 分流板和过滤网

在口模和螺杆头之间的过渡区通常设置分流板和过滤网。其作用是使料流由螺旋运动变为直线运动,阻止未熔融的粒子进入口模,滤去金属等杂质。此外,分流板和过滤网还可以提高熔体压力(见图 3－15),使制品比较密实,当物料通过孔眼时,得以进一步均匀塑化,以控制塑化质量。但在挤出 HPVC 等黏度大而热稳定性差的塑料时,一般不用过滤网,甚至也不用分流板。

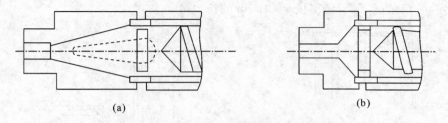

图 3－15　口模和螺杆头之间的过渡区

(a)高黏度物料;(b)低黏度物料

分流板有各种形式,目前使用较多的是结构简单、制造方便的平板式分流板。其上孔眼的分布原则是使流过它的物料流速均匀。因料筒壁阻力大,故有的分流板中间的孔分布疏,边缘的孔分布密;也有的分流板边缘孔的直径大,中间的孔直径小。孔眼多按同心圆周排列,也可按同心六角形排列。孔眼的直径一般为 3～7 mm,孔眼的总面积为分流板总面积的 30%～50%。分流板的厚度依据挤出机的尺寸及分流板承受的压力而定,根据经验取为料筒内径的 20% 左右。孔道应光滑无死角,为便于清理物料,孔道进料端要导出斜角。分流板多用不锈钢制成。

分流板至螺杆头的距离不宜过大,否则易造成物料积存,使热敏性塑料分解;距离太小,则料流不稳定,对制品质量不利,一般为 0.1D。

在制品要求质量高或需要较高的压力时,例如生产电缆、透明制品、薄膜、医用管、单丝等,一般放置过滤网,网的细度为 20～120 目,层数为 1～5 层,具体根据塑料性能、制品要求来选。如果用多层过滤网,可将细的放在中间,两边放粗的。若只有两层,最好将粗的靠分流板放,这样可以支承细的滤网,防止被料流冲破。

为了保证制品的质量,提高生产率,设置了不停车更换滤网系统。这种不停车更换滤网系统有各种形式,图 3-16 所示是其代表性之一。

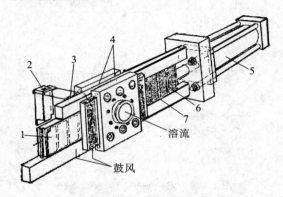

图 3-16　不停车更换过滤网装置
1—固化塑料;2—风挡(控制温度);3—热交换器;4—换网器本体;5—油缸;6—过滤网;7—过滤板

4. 加料装置

加料装置的作用是给挤出机供料,由料斗部分和上料部分组成。

料斗的形状一般做成对称形的,常见的有圆锥形、圆柱形、圆柱-圆锥形等,图 3-17 所示为普通料斗,料斗的侧面开有视窗以观察料位,料斗的底部有开合门,以停止和调节加料量。料斗的上方可以加盖,防止灰尘、湿气及其他杂物进入。料斗的容积视挤出机规格的大小和上料方式而定,一般情况下,为挤出机 1～1.5 h 的挤出量。

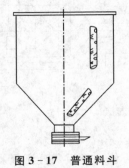

图 3-17　普通料斗

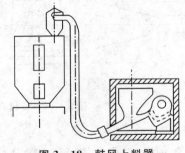

图 3-18　鼓风上料器

加料方式分为重力加料和强制加料。上料方法有弹簧上料、鼓风上料、真空上料、运输带传送及人工上料。

重力加料,物料是依靠自身的重量加入料筒的。人工上料、鼓风上料、弹簧上料等都属此。小型挤出机上有的还沿用人工上料。大型挤出机因机器高、产量大,多用自动上料,如鼓风机上料和弹簧上料等。

鼓风上料(见图 3-18)是利用风力将料吹入输料管,再经过旋风分离器进入料斗的。这种上料方法适于输送粒料而不适于输送粉料。

弹簧上料器由电动机、弹簧夹头、进料口、软管及料箱组成,如图 3-19 所示。电动机带动弹簧高速旋转,物料被弹簧推动沿软管上移,到达进料口时,在离心力的作用下,被甩出进料口而进入料斗。它适于输送粉料、粒料、块状料,其结构简单,轻巧,效率高,可靠,故得到广泛应用。弹簧上料器的上料能力取决于弹簧的转速,弹簧的外径和节距以及弹簧外径与软管内经的间隙。根据实验,弹簧钢丝直径不能小于 6 mm,否则容易折断;弹簧深处端长度 L_1 和送料口长度 L_2 不要小于弹簧节距的 4 倍,否则产量下降。

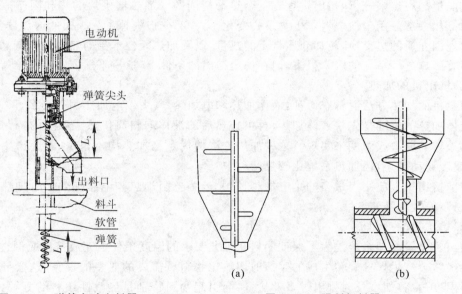

电动机
弹簧尖头
L_2
出料口
料斗
软管
弹簧
L_1

(a)　　　　　(b)

图 3-19　弹簧自动上料器　　　　图 3-20　强制加料器

重力加料器有这样一些缺点:料斗中的物料高度是连续变化的,这就使螺杆加料段的压力产生轻微的变化,影响固体物料输送能力;有时易产生"架桥"现象,造成进料不匀甚至中断,影响挤出过程的进行,最终影响产品质量。克服的办法之一是尽力保持其料位在一个范围内变动,图 3-20(a)所示为料位控制示意图,一旦料位超过上下线,加料器便自动停止加料或自动补充加料。

强制加料是在料斗中设置搅拌器和螺旋桨叶,以克服"架桥",并对物料有压填的作用,能保证加料均匀。图 3-20(b)所示为一种螺旋强制加料装置。其加料螺旋由挤出机螺杆通过传动链驱动,加料器螺旋的转数与螺杆转数相适应,因而加料量可适应挤出量的变化。这种装置还设有过载保护装置,当加料口堵塞时,螺旋就会上升,而不会将塑料硬往加料口中挤,从而避免了加料装置的损坏。

5. 加热和冷却装置

温度是挤出过程得以持续稳定进行的必要条件之一,挤出机的加热冷却系统就是为保证这一条件而设置的。

塑料在挤出过程中得到的热量来源有两个,一个是料筒外部加热器供给的热量,另一个是塑料与料筒内壁、塑料与螺杆以及塑料之间的相对摩擦剪切热。前一部分热量由加热器的电能转化而来,后一部分热量由电动机输给螺杆的机械能转化而来。这两部分热量所占比例的大小与螺杆、料筒的结构形式、工艺条件、物料的性质等有关,也与挤出过程的阶段(如启动阶段,稳定运转阶段)有关。另外,这两部分热量所占的比例在挤出过程的不同区段也是不同的:在加料段,由于螺槽较深,物料尚未压实,摩擦热是很少的,热量多来自加热器,而在均化段,物料已熔融,温度较高,螺槽较浅,摩擦剪切产生的热量较多,有时非但不需要加热器供热,还需冷却器进行冷却。在压缩段,物料受热是上述两种情况的过渡状态,也就是由摩擦剪切产生的热量比加料段多,而比均化段少。摩擦剪切产生的热量的速率会随着物料的向前移动而渐渐增快,使得挤出机的加热冷却系统必须分段设置。

从能量的观点来分析,挤出过程有一个热平衡问题。加热器供给的热和因摩擦剪切而产生的摩擦热一部分用于使塑料产生物态的变化,另一部分损失掉了。损失的这部分包括料筒、机头和周围介质的热交换,冷却介质带走的热量,以及加热元件本身的热损失和制品带走的热量。尽管影响这一平衡的因素很多,但在稳定挤出的条件下,这一平衡依然能够维持。

(1)挤出机的加热

挤出机的加热方法通常有两种:液体加热和电加热,其中以电加热用得最多。

液体加热的原理是先将液体加热,再由加热后的液体向料筒传热。温度的控制可以用改变恒温液体的流率或温度来实现。这种加热方法的优点是加热均匀稳定,不会产生局部过热现象,温度波动较小,但加热系统比较复杂。

目前挤出机上应用得最多的是电加热,它又分为电阻加热和电感加热。电加热比较方便实用,易于安装和维修。

(2)挤出机的冷却

挤出机设置冷却系统是为了保证塑料在工艺要求的温度条件下完成挤出成型过程。挤出过程中经常会产生螺杆旋转生成的摩擦剪切热比物料所需要的热多的现象,这会导致料筒内的物料温度过高,如不及时排出过多的热量,会引起物料特别是热敏性塑料的分解,有时也会使成型难以进行。为此,必须对料筒和螺杆进行适当冷却,以便能够快速精确控制温度。在加料段和加料斗座等部位设置冷却系统是为了防止固体物料提前熔融造成加料困难以及加强固体物料的输送作用。

1)料筒冷却:目前挤出机的料筒都设有冷却系统。冷却料筒的方法有风冷和水冷。风冷比较柔和、均匀、干净,在国内外生产的挤出机上应用较多。但风机占的空间体积大、噪音高,一般用于中小型挤出机较为合适。与风冷相比,水冷的冷却速度快、体积小、成本低,但易造成急冷,从而扰乱塑料的稳定流动。如果密封不好,会有跑、冒、滴、漏现象。用水管绕在料筒上的冷却系统,容易生成水垢而堵塞管道,也易腐蚀。水冷系统所用的水不是自来水,而是经过化学处理的水。一般认为水冷用于大型挤出机为好。为了增强散热效果,有时在铸铁加热器上铸出鳍状散热片以加大散热面积;还有将密集的铜棒装到铜环上形成的散热器,因铜的导热系数大,诸多铜棒又加大了散热面积,故冷却效果好。

2)螺杆冷却:冷却螺杆有两个目的。第一,由固体输送理论知,固体输送率与物料对螺杆的摩擦因数和物料对料筒的摩擦因数的比值有关,即料筒与物料的摩擦因数越大,物料与螺杆的摩擦因数越小,越有利于固体物料的输送。除了在料筒加料段内壁开始纵向沟槽,提高螺杆表面光洁度可以达到此目的以外,还可以通过控制料筒和螺杆的温度来实现。这是因为,固体塑料的摩擦性质受温度影响较大。通过控制料筒和螺杆在固定输送区的温度而使料筒和物料的摩擦因数与螺杆和物料的摩擦因数的比值增大,以获得最大的固体输送率。第二,冷却螺杆以控制制品质量。经验证明,若将螺杆的冷却孔打到均化阶段进行冷却,则物料塑化较好,可提高制品的质量。但挤出量会降低,而且冷却水的出水温度越低,挤出量越低,这是因为冷却均化段螺杆会使接近螺杆表面的物料黏度增大,不易流动,相当于减少均化段螺槽的深度。冷却水温可用冷水流量来控制,对黏度大的物料要特别注意掌握冷却水出水温度不能太低,否则会产生螺杆扭断的事故。从能量利用的观点来看,冷却螺杆要损失一部分热量。有的螺杆冷却时间长度可以调节,以适应不同要求,其办法是通过固定的或轴向可移动的塞头或不同长度的同轴管而使冷却水限制在螺孔中心孔的某一段范围内。也有用油和空气作为冷却介质的,油和空气的优点是不具有腐蚀作用,温控比较精确,也不易堵塞管道。但大型挤出机用水冷却效果较好。

3)加料斗座冷却:加料段的塑料温度不能太高,否则会在加料口形成"架桥",使物料不易加入。为此,必须冷却加料斗座。此外,冷却加料斗座还能阻止挤压部分的热量传往止推轴承和减速箱,从而保证了机械部分正常工作,加料斗座的冷却介质多用水。

3.3　挤 出 理 论

当成型物料从料斗加入到螺杆螺槽后,在螺杆旋转下为什么会向前输送？如何提高固体物料的输送率？物料究竟是如何熔融的？熔融区究竟需要多长？熔融区和压缩段长度之间的关系？熔体又是如何向前输送？当安装口模以后,熔体输送率又如何与口模协调？这些问题就是挤出理论需要研究的内容。

挤出理论是在挤出机发明以后才逐渐形成和完善的,挤出理论是在螺杆和料筒组成的挤压系统中完成的,常规全螺纹三段螺杆是研究挤出理论的最基本装置,为了研究挤出理论,人们进行了以下三大实验:

1)螺杆顶出法:当挤出稳定后,停止加热,骤冷料筒,拆掉机头,将螺杆从机头区顶出,观察物料在螺杆螺槽中的状态,这一方法会在顶出时造成螺槽中物料被料筒内壁磨损。

2)剖分料筒法:挤出机机筒设计为上、下两半并用螺栓连接,当挤出稳定后,停止加热,骤冷料筒,打开料筒,将螺杆从料筒中向上取出,观察物料在螺杆螺槽中的状态,这一方法会避免螺杆顶出法所造成的螺槽中物料被料筒内壁磨损现象,但挤出机结构和制造很复杂。

3)透明视窗法:在料筒上开设若干个透明视窗,用高速摄像机对准螺杆,观察物料在螺杆螺槽中的状态,这一方法能够动态观察到物料的真实状态。

采用上述三种实验方法,人们建立了挤出理论。这一理论认为,物料进入螺杆螺槽后,需要经过即固体输送、固体熔融和熔体输送三个阶段(见图 3-21),因此,人们在常规全螺纹三段螺杆中设计了加料段、压缩段、均化段(计量段),以便完成固体输送、固体熔融和熔体输送。但实际挤出过程中,物料的输送、熔融以及熔体输送与塑料本身性能、挤出机螺杆和料筒结构、工艺参数有关。挤出理论就是建立固体输送、固体熔融以及熔体输送与这些因素之间的关系，为人们更好的理解挤出过程、设计挤出成型设备以及获取更好挤出质量的制品提供理论依据。这是迄今为止热塑性聚合物成型加工中为数不多的几个理论之一。

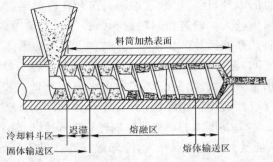

图3-21　物料在挤出机螺杆中的三个职能区

3.3.1　固体输送理论

1956年,达涅耳(Darnel)和莫耳(Mol)以螺杆加料段为几何模型,以固体对固体摩擦的静力平衡为基础,建立了固体输送理论。该理论是当今人们依然基本认可的经典固体输送理论,也是设计挤压系统的理论依据。

为了研究固体输送理论,Darnel 和 Mol 做了以下基本假设:

1)物料在加料段螺槽中被压实成为固体塞,固体塞内部没有相互运动,只有沿着螺旋槽向前运动,固体塞的密度不变;

2)固体塞与料筒内表面、螺槽底面、螺纹两个侧面相接触;

3)固体塞与各表面的摩擦因数是一个常数,但在螺杆和料筒内表面不同;

4)忽略料筒内壁与螺纹棱之间的间隙;

5)螺槽是矩形的,并且其深度不变;

6)料筒转动,而螺杆相对静止不动。

在做了以上假定以后,Darnel-Mol 建立了固体体积流率 Q_s 的计算方程。

在固体塞子上取一微单元,如图3-22(a)所示。假定螺杆不动,料筒以 $v_b = \pi D_b n$ 的速度移动(D_b 为料筒内表面的直径,在此假设条件下与螺杆外径 D 一致),固体塞沿着螺纹方向运动速度用 v_p 表示(v_p 与螺槽方向平行),v_p 可以分解为固体塞沿螺杆轴线方向的运动速度 v_{pl}（即固体塞向着挤出口模方向的运动速度,即螺杆轴线方向的流动),以及固体塞沿着圆周方向的切向速度 v_{pn}($v_{pn} = v_{pl}/\tan\varphi_b$),如图3-22(b)所示。由此,固体体积流率 Q_s 可以表示为 v_{pl} 与固体塞通过垂直于螺杆轴线的螺槽截面积 A 的乘积。即

$$Q_s = v_{pl}A \tag{3-2}$$

图3-22(b)所示为固体塞子、料筒和螺杆间的速度向量图。由图可知,$v_b = v_p + v_{pb}$,其中 v_{pb} 为固体塞子相对料筒的速度,φ_b 为螺杆在料筒表面的螺旋角。若用 θ 表示 v_{pb} 与 v_b 的夹角（此处引入的 θ 角比较抽象,但其物理意义却是固体输送角,θ 角越大,固体输送率越高),则有

$$\tan\theta = \frac{v_{pl}}{v_b - v_{pl}/\tan\varphi_b}$$

所以式中

$$v_{pl} = v_b \frac{\tan\varphi_b \tan\theta}{\tan\varphi_b + \tan\theta} \qquad (3-3)$$

而

$$A = \int_{R_s}^{R_b} \left(2\pi R - \frac{Pe}{\sin\varphi}\right) dR = \left[\frac{\pi}{4}(D^2 - D_s^2) - \frac{Peh_1}{\sin\overline{\varphi}}\right] \qquad (3-4)$$

式中，R_s 和 R_b 分别为螺杆根部的半径和螺杆半径；e 是螺纹棱法向宽度；$\overline{\varphi}$ 是平均螺纹角；P 是螺纹头数；h_1 是加料段螺槽深度。

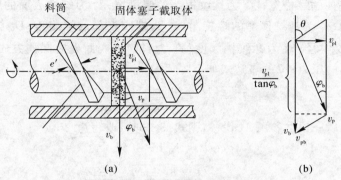

图 3 - 22 固体塞的运动分析

将式(3-3)和式(3-4)代入式(3-2)，则有

$$Q_s = v_b \frac{\tan\varphi \tan\theta}{\tan\varphi_b + \tan\theta}\left[\frac{\pi}{4}(D^2 - D_s^2) - \frac{Peh_1}{\sin\overline{\varphi}}\right]$$

因为

$$D^2 - D_s^2 = 4h_1(D - h_1)$$

$$\overline{W} = \frac{\pi}{P}(D - h_1)\sin\overline{\varphi} - e$$

所以

$$Q_s = \pi^2 nh_1 D(D - h_1)\frac{\tan\varphi_b \tan\theta}{\tan\varphi_b + \tan\theta}\left(\frac{\overline{W}}{\overline{W} + e}\right) \qquad (3-5)$$

式中，D 为螺杆直径；θ 为固体输送角；$\overline{W}$ 为平均螺槽宽。

由式(3-5)可以看出，当螺杆的参数和工艺条件已知时，要计算固体的流率 Q_s，则必须求固体输送角 θ。θ 角可通过作用在塞子微小单元上的力和力矩平衡方程求解，如图 3-23 所示。

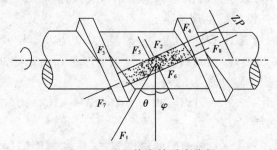

图 3 - 23 固体塞的受力分析

图 3-23 中，F_1 是料筒表面与固体塞子之间的摩擦力；F_2 和 F_6 是塞子两边受到的物料的作用力（因为沿 Z 向有压力降，所以这两个力的大小不同）；F_7 和 F_8 是螺纹槽两边作用到塞子上的力；F_3，F_4，F_5 是螺纹两侧和螺纹根部与物料的摩擦力。根据假设，固体塞子在螺槽中运动的速度不变，利用力和力矩平衡方程求解得

$$\cos\theta = K\sin\theta + 2\frac{h_1}{W_b}\cdot\frac{f_s}{f_b}\sin\varphi_b\left(K + \frac{\overline{D}}{D}\cot\overline{\varphi}\right) + \frac{W_s}{W_b}\cdot\frac{f_s}{f_b}\sin\varphi_b\left(K + \frac{D_s}{D_b}\cot\varphi_s\right) +$$

$$\frac{\overline{W}}{W_b}\cdot\frac{h_1}{Z_b}\cdot\frac{1}{f_s}\sin\overline{\varphi}\left(K + \frac{\overline{D}}{D_b}\cot\overline{\varphi}\right)\ln\frac{p_2}{p_1} \qquad (3-6)$$

式中，W_b 为料筒壁处的螺槽宽；W_s 为螺纹根部的螺槽宽；f_s 为螺杆表面的摩擦因数；f_b 为料筒表面的摩擦因数；φ_b 为螺纹顶部的螺旋角；φ_s 为螺纹根部的螺旋角；D_b 为螺杆外径；D_s 为螺杆根径；$\overline{D}$ 为螺纹中径；h_1 为螺纹槽深度；Z_b 为料筒内表面处沿螺槽方向的长度；p_1，p_2 为微小单元两边物料的压力；K 的表达式如下：

$$K = \frac{\overline{D}}{D_b}\cdot\frac{\sin\overline{\varphi} + f_s\cos\overline{\varphi}}{\cos\overline{\varphi} - f_s\sin\varphi}$$

将式（3-6）的后三项之和用 M 代替，则式（3-6）可改写为

$$\cos\theta = K\sin\theta + M \qquad (3-7)$$

$$\sin\theta = \frac{\sqrt{1 + K^2 - M^2} - KM}{1 + K^2} \qquad (3-8)$$

以 θ 作为参量，作出 M 与 K 的关系图，如图 3-24 所示。

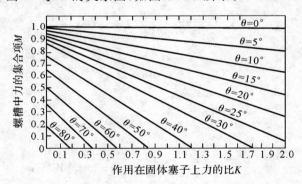

图 3-24　以 θ 为参数的 M-K 关系图

虽然很难通过公式（3-6）计算出 θ 的具体值，从而通过公式（3-5）计算出固体输送率，但由以上关系式和图 3-23 可以定性看出固体输送率与螺杆几何参数、物料性能、工艺条件之间的关系，从而为加料段螺杆设计提供理论指导。

1）在螺杆转速一定的情况下，Q_s 与 θ 有关。θ 越大，Q_s 越大，当 $\theta = 0$ 时，$Q_s = 0$，口模被堵会出现这种情况；当 $\theta = 90°$ 时，Q_s 达到最大值。一般情况下，$0 < \theta < 90°$。由此可以看出，θ 角有明确的物理意义，它是固体输送能力的表示。

2）θ 与 M，K 有关。由图 3-23 可以看出，$\theta = 0$ 时，$M = 1$，$Q_s = 0$，较小的 M 和 K 值对应着较大的 θ，从而可以得到较大的 Q_s。

3）M，K 与螺杆的摩擦因数 f_s、料筒的摩擦因数 f_b 以及螺槽的深度 h_1 有关。当 f_s 越小即螺杆表面越光滑，f_b 越大即料筒表面越粗糙，以及加料段螺槽越深时，θ 角越大，Q_s 也越大。

4)在加料段尽早建立起较大的压力,有利于压实物料,提高挤出质量;适当加长加料段的长度 Z_b,也有助于压实和输送物料,有利于加大 θ 角,使 Q_s 增大;槽深 h_1 对 Q_s 的影响较复杂,存在一个最佳值,过深的 h_1 是有害的。Q_s 正比于 n,提高转速是提高产率的有效途径。

目前在料筒内壁开设带锥度的纵向槽(增加 f_s 和 A),并对螺杆进行强冷(减小 f_s)就是固体输送理论的具体应用。

3.3.2　熔融理论

熔融理论是研究物料由固态转变为熔融态的过程,它是建立在热力学和流变学等基础上的一种理论。研究熔融理论的主要目的是预测固体床的分布和熔融区的长度。用它指导螺杆熔融区的设计和预测现行挤出机螺杆的最佳操作条件。由于物料在熔融区的变化过程比固体输送区复杂,数学推导较繁,所以,对该段主要作定性分析。

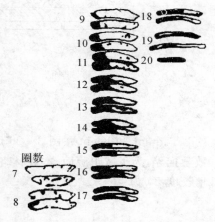

熔融理论是在 Maddock 和 Street 分别于 1959 年和 1961 年根据实验结果所得的熔融过程模型的基础上建立的。实验中将 3%～5% 色母料和本色物料如 PE 或 PP 等混合加入挤出机中进行挤出;在挤出过程稳定之后,快速停车并聚冷料筒和螺杆,使稳定运转中的物料的原始状态冻结在螺槽内;冷却后再将螺杆推出。可以看到,已熔的

图 3-25　骤冷料筒法试验取样切片

和局部混合的物料呈现出流线,未熔的物料则保持原来的固态。然后从螺杆上剥下螺旋线形带状塑料,在不同的轴向距离处垂直于螺棱方向切片,如图 3-25 所示(图中截面为每半圈螺纹切一片)。

由图 3-25 可见,一个截面里有三个区域,固态物料(白色部分)称之为固体床,熔池(黑色部分),以及接近料筒表面的熔膜(黑线)。在该实验中,熔膜是从第 7 个螺距开始出现的,在第 9 个螺距中出现了熔池,大约在第 20 个螺距中物料全部转变为熔体。

Tadmor 和 Klein 在 20 世纪 60 年代后期,对 Maddock 和 Street 实验结果和熔融模型进一步深化,提出了如图 3-26(a) 和 (b) 所示的单一螺槽及螺杆全长范围内的熔融模型。物料在螺槽内向前移动,经过固体输送区被压实成固体床③。固体床在前进过程中同加热料筒的表面接触时,逐渐升温而熔融,并在料筒表面形成了一层熔膜②。当熔膜的厚度大于螺杆与料筒的间隙 δ_0 时,被旋转着的螺纹棱面将其刮下,并在螺纹的推力面前方汇集成旋涡状的熔池①。熔融物料的热源有二:一是料筒以热传导方式传入的;另一个是转动的螺杆剪切熔膜产生的。熔膜愈薄,剪切热量愈大,相比之下熔池的热量可以忽略不计。熔融主要发生在料筒内表面,确切讲是发生在熔膜和固体床的交界面上。既然熔融主要发生在交界面上,而产生的熔膜又不断被螺纹棱刮到熔池中,就可以认为熔膜始终很薄,如图 3-26 中的黑线,其厚度稍大于螺杆与料筒的间隙,熔膜进入熔池后,熔池扩大。随着熔池的扩大,固体床不断重新排列。这种重新排列使固体床不断向交界面移动,使其高度保持不变,而固体床的宽度 X 则逐渐减小。从开始熔融时固体床的宽度等于螺槽宽度 W,到最后固体床宽度减小到零的螺纹总长度,就是熔融区的长度 Z_T。熔融速率越高,熔融区越短。

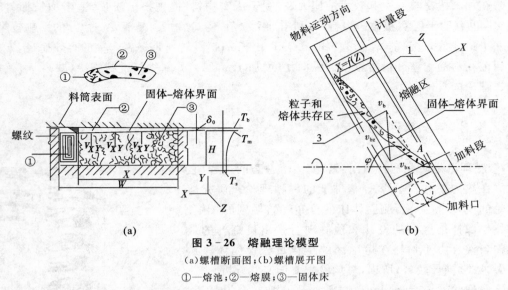

图 3 – 26   熔融理论模型
(a)螺槽断面图;(b)螺槽展开图
①—熔池;②—熔膜;③—固体床

Tadmor 和 Klein 在图 3 – 26 熔融模型的基础上,建立了熔融过程的数学模型,并进行了数学推导,为了减少版面,本教材略去烦琐的数学推导过程,仅给出最终推导结果,即熔融区螺槽长度 Z_T 为

$$Z_T = \frac{H_1}{\psi}\left(2 - \frac{A}{\psi}\right) \qquad (3-9)$$

$$\psi = \frac{\varphi\sqrt{W}}{\frac{G}{H_0}\sqrt{\frac{x_1}{W}}}$$

$$\psi = \sqrt{\frac{v_{bx}\rho_m}{2}}\sqrt{\frac{K_m(T_b - T_m) + \frac{\mu v_j^2}{2}}{C_s(T_m - T_s) + \lambda^{\#}}}$$

式中,H_1 为螺杆压缩段开始断面的螺槽深;A 为渐变度,加速熔融过程的作用,$A = (h_1 - h_3)/L_2$;G 为质量流率;H_0 为熔融区起始处螺槽深;x_1 为对应于熔融区起始点 Z_1 的固相宽度;v_{bx} 为料筒速度在垂直螺纹方向 Z 的分量;ρ_m 为熔料的密度;K_m 为熔料的导热系数;T_b 为料筒温度;T_m 为熔膜温度;T_s 为固相温度;μ 为熔料的表观黏度;v_j 为料筒速度和固相沿螺纹方向速度的合成速度;C_s 为固相塑料比热容;$\lambda^{\#}$ 为塑料熔化当量潜热。

从式(3-9)可以看出,物料性能、工艺条件和螺杆的几何参数对 Z_T 都有影响。

(1)物料性能的影响

物料的热性能、流变性能和密度对 Z_T 都有影响。比热容 C_s 小,导热系数 K_m 大,密度 ρ_m 高,熔融潜热 $\lambda^{\#}$ 和熔融温度 T_m 低的物料熔融速率较大,所需 Z_T 较短,或者在相同 Z_T 下,能获得较高的生产能力。对于黏度较高的物料,螺杆扭矩较高,且物料吸热过程缓慢,通常要求有较长的熔化长度 Z_T。

(2)工艺条件的影响

螺杆转速 n 和流率 G:流率 G 对 Z_T 的影响近似线性关系。G 增加使熔融发生和结束均延迟,而且末端温度波动幅度较大。因此在其他条件不变的情况下,随着挤出量的增加,产品质量变坏。转速 n 对 Z_T 的影响较复杂,提高转速,剪切摩擦热增加,有利于熔融,可使 Z_T 减少;但是,当无背压控制时,提高转速,G 则增加,结果 Z_T 加长。当有背压控制时,流率 G 可以控制,不受转速的直接影响,因而提高转速熔融速率增大,Z_T 减小。这就是提高转速时需增设背压控制装置的原因。

料筒温度 T_b 和物料初温 T_s:适当提高 T_b 和 T_s 都有利于提高熔融速率,但是 T_b 和 T_s 如果过高,则会带来物料容易分解以及固体输送能力的下降。

(3)螺杆几何参数的影响

螺槽深度 h 通常认为在实用范围内较大些好。而渐变度则起着加速熔融过程的作用,这是因为渐变螺槽的截面积是逐渐减小的,它使固相变薄,与加热料筒的接触面增加,从而加速了熔融过程。螺旋角对 Z_T 的影响比较复杂,一方面,螺旋角增加,螺旋线变长,增加了物料的停留时间,可以一定程度减少 Z_T;另一方面,螺旋角增加则螺槽宽度 W 会减小,对熔融不利。螺纹与料筒的间隙 δ 增大,熔膜厚度增加,不利于热传导,并降低剪切速率,也会使漏流增加。

熔融理论是挤出三大理论最重要的理论,是实验和理论模拟的结果,解释了物料究竟是如何在螺杆上熔融以及熔融区长度与哪些因素有关等基本问题。由此可以看出,熔融区长度是一个变量,与物料性能、工艺条件以及螺杆参数有关,对于给定的设备,螺杆几何参数以及压缩段长度是个定值,因此在实际挤出产品中,希望熔融区长度落在螺杆压缩段之内,熔融区长度过大,可能导致未熔物料进入均化段从而影响挤出产品质量。但熔融区长度的计算依然十分困难,涉及众多的材料物理量、螺杆参数和工艺参数,其定性分析作用更强。

熔融理论发现以来,人们提出了许多质疑又通过剖分机筒法、透明视窗法等实验进一步对熔融理论模型进行了修正,这些研究又再一次丰富了 Tadmor 和 Klein 的熔融理论,为塑料加工成型提供了更为先进的理论基础。限于篇幅,本教材只对主要研究结论给予说明。

1)固体被压实后很难形成理想中的固体塞,固体颗粒之间存在相对位移,只有在 IKV 系统中且螺杆冷却条件下才能形成理想中的固体塞。

2)螺杆温度不可能是室温,因此,熔膜不仅出现在螺棱顶端与料筒的间隙处,还出现在螺棱侧面以及螺槽底面,因此就会有上熔膜、下熔膜以及侧熔膜。

3)固体塞不可能在整个熔融区保持连续完整,当固体塞尺寸小到一定程度时,熔体会渗透到固体塞中,迫使固体塞破碎,造成固体塞碎块漂浮于熔池中,这些固体塞碎块很难在熔融区被进一步熔融。这也就是分离型螺杆、分流型螺杆的发展基础。

3.3.3　熔体输送理论

熔体输送理论也称为均化段流动理论,是研究均化段如何保证物料完全塑化,并使其定压、定量和定温的挤出机头,以获得稳定的产量和高质量的制品。在研究熔体输送理论时,为了使问题简化作了以下必要的假设:①在均化段中的物料已全部熔融,熔体是牛顿型、等温和均匀的黏性液体,在螺槽内作层流流动;②熔料的压力只是沿螺槽 Z 方向的函数;③熔料为不可压缩的,且密度不变;④螺距不变,螺槽等深,螺槽是矩形的,螺槽的曲率可以忽略;⑤螺槽宽深比大于 10,可认为沿整个螺槽的速度分布是不变的;⑥忽略重力的影响。

　　为了讨论方便,将料筒和螺杆分别展开为两个平面,假定螺杆固定不动,料筒以原来螺杆的速度 $v = \pi Dn$ 作反向移动,如图 3-27 所示。由于料筒相对螺杆展开平面成 φ 角平移,在摩擦力的作用下,运动的料筒带动熔料前移,而不动的螺杆阻止物料前移。这样,熔料在料筒表面的速度最大,在螺杆表面的速度为零。v 可以分解为两个分速度,一个是垂直于螺纹线方向的 v_2,另一个是平行于螺纹线方向的 v_1。

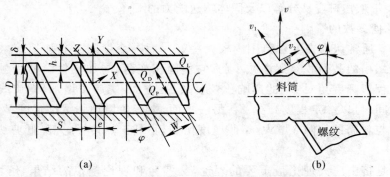

图 3-27　物料在均化段螺槽中的运动示意图

　　熔料在螺纹槽中的流动是由以下四种不同的流动所组成的,即正流、压力流、横流和漏流。

　　1)正流是熔料沿螺槽向机头方向的流动。它是由于熔料在螺槽中黏着料筒和螺杆而产生的、即分速度 v_1 引起的。正流沿螺槽深度方向的速度分布是直线变化的,靠近料筒表面最高,靠近螺杆表面最低,如图 3-28(a)所示。正流流率用 Q_D 表示。

　　2)压力流是熔料向前移动遇到机头、分流板、过滤网等的阻力而引起的逆流。压力流和正流的方向相反,它的速度分布是抛物线变化的,如图 3-28(b)所示。压力流的流率用 Q_p 表示。正流和压力流的速度矢量和即净流,其速度分布如图 3-28(c)所示。

　　3)横流是沿 x 方向的流动,是由分速度 v_2 引起的。熔料沿 x 方向流动,碰到螺纹侧壁时,便折向 y 方向流动,当碰到料筒壁时,又折向 x 反方向流动,从而形成环流,如图 3-28(e)中的 Q_A。这种流动对挤出量影响不显著,故一般不计,但对熔料的热交换,均匀混合影响很大。

　　4)漏流是熔料在机头等阻力作用下,通过螺纹顶和料筒内壁之间的间隙向加料段方向的流动。漏流的流率用 Q_L 表示,如图 3-28(d)所示。相比 Q_D,Q_L 小得多。

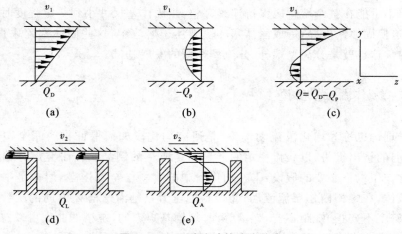

图 3-28　四种流动的速度分布

熔料在均化段螺纹槽中的流动是这四种流动的组合。因此,它在螺纹槽中是以螺旋形的轨迹向前移动的,如图 3-29 所示。

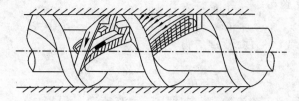

图 3-29　物料在均化段螺槽中流动

从上述分析可知,决定均化段流率 Q(即挤出机的生产能力)的是正流、压力流和漏流。

$$Q = Q_D - (Q_p - Q_L) \qquad (3-10)$$

式(3-10)可根据假设和黏性流体流动理论推导求解。在螺槽中取一微元流体,空间坐标为 x,y,z,如图 3-30 所示。

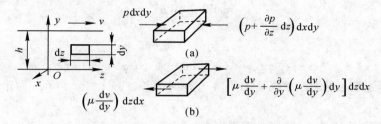

图 3-30　螺槽中所取微元体的受力图

(a)微元体沿 z 方向受到的压力;(b)微元体沿 z 方向受到的剪切力(摩擦阻力)

根据假设,熔料在相距为 h 的无限大的两平行板间作稳定流动,其中一个平板固定不动(相当于螺杆),另一个以恒定的速度 v 水平运动(相当于料筒)。设 v 为所取单元体在螺槽内任意点 (x,y,z) 沿 z 向的运动速度。流动稳定后,沿螺槽 z 方向的力必须平衡。即

$$\mu \left(\frac{dv}{dy} \right) dxdy + \left(p + \frac{\partial p}{\partial z} dz \right) dxdy = pdxdy + \left[\mu \frac{dv}{dy} + \frac{\partial}{\partial y} \left(\mu \frac{dv}{dy} dy \right) \right] dxdy \quad (3-11)$$

整理后得

$$\frac{\partial p}{\partial z} dzdxdy = \frac{\partial}{\partial y} \left(\mu \frac{dv}{dy} \right) dzdxdy$$

$$\frac{\partial}{\partial z} \left(\frac{dv}{dy} \right) = \frac{\partial p}{\partial z}$$

式中,p 为螺槽中熔料的压力;μ 为螺槽中熔料的黏度。

根据假设,上式可写为

$$\mu \frac{d^2 v}{dy^2} = \frac{dp}{dz} \qquad (3-12)$$

对此式积分两次得

$$v = \frac{1}{2\mu} \frac{dp}{dz} y^2 + Ay + B \qquad (3-13)$$

积分的边界条件是

当 $y=0$ 时,$v=0$

$$当\ y = h\ 时, v = v_1$$

代入上式整理后得

$$A = \frac{1}{h}\left(v_1 - \frac{1}{2\mu}\frac{\mathrm{d}p}{\mathrm{d}z}h^2\right) = \frac{v_1}{h} - \frac{1}{2\mu}\frac{\mathrm{d}p}{\mathrm{d}z}h \tag{3-14}$$

将式(3-14)代入式(3-13)整理后得

$$v = \frac{v_1 y}{h} + \frac{1}{2\mu}\frac{\mathrm{d}p}{\mathrm{d}z}(y^2 - hy) \tag{3-15}$$

式中等号右边的第一项为正流流速,第二项为压力流流速。根据式(3-15)即可绘出图3-28(a)(b)(c)。

根据速度可求出流率为

$$Q = \int_0^h vW\mathrm{d}y = W\int_0^h\left[\frac{v_1 y}{h} + \frac{1}{2\mu}\frac{\mathrm{d}p}{\mathrm{d}z}(y^2 - hy)\right]\mathrm{d}y$$

解积分方程得

$$Q = \frac{v_1 Wh}{2} - \frac{Wh^3}{12\mu}\cdot\frac{\mathrm{d}p}{\mathrm{d}z} \tag{3-16}$$

$$v_1 = v\cos\varphi = \pi Dn\cos\varphi$$

$$W = (s-e)\cos\varphi = (\pi D\tan\varphi - e)\cos\varphi \approx \pi D\tan\varphi\cos\varphi$$

式中,e 为螺纹轴向棱宽;$\mathrm{d}z$ 为微单元体沿 z 方向的长度,$\mathrm{d}z = \mathrm{d}L/\sin\varphi$,为单元体在轴向的长度。

将上述有关参数代入式(3-16)后得

$$Q = \frac{\pi^2 D^2 nh\tan\varphi\cos^2\varphi}{2} - \frac{h^3\pi D\tan\varphi\cos\varphi\sin\varphi}{12\mu}\cdot\frac{\mathrm{d}p}{\mathrm{d}L} \tag{3-17}$$

当螺杆尺寸、工艺条件以及黏度都不变时,压力梯度可看作不变,则

$$\frac{\mathrm{d}p}{\mathrm{d}L} = \frac{\Delta P}{\Delta L} = \frac{\Delta p}{L_3}$$

式中,L_3 为螺杆均化段的长度。则

$$Q = \frac{\pi^2 D^2 nh_3\sin\varphi\cos\varphi}{2} - \frac{\pi D h_3^3\sin^2\varphi\Delta p}{12L_3\mu}$$

式中,h_3 为均化段螺槽深度。

而漏流流率为

$$Q_L = \frac{\pi^2 D^2 \delta^3\tan\varphi\Delta p}{10\mu_1 eL_3} \tag{3-18}$$

式中,μ_1 为间隙中熔料的黏度。

因此

$$Q = \frac{\pi^2 D^2 nh_3\sin\varphi\cos\varphi}{2} - \frac{\pi D h_3^3\sin^2\varphi\Delta p}{12L_3\mu} - \frac{\pi^2 D^2 \delta^3\tan\varphi\Delta p}{10\mu_1 eL_3} \tag{3-19}$$

如果用 α, β, γ 分别代表各项中螺杆的尺寸常数,则上式可写成

$$Q = \alpha n - \beta\frac{\Delta p}{\mu} - \gamma\frac{\Delta p}{\mu_1} \tag{3-20}$$

式中,α 为正流流率系数;β 为压力流流率系数;γ 为漏流流率系数。

比较式(3-19)和式(3-20)可以看出,式(3-19)右边的第一项为正流流率 Q_D,第二项为

压力流流率 Q_p，第三项为漏流流率 Q_L。由式（3-19）可知，挤出机的生产能力 Q 与螺杆的几何尺寸、成型工艺条件以及物料的特性都有关系。

正流 Q_D 与螺杆直径 D、螺槽深度 h_3、螺杆转数 n 成正比，而与压力梯度无关；压力流 Q_p 正比于螺槽深度 h_3 的三次方和压力差，与螺槽长度 L_3 和黏度 μ 成反比；漏流 Q_L 正比于 δ 的三次方和压力差，反比于螺槽长度 L_3 和螺棱宽度 e。对比 Q_D 和 Q_p，可见计量段螺槽深度 h_3 对挤出量 Q 的影响比较复杂，如果 h_3 增加一倍，Q_D 增加一倍，但 Q_p 却增加 8 倍，因此确定 h_3 应考虑这一点；Q_p 和 Q_L 越大，挤出量越小，但计量段长度 L_3 增加可以减少 Q_p 和 Q_L，有利于挤出量的提高。漏流 Q_L 正比于 δ 的三次方，显然 δ 增加一点，挤出量就会明显降低，因此，螺杆和机筒磨损太大时，生产很不经济；螺纹升角对生产率的影响是很复杂的，因为螺纹升角与 Q_D，Q_p 和 Q_L 均成正比。在其他条件不变时，生产率将随螺杆直径和螺杆转速的增加而增加。

根据同样的原理和假设，可以推导出螺杆均化段所消耗的功率为

$$N' = \frac{\pi^3 D^3 n^2 \mu L_3}{h_3} + \frac{Q_D \Delta p}{\cos^2\varphi} + \frac{\pi^2 D^2 n^2 e \mu_1 L_3}{\delta \tan\varphi} \qquad (3-21)$$

式中等号右边的第一项是螺槽中剪切物料所消耗的功率，第二项是保持螺槽中压力所消耗的功率（即压力输送所需要的功率），第三项是螺槽与料筒间隙内剪切物料所消耗的功率。由于间隙 δ 都很小，因此，一般第三项是最大的一项。

螺杆均化段所消耗的功率乘以一个系数，可以近似地作为螺杆消耗的总功率。

对于聚乙烯

$$N = 2N' \qquad (3-22)$$

对于聚氯乙烯

$$N = 3N' \qquad (3-23)$$

螺杆消耗的总功率也可用经验公式求得，即

$$N = KD^2 n \qquad (3-24)$$

式中，N 为螺杆消耗的总功率，kW；D 为螺杆直径，cm；n 为螺杆转速，r/min；K 为系数（$D \leqslant 90$ mm，$K = 0.003\,54$；$D > 90$ mm，$K = 0.008$）。

从式（3-21）可以看出，螺杆均化段所消耗的功率与螺杆的几何参数、均化段的压力降、物料的黏度以及螺杆的转速有关，其中螺杆与料筒的间隙大小、螺杆直径的变化对其影响最大。

以上介绍了挤出过程中物料在螺杆中的流动情况及其理论分析。由于三段理论（固体输送、熔融、熔体输送）都是孤立地就螺杆各区段的情况推导的，因此，对一个连续的挤出过程整体来讲，上述各理论不可能完整地揭示挤出过程的本质。此外，挤出过程是否就只有这几段也有不同的认识。目前，许多科学工作者仍在研究这一课题，对挤出理论又有新的发展。这说明，人们对挤出过程的认识还没有完结。但是正在发展中的挤出理论对挤出实践还是起了很大推动作用的，不少性能优异的挤出机和螺杆就是在挤出理论和挤出实验成果的基础上设计出来的。许多新型材料，新型制品的挤出也都离不开挤出理论的指导。

3.3.4　挤出机的工作图

上节讨论了挤出机的生产能力 Q。但是，从螺杆输送来的熔料必须通过成型机头挤出才

能成为制品。因此,挤出过程的特性必须将螺杆输送特性和机头工作特性联合起来讨论。为此,我们引入螺杆特性线和口模特性线以及挤出机综合工作点的概念,通过两者组合求解挤出机最佳机头和螺杆搭配和最佳工作范围。

(1)螺杆特性线

将式(3-19)中 Δp 用机头压力 p 代替,则有

$$Q = \alpha n - \left(\frac{\beta}{\mu} + \frac{\gamma}{\mu_1}\right)p$$

对于给定的螺杆,α,β,γ 均为常数,当挤出稳定时,可以认为温度、转速都不变,μ 和 μ_1 也不变,因此,Q 和 p 成线性方程。如图 3-31 中的 AB 线,我们称之为螺杆的特性线。若螺杆不变,改变螺杆的转速,则可得到一组互相平行的螺杆特性线族。螺杆特性线是挤出机的重要特性线之一,它表示螺杆均化段熔料流率和压力的关系。当转数不变时,随着机头压力的升高,挤出量降低,而降低的快慢取决于螺杆特性线的斜率。螺杆特性线的斜率取决于螺槽深度的三次方和螺旋角正弦的二次方,并与螺杆的均化段长度成反比。螺槽深度 h_3 稍有变化,会对斜率产生明显的影响。一般来说,h_3 越深或 L_3 越短,螺杆特性线越斜,h_3 越浅或 L_3 越长,螺杆特性线越平。前者意味着挤出量对机头压力敏感;后者意味着挤出量对机头压力不敏感。

(2)口模特性线

挤出机的机头是整个挤出机的重要组成部分,它是物料通过并获得一定几何形状和必要的尺寸精度和表面光洁度的部件。熔料在机头内的流动规律对研究整个挤出过程、机头设计和获得高产量、高质量的制品是非常重要的。

由前述知,到达螺杆均化段的熔体是完全塑化并具有一定压力和温度均匀的熔料,在螺杆的输送下,直接(或经过分流板和滤网)被挤入机头。假定熔体为牛顿型流体,当它通过机头口模时,其流动方程为

$$Q = K \frac{\Delta p}{\mu} \qquad\qquad (3-25)$$

式中,Q 为通过口模的体积流率;K 为口模阻力系数,仅与口模的尺寸和形状有关;Δp 为物料通过口模的压力降,用机头压力代替;μ 为物料的黏度。

根据式(3-25)作 Q-p 图,可以得到一条通过坐标原点的直线,其斜率为 K/μ,不同的直线代表不同的口模。这些直线称之为口模特性线,如图 3-31 中的直线 D_1,D_2,D_3 等。对给定的口模来讲,压力越高,流过口模的流量越大。

(3)综合工作点

图 3-31 中螺杆特性线与口模特性线的交点称为挤出机的综合工作点,如图 3-31 中的 AB 和 OD_1 两条线的交点 C。这表明在给定的螺杆和口模下,当转数一定时,挤出机的机头压力和流率应符合这一点所表示的关系。即流率应为 Q_C,机头压力应为 P_C。

$$Q_C = \frac{K\alpha n}{K + \beta}$$

$$P_C = \frac{\alpha n \mu}{K + \beta}$$

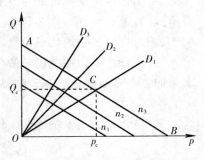

图 3-31　挤出机工作图

在给定的螺杆和口模下,工作点会因螺杆转数的改变而改变;同样更换机头,工作点也会改变。对于假塑性材料其口模特性线和螺杆特性线均为曲线,如图 3-32 所示。

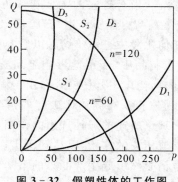

图 3-32　假塑性体的工作图

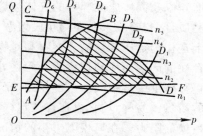

图 3-33　挤出机实际工作图

上述挤出机的工作图只反映了流率和机头压力之间的关系,而没有反映挤出物的质量和其他条件(如温度)之间的关系。显然,用上述工作图来讨论挤出过程是不完善的。因此,实际挤出机的工作图如图 3-33 所示。从图 3-33 可以看出,随着螺杆转速的提高,机头压力也必须相应提高,这样才有可能保证产量提高后的塑化质量。因此,AB 标准线为塑化质量线。此外,由于挤出熔料的温度随转速和机头压力的升高而升高,为不使料温超过允许的最大值,图中绘出了料温标准线 CD。AB 和 CD 两条线和最低产量标准线 EF 所围成的区域为螺杆在加工某塑料时的正常工作范围。

3.3.5　挤出理论在新型螺杆设计中的应用

普通螺杆存在的问题:

1)固体输送效率低:固体输送的任务主要在加料段内完成,总是希望输送效率越高越好,并在熔融段和均化段相互配合下,能得到最高的生产能力。但实际上输送效率只有(20~40)%,且随螺杆转速的提高而下降。固体输送效率低是造成普通螺杆生产能力低的主要原因之一。压力形成缓慢使其固体床熔融点推迟;由于加料段的压力较低,因而普通螺杆压力的形成主要是依赖于机头的压力,如减少均化段螺槽深度,机头加入分流板和过滤网等以提高其压力。这种提高机头压力的办法降低了生产能力。

2)熔融效率低:在熔融段的固体床有四个表面:一个表面与机筒表面上的熔膜接触,是热能的交换面;另一个表面是与熔池接触;第三个表面是与螺杆根部接触;第四个表面是与螺棱后缘接触,这是由于固体床与螺棱后缘的摩擦和熔池通过螺棱间隙漏至此处而形成的熔膜。这样的固体床其热交换面积是很有限的,固态物料所受到的剪切作用而得到的热量不大。大部分的热量是依赖于热机筒通过熔膜和熔膜本身受剪切而产生的热量传给固体床。由于聚合物本身的导热系数又很低,并且固体床中颗粒之间也存在间隙,不仅影响热传导而且容易出现固体床破碎,破碎后的固体碎片被熔体包围很难获得剪切热量继续熔融。由于存在以上的一些限制条件,从而影响熔融速度,限制了挤压系统的生产能力。

3)温度、压力和产量波动较大:普通螺杆在熔融区内固体和熔体处于同一螺槽中,已熔固体即熔池能够继续从料筒和熔膜的剪切中获得热量,使温度继续升高,而未熔固体特别是固体碎片被熔池包围很难获得热量,造成同一螺槽中出现温度不均一性增大。此外,沿螺槽方向的螺杆螺槽斜度 A 和熔融段长度 L_2 如果不适应于固体床宽度分布函数 X/W 的变化时,可能引起压力波动和挤出量的波动,螺棱侧面没有足够的熔料(当有较大的固体块接近于螺棱侧面时)对螺棱顶面和机筒之间进行充分润滑,导致螺杆受力不均容易产生"扫膛现象"(螺杆与机筒的刮磨),以及固体床破碎后的气体被熔体包围,在均化段中进一步熔融以后容易带入制品,影响制品质量,若碎块未能在均化段熔融,也会被挤入制品中,严重地影响制品质量。均化段在理论上是作为定压定量输送熔料和对物料进一步的均化作用,但实际上,由于固体输送段和熔融段存在的问题而使到均化段开始之处还残存有固体料。在固体床破碎的情况下,均化段实际上仍负有继续熔融固体料的作用,而不是像挤出理论所述的那种理想的作用,这就影响到挤出物的质量。另外,均化段在普通螺杆中还起着形成压力的作用,以达到压实物料和克服熔料通过口模的阻力。在口模阻力小的情况下,浅的螺槽必然引起生产能力的下降。

针对普通全螺纹三段螺杆存在的上述问题,人们对挤出过程进行了更深入的研究,在大量实验和生产实践的基础上,发展了各种新型螺杆。这些新型螺杆在不同方面、不同程度地克服了普通全螺纹三段螺杆存在的缺点,提高了挤出量,改善了塑化质量,减少了产量波动,压力波动以及螺杆方向的温度波动和垂直于螺杆方向的温差,提高了混合的均匀性和填充料的分散性。新型螺杆越来越引起人们的重视和得到广泛的应用。到目前为止,已应用于生产的新型螺杆的形式很多,下面就目前较为流行的几种作重点介绍。

1. 分离型螺杆

针对普通螺杆因固液相共存于同一螺槽中所产生的缺点,采用措施,将已熔融的物料和未熔融的物料尽早分离,而促进未熔融物料更快地熔融,使已熔融物料不再承受导致过热的剪切,而获得低温挤出,在保证塑化质量的前提下提高挤出量,其典型代表是所谓 BM 螺杆。后来发展起来的 Barr 螺杆和熔体槽螺杆以及 XLK 螺杆也都属于这类螺杆。

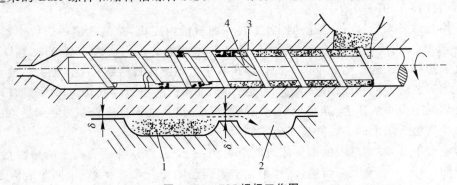

图 3-34 BM 螺杆工作图
1—固相槽;2—液相槽;3—主螺纹;4—副螺纹

BM 螺杆(见图 3-34)是根据熔融理论所揭示的物料在螺槽中的熔融规律,在螺杆的熔融段再附加一条螺纹。熔融段由两条螺纹组成,这两条螺纹把原来一条螺纹所形成的螺槽分成两个螺槽。一条螺槽与加料段螺槽相通,另一条螺槽上均化段相通。前者用来盛固相,后者用来盛液相。附加螺纹与机筒壁的间隙 δ' 要比原来的螺纹(主螺纹)的间隙 δ_0 大。当固体床形成并在输送过程中开始熔融时,已熔的物料将越过间隙 δ' 进入液相螺槽,而未熔融的固体粒子不能通过 δ' 而留在固相螺槽中。由于主附螺纹的螺距不等,液相螺槽由零逐渐变宽,直至达到均化段整个螺槽宽度,其螺槽深度则保持不变。而固相螺槽则由宽变窄,至均化段其宽度变为零,螺槽深度则由加料段螺槽深度变化至均化段螺槽深。总之,在液相螺槽宽度为零的那一点固液开始分离,在固相螺槽的宽度为零的那一点熔融完成,全部熔融的物料经过均化段的均化作用,定压定量定温地挤入机头。

实践证明,这种螺杆具有塑化效率高,塑化质量好,由于没有固体床解体,产量波动,压力波动、温度波动都比较小,排气性能好,单耗低,适应性强,耐"扫膛"性能好,能实现低温挤出等优点,获得了较为广泛的应用。

尽管 BM 分离型螺杆具有以上优点,但也存在一定问题。其一是由于主附螺纹螺距不等给加工制造带来很多困难;另外,由于固体床的宽度是由宽变窄,因此不能自始至终保持固体床与机筒壁之间的最大接触面积而获得来自机筒壁的最多热量,从而使熔融能力受到限制;其次,固体床在宽度方向要发生变形,即固体床因熔融而发生的宽度的减少与固相螺槽宽度的减少可能不一致,有可能引起螺槽堵塞而产生挤出不稳定。针对这一缺点,人们研制出所谓Barr 螺杆。这也是一种分离型螺杆,它与 BM 不同之处是主附螺纹的螺距相等,固相螺槽和液相螺槽的宽度自始至终保持不变。固相螺槽由加料段的深度渐变至均化段的槽深,而液相槽深由零逐渐加深,至均化段固体床全部消失时,液相螺槽变至最深,然后再突变过渡至均化段的螺槽深,这样就能使固相始终保持与机筒的最大接触面积,因而具有较高的熔融能力。这种螺杆加工比较方便,但由于液相螺槽在到达均化段时候变深,故用于直径较小的螺杆时有强度不够的危险。

属于分离型螺杆的还有熔体螺杆槽,它是在熔融开始并形成一定宽度的熔池处的下方螺槽内再开一条逐渐变深、宽度不变的附加螺槽,一直延续到均化段,再突变过渡至均化段螺槽深。原螺槽的其余部分宽度保持不变而深度渐变至均化段螺槽深。当熔池形成后,熔料便沿着这一条深而窄的附加螺槽输送至均化段。这种螺杆的特点是液相螺槽窄而深,与机筒接触面积小,得到的热量少,受到的剪切小,而固相螺槽宽度大且保持不变,能保持与机筒壁的最大接触面积,可以获得来自机筒壁的较多的热量,故熔融效率高。此外,由于这种螺杆取消了一条在 BM 螺杆中的把固液相分开的附加螺纹,螺槽有效宽度增加了,输送效率增加了,物料不必再通过 BM 中的 δ',剪切减少了,因此可以实现低温挤出,这种螺杆加工也较方便。

普通全螺纹三段螺杆、BM 螺杆、Barr 螺杆和熔体槽螺杆的熔融过程比较如图 3-35 所示。

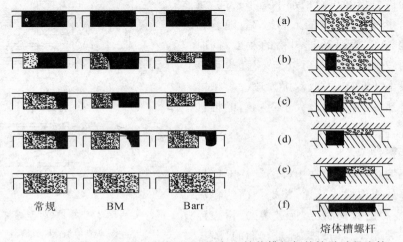

常规　　BM　　Barr　　熔体槽螺杆

(a)
(b)
(c)
(d)
(e)
(f)

图 3-35　普通螺杆、BM 螺杆、Barr 螺杆和熔体槽螺杆的熔融过程比较

2. 屏障型螺杆

所谓屏障型螺杆就是在螺杆的某部位设立屏障段,使未熔的固相不能通过,并促使固相熔融的一种螺杆。图3-36所示是一种常见的直槽屏障型螺杆的屏障段。在该段的圆柱面上等距地开了若干纵向沟槽,分为两组,一组是进料槽,其出口在轴线方向是封闭的,另一组是出料槽,其入口在轴线方向是封闭的。两组槽隔一屏障棱。将进料槽和出料槽隔开的棱面与机筒之间隙大小不等,一为δ′,一为δ。工作时,物料由进料槽流入,只有熔融的物料和粒度小于间隙δ′的固相碎片才能越过δ′(即图中划剖面线处)进入出料槽,而那些未熔的粒度较大的固相碎片被屏障阻挡。熔料和未熔但能通过δ′的固相碎片在通过δ′时,受到强烈的剪切作用,进入出料槽的物料在槽中产生涡旋而得以混合。这种剪切和混合就将机械能转变为热能,而促使物料熔融均化。此处所指的剪切是当物料流经δ′时,由于料流各层间较大的速度差,因而产生层间滑移而产生的摩擦热,促使了物料的塑化;所谓的混合,指的是物料由原来的带状层流被直槽分为若干股,并在进入或流出屏障沟槽时产生涡流,由此而产生的料流方向改变、各部分物料重新分布的混合过程。当物料通过δ′时要产生压力降,而在δ′之前因遇到阻力压力要升高。

实践证明,这种带有屏障段螺杆的产量、质量、单耗等项指标都优于普通螺杆。有的可以获得低温挤出。从制造方面来说,也比较容易。它适于加工聚烯烃类塑料。

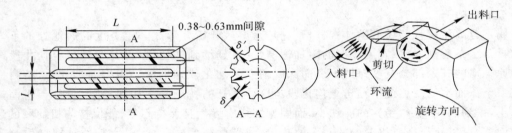

图3-36 屏障段的参数及工作原理

除了直槽屏障段以外,还有其他形式的屏障段,如图3-37所示的斜槽屏障段,其三角形沟槽屏障段的进料槽和出料槽都不是平行的,每个槽都是三角形的,进料槽的入口较宽,随着料流在屏障上翻越,逐渐缩小进料槽的宽度,同时增大出料槽的宽度。屏障段可以是一段,也可以将两段屏障段串接起来,形成双屏障段。斜槽屏障段在改进自洁性的同时,增大了对物料的推进作用。

3. 分流型螺杆

所谓分流型螺杆,是指在螺杆的某一部位设置许多突起部分或沟槽或孔道,将螺槽内的料流分割,以改变物料的流动状况,促进熔融、增强混炼和均化的一类螺杆。销钉螺杆是它们的代表。

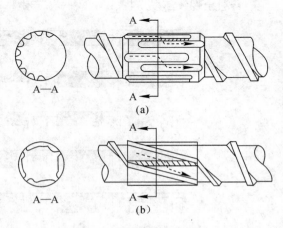

图3-37 屏障型螺杆

(a)直槽型;(b)斜槽型

如前所述,普通螺杆的一系列缺点是由于在挤出过程中固液相共存于一个螺槽并形成两相流动造成的。销钉螺杆的作用之一,就是针对这种情况,在螺槽中设置一些销钉,将固体床打碎,破坏熔池,打乱两相流动,并将料流反复地分割,改变螺槽中料流的方向和速度分布,使固相和液相充分混合,增大固体床碎片和熔体之间的传热面积,对料流产生一定阻力和摩擦剪切,从而促使熔融。销钉螺杆的另一作用,是通过销钉将熔料多次分割、分流向,增大对物料的混炼、均化和填加剂的分散性,可以获得低温挤出。

图 3-38 所示是各种销钉螺杆和销钉的分流作用示意图。

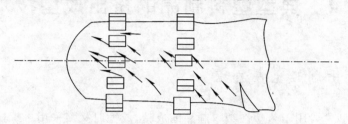

图 3-38　各种销钉螺杆和销钉的分流作用

销钉的设置位置、数目和大小要根据所加工的物料、加工的要求和设置销钉的目的来确定。销钉一般要设在熔融区末端;如果是为了混炼、均化和获得低温挤出,销钉一般设置在均化段。销钉的排列有各种形式,如人字形、环形等。建议销钉之间的距离不应超过销钉直径的 1.5 倍,销钉的直径与其高度之比为 0.25～2。销钉可以是圆柱形的,也可以是方形的,或菱形的;可以是组装的,也可以是与螺杆整体加工出来的。

实践证明,销钉螺杆可以提高产量(可提高 30%～100%),减少螺杆方向温度波动和垂直于螺杆方向的温差,改善塑化质量,提高混合均匀性填加物的分散度,获得低温挤出。与其他新型螺杆相比,销钉螺杆的一个突出优点是加工制造容易。

4. 组合螺杆

在新型螺杆中,分离型螺杆是在熔融段增加附加螺纹或螺槽,它只能和原螺杆做成一体,其他形式的新型螺杆多在压缩段末或均化段增设非螺纹形式的各种区段。在发展带有各种混炼剪切等螺杆元件的新型螺杆的基础上,出现组合螺杆。这种螺杆不是一个整体,它是由各种不同职能的螺杆元件(如输送元件、压缩元件、混炼元件、剪切元件、均化元件等)组成的,这些螺杆元件通常用花键轴连接的方法加到螺杆本体上。改变这些元件的种类、数目和组合顺序,可以得到各种特性的螺杆,以适应不同物料和不同制品的加工要求,并找出最佳工作条件。

图 3-39 所示为一种组合螺杆。它由带加料段的螺杆本体和输送元件、压缩元件、剪切元件、均化元件、混炼元件组成。

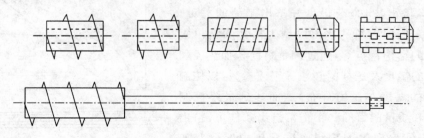

图 3-39　组合螺杆

组合螺杆突破了传统普通全螺纹三段螺杆的框框,螺杆可以不再是整体的,也可以不再是由三段组成的。这是螺杆设计中的一大进步。它的最大特点是适应性强,专业性也强,易于获得最佳的工作条件,它已经得到了越来越广泛的应用,目前双螺杆挤出造粒机组就采用了这种组合螺杆,对于聚合物合金、增强、填充、反应挤出等十分有效。但这种螺杆设计较复杂,在直径较小的螺杆结构上实现有一定困难。

3.4 典型塑料制品的挤出成型技术

3.4.1 挤出制品生产流程

目前,挤出成型主要用于热塑性塑料制品的成型,成型时又多采用单螺杆挤出机按干法塑化连续挤出的操作方式进行。以下叙述的挤出制品生产流程即是指以单螺杆挤出机为主机的热塑性塑料挤出制品生产的一般程序。适于挤出的热塑性塑料品种和牌号很多,挤出制品的截面形状和尺寸也各不相同,但各种挤出制品的生产流程则大体相同,一般包括成型物料准备、挤出造型、挤出物的定型与冷却、制品的牵引与切断,部分挤出制品成型后尚需经过热处理或调湿处理。

1. 成型物料预处理

用于挤出的热塑性塑料多以粒状和粉状料的形式供应,若所供物料的颜色和其他性能不能满足制品的使用性和挤出工艺性的要求,就需要在送往挤出机前进行必要的预处理。挤出用成型物料的预处理操作通常包括干燥、预热、着色、混入各种添加剂和废品的回收利用等,这些预处理工艺在第1章和第2章中均已述及。应当特别指出的是,必须十分重视成型物料的干燥,因为物料中若含有的水分和其他低分子物(如溶剂和单体等)的量超过允许的限度,在挤出机料筒内的高温条件下,一方面会因其挥发成气体而使制品表面失去光泽和出现气泡与银丝等外观缺陷;另一方面可能促使聚合物发生降解与交联反应,从而导致熔体的黏度出现明显波动,这不仅给挤出成型工艺控制带来很大困难,而且也会对制品的力学和电学性能等产生不利影响。

2. 挤出造型

在挤出机上挤出温度均一、形状稳定的塑性连续体(以下简称挤出物)是获得良好挤出制品的关键。实际生产中需依据塑料的挤出成型工艺性和挤出机机头与口模的结构特点等,通过调整料筒各加热段和机头与口模的温度及螺杆的转数等工艺参数,以控制料筒内物料的温度和压力分布,从而达到最终控制挤出物产量和质量的目的。在正常挤出条件下,挤出机料筒、机头和口模内的物料温度和压力的分布如图3-40所示。

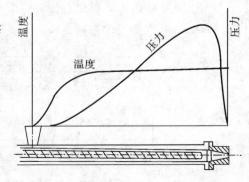

图 3-40 料筒和机头中温度和压力的分布

螺杆挤出熔融理论表明,挤出过程中升高物料温度所需的热量,除由外加热器提供外,还来自转动螺杆剪切物料所做的机械功。挤出机转入正常生产后,机械功往往成为主要的热源。增大螺杆转数,由于可强化对物料的剪切作用,这不仅可提高料温,也有利于物料的充分混合与均匀塑化,而且对于大多数热塑性塑料还能显著降低其熔体黏度。

挤出过程中,因料温升高而引起的熔体黏度降低,显然对物料的充分塑化有利;同时随温度的升高熔体的体积流率增大,这使离开模孔的挤出物速度加快而有利于制品的生产效率提高。但当料温过高时,挤出物形状的稳定性变差,制品的收缩率增大,外观会发黄并出现银丝和气泡,严重时甚至使挤出过程不能正常进行。降低物料的温度后,熔体的黏度和机头产生的反压均随之增大,使挤出物变得密实、形状稳定性变好和制品收缩率减小,但挤出物的离模膨胀效应明显;料温过低时,会导致物料塑化不良,而且会因熔体黏度过大而使螺杆的驱动功率急剧增加。因此,在用挤出机工作图选定综合工作点时,应充分考虑上述因素对挤出过程和挤出制品质量的影响。

3. 定型与冷却

挤出物离开模孔后,仍处在高温熔融状态,还具有很大的塑性变形能力,定型与冷却挤出物的目的,就在于使其通过降温而将形状及时固定下来。定型与冷却若不及时,挤出物往往会在自重的作用下发生变形,从而导致制品截面形状和尺寸的改变。在大多数情况下,定型与冷却是同时进行的,定型只不过是在限制挤出物变形的条件下的冷却。通常只在挤出管材、棒材和异型材时才设置专门的定型装置,而挤出薄膜、单丝和线、缆包层物等并不需要专门的定型操作。挤出板材和片材时,挤出物离开模孔后立即引进一对压平辊,也是为了定型与冷却。

冷却是使热塑性塑料挤出物的截面形状和尺寸固定下来的主要工艺措施,只有经过充分的冷却之后挤出物才能转变成有固定截面形状和尺寸的制品。未经定型的挤出物,固然必须用冷却装置使其在离开模孔后及时降温;已经过定型的挤出物,由于在定型装置中的冷却作用并不充分,仍有用冷却装置使其进一步降温的必要。因此,冷却和挤出造型一样,是一切挤出制品生产过程中必有的工序。冷却不均和降温过快,都会在制品中产生内应力并使制品变形,在成型大尺寸截面的管材、棒材和异型材时,应对此给予特别的注意。

4. 牵引、卷取与切断

在挤出热塑性塑料型材时,牵引的目的有二:一是帮助挤出物及时离开模孔,避免在模孔外造成堵塞与停滞,而不致破坏挤出过程的连续性;二是为了调整型材截面尺寸和性能。这是因为挤出物离开模孔后,由于有热收缩和离模膨胀双重效应,其截面与模孔的断面并不一致。有些挤出物虽经定型处理,其截面的形状和尺寸一般也未达到制品的最终要求,通过牵引可使制品的截面尺寸得到修正。牵引的拉伸作用由于可使型材适度进行聚合物大分子取向,从而使牵引方向型材的强度性能得到改善,故挤出型材时牵引速度总是稍大于挤出速度。

挤出型材时,卷取和切断操作的作用在于使型材的长度或重量满足供货要求。硬质型材从牵引装置送出,达到一定长度后切断并堆放;软质型材在卷取到给定长度或重量后切断。

5. 热处理和调湿处理

如前所述,在挤出成型大截面尺寸的管材、棒材和异型材时,常因挤出物内外冷却降温速率相差较大而使制品内具有较大的内应力。具有较大内应力的挤出制品在成型后应及时进行热处理以消除内应力,否则在存放过程中或机械加工时会出现裂纹,严重时制品开裂。聚酰胺之类吸湿性强的挤出制品,在空气中使用或存放的过程中会因吸湿而明显膨胀,但这种吸湿膨胀过程需要很长时间才能达到平衡,为加速这类塑料挤出制品的吸湿平衡,常需在成型后进行调湿处理。

热处理热塑性塑料挤出制品的基本方法是,先将其放进矿物油、甘油、乙二醇和液体石蜡等的液体介质或空气之中,然后慢速升温到指定温度(热处理温度)并在此温度下保持一定时间(热处理时间),最后使制品与加热介质或加热装置一起缓慢冷却至室温。热处理温度以高于制品使用温度10~20 ℃,或低于塑料的热变形温度10~20 ℃为宜。热处理时间主要由制品的壁厚和聚合物大分子刚性的大小而定。一般说来,壁愈厚、大发子链的刚性愈大者,需要热处理的时间愈长。显然,以分子链柔性大的聚合物为主要组分的塑料制品,由于玻璃化温度低,在室温下内应力可自行消除,故不必进行热处理。

强吸湿性塑料挤出制品调湿处理的基本方法是,将制品放进沸水浴、醋酸钾水溶液浴或油水浴中加热一段时间,然后使制品与浴槽内的处理介质一起冷却至室温。将聚酰胺类塑料制品浸入含水介质中进行调湿处理,不仅可加速其吸湿平衡,而且还可使其在隔绝空气的条件下受到消除内应力的热处理,这对避免聚酰胺类制品因在高温下与空气接触而发生氧化变色十分有利。调湿处理过程中吸收适量的水分,对聚酰胺类塑料有一定的增塑作用,这对改善这类塑料制品的柔曲性和韧性有利。调湿处理的温度和时间,主要由塑料的品种、制品的形状和壁厚及要求达到的聚合物结晶度等多种因素确定。

3.4.2 典型制品挤出成型工艺

热塑性塑料挤出制品的成型,均由以挤出机为主机的机组完成,改变机组内辅机的组成,可成型多种多样的挤出制品。目前产量较大、工艺上也较具代表性的挤出制品是管材、板材、吹塑薄膜和塑料包层电线与电缆。

1. 管材挤出

挤出法成型的塑料管材有硬管和软管之分,两种管的挤出工艺流程大致相同。硬管的挤出工艺流程是,物料在螺杆料筒挤出装置中塑化均匀后,经料筒前端的机头环隙口模挤出,离开口模的塑性状态管状物进入定型装置(又称定径套)冷却使表层首先凝固,再进入冷却水槽进一步冷却定型,已充分冷却定型的管状物由牵引装置匀速拉出,最后由切割装置按规定长度切断。软管的挤出工艺流程与硬管稍有不同,一般不用定型装置,靠往挤出的管状物中通入压缩空气来维持截面形状,经自然冷却或喷淋水冷却后,再用输送带或靠管的自重实现牵引,最后由收卷盘卷绕至一定量时切断。

硬管的挤出工艺过程如图3-41所示,由图可以看出这种管材的挤出机组由挤出机、管机头、定径套、冷却水槽、牵引装置和切断装置等组成。当用单螺杆挤出机为主机时,多用粒状料成型聚乙烯、聚丙烯和各种工程热塑性塑料管材;当用双螺杆挤出机为主机时,可直接采用现场配制的聚氯乙烯粉料成型聚氯乙烯塑料硬管。

挤出管材所用机头的形式较多,常见的是直通式和直角式两种,这两种机头与相关的定径装置如图3-42所示。直通式机头(见图3-42(a))结构简单,制造和维修都比较方便,为生产中最常采用。直角式机头(见图3-42(b))由于有利于内径定型,故多用于对内径尺寸要求准确的管材成型。所有的直通式机头都需要用分流器支架(模芯支架)来支承芯棒(见图3-41),

而这种支架的每一个分流筋,都将使通过的料流产生一条合流线。如果料流离开口模之前尚未熔合,就会在定型后的管壁上显露出一条可见的纵向微裂纹。管壁上纵向微裂纹的存在,常常是管材爆破强度明显下降的重要原因。

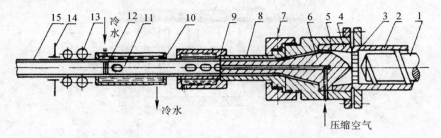

图 3 - 41　硬管挤出工艺示意图

1—螺杆;2—机筒;3—多孔板;4—接口套;5—机头体;6—芯棒;7—调节螺钉;8—口模;
9—定径套;10—冷却水槽;11—链子;12—塞子;13—牵引装置;14—夹紧装置;15—塑料管子

　　直通式机头中芯棒与口模的平直部分,是使塑化料形成管状物的通道。离开口模的管状物,一方面会因离模膨胀效应径向尺寸变大,另一方面又因随后的牵引和冷却收缩而截面积缩小。膨胀与收缩二者均与塑料的流变特性和所采用的成型工艺条件等有关。由于涉及的因素复杂,管材挤出过程中截面尺寸的变化很难用理论计算确定,一般都凭经验解决。常采用的解决办法是在设计管机头时将芯棒和环隙通道的直径放大,在成型时通过调节牵引速度使挤出物达到成品管材所要求的外径尺寸。

　　挤出成型硬管的定径方法有外径定型和内径定型两种,而外径定型又可用两种方式实现:其一是在挤出物外壁与定径套内壁紧密接触的情况下,往夹套内通水使挤出物冷却定型,而为保证这种紧密接触需要往管状物内部通入压缩空气,并使管状物内部维持高于 0.1 MPa 的压力,这种外径定型方式如图 3 - 43 所示;其二是在定径套部分内壁上钻孔,用抽真空的方法使管状物外壁和定径套内壁紧密接触,这种外径定型方式所用的定径套如图 3 - 44 所示。前者称内压法外径定型,后者称真空法外径定型。内径定型用定径套直接装在直角式机头芯棒的前端,从环隙口模挤出的管状物与定径套的外壁紧密接触,冷却水管从芯棒处伸进,与直角式机头配合的内径定型装置如图 3 - 42(b)所示。用外径定型法制得的管材外壁比较光滑,外径尺寸也比较精确;用内径定型法制得的管材则情况恰好相反。二者相比,外径定型装置结构比较简单,操作也较为方便,加之目前我国硬管产品标准均以外径尺寸表示管材规格,故硬管成型以外径定型为主。

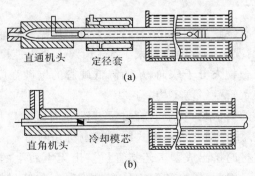

图 3 - 42　典型的管材用机头和定径装置

(a)外径定型;(b)内径定型

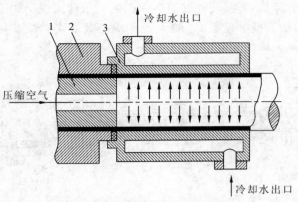

图 3-43　内压充气法(外定径)
1—内模芯棒；2—外模；3—定径套

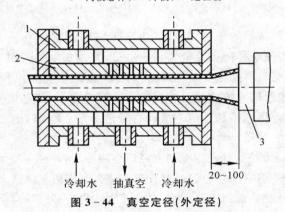

图 3-44　真空定径(外定径)
1—冷却水套；2—真空定径套；3—管材口模

　　常用冷却水槽和喷淋水箱作为挤出管状物的冷却装置。冷却水槽通常分作 2~4 段分别控制水温，借以调节冷却强度。冷却水一般是从最后一段进入水槽，然后再逐段前进，即水流方向与管材前移的方向相反，这样可使管状物降温比较缓慢，以避免因降温过快而在管壁内产生较大内应力。由于水槽中上、下层水温不同，管状物在冷却过程中会因上、下收缩不均而出现弯曲；而且管状物通过水槽时会受到水的浮力作用，也是使管材出现弯曲的原因之一。用在管材径向上均匀布置的喷水头对大直径管进行喷淋冷却，是避免管状物因水槽冷却而出现弯曲变形的有效方法。

　　常用的挤管牵引装置有滚轮式和履带式两种，不论采用哪一种牵引装置，牵引速度都必须与挤出速度相适应，一般情况是前者比后者大 1%~10%。牵引速度与挤出速度之比过大，会在管壁中产生不适当的聚合物大分子取向，从而降低硬管的爆破强度。牵引速度必须稳定，避免因牵引速度的波动而导致管壁厚度不均。

　　对挤出硬管切断装置的要求是，切下的管材尺寸准确而且切口均匀整齐。小直径管材可用手工锯断，大直径管材多用自动式或手推式圆锯切割机切断。

　　棒材和各种中空异型材的挤出成型工艺与管材挤出无本质上的差别，只是所用机头口模的模孔截面形状有所不同。因此，棒材和中空异型材可采用与管材挤出大致相同的工艺流程和挤出机组成型。

塑料硬管除由挤出法成型外,还可用离心浇铸、滚塑、热成型与焊接等方法制得,但挤出法成型管材具有可连续化、效率高、管的长度不受限制和管材强度与外观质量高等突出优点,因而是目前塑料管材最重要的成型方法。

2. 板材挤出

用挤出技术可以成型厚度 0.02~20 mm 的热塑性塑料平面型材,即包括平膜、片材和板材。塑料膜、片和板三者一般按厚度划分,通常将厚度在 0.25 mm 以下者称为平膜,厚度在 0.25~1 mm 者称为片材,厚度在 1 mm 以上者称为板材。以下着重介绍板材的挤出成型工艺,但由于板和片、膜之间并无严格界限,故挤板工艺也适用于片材和平膜的挤出成型。

典型的挤板工艺流程如图 3-45 所示,可见,物料经挤出机 1 塑化均匀后,由狭缝机头 2 挤出成为板坯,板坯立即进入三辊压光机 3 降温定型,从压光机出来的板状物先在导辊 4 上进一步冷却,冷却定型后的板用切边装置 5 切去废边后,由二辊牵引机 6 送入切断装置 7 裁切成所需长度的板材 8。如果在三辊压光机后面加设加热装置、压波纹装置和冷却装置,就是成型塑料瓦楞板的流程。

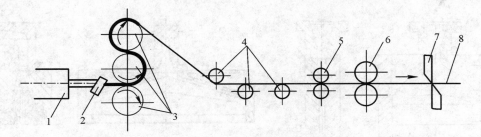

图 3-45　挤板工艺流程图
1—挤出机;2—狭缝机头;3—压光辊;4—导辊;5—切边装置;6—牵引装置;7—切割刀;8—塑料板

板材挤出所用狭缝机头均具有宽而薄的出料口,熔体由料筒挤入机头,由于流道由圆形变成狭缝形,因而必须采取措施使熔体沿口模宽度方向有均匀的速度分布。在整个口模宽度方向上熔体以相同的流速离开出料口,是保证挤出的板材厚度均匀和表面平整的重要条件。

几种常见的板材挤出模头如图 3-46 所示。

从口模挤出的板坯温度较高,应立即引入三辊压光机压光并降温,故压光机在挤板流程中起定型装置的作用。压光机对板坯还起一定的牵引作用,在将板坯引进压光机辊隙的过程中,应将板坯宽度方向上各点速度调整到大致相同,这是保证板材平直的重要条件之一。压光机与机头的距离应尽可能靠近,若二者之间的距离过大,从口模出来的板坯会因下垂而发皱,还会由于进入辊隙前散热降温过多而对压光不利。由于挤出的热板坯较厚,故应适当控制压光机各辊筒的温度,使板坯上、下表面的降温速度尽量一致,以便使板坯上、下面层之间和内、外层之间的凝固收缩与结晶速率尽量接近,从而降低板材的内应力和减少翘曲变形。

熔融态的板坯经三辊压光机压光、降温而定型为一定厚度的固体板状物后温度仍比较高,故只有用导辊继续冷却至接近室温才能最后成为板材。导辊在挤板流程中起冷却装置的作用,其冷却输送部分的总长度主要由板坯的厚度和塑料的比热容大小决定。板坯愈薄和塑料的比热容愈小冷却降温就愈快,所需导辊的冷却输送部分的长度就愈小。板坯在冷却时由于两侧边与空气接触面积大而降温较快,板坯厚度较小的地方热容量小降温也较快,所有降温快的地方都会产生较大的内应力。带有较大内应力的板材,当再次加热进行二次成型时,往往会变得翘曲不平而无法成型。要制得内应力小的板材,必须使热板坯冷却时各处的降温速率尽可能一致,而且在冷却过程中不应受到强制性牵伸。

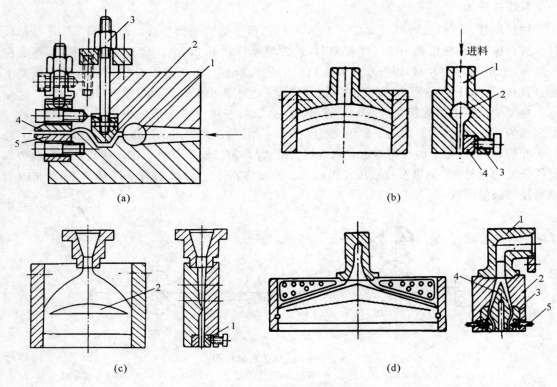

图 3-46　几种常见的板材挤出模头

(a)支管式机头:1—支管;2—阻力调节块;3—调节螺栓;4—上模唇;5—下模唇

(b)中央供料的弯支管式机头:1—进料口;2—弯支管模腔;3—口模调节螺栓;4—口模调节

(c)带阻流器的鱼尾式机头机头:1—口模调节块;2—阻流器

(d)衣架式 T 型机头:1—连接体;2—机头体;3—模唇调节块;4—分流梭;5—厚度调节螺栓

冷却定型后的板材往往两侧边厚薄不均,板的纵向上各处宽窄也不一致,故需将两侧边各切去一部分以满足产品标准的要求。这项操作称为切边,是板材挤出特有的工序。常用的切边装置为圆盘切刀,切边装置通常都安装在牵引辊之前。

在板材挤出流程中牵引装置的作用是将已定型的板材引进切断装置,以防止在压光辊处积料并将板压平整。牵引速度应与压光辊的出料速度同步或稍小于压光辊送出板状物的线速度,这有利于在导辊上冷却时板在长度方向上的收缩,也不会由于强制牵伸而导致板内聚合物大分子的进一步取向。

板材成型的最后一道工序为切断,切断板材的方式有电热切和锯切,但以锯切最为常用。锯切装置工作时,应同时有横向的送进运动和与板材前移等速的向前运动。

为了将挤出板材、片材和平膜的厚度控制在给定的范围内,挤出成型中多采用 β 射线测厚仪连续监测板、片和膜的厚度。这种先进的厚度测定仪并不直接与型材接触,且测量和显示快而准确,其测量精度可达 0.002 mm。

热塑性塑料板材除用挤出法成型外,还可用压延、浇铸和压制法生产。用挤出法成型板材的主要优点是设备简单、生产成本低、板的冲击强度高,但板的厚度均一性一般较差。用多台挤出机共用 1 个口模可生产多层共挤板材。

3. 挤出吹塑薄膜

借助环形隙缝机头挤出筒坯,再将尚处于塑性状态的筒坯横向吹胀和纵向拉伸成圆筒形薄膜的作业,称作挤出吹塑薄膜。用这种工艺方法可成型厚度 0.01～0.3 mm、展开宽度从数十毫米到数十米的筒膜。薄膜吹塑工艺根据从卧式挤出机机头引出筒坯方向的不同,可分为上吹法(见图 3-47)、平吹法(见图 3-48)和下吹法(见图 3-49)三种方法,目前工业上最常采用的是上吹法。

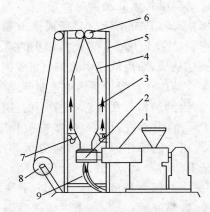

图 3-47　吹塑薄膜上吹法装置示意图

1—挤出机;2—机头;3—膜管;4—人字板;5—牵引架;6—牵引辊;7—风环;8—卷取辊;9—进气管

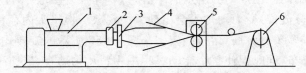

图 3-48　平吹法工艺流程图

1—挤出机;2—机头;3—风环;4—夹板;5—牵引机;6—卷取辊

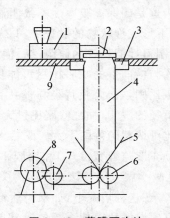

图 3-49　薄膜下吹法

1—挤出机;2—机头;3—风环;4—膜管;5—人字板;6—牵引辊;7—导向辊;8—卷取辊;9—平台

上吹法薄膜吹塑装置如图 3-47 所示,用这种装置成型筒膜的基本过程如下:成型物料经挤出机塑化均匀后,自机头的环形隙缝挤出成筒坯,筒坯被从机头下面进气管引入的压缩空气横向吹胀,同时被机头上方的牵引辊纵向拉伸,并由机头上面的冷却风环吹出的空气冷却;充分冷却定型后的筒膜被人字板压叠成双折,再经牵引辊压紧封闭并以均匀的速度引入卷取辊;进到卷取辊的双折筒膜,当达到规定长度时即被切断成为膜卷。机头的作用是形成环形间隙,保证熔体流速均匀;风环的作用是通过吹入压缩空气,迫使薄膜冷却。

薄膜吹塑机组主要由挤出机、环形狭缝机头、吹胀系统、冷却风环、人字板、牵引辊、卷取辊和切断装置等组成。有时根据筒膜二次加工的要求在机组中增加破缝、折叠和表面电晕处理等附加装置,而为满足高速成型和提高成型过程自动化水平的需要,在机组中常加设静电消除装置、厚度和宽度检测装置和自动记录长度的装置等。

薄膜吹塑对挤出机的基本要求是,其挤出量应与所成型薄膜的厚度和折径相适应。折径指筒膜展开宽度的一半。用高产率的挤出机成型薄而折径小的筒膜,会因必须采用很高的牵引速度而使冷却装置的冷却能力无法适应;而用低产率的挤出机成型厚而折径大的筒膜,由于必须采用环隙断面面积很大的机头而使熔体在高温机头内停留时间过久而出现焦化与热降解。

用于挤出筒坯的环形隙缝机头的结构形式较多,生产中应用最多的是图 3-50 所示的侧面进料芯棒式机头,图 3-51 所示的中心进料"十字"型机头和图 3-52 所示的旋转式机头。图 3-50 所示的侧面进料芯棒式机头的工作原理是熔料流至芯棒后被分成两股料流,沿芯棒上的分流线流动,在芯棒尖处又重新汇合,然后沿口模缝隙呈管状流出,芯棒中心通入压缩空气将管坯吹胀成为薄膜。这种机头的优点是机头内存料少,不易发生过热分解,适合加工聚氯乙烯等热敏性聚合物;结构简单,容易制造;只有一条熔接线。但是,熔料在机头内需作 90°转弯,物料流动距离不一致,存在黏度差异和厚度不一致。此外,芯棒两侧受力不同,芯棒容易出现偏中导致薄膜厚度不均。图 3-51 所示的中心进料"十字"型机头的优点是出料均匀、薄膜厚度容易控制,模芯(分流锥)受力均匀不会出现偏中现象。但机头内存料多,不易加工热敏性聚合物,分流器支架有多条分流筋,熔接线较多。图 3-52 所示的旋转式机头可以达到型腔压力、流速沿圆周均匀分布,同时促使整个流动过程中物料均匀熔合、流速平稳,用其吹塑出的薄膜厚度均匀性明显提高,薄膜的熔合强度高,物理力学性能稳定。

虽然结构不同的机头各有特点,但都应保证熔体在其中具有稳定的压力和挤出筒坯圆周各点的厚度一致与温度均一,因为这是确保筒膜厚度不致明显波动的首要条件。

筒坯在吹胀和牵引双重作用下形成泡状物的过程中,其纵横两向都在伸长,因此两向上都会产生聚合物大分子的取向。为制得性能良好的筒膜,纵、横两向上的大分子取向程度最好取得平衡,为此应使纵向上的牵伸比与横向上的吹胀比尽可能保持相等。牵伸比是指牵引速度与挤出筒坯的线速度之比;而吹胀比则是指筒膜直径与模孔直径之比。由于在机头模孔尺寸一定情况下,吹胀比受筒膜预定折径的限制,加之吹胀比过大会导致泡状物的不稳定和促使筒坯上已存在的缺陷扩大,故吹胀比可调整的范围不大。既然吹胀比(α)不能在较大的范围内变动,而且由于它和牵伸比(β)、口模环形隙缝宽度(b)和筒膜平均厚度(δ)四者之间存在有 $\delta = b/(\alpha\beta)$ 的关系,故要使筒膜的厚度减小就只能按该式规定的关系增大牵伸比,这就使在实际生产中经常是吹胀比远小于牵伸比。在这种情况下,如果仍然希望维持筒膜纵、横两向大分子取向程度的一致,就只能依靠调整口模温度和冷却系统的冷却能力来实现。这是因为提高口模温度和降低冷却速率,能够适当延长挤出物在其冷固温度以上的停留时间,从而有利于降低泡状物在纵向上的大分子取向度。

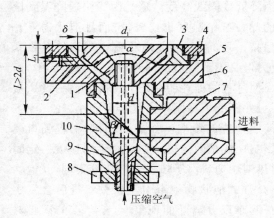

图 3 - 50　芯棒式机头
1—芯棒；2—缓冲槽；3—口模；4—压环；5—调节螺钉；
6—上机头体；7—机颈；8—坚固螺母；9—芯棒轴；
10—下机头体

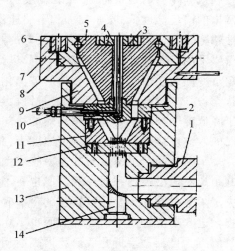

图 3 - 51　"十字"型机头
1—机颈；2—十字形分流支架；3—锁压盖；4—连杆；
5—芯模；6—锁母；7—调节螺钉；8—口模；9—机头座；
10—气嘴；11—套；12—过滤板；13—机头体；14—堵头

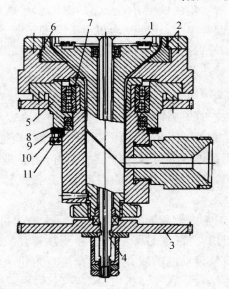

图 3 - 52　旋转式机头
1—芯模；2—口模；3—齿轮；4—空心轴；5—外模支撑体；6—机头螺旋体；
7—螺旋套；8—绝缘环；9—铜环；10—碳刷；11—铜环的输电结构

　　薄膜吹塑的一个显著特点是吹胀、牵伸和冷却三者同时进行的，用冷却风环吹出的空气冷却泡状物时的降温速率不仅对筒膜的生产率有直接的影响，而且与所制得筒膜的外观、尺寸和性能有密切关系。实际生产中常用冷固线（也称冷冻线或起霜线）高度来判断所选定的冷却条件是否适当。冷固线高度是指泡状物纵向上的温度下降到塑料硬固温度（一般为聚合物的 T_m 或 T_g）的点到口模的距离。对于结晶能力强的聚合物，可用泡状物纵向上透明区和浑浊区的交界线来确定冷固线高度。因泡状物在上升到冷固线以上之后，其直径和厚度均不再变化，故冷固线高度有时也被称作"定径高度"。影响冷固线高度的因素很多，大致情况是冷却速率大、挤出的筒坯温度低、吹胀比大和牵引速度低时冷固线高度减小；反之，则高度增大。对于结晶性塑料，为了得到透明度高和强度好的筒膜，应适当降低冷固线高度。这是因为快速降温到熔点以下的泡状物，结晶过程难于充分进行，筒膜内的晶粒细结晶度也比较低；而且泡状物上升超过冷固线之后仍可在聚合物的玻璃化温度之上保持一段时间，加之泡状物这时仍处在张紧状态，这二者均有利于大分子通过链段运动消除应力但又不致降低取向程度。实际生产中，由于降低冷固线高度必须采用高效的冷却装置并使成型过程的能耗明显增大；加之为保持纵、横向的取向度接近而无法将牵引速度大幅度增高，一般并不要求冷固线高度尽可能小。

牵引辊的牵引速度对吹塑薄膜成型过程和对筒膜性能的影响已如前述，而牵引辊到口模的距离对成型过程和对筒膜性能也有不可忽视的影响。这是因为这一距离在牵引速度一定时决定了泡状物在压叠成双折前的冷却时间，而不同热塑性塑料由于热物理性能的不同，其泡状物在进入牵引辊前所需冷却时间也不相同，冷却不充分的泡状物被牵引辊压叠双折后会发生"自黏"。自黏是指折叠后筒膜内表面相互贴合在一起难以分离开的现象，自黏严重的筒膜对后加工（如剖分）和使用都不利。出现自黏现象，表明泡状物在进入牵引辊时的温度仍比较高。降低或消除自黏的办法，一是降低冷固线的高度，二是加大牵引辊到口模的距离，即延长泡状物未被折叠前的冷却时间。

热塑性塑料薄膜除用挤出吹塑法成型外，还可以用压延、平挤和流延法成型。挤出吹塑法成型薄膜的主要特点是成型设备简单，在同一套机组上只要适当改变成型工艺条件即可生产出多种规格的薄膜，而且成型过程产生的废料少、总的成本低、膜的强度也比较高；主要不足之处是所制得的薄膜的厚度均一性差。

4. 电线和电缆的塑料包层挤出

常用挤出技术在金属铜或铝的芯线外包覆一层塑料绝缘套以制造电线和电缆。当芯线为金属单丝或金属多股线（或称裸线）时，包层后的产品是电线；当芯线为一束相互绝缘的导线时，包层后的产品是电缆。用作电线和电缆绝缘层的塑料，主要是软质聚氯乙烯和聚乙烯（包括发泡聚乙烯和交联聚乙烯），其次是聚丙烯、聚酰胺、聚三氟氯乙烯、聚全氟乙丙烯和聚四氟乙烯等。

电线和电缆的挤出包层工艺大致相同，图3-53所示为电线挤出塑料包层工艺过程示意。可以看出，芯线从放线架上引出，先后通过除油装置和预热器，经过表面除油并预热到适当温度的芯线，进入安装在挤出机料筒前端的线、缆包层专用直角机头，在机头内包覆熔融的塑料层后引入冷却水槽，热的包覆塑料层在冷却槽内冷却定型后，由牵引装置以恒定的速度送往收线架上卷绕而成为电线产品。

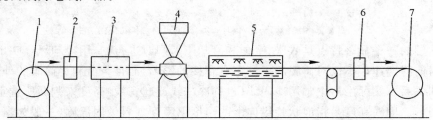

图3-53　电线塑料包层工艺过程示意

1—放线架；2—除油装置；3—预热器；4—挤压机；5—冷却槽；6—检验仪器；7—收线架

裸线进入挤出机机头前先将其预热到接近包层用塑料的挤出温度,是为了防止熔融态的塑料包覆在冷的金属线上时因热量迅速散失骤冷而在包层内产生内应力。用未经预热的金属裸线挤出包层制得的电线物理性能较差,受热时塑料包层常有收缩倾向,而且在低温环境中容易发生塑料包层龟裂。预热金属裸线最简便的方法是使电流通过一段裸线,利用这段裸线电阻产生的热量将其加热到指定的预热温度。

电线和电缆的挤出包层多采用小规格的通用挤出机作为包层机组的主机,包层专用机头按其结构特点有两种基本形式:一种称为"挤压式"机头(见图 3-54),另一种称为"挤管式"机头(见图 3-55)。"挤压式"机头主要用于电线的绝缘层包覆;"挤管式"机头适用于电缆护套的挤出。在机头的芯线入口处抽真空,可提高芯线与塑料包层间的黏结力。塑料挤出包层的厚度,由芯线的牵引速度和挤出机的挤出速率的比值所决定。

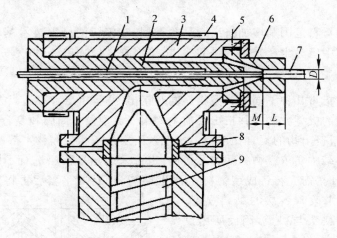

图 3-54　"挤压式"机头

1—芯棒;2—导向锤;3—机头体;4—电热器;5—调节螺钉;6—口模;7—包覆塑件;8—过滤板;9—挤出螺杆

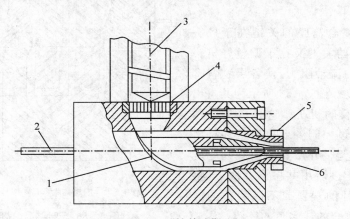

图 3-55　"挤管式"机头

1—螺旋线;2—芯线;3—挤出机;4—多孔板;5—电热圈;6—口模

冷却水槽的长度和横截面积大小,应能保证不同牵引速度和不同包层厚度的线、缆在通过水槽后达到指定的冷却程度。水槽一般由数段组成,各段的水温控制在不同的温度,以便使热的包层进入水槽后逐步降温冷却。

细的电线用绞盘牵引,粗的电缆多用三角履带牵引,牵引速度随线、缆的种类而异,但不论哪一种线、缆牵引速度都要保持恒定且应与挤出速率同步。

现代化的线、缆塑料包层生产线,为实现高效高质量生产的要求,除设置上述的主要成型辅机外,还加设多种附加设备,如校直芯线的调直机,线、缆长度的计量装置,导线同心度偏差和包层绝缘性能的检测装置等。生产交联聚乙烯包层电线时,生产线中还应有辐射交联或热固化的装置。

电线和电缆的包层挤出技术,也可用于在塑料管和金属管外面包覆塑料层,如用作制造家具的钢管用这种方法包覆塑料层后,能像镀铬或涂漆一样对钢管起保护和装饰作用。

3.4.3 挤出技术新进展

为扩大可成型材料范围和增加挤出制品的类型,在传统的挤出技术基础上又发展了一些新的挤出方法。其中已为生产采用的是共挤出、挤出复合、发泡挤出和交联挤出等。

1. 共挤出

所谓共挤出是指将几种不同的成型物料同时挤出,并将挤出物以适当方式汇集成一体,以制得复合塑料制品的成型方法。共挤出目前主要用于成型复合筒膜和复合片材。成型复合筒膜时,几种成型物料挤出物的复合在口模内实现。所用设备和操作技术都比较简单,而且不同物料膜层的复合黏结主要依靠物料间的互熔性,也可采用热熔胶层进行不同聚合物之间的黏结。成型复合片材时,需先将各成型物料分别用狭缝口模挤成平膜后再将这些平膜汇集在一起,常需用增黏剂来改善各层的黏结强度;由于要同时用多个机头与口模,因而所用设备和操作技术都比较复杂。在上述的两种挤出工艺中,以前一种工艺在生产中应用最为广泛。

共挤出成型复合筒膜的关键在于机头设计,而设计机头的关键又在于调整好机头内各层物料熔体的流动阻力,使各层物料有相同的挤出线速度。图 3-56 所示为共挤出吹塑双层复合筒膜的机头。这种机头与两台挤出机连通,通过控制各台挤出机的挤出量和熔体温度,以调整外层和内层膜的厚度比和二者的接合牢度。用共挤出方法,可将两种以上不同品种的塑料或不同颜色的同一种塑料挤出成复合的或多色的筒膜。

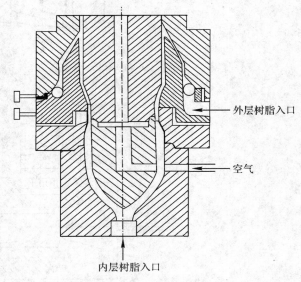

外层树脂入口

空气

内层树脂入口

图 3-56　双层吹塑薄膜机头

采用共挤出技术成型制品,不仅是为了求得制品色彩的多样化,更主要的是为了获得不同塑料在功能上的配合。例如,用聚酰胺 6 和低密度聚乙烯共挤出吹塑制得的双层复合筒膜,既具有聚酰胺的高强度和耐油性的优点,又具有低密度聚乙烯无毒和耐化学药品性好的优点,因而用这种复合膜比用这两种塑料的单一膜能更好地满足一些商品的包装要求。

2. 挤出复合

挤出复合与共挤出的不同之点是，只用一台挤出机挤出平膜后，直接与平面基材用夹辊压合成复合膜，典型挤出复合工艺过程如图 3 – 57 所示。复合用挤出膜所用的塑料多为低密度聚乙烯，也使用乙烯-醋酸乙烯酯共聚物、离子型聚合物、乙烯-丙烯酸乙酯共聚物和聚丙烯等。挤出复合常用的基材是纸、玻璃纸、铝箔和聚丙烯膜等。通常同时用两种基材在挤出膜的两面进行复合，为增加基材与挤出膜的黏结性，在两种基材与挤出膜压合前，需对基材与挤出膜贴合的表面进行预处理。纸张一般用电晕处理，玻璃纸、铝箔和塑料膜主要是涂敷增黏剂。

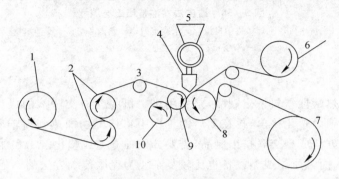

图 3 – 57　挤出复合工艺示意图
1—基材 A；2—加热辊；3—电晕处理装置；4—T 型机头；5—挤出机；6—基材 B
7—收卷；8—冷却辊；9—加压辊；10—水冷辊

3. 发泡挤出

发泡挤出主要用于成型低发泡倍率的热塑性塑料型材，包括各种截面形状的异型材、棒材、管材、板材和电缆的泡沫塑料绝缘层。用硬质与软质聚氯乙烯、聚苯乙烯和 ABS 等塑料发泡挤出的型材，由于可在外观与性能上都与木材相近，因而是代替木材制作家具及建筑与日用品构件的理想材料；而聚丙烯、高密度聚乙烯、聚碳酸酯和聚苯醚等塑料的发泡型材，目前已广泛用作结构材料。

发泡挤出制品的成型工艺过程与密实塑料挤出制品的常规成型过程大致相同，二者的主要不同之点是发泡挤出制品的造型不是在口模通道内实现，而是在定型装置的定型腔内完成。按挤进定型腔内可发泡熔体发泡方式的不同，发泡挤出有自由发泡和结皮发泡两种基本工艺方法。用自由发泡法成型泡沫塑料型材时，可利用常规挤出成型的标准口模将可发泡熔体挤入定型装置的定型腔，进入定型腔的挤出物截面由于小于定型腔截面而"自由地"向四周膨胀，直到与定型腔壁接触后，发泡膨胀才受到限制。此法成型时定型装置多为空气自然冷却，与定型腔壁接触的熔体不会骤然降温，使壁面附近的熔体也能较充分地发泡，故仅能制得结皮层较薄而且表面光滑程度不高的泡沫型材。

结皮发泡法是先形成结皮然后再发泡的发泡挤出工艺方法的简称，用这种方法成型泡沫塑料型材时，要用口模环隙通道截面逐渐缩小的专用管机头，如果成型的制品是圆形截面型材（圆棒或圆管等），口模的外径应与定型装置的定型腔外径相等。从口模挤出的管状物进入水冷定型装置的定型腔后，其外壁层由于与冷的定型腔壁紧密接触而骤冷成结皮层，未形成结皮层的熔体向内急剧发泡膨胀而取得制品断面的形状，用这种工艺方法成型泡沫塑料棒材的工艺流程，如图 3 – 58 所示。结皮层的厚度可通过改变可发泡熔体的温度、冷却温度和牵引速度等进行调节。用这种方法可制得截面形状复杂、外径尺寸准确、表面光滑和结皮强度高的各种泡沫塑料挤出型材。

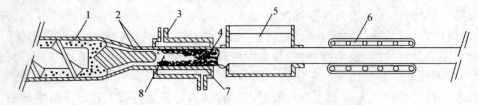

图 3-58　结皮法发泡挤出工艺流程

1—挤出机；2—管状物用口模；3—水冷定型；4—发泡芯层；5—冷却水槽；
6—牵引机；7—非发泡皮层；8—中空部

4. 交联挤出

以往制取交联热塑性塑料挤出制品，是先用挤出机将含有交联剂的成型物料在不会引起交联反应的温度范围内塑化挤出，再在随后的工序中将挤出物加热到高于交联反应所需温度完成交联。用上述方法成型交联挤出制品，需要分别独立完成塑化挤出和加热交联两个工序，这不仅热能消耗大，而且所用成型设备也比较复杂。为克服传统方法的不足，近年已开发出在一台成型设备上同时完成挤出和交联的"交联挤出"技术。交联挤出用的典型设备如图 3-59 所示。在这种设备上交联挤出成型制品的基本过程是，将含有交联剂的成型物料加进挤出机料筒，在不致引起交联反应发生的温度和压力范围内使物料熔融塑化后供给内部装有锥形螺杆的机头本体，在锥形螺杆的旋转剪切作用下，因内摩擦加热使塑化料达到能够开始交联反应的温度，随后在不丧失流动性的时间内，借助锥形螺杆的推挤作用将塑化料迅速挤出口模，挤出物经定型和冷却后即成为交联挤出制品。

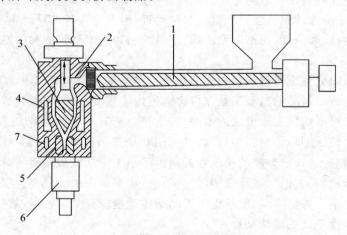

图 3-59　交联挤出成型装置

1—挤出机；2—剪切机头本体；3—锥形螺杆；4—传动机构；5—节流孔；6—口模；7—夹套

交联挤出技术已用于聚乙烯、聚丙烯、聚偏二氯乙烯、乙烯-醋酸乙烯酯共聚物、聚氯乙烯、聚苯乙烯和聚丙烯酸酯等多种塑料的交联挤出成型；制得了交联电缆绝缘层，交联塑料的薄膜、管材和异型材，以及各种交联发泡制品。交联挤出制品与非交联挤出制品相比，具有更高的耐热性和耐溶剂性。

思考题与习题

3-1 热固性塑料型材为什么很少采用挤出技术制造？

3-2 影响热塑性塑料挤出型材截面尺寸的因素有哪些？

3-3 挤出机组成由哪些部分组成？简述各部分的作用。

3-4 常规螺杆分几个区？根据挤出理论各区的主要职能是什么？

3-5 运用挤出理论，试分析提高挤出机塑化能力和塑化质量的途径。

3-6 试述挤出机综合工作点的意义和应用。

3-7 常规螺杆分几段？各段有哪些主要参数？参数值是根据什么确定的？

3-8 确定螺杆直径和螺杆长径比时，应考虑哪些因素？

3-9 螺杆的危险断面在何处？怎样防止螺杆损坏？

3-10 新型螺杆通常有哪几种类型？各有何特点？

3-11 在挤出机中安装分流板和过滤网的目的是什么？

3-12 直接排气式挤出机两阶螺杆的流率为什么应平衡？试用工作图分析。

3-13 比较双螺杆挤出机与单螺杆挤出机的优缺点。

3-14 两级式挤出机的结构和工作原理有何特点？

3-15 挤出机辅机一般由哪些基本部分组成？试述各部分的作用。

3-16 螺杆的 $D=6.5$ cm，$S=6.5$ cm，$L_3=6D$，$\delta=0.015$ cm，$e=0.6$ cm，$h_3=0.4$ cm，$\varphi=17°40'$，$n=160$ r/min，机头压力 $p=15$ MPa，被加工的物料为高压聚乙烯，$\rho=920$ kg/m³，在已知工艺条件下，$\mu=1\,500$ N·s/m²，$\mu_1=250$ N·s/m²，试求挤出机的生产能力和螺杆消耗的功率。

3-17 挤出圆管所用环隙机头的模孔外圆直径30 mm、内圆直径24 mm、长50 mm，挤出物的牵伸比为2，测得模孔内的压力降为6 MPa，已知所用塑料熔体的流变行为接近牛顿型流体，而且在挤出条件下的黏度为200 Pa·s，试求每小时可得管材的长度和成品管的截面尺寸。

3-18 挤出聚碳酸酯板材所用狭缝机头的模孔宽600 mm、厚2 mm、平直区长度50 mm，在挤出温度下的熔体黏度为 $4×10^3$ Pa·s，测得挤出物离开模孔出口处的线速度为 3 m/min。已知聚碳酸酯熔体在挤出条件下的流变行为接近牛顿流体，试估算熔体通过模孔平直区的压力降。

3-19 挤出吹塑薄膜时，若挤出的管状物壁厚 b 和筒膜壁厚 δ 都很小，若以吹胀比 α 和牵伸比 β 将管状物吹塑成筒膜，试证明以上四个参数间的关系为 $\delta=b/\alpha\cdot\beta$。

第 3 章 塑料挤出成型技术

第4章 塑料注射成型技术

4.1 概　　述

　　注射成型(injection molding)也称为注塑成型,其基本原理是,将粒状或粉状热塑性塑料加进注射机料筒,塑料在料筒内受热而转变成具有良好流动性的熔体,随后借助柱塞或螺杆所施加的压力将熔体快速注入预先闭合的模具型腔,熔体取得型腔的型样后转变为成型物,成型物经过冷却或热固化而凝固定型为制品。

　　注射技术对所用成型物料的基本要求是,在热、压的作用下能熔融并良好流动,因而除聚四氟乙烯和超高分子量聚乙烯等极少数难熔品种外,几乎所有的热塑性塑料和少数热固性塑料都能用这种技术方便地成型为制品。此外,在传统热塑性塑料注射技术的基础上又开发了一些专用注射技术,如高湿含量热塑性塑料的排气注射、自结皮泡沫塑料的发泡注射、含有多种材料的层状注射、高尺寸精度制品的精密注射、复合色彩制品的多色注射、光学透明件的注射压缩、热固性塑料注射和液态反应性物料的反应注射(RIM)、气体辅助注射成型(GAIM)、增强反应注射成型(RRIM)等。

　　注射技术能一次成型出外形复杂、尺寸精确、可带有各种金属嵌件的塑料制品,用注射技术可成型制品的品种之多和花样之繁是其他任何塑料成型技术都无法比拟的。

　　人们对注射工艺过程的各基本阶段进行了大量的工艺实验和理论研究,特别是在单向和简单双向流动充模方面的试验和理论研究,使高分子化学、高分子物理学、工程传热学和黏弹性体流变学等方面的基础理论与工艺实践有了更好的结合;这不仅有利于对注射过程认识的深化,而且对改进注射工艺过程控制以减少物料消耗、缩短成型周期、降低废品率和提高制品内在质量等均起推动作用,也为建立成型工艺条件、制品形态结构和制品性能三者间的定量关系创造了条件。

　　注射技术与其他塑料成型技术相比有一些明显的优点:其一是由于成型物料的熔融塑化和流动造型是分别在料筒和模腔两处进行,模具可以始终处于使熔体很快冷凝或交联固化的状态,从而有利于缩短成型周期;其二是先锁紧模具然后才将塑料熔体注入,加之具有良好流动性的熔体对模腔的磨损很小,因而可用一套模具大批量成型形状复杂、表面图案与标记清晰和尺寸精度高的制品;其三是成型过程的合模、加料、塑化、注射、保压、启模和顶出制品等全部成型操作均由注射机的程序控制,从而使注射工艺过程容易实现全自动化。

　　注射技术也有一些不足之处:首先由于冷却条件的限制,很难用这种技术制得无缺陷的厚度变化较大的热塑性塑料制品;其次,对于分子链刚性大以及含有纤维增强材料的注射制品内应力比较大,制品出模后容易翘曲变形;第三,由于注射机和注射模的造价都比较高,成型设备的起始投资大,故注射技术不适合小批量制品的成型。

注射成型技术涉及注射机、注射模具、注射材料和注射成型工艺控制等各个环节。本章主要介绍注射成型设备、热塑性塑料注射成型技术、热固性塑料注射成型技术以及特种注射成型技术。相关注射成型模具和注射材料知识可参考其他教材。

4.2　注射成型设备

4.2.1　注射成型机及其基本参数

1.注射机类型及工作原理

注射机可以按照结构特点、加工能力范围以及用途进行分类。

1)按照结构特点分为柱塞式注射机(见图 4 - 1)、往复螺杆式注射机(见图 4 - 2)、螺杆预塑柱塞式注射机(见图 4 - 3)等。

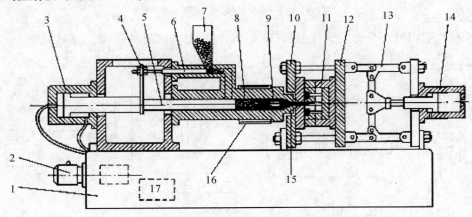

图 4 - 1　柱塞式注射机示意图

1—机身;2—电机及油泵;3—注射油缸;4—加料调节装置;5—注射柱塞;6—加料柱塞;7—料斗;8—料筒;9—分流梭;
10—定模扳;11—模具;12—动模板;13—锁模机构;14—锁模油缸;15—喷嘴;16—加热器;17—油箱

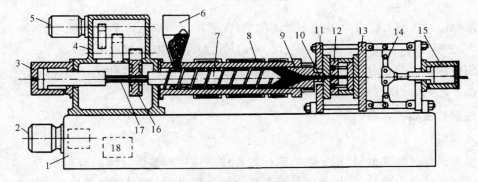

图 4 - 2　往复螺杆式注射机示意图

1—机身;2—电机及油泵;3—注射油缸;4—齿轮箱;5—齿轮传动电机;6—料斗;7—螺杆;8—加热器;
9—料筒;10—喷嘴;11—定模扳;12—模具;13—动模板;14—锁模机构;15—锁模油缸;
16—螺杆传动齿轮;17—螺杆花键槽;18—油箱

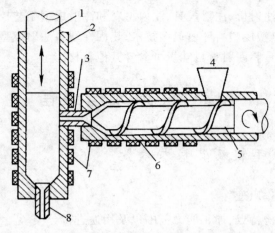

图 4－3　螺杆预塑柱塞式注射机示意图

1—注射柱塞；2—注射料筒；3—球式止逆喷嘴；4—加料斗；

5—挤出螺杆；6—预塑料筒；7—加热器；8—喷嘴

2）按照注射机外形分为立式注射机、卧式注射机、角式注射机（见图 4－4）等。

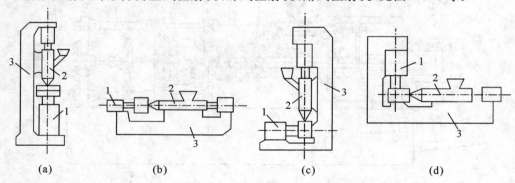

　　(a)　　　　　(b)　　　　　(c)　　　　　(d)

图 4－4　注射机外形示意图

(a)立式注射机；(b)卧式注射机；(c)(d)角式注射机

1—合模装置；2—注射装置；3—机身

　　3）按照注射机加工能力分为超小型注射机（注射量小于 60 cm³）、小型注射机（注射量60～500 cm³）、中型注射机（注射量为 500～2 000 cm³）、大型注射机（注射量大于 2 000 cm³）等。

　　4）按照注射机用途分为热塑性塑料注射机、热固性塑料注射机、发泡注射机、多色注射机、螺纹制品注射机、鞋用注射机等。

　　2. 注射机主要技术参数

　　（1）注射量

　　注射量也称公称注射量，用于表达螺杆或者柱塞作一次最大往复行程时所能达到的注射量。表达方式可分为两种：一种是以聚苯乙烯原料为标准，用注射聚苯乙烯的质量表示，单位为 g；另一种是用注射出容积数表示，单位为 cm³。注射机的注射量是一个重要参数，它标志着注射机的加工能力，也常常用来代表注射机的规格。

　　注射机的注射量取决于螺杆的注射行程 S 和螺杆直径 D，考虑到熔料的可压缩性和注射时回流现象,理论计算的注射量应比实际要求的注射量大,二者之比值用射出系数 α(带止回环的螺杆头, α 取 0.8)来表示,即

$$V_\text{理} = \frac{\pi}{4} D^2 S \tag{4-1}$$

$$V_\text{实} = \alpha V_\text{理}$$

$$V_\text{实} = \frac{\pi}{4} D^2 S\alpha \tag{4-2}$$

(2)注射压力

注射时,熔料经喷嘴、浇道系统进入模腔,为了保证熔料能够克服喷嘴和浇道系统的阻力,保证在进入模腔时具有一定的压力,进而保证熔料充满模腔使制品具有致密度,螺杆和柱塞必须对物料施加压力。施加在物料上单位面积的力,称为注射压力。注射压力由注射油缸的液压力传递给螺杆或柱塞,因此,注射压力计算公式为

$$p = \frac{\pi D_0^2/4}{\pi D^2/4} p_0 = \left(\frac{D_0}{D}\right)^2 p_0 \tag{4-3}$$

式中, D_0 为注射油缸内径,cm; D 为料筒内径,cm; p_0 为注射油压,MPa。

影响注射压力的因素很多,如塑料的性能、制件的形状及精度要求、塑化方式、喷嘴和模具的机构、料筒和模具的温度等。因此,每一台注射机的注射压力都有一定的调节范围,以便适应多种塑料和不同结构制品加工的要求。

(3)注射速率或注射速度

注射时,为了使熔料及时充满模腔,注射机除了有足够的注射压力外,还应有一定的注射速度,以保证熔料有较快的流速。注射机的注射时间是指螺杆或柱塞射出最大注射量所能达到的最短时间。注射时间的长短表示了注射速度的高低,选择合理的注射速度是保证制品质量的一个重要因素。注射速度过低,熔料很难充满复杂的模腔,或者使制品产生熔接痕,特别是在加工温度范围较窄的结晶型聚合物和薄壁制品时会更显著。注射速度过高,熔料高速经过喷嘴时,产生大量的摩擦热,使聚合物有可能产生分解和变色。

注射速度和注射时间的关系为

$$v = \frac{s}{t} \tag{4-4}$$

式中, v 为注射速度,m/s; s 为注射行程(螺杆或柱塞移动的最大距离),cm; t 为注射时间,s。

也可以用注射速率 q,即单位时间内所射出的最大体积来表示,即

$$q = \frac{V}{t} \tag{4-5}$$

式中, q 为注射速率,cm³/s; V 为注射量,cm³。

提高注射速度不仅能缩短注射时间,而且还能在较低的模温下获得优质制品,缩短成型周期。尤其在注射成型各种薄壁长流程制品时,高注射速度是获得优质制品的先决条件。为了适应不同塑料和不同结构制品加工的要求,注射机的注射速度也应有一定的调节范围。注射速度的调节可通过控制进入注射油缸压力油的流量来实现。

(4)塑化能力

塑化能力又称塑化效率或塑化容量,用来表示料筒在单位时间内能够塑化的塑料量,单位为 kg/h。显然,料筒的塑化能力是决定注射机生产效率的重要因素。一台注射机在单位时间

内能加工制品的数量在很大程度上取决于料筒的塑化能力。塑化能力、注射量和成型周期的关系为

$$Q=\frac{G\times 3.6}{\tau} \tag{4-6}$$

式中，Q 为塑化能力，kg/h；G 为注射量（聚苯乙烯），g；τ 为成型周期，s。

(5)锁模力

熔料进入模腔后仍具有较大的压力，会使模具从分型面处张开。为了平衡熔料的压力，夹紧模具，保证制品的精度，必须有足够大的锁模力。锁模力的大小主要取决于制品的最大成型面积和模腔压力，最大成型面积是指制品在模具分型面上的最大投影面积。重量相等而形状不同的制品，其成型面积可以在很大范围内变化，但是，机器所允许的最大成型面积却是一定的。最大成型面积的确定是从实际需要出发的，对于一般制品，由于塑料的性能以及对制品强度或刚度的要求，其最大成型面积 A 可以根据如下经验公式计算：

$$A=KV^{2/3}\times 10^{-4} \tag{4-7}$$

式中，A 为最大成型面积，cm²；V 为注射量，cm³；K 为经验系数，取 1.2～2.7，注射量大时取大值。

模腔压力由注射压力传递而来，它在模腔内不是均匀分布的。模腔压力约为注射压力的 25%～50%，对于塑料流动性差，形状复杂，精度要求高的制品，需要较高的模腔压力。一般不用过高的模腔压力，过高的模腔压力将对锁模力和模具强度提出较高的要求，而且使制品脱模困难，残余应力增大。对于一般熔料黏度的制品，模腔压力约为 20～30 MPa；对于熔料黏度较高、制品精度要求高的，模腔压力约为 30～40 MPa。

最大成型面积和模腔压力确定以后，锁模力则可由下式计算：

$$F=Cp_{m}A \tag{4-8}$$

式中，F 为锁模力，kN；p_{m} 为模腔平均压力，Pa；A 为最大成型面积，cm²；C 为安全系数，一般为 1.1～1.2。

锁模力应和注射量相匹配。锁模力是注射机生产能力的另一个标志，因此，国外许多厂家都是以锁模力作为注射机的系列规格。

(6)开闭模速度

为了使模板启动和闭合平稳，保证在开模顶出制品时不致将制品损坏，要求模板慢速运行；为了提高生产率，缩短空行程时间，又要求模板快速运行。因此，模板的运行速度是由慢到快而后再慢，同时还要求速度变换的位置能够调节，以适应不同结构制品的生产需要。

(7)模板间距、模板行程、模具最大和最小厚度

模板行程 S 与模具厚度 δ 之和应等于模板间距 L。因此，模板间距和模板行程直接关系到模具的厚度和制品的高度。这些参数主要取决于注射量。据统计模板最大间距 L_{max} 和注射量之间有如下经验关系：

$$L_{max}=125V^{1/3}\times 10^{-3} \tag{4-9}$$

式中，L_{max} 为模板最大间距，cm；V 为注射量，cm³。

此外，模板行程 S 的大小取决于制品的高度 h，为了便于取出制品，一般 $S>2h$。根据上述关系，对应于模板的最大间距、最小间距和模板行程有一个最大模具厚度 δ_{max} 和最小模具厚度 δ_{min}，如图 4-5 所示。它反映了机器能够成型制品的最大高度。为了成型不同高度的

制品,模板间距在最大间距范围内应能调节,一般调节范围为最大模具厚度的 30%～50%。

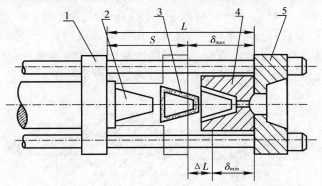

图 4-5　模板间距、模具厚度、模板行程之间的关系
1—动模板;2—阳模;3—制件;4—阴模;5—定模板

以上所述是注射机的主要技术参数。除此之外,还有表示机器综合性能的参数,如空循环时间、机器的总功率、机器的质量和外形尺寸等。

4.2.2　注射机的注射装置及其工作原理

注射装置是注射机中直接对塑料加热和加压的部分,塑料的塑化和注射都是在这里进行的。因此,注射装置是注射机的一个非常重要的组成部分。注射装置在注射成型工艺过程中,应能均匀加热和塑化一定数量的塑料;以一定的压力和速度将熔料注入模腔;保持一定的压力,以便向模内补充一部分熔料,补充制品的冷却收缩,防止模内熔料的反流。能满足这些要求的注射装置主要有柱塞式注射装置和螺杆式注射装置。

1. 柱塞式注射装置

图 4-6 所示为柱塞式注射机的注射装置。主要的组成部分和工作原理如下:粒料从料斗 6 落入加料装置 5 的计量室 7 中,当注射油缸中活塞 10 前进时,推动注射柱塞 8 前移,与之相连的传动臂 9 带动计量室 7 一起前进,从而将一定量的粒料推入料筒的加料口。

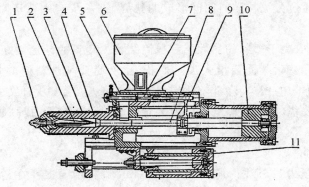

图 4-6　柱塞式注射装置
1—喷嘴;2—分流梭;3—加热圈;4—料筒;5—加料装置;6—料斗;7—计量室;
8—注射柱塞;9—传动臂;10—注射活塞;11—注座移动油缸

当柱塞后退时,加料口的粒料进入料筒,同时料斗中的第二份粒料又落入计量室。当注射活塞第二次前进时,柱塞将料筒中的粒料向前推进,同时计量室的第二份粒料又落入了加料口。注射动作反复进行,粒料在料筒中不断前移,在前移的过程中,依靠料筒加热器3加热塑化,使粒料逐渐变成黏流态,通过分流梭2与料筒内壁间的狭缝,使熔料温度均匀,流动性进一步提高。最后,在柱塞推动下,熔料通过喷嘴1注射到模腔中成型。

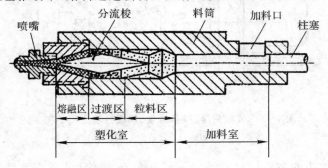

图 4 - 7　塑化室的分段

根据柱塞式注射装置料筒内塑料的状态分布情况,把料筒的塑化室分为如图 4 - 7 所示的粒料区、过渡区和熔融区三个部分。早期的注射机多是这种简单柱塞式,随着塑料品种的不断增加,要求注射机的生产率也不断提高,特别是成型大型制件时,使用柱塞式注射装置存在以下问题。

(1)塑化质量和效率

在柱塞式注射机中,粒料在柱塞的推动下,经过粒料区、过渡和熔融区完成塑化。塑化所需的热量主要依靠料筒外部加热器以热传导方式提供。所以,在塑化过程中,塑料的温度低于料筒的温度,远离料筒壁的塑料温度低于靠近料筒壁的塑料温度。料筒中同一截面上塑料温度从外层向内层逐渐降低,形成一定的温度梯度。塑料的导热性越差,此温度梯度也越大。加之,塑料在料筒中的流动是层状流动,不利于热传导和缩小温差。因此,塑化质量不高,制品的内应力较大,特别是对于热敏性塑料(如硬聚氯乙烯、聚甲醛等)加工困难,容易产生内层塑料尚未塑化,表层塑料加热而变质分解的情况。为了提高塑化质量,通常在料筒的塑化室中装入一个分流梭,使熔料通过分流梭与料筒间形成的狭缝,进一步产生剪切摩擦作用,同时减少熔料厚度,减少温差。

塑化效率的高低取决于塑料的热性能和料筒结构。塑料的导热性好、热容量小,塑化效率越高。为了提高塑化效率,就需要增大加热面积,也就是要增加料筒的长度和直径。增加直径,会加剧塑料温度不均的现象,降低塑化质量。增加长度,会加大压力损失。如果延长塑化时间,反而降低塑化效率。因此,柱塞式注射装置的塑化效率较低,提高注射量比较困难,适用于小型注射机。

(2)注射压力和速率

一般而言,模腔压力只有注射压力的 25% ~ 50%,它主要损耗在料筒、喷嘴和浇道系统中。塑料经过料筒的压力损失,主要包括在粒料移动和熔料流动所产生的阻力,前者主要发生在粒料区和过渡区,后者主要发生在熔融区和喷嘴处。实验证明,粒料移动的阻力比熔料流动的阻力大,分流梭的加入也增加了压力损失,压力损失增大,注射压力必须相应提高,才能保证一定的模腔压力。如果加工的熔料黏度较高，压力损失增加，注射压力必须相应提高，才能保证一定的模腔压力。如果加工熔料黏度较高，制品形状复杂，则所需的注射压力就会更高。

柱塞式注射机的注射速率在注射过程中是变化的。因为在最初注射时，柱塞前进首先将加料室的松散粒料推向塑化室，这时柱塞上的力传不到喷嘴内的熔料上，因此，注射速率实际为零。当柱塞再前进，松散的粒料被压实，柱塞上的力通过压实的物料传到喷嘴内的熔料上，熔料才能开始注入模腔。此后，柱塞继续前进，喷嘴内熔料所受的压力逐渐增加，注射速度也不断增加，直到充满模腔。注射速率的均匀与否，影响到物料在模腔内的流动情况以及制品的质量。

从以上分析可以看出，在柱塞式注射装置的料筒中，加热塑化和加压注射这两个动作对其结构的要求是互相矛盾的。从加热塑化的角度来看，加热料筒与分流梭间的通道应窄，料筒应长，以达到增加塑料的受热面积和减少料筒与塑料间温差的目的，从而提高塑化效率和质量。从加压注射的观点来看，加热料筒与分流梭间的通道应宽，料筒应短，以达到减少柱塞在料筒中运动的阻力，增加模腔压力。柱塞式注射装置的这种加热和加压过程对其结构要求的矛盾性，不利于提高塑化质量和降低压力损失。随着注射量的扩大及熔融温度高和黏度大的塑料的不断出现，这种矛盾显得更为突出。

2. 预塑式注射装置

柱塞式注射装置的加热塑化和加压注射对料筒结构要求的矛盾性，限制了其在大型制品的注射成型。在实际生产实践中，对柱塞式注射机进行了多次结构改革，如图 4-8 所示的预塑式注射装置就是典型例子。从其结构分析，预塑式注射机分别采用预塑料筒和注射料筒完成注射装置的两大任务，即塑化和注射，一方面其塑化质量由于采用单独塑化料筒而有所提高，另一方面取消了柱塞式注射机中的分流梭，进入到注射装置的塑料已经塑化完全，所以注射压力损失也大大减小。

预塑式注射装置是在原有的柱塞式注射机上装有一台仅作预塑作用的单螺杆挤出供料装置。其主要工作过程为塑料通过单螺杆挤出机预塑化后，经单向阀进入注射料筒，再由柱塞注射，这种注射机大大提高了对塑料的塑化效果及生产能力，在大型，高速和精密注射装置中都有发展和应用。

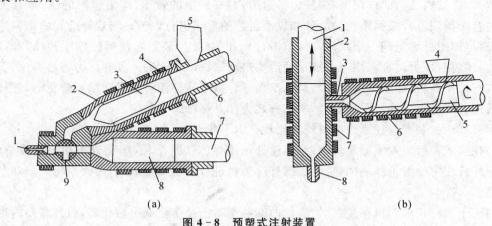

(a)　　　　　　　　　　　　(b)

图 4-8　预塑式注射装置

(a) 双阶柱塞式注射机　　　　　　(b) 螺杆预塑化柱塞式注射机

1—喷嘴；2—供料料筒；3—分流梭；4—加热器；5—加料斗；　1—注射活塞；2—注射料筒；3—球式止逆喷嘴；4—加料斗；
6—预塑化供料活塞；7—注射活塞；8—注射料筒；9—三通　　5—挤出螺杆；6—预塑化料筒；7—加热器；8—喷嘴

3. 往复螺杆式注射装置

往复螺杆式注射装置也叫螺杆—线式注射装置,其结构和工作原理如图4-9所示。它主要由塑化部件、料斗、螺杆传动装置、注射座、注座移动油缸和注射油缸等组成(见图4-9(a))。塑化部件和螺杆传动装置等装在注射座上,注射座借助注座移动油缸可沿底座的导轨往复运动使喷嘴撤离或贴紧模具。同时,为了便于拆换螺杆和清理料筒,在底座中部设有一个回转装置,使注射座能够绕其旋转一定的角度(见图4-9(b))。

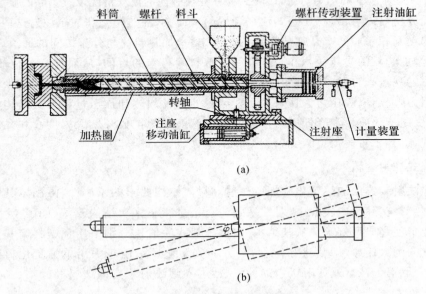

(a)

(b)

图 4-9　往复螺杆式注射装置

螺杆式注射装置的工作原理如下:塑料从料斗落入料筒的加料口,依靠螺杆的转动将其拽入并向前输送,同时,通过料筒的加热和螺杆的剪切摩擦作用,逐渐塑化。塑化的熔料被输入到螺杆前端,随着螺杆的转动,塑料不断被拽入而塑化,塑化的熔料在喷嘴出越集越多,压力也越来越大,在熔料压力的作用下,螺杆边转边退,螺杆后退的背压(即后退时的压力,其大小可以通过背压阀调节),根据塑料的品种和成型工艺的要求进行调节。当螺杆前端的熔料达到所需注射量(即螺杆后退到一定距离)时,撞击行程开关(计量装置),使螺杆停止转动。而后,开始注射,注射时压力油进入注射油缸推动活塞带动螺杆以一定的速度和压力将熔料注入模腔,随后进行保压补料,保压结束后开始第二次循环。由于这种注射装置在加料塑化时,螺杆转动并且后退,在注射时,螺杆平移前进,所以称之为往复螺杆式注射装置。

螺杆式注射装置与柱塞式注射装置比较有以下优点:

1)柱塞式注射装置主要靠外部加热,通过热传导使塑料塑化,塑化效率和塑化质量较低。不仅螺杆式注射装置是外部加热,而且螺杆对塑料进行剪切摩擦加热,因而塑化效率和塑化质量较高。

2)由于螺杆式注射机在注射时,螺杆前端的塑料已经塑化成熔融状态,而且料筒内也没有分流梭,故压力损失较小。在模腔压力相同的情况下,螺杆式注射装置可以降低注射压力。

3)由于螺杆式注射装置的塑化效果好,从而可以降低料筒温度,不但减少了因过热和停滞而分解的现象,而且还可以缩短冷却时间,提高生产效率。

4）由于螺杆有刮料作用，可以减少熔料的停滞和分解，所以可以用于成型热敏性塑料。

5）可以对塑料直接进行染色，而且方便清理料筒。

螺杆式注射装置虽有上述很多优点，但是结构却比柱塞式注射装置复杂，螺杆的设计和制造比较困难。此时，还需要增设螺杆的传动装置和相应的液压和电气控制系统。

4.注射装置的关键零部件

（1）注射螺杆

注射机螺杆和挤出机螺杆相比，有很多相似之处。但是由于注射机和挤出机的操作条件不同，所以螺杆的结构有所区别。挤出过程可以看作是稳定熔融的连续过程，而注射过程则是非稳定熔融的间歇过程。挤出螺杆是连续转动的，螺杆较长，固体床破碎很迟，从而维持了相对稳定的熔融状态；而注射螺杆是时转时停，边转边后退，使螺杆的有效长度逐渐缩短，不能像熔融理论所揭示的那样维持稳定的熔融过程。当螺杆停止转动时，熔膜增厚，固体床则相应变薄。当螺杆再转动时，如果转动时间足够长，则可达到原来的稳定熔融状态。然而，注射螺杆塑料加料的转动时间都较短，而且在注射时螺杆中要产生强烈的横流和压力流。强烈的横流将固体床从螺杆的背面推向推力面，这就使固体床更早解体。因此，注射机中物料的熔融过程比挤出机中更加复杂。

（a）螺杆的结构形式。与挤出机螺杆一样，注射机螺杆的形式也有渐变螺杆和突变螺杆两大类。实现变化的方法有等距变深和等深变距两类。等深变距螺杆制作比较复杂，同时因为均化段螺槽较深，搅拌混合作用较小，故较少采用。等距变深螺杆制造容易，搅拌混合作用大，所以一般采用这种结构。在注射中还采用一种通用螺杆，因为在注射成型中，经常更换塑料品种，拆换螺杆比较频繁，既花费动力又影响生产。用通用螺杆和调节工艺条件来满足不同塑料的成型加工是可行的。通用螺杆压缩段的结构介于渐变型和突变型之间，其长度为螺杆直径的 3～4 倍。它兼有渐变型和突变型螺杆的特点，扩大了适用范围，但对某种塑料来说，可能降低其塑化效率和质量，增加功率消耗量。

（b）螺杆的主要参数。

1）螺杆的注射行程和直径：注射机的注射量取决于螺杆的注射行程和直径。因此，注射机的注射量确定之后，螺杆的注射行程 S 和直径 D 就可选定了。考虑到熔料的可压缩性和注射时回流现象，理论计算的注射量应比实际要求的注射量大，二者之比值用射出系数 α（带止回环的螺杆头，α 取 0.8）来表示。

2）螺杆直径：螺杆直径的大小，直接影响到注射部分的结构、注射行程和预塑功率。在注射量确定之后，增大螺杆直径可缩短注射行程，但增大直径必须增加预塑功率和注射油缸的直径。直径过小则注射行程必须增大，这样会使螺杆的有效工作长度缩短，从而影响到塑化能力和质量。为了保证塑化质量，就要加长螺杆和料筒，这就给螺杆的加工和装配带来困难，同时也增加了压力损失。因此，螺杆的行程 S 和直径 D 之比值 R 一般在 2～4 之间，多取 3 左右。

为了很好地发挥机器的生产能力，同时又满足不同塑料对注射压力的要求，一台注射机常配置 2～3 根不同直径的螺杆。用小直径的螺杆可以提高注射压力；用大直径的螺杆可以提高注射量。

3）螺杆的长径比和分段：注射机螺杆的长径比（L/D）一般比挤出机螺杆小。这是因为注射机的螺杆在塑化时出料的稳定性对制品质量的影响较小，并且塑化所经历的时间比挤出机长，注射时喷嘴对物料还起塑化作用，所以 L/D 没有必要像挤出机那样大，注射机螺杆的长径比一般为 15～18。L/D 加大后,塑化效果好,温度均匀,混炼效果也好,还可以在保证塑化质量的前提下,提高螺杆转速,增加塑化量。但从制造角度看,不希望螺杆太长。螺杆分段的大致范围参见表 4-1。由表可见,注射机螺杆的加料段较长,这是因为螺杆后退的缘故。

表 4-1　注射机螺杆各段长度百分数

螺杆类型	$L_加$	$L_压$	$L_均$
渐复型	(30～35)%	50%	(15～20)%
突变型	(65～70)%	(10～15)%	(20～25)%
通用型	(45～50)%	(20～30)%	(20～30)%

4)螺槽深度:螺槽深度是螺杆的一个重要参数,关系到塑化能力和塑化质量。因为螺杆的加料段基本上是一个输送器,当螺杆转速一定时,槽纹越深,螺纹的容积越大,输送量也就越大。然而,螺槽深度的确定在不同段还要考虑不同的作用,在均化段主要考虑剪切速率。各种塑料都有一个剪切速率的最大极限,超过这个极限,塑料就开始分解。对热越敏感的塑料,允许的剪切速率越低。此外,过浅的螺纹,会使螺杆的扭矩增加,因此均化段螺槽深度是由被加工塑料的比热容、导热性、热稳定性、黏度和塑化压力等因素所决定。增加螺槽深度可以减小剪切速率。但是,压力流与 h_3 的三次方成正比,当塑化压力较高时,增加螺槽深度对塑化能力影响较大,同时较深的螺槽对熔料的热交换和混合都是不利的。因此,在确定均化段螺槽深度时,必须全面考虑。目前 h_3 多在 (0.03～0.07)D 之间,熔料黏度大对热敏感的塑料,适用较深的螺槽。

5)螺杆的压缩比:除了考虑塑料熔融前后密度的变化之外,还应考虑压力下熔料的压缩性、螺杆加料段的装填程度、注射过程中熔料的回流等因素。由于这些因素难以得到准确的参考数据,因此,对不同的注射机和不同形式的螺杆,其压缩比各有不同,对于突变型螺杆,一般为 2.5～3.5;对于渐变型螺杆为 2～3;对于通用型螺杆为 2～2.5。根据压缩比和均化段螺槽深度,即可确定加料段的螺槽深度。通常,$h_1=(0.12～0.16)D$。

6)螺距、螺棱宽、径向间隙:注射螺杆一般具有恒定的螺杆螺距,螺距和螺杆直径相等,这时螺旋角等于 17.7°。螺杆棱宽一般为直径的 10%。螺杆与料筒的间隙是一个重要参量。间隙过大,将使塑化能力下降,注射时回流增加;间隙过小则增加机械制造的困难和螺杆功率的消耗。一般为 (0.002～0.005)D。

(2)螺杆头

为了适应不同塑料的加工,螺杆头的结构形式也不一样。加工高黏度的非结晶塑料时,螺杆头部前端为圆锥形,圆锥角为 30°～40°。这种螺杆头部的锥角小,可防止熔料的停滞和分解,如图 4-10(a)所示。

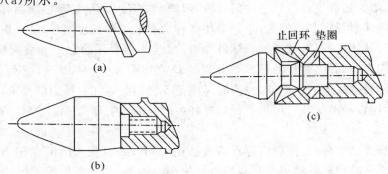

图 4-10　螺杆头的结构形式

加工结晶塑料时,由于熔料的黏度较低,在高压注射时,易造成回流,压力保持困难,影响实际注射量,所以,常在颈部加一止回环,预塑时,熔料顶开止回环而流向螺环前端,注射时,因螺杆前端熔料压力升高,使止回环后移,将流道关闭,防止回流,如图 4-10(c)所示。通用类螺杆可用图 4-10(b)所示的螺杆头。

(3)喷嘴

喷嘴是连接料筒与模具的部件。它的主要功能是:①预塑时,建立背压,排除气体,防止熔融流涎,提高塑化质量;②注射时,使喷嘴与模具主浇道良好接触,保持熔料在高压下不外溢;③注射时,建立熔体压力,提高剪切压力,并将压力能转化为动能,提高注射速率和升温,加强混炼效果和均化作用;④保压时,便于向模腔补料,冷却定型时,可增加回流阻力,防止模腔中的熔料回流;⑤调温、保温和断料。

目前,生产上采用的喷嘴形式很多,但按其结构可分为直通式和自锁式两大类。

(a)直通式喷嘴。直通式喷嘴是指熔料从料筒内到喷孔的通道始终是敞开的。根据使用要求的不同有以下几种:

1)通用式喷嘴:其结构如图 4-11(a)所示。这种喷嘴结构简单,制造容易,压力损失较小。其缺点是当喷嘴离开模具时,低黏度的熔料容易从喷嘴流出,即产生所谓“流涎现象”,另外,因喷嘴上无加热装置,熔料易冷却。因此,这种形式的喷嘴主要用于熔料黏度高的塑料。

2)延伸式喷嘴:其结构如图 4-11(b)所示。它是通式喷嘴的改型,结构简单,制造容易。由于这种形式的喷嘴增加了喷嘴体的长度和口径,并设有加热圈(一般为 3~4 W/cm²)所以,熔料不会冷却,补缩作用大,适用于厚壁制品的生产。

3)远射程喷嘴:其结构如图 4-11(c)所示。它除设有加热圈外,还扩大了喷嘴的贮料室,以防止熔料冷却。这种形式的喷嘴口径较小,射程较远,适用于形状复杂的薄壁制品生产。

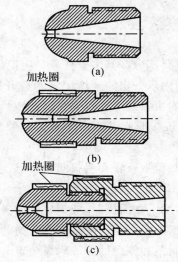

(a)

加热圈

(b)

加热圈

(c)

图 4-11　直通式喷嘴

(b)自锁式喷嘴。自锁式喷嘴的喷孔,除了在注射和保压两个阶段打开外,其余时间一直处于关闭状态。

1)外弹簧针阀式喷嘴:图 4-12 所示为外弹簧针阀式喷嘴。其工作原理是预塑时,喷嘴内熔料的压力较低,针形阀心 2 在弹簧 6 的张力(通过垫板 5 和导杆 4)作用下将喷嘴堵死。注射时,螺杆(或柱塞)前进,喷嘴内熔料的压力增加,作用于针形阀心前端的压力增大,当其作用力大于弹簧的张力时,针形阀心便压缩弹簧而后退,喷孔打开,熔料便经过喷孔 1 注入模腔。在保压阶段,喷孔一直保持打开状态。保压结束,螺杆后退,喷嘴内熔料压力降低,针形阀心在弹簧张力作用下前进,又将喷孔关闭。因此,采用自锁喷嘴可以杜绝熔融的"流涎现象"。这种喷嘴适用于加工黏度较低的塑料。

2)液控式自锁喷嘴:图 4－13 所示为液控式自锁喷嘴,它是靠液压控制的小油缸通过杠杆联动机构来控制阀心启闭的。这种喷嘴使用方便,锁闭可靠,压力损失少,但是增加了液控系统的复杂性。

自锁式和直通式喷嘴相比,结构复杂,制造困难,压力损失较大,补缩作用小,有时还可能引起熔料停滞分解。

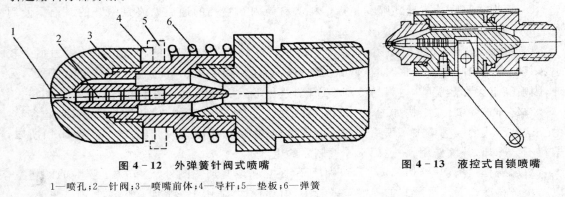

图 4－12　外弹簧针阀式喷嘴　　　　　　图 4－13　液控式自锁喷嘴

1—喷孔;2—针阀;3—喷嘴前体;4—导杆;5—垫板;6—弹簧

4.2.3　注射机的合模装置及工作原理

锁模装置是注射机另一个重要部分。其主要任务是提供足够的锁模力,在注射时,保证模具可靠锁紧;同时,在规定的时间内以一定的速度闭合和打开模具;顶出制件。它的结构和性能不仅影响制件的质量,而且影响机器的生产效率。因此,对锁模装置有以下要求:

1)应有足够大的锁模力,保证模具在注射时不致因模腔压力的作用而张开,以免形成溢边,影响制件精度。

2)应该有足够大的模板面积、模板行程和模板间距,以适应成型不同尺寸和不同形状的制件要求。

3)应有较高的开模和闭模速度。在闭模时,应该先快后慢;在开模时,应该先慢后快,而后再慢。以满足制件顶出平稳,模板运行安全以及生产效率高的要求。

4)应有制件顶出、调节模板间距和侧面抽芯等附属装置。

5)结构应尽量简单紧凑,便于维修。

能满足上述要求的锁模装置有很多,常见的几种类型如下。

1. 液压式合模装置

液压式锁模装置是依靠液体的压力直接锁紧模具的,当液体的压力解除后,锁模力也随之消失。目前,液压式锁模装置的传动方式主要有单缸直压式、充液式、增压式、稳压式(二次动作液压式)等。

(1)单缸直压式

这种锁模装置是直接用一个液压油缸来实现开模和锁模的。它是液压式锁模装置中最简单的一种形式,如图 4 - 14 所示。压力油进入油缸左腔时,推动活塞向右移动,模具闭合。待油压升至给定值后,模具锁紧。当油液换向进入油缸右腔时,模具打开。

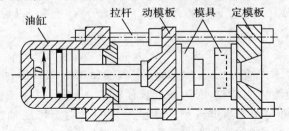

油缸　拉杆　动模板　模具　定模板

图 4 - 14　单缸直压式合模装置

单缸直压式锁模装置的锁模力 F 和闭模速度 v 分别用以下两式计算:

$$F = \frac{\pi}{4} D^2 p \times 10^{-4} \qquad (4 - 10)$$

$$v = \frac{4Q}{\pi D^2} \qquad (4 - 11)$$

式中,D 为油缸内径;p 为油压;Q 为油泵流量。

如前所述,对锁模装置的要求是在满足锁模力的情况下,应有较高的模板运行速度,以提高生产效率。但是,从上述两式可以看出,当油泵流量和油压一定时,要提高模板的运行速度,应该用小直径油缸;要增大锁模力则应用大直径油缸。显然,大锁模力和快速运行对单缸直压式锁模装置结构的要求是矛盾的。由于这个矛盾限制了它在生产上的应用,因而推动了锁模装置的发展。

(2)充液式

由式(4 - 11)可知,增大锁模力主要有两个途径,即增高油压或加大油缸直径。但是,油压的增加受油泵额定压力的限制,因此,提高锁模力主要依靠增大油缸直径的办法来解决。为了在油缸直径加大以后不影响移模速度,于是就出现了充液式锁模装置,如图 4 - 15 所示。

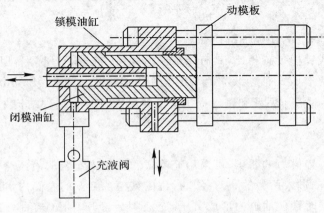

锁模油缸　动模板

闭模油缸　充液阀

图 4 - 15　充液式合模装置

这种锁模装置是用直径不同的两个油缸,分别满足增大锁模力和快速闭模的要求。闭模时,压力油进入小直径的闭模油缸,推动闭模油缸运动,进行快速闭模。与此同时锁模油缸内部形成负压,使充液阀(即液控单向阀)打开,于是充液油箱中的油液在大气压的作用下,经充液阀充入锁模油缸。当模板行至终了时,锁模油缸已充满油液,然后再通入压力油,油压便很快上升。由于锁模油缸的直径较大,因而能够保证锁模力的要求。充液式锁模装置的充液油箱可以装在机身上部或下部,对于大型注射机一般都装在上部,以便利用油箱的重力进行充液。

(3)增压式

图 4-16 所示为增压式锁模装置。它是用增加油压的方法来满足锁模力的。如图所示,闭模时压力油进入闭模油缸的左腔,因为油缸直径较小,仍然可以保证模板具有一定的运行速度。待到模具靠拢后,再使压力油进入增压油缸的左腔。由于增压油缸活塞直径 D_0 和活塞杆直径 d 之差的作用,增压活塞向右移动,使闭模油缸中的压力油进一步受到压缩,油压升高至 p。

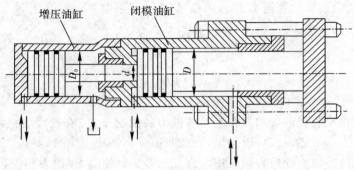

图 4-16 增压式合模装置

升高的油压 p 可由下式计算:

$$p = p_0 \frac{D_0^2}{d^2} \tag{4-12}$$

因此,闭模油缸产生的锁模力为

$$F = p \frac{\pi D^2}{4} = \frac{1}{4}\pi D^2 \cdot \left(\frac{D_0}{d}\right)^2 \cdot p_0 \tag{4-13}$$

式中,p_0 为工作油压;D 为闭模油缸内径。

增压式与充液式锁模装置相比,具有结构简单紧凑、重量轻等优点,但是其油压提高是有限度的。目前采用的增压式锁模装置,其压力为 $(200\sim320)\times10^5$ Pa,最高达 $(450\sim500)\times10^5$ Pa。提高油压将对液压系统和密封提出更高的要求,因此,这种结构主要用于中小型注射机中。

(4)充液增压式

为了满足大吨位锁模力的要求,可采用充液式和增压式组合的液压合模装置,如图 4-17 所示。合模时,压力油进入两旁的小直径长行程的移模油缸 5 的左侧内,带动动模板和锁模油缸 3 的活塞前进。同时锁模油缸内形成负压,充液阀 2 打开,油缸充油。当模具闭合后,压力油进入增压油缸 1 的左侧内,使锁模油缸 3 内的油增压,在此过程中充液阀 2 关闭。由于锁模油缸的直径大,并在高压油的作用下,从而达到很大的锁模力。开模过程中,先打开充液阀 2,使增压油泄压,然后往移模油缸 5 的右腔进油,使得动模板向左运动,锁模油缸 3 内的大量液压油通过充液阀 2 进入上部油箱,在此过程中增压油缸 1 的左腔与回油接通。

（5）稳压式

采用充液式和增压式锁模装置,虽然在一定程度上克服了单缸直压式存在的移模速度和锁模力的矛盾,但是,对于锁模力很大的大型注射机,如何减轻机器的重量,简化装置,以便于制造,则成了需要解决的问题。目前,在大型注射机上多采用稳压式锁模装置。这种装置的特点是使用了小直径快速移模油缸和大直径短行程的稳压（锁模）油缸。

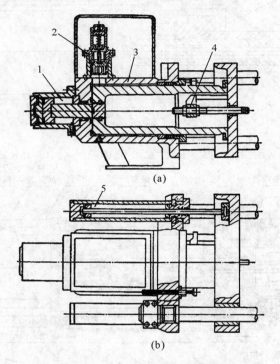

(a)

(b)

图 4－17 充液增压式合模装置

1—增压油缸；2—充液阀；3—锁模油缸；4—顶出油缸；5—移模油缸

图 4－18 所示为稳压锁模装置。其工作原理是:当快速闭模时,压力油进入闭模油缸 D 室,同时闭模油缸 A 室回油,推动动模板快速前移。当模具靠拢后,带有螺纹的两块闸板将带有外螺纹的闭模油缸 D 的外部抱合住,然后向锁模油缸的 B 室通入压力油而 A 室回油。由于锁模油缸 B 直径较大,产生了很大的锁模力,它通过锁模活塞、闸板和闭模油缸传递到动模板上,使模具可靠锁紧。开模时,B 室和 D 室与回油接通,闸板和闭模油缸脱离,压力油进入闭模油缸的 A 室,动模板便迅速后移。可见锁模活塞的作用就是产生足够的锁模力,由于锁模油缸和活塞行程很短,所以,可以减轻机器的重量,缩短升压时间。因此,这种结构普遍地用于锁模力在 $(3\sim5)\times10^6$ N 以上的锁模装置。

图 4－19 所示为 XS－YZ－1000 注射机的稳压式锁模装置。它也采用了两个油缸,分别来满足闭模速度快和锁模力大的要求。与图 4－18 不同的是:其稳压油缸设在动模板上,闸板上不带螺纹,闭模油缸上开设两个槽。图 4－20 所示为该装置的工作原理示意图,闭模时,压

力油首先进入小直径的闭模油缸右端,由于活塞是固定不动的,压力油便推动闭模油缸前移,进行闭模。模具靠拢后,压力油进入齿条油缸,齿条按箭头方向移动,通过扇形齿轮和齿轮1,带动闸板1右移,同时通过扇形齿轮和齿轮2、齿轮3、齿轮4、齿轮5带动闸板2左移,将闭模油缸抱住,防止锁模时闭模油缸后退。然后压力油进入大直径的稳压油缸,达到所需的锁模力。开模时,首先稳压油缸卸压,其次齿条油缸的油流换向,使闸板脱离闭模油缸,然后压力油进入闭模油缸左端,开始开模。

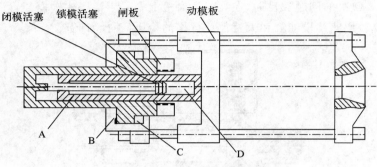

图 4-18 稳压式合模结构

A—闭模油缸左腔；B—锁模油缸左腔；C—锁模油缸右腔；D—闭模油缸右腔

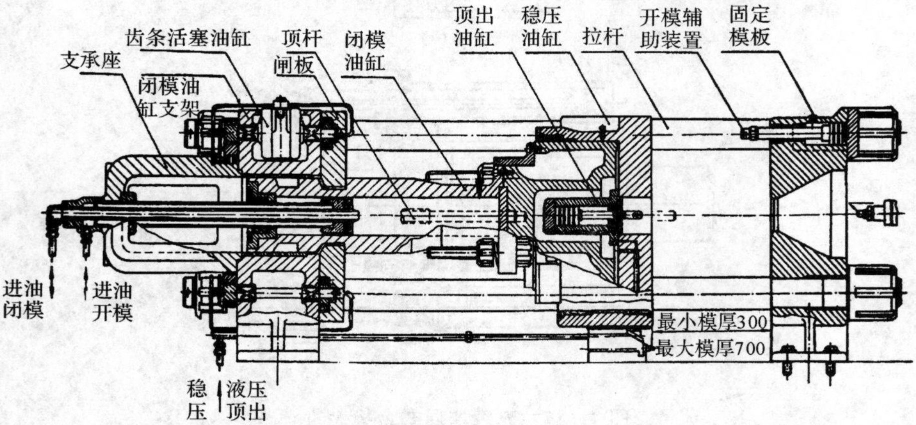

图 4-19 XS-ZY-1000 注射机合模装置

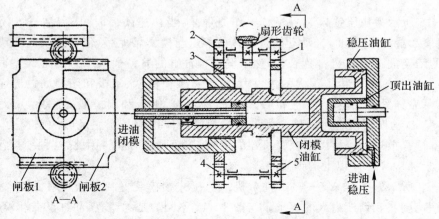

图 4-20 XS-ZY-1000 合模装置工作原理示意图

稳压式锁模装置的锁模力主要取决于稳压缸的直径,但是油缸直径有时会受到模板尺寸的限制,同时直径很大的油缸会给制造和维修带来一定的困难,因此,在 XS－ZY－32000 锁模力为 40 MN 的大型注射机上采用了图 4－21(a)所示的抱合螺母式锁模结构,其工作原理是:先用小直径闭模油缸快速合模,再在抱合油缸中通压力油使抱合螺母分别抱合四根拉杆,然后向前固定模板拉杆螺母处的四个接力油缸左腔通入压力油,紧拉四根拉杆使模具锁紧。从图 4－21(b)所示的两种锁模装置的受力情况对比可知,这种结构拉杆受力的部位缩短了,只有动模板和定模板受力,后固定模板只起到支承和定位作用。如果将闭模油缸固定在前固定模板的两侧,还可缩短机器的长度。开模时,接力油缸回油,松开模具,然后给抱合油缸反向进油使得抱合螺母与四根拉杆脱开,最后给闭模油缸反向进油,实现模具快速打开。但是,这种结构的锁模装置油缸多,液压系统比较复杂,因此,它主要用在锁模力超过千吨以上的大型注射机上。

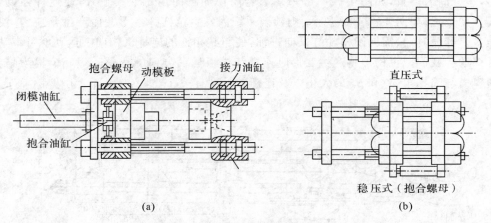

图 4－21　抱合螺母式合模装置
(a)抱合螺母式合模装置;(b)直压式和稳压式受力对比

图 4－22 所示为一种带可动组件的液压锁模装置。动模板的运动靠四个小直径闭模油缸的活塞推动。锁模油缸设置在可上下移动的锁模油缸组件上。当闭模时,动模板前移,锁模油缸组件下降顶住动模板,然后压力油进入锁模油缸,使锁模力增至 5 000 t,将模具锁紧。开模时,先将锁模油缸回油,然后锁模油缸组件上升脱开动模板,再在闭模油缸中反向进油拉动动模板开模。这种结构的锁模装置可以在不延长机器长度的情况下,获得很长的模板行程。

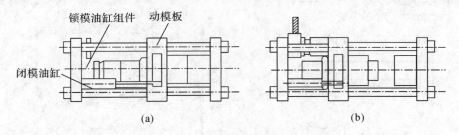

图 4－22　带可动组件的液压合模装置
(a)闭模;(b)开模

液压式锁模装置锁模时,从模具靠拢到油压升高使模具锁紧尚需一段时间,这是由于锁模装置的机械变形和液体被压缩而引起的。这段时间叫作升压时间。油缸容积越大,油压越高,升压时间越长。

2. 液压-机械式

液压-机械式锁模装置是利用连杆机构或曲肘撑板机构,在油压作用下,使锁模系统产生预应力而锁紧模具的。其特点是具有自锁作用,即当模具锁紧以后,油压撤除,锁模力也不会随之消失。而且由于连杆机构有增力作用,所以可用较小的油缸获得较大的锁模力。液压-机械式锁模装置的形式也很多,常用的是单曲肘、双曲肘和曲肘-撑板式合模装置。

(1)单曲肘合模装置

图4-23所示为单曲肘液压-机械式锁模装置。它主要由模板、拉杆、单曲肘连杆机构、可摆动的闭模油缸、顶出杆和调节模板间距的装置等部件组成。当压力油进入闭模油缸上部时,活塞下行,与其相连的连杆机构便推动着模板向前移动,同时油缸绕一支点摆动。当模具刚刚靠拢时,连杆尚未伸直,如图4-24(a)所示。若闭模油缸的油压继续上升,使连杆强行伸直,成一线排列位置,如图4-24(b)所示,则锁模系统因发生拉杆弹性形变而产生预应力,使模具可靠锁紧。开模时,只需向闭模油缸反向进油,使与其相连的连杆机构向上运动就可带动动模板向后移动。我们把机构即将产生变形时连杆与模板运动方向的夹角 α_0 和 β_0 称为临界角。显然锁模力与临界角 α_0 和 β_0 的大小以及连杆的长度有关。

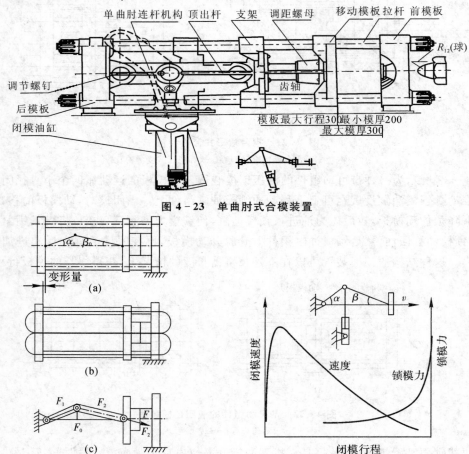

图4-23　单曲肘式合模装置

图4-24　单曲肘合模机构受力分析　　图4-25　单曲肘合模机构闭模速度、锁模力与闭模行程的关系

其受力情况如图 4-24(c) 所示。可见,锁模时,用较小的油缸拉力(F_0),就可以产生较大的锁模力(F)。此外,模板的运动速度在移模过程中按如图 4-25 所示变化,在闭模终了会自行减慢。因此,这种连杆机构比较符合开闭模时对模板运行速度变化的要求,同时,又可用小直径的油缸产生较大的锁模力。如 XS-ZY-125 注射机的锁模装置,其油缸的拉力仅 70 kN,而产生的锁模力可达 900 kN。

(2)双曲肘合模装置

单曲肘锁模装置具有结构简单、外形尺寸小、制造容易等优点,但它的承载能力有限,增力作用比较小。因此主要用在锁模力为 1 MN 以下的注射机上。为了提高承载能力,在 200/400 cm³,2 000 cm³ 等规格的注射机上,采用了类似图 4-26 所示的对称排列的双曲肘合模装置。它的增力作用和承载能力都比较大,在其他条件相同时,可用比单曲肘结构直径更小的油缸。如 200/400 cm³ 注射机的锁模力为 2.54 MN,其锁模油缸的推力为 92 kN。这种结构的锁模力较大,一般可达 1~10 MN。但是,构件较多,结构复杂,制造比较困难,同时模板的行程受到模板尺寸的限制,因此,多用在中、小型注射机上。

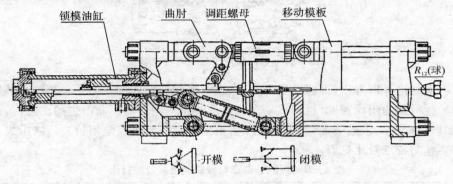

图 4-26 双曲肘式合模装置

(3)曲肘-撑板式合模装置

为了扩大模板行程,在 XS-ZY-500 注射机上,采用了如图 4-27 所示的曲肘-撑板式合模装置,利用了连杆和楔块的增力和自锁作用,使模具可靠锁紧。由于使用了楔块而不是固定铰链,因此,可以在不加大模板面积的条件下得到较大的模板行程。这种结构形式的特点是模板行程较大,构件较小,但其增力作用较小,对楔面的制造精度和材料要求也较高。

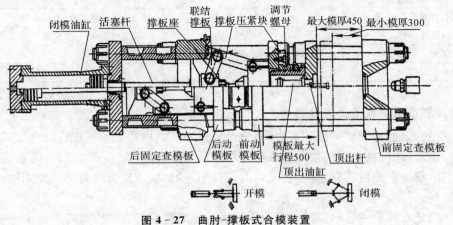

图 4-27 曲肘-撑板式合模装置

图 4-28 所示为一种新的液压-机械式锁模装置。模板的运行主要由闭模油缸来完成。锁模油缸和连杆机构固定在动模板上。当锁模时,压力油推动锁模活塞后移,牵动连杆机构将动模板支承在后固定模板上,并由于连杆机构的增力和自锁作用,使模具可靠锁紧。这种机构的动模板行程较长,可达 1 500～2 000 mm。锁模机构的增力作用可达 20 倍。

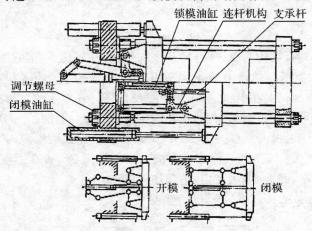

图 4-28 长行程液压机械式合模装置

通过以上讨论可以看出,不同类型的锁模装置,尽管其形式变化多样,但是,都是围绕着增大锁模力后所引起的闭模速度、机器重量和制造等一系列问题而不断改进的。目前,在大型注射机中,多采用稳压式锁模装置,在中小型注射机中,液压-机械式应用较多。液压式、液压-机械式锁模装置的特点对比见表 4-2。

表 4-2 液压式、液压机械式锁模装置的对比

液压式	液压-机械式
1)模板行程大,模具厚度在规定范围内可随意调节,无须模板间距调节装置	1)模板行程较小,需要设置模板间距调节装置
2)锁模力容易调节而且容易量化,但锁模力不够可靠,可随着液压油渗漏发生变化	2)锁模力调节困难,不直观,锁模可靠
3)安装模具容易	3)比较困难
4)系统具有自润滑作用,磨损零件少	4)磨损零件多,需设润滑系统
5)模板运行速度较慢	5)速度较快,可自动变速
6)动力费用大	6)动力费较小
7)循环周期长	7)循环周期小

3. 单曲肘合模装置的受力分析

如前所述,全液压锁装置的锁模力,可通过锁模油缸的内径和油压进行计算。其计算方法比较简单,而液压-机械式锁模装置的锁模力计算则比较麻烦,为了了解液压-机械式锁模装置的有关计算,现以单曲肘连杆机构为例,对其锁模力、油缸拉力以及增力倍数分别讨论。

(1)锁模力

液压-机械式锁模装置的锁模力是依靠锁模系统的弹性形变产生预应力而实现的。图 4-

29(b)和(c)所示为机构受力前后的情况。图 4-29(b)所示为模具刚刚靠拢,机构尚未产生变形的状态。图 4-29(c)所示为机构已经产生变形的状态。

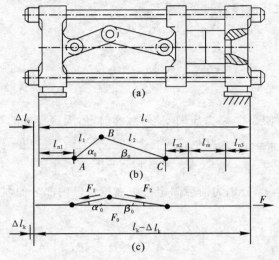

图 4-29　单曲肘合模机构其锁模力的形成

　　图中,l_1,l_2 分别为连杆 AB 和 BC 的长度;α_0,β_0 为模具刚刚靠拢,机构尚未产生变形时,连杆 AB 和 BC 与水平线的夹角,称为临界角;α'_0,β'_0 为闭模任意位置,机构产生弹性形变后,连杆 AB 和 BC 与水平线的夹角;l_n,l_m 分别为模板和模具的厚度,其中 $l_n = l_{n1} + l_{n2} + l_{n3}$;$l_c$ 为拉杆变形前的长度;l_k 为机构变形后,假设受压构件未受压缩,它们在水平方向的投影总长;Δl_k 为机构变形后,受压构件的变形量在水平方向的投影长度;F 为锁模力;F_1,F_2 为连杆所受的压力;F_0 为油缸拉力。

　　假设各受力构件的弹性模量都为 E,拉杆、连杆、模板、模具的总横截面积分别为 A_c,A_1,A_2,A,A_m,则有

$$l_c = l_1 \cos\alpha_0 + l_2 \cos\beta_0 + l_n + l_m \qquad (4-14)$$

$$l_k = l_1 \cos\alpha'_0 + l_2 \cos\beta'_0 + l_n + l_m \qquad (4-15)$$

　　根据胡克定律,在锁模力 F 的作用下,各受力构件的变形量分别为

$$\Delta l_c = \frac{F l_c}{E A_c} \qquad (4-16)$$

$$\Delta l_k = \Delta l_1 \cos\alpha'_0 + \Delta l_2 \cos\beta'_0 + \Delta l_n + \Delta l_m$$

式中

$$\Delta l_1 = \frac{F l_1}{E A_1 \cos\alpha'_0}$$

$$\Delta l_2 = \frac{F l_2}{E A_2 \cos\beta'_0}$$

$$\Delta l_n = \frac{F l_n}{E A_n}$$

$$\Delta l_m = \frac{F l_m}{E A_m}$$

所以

$$\Delta l_k = \frac{F}{E}\left(\frac{l_1}{A_1} + \frac{l_2}{A_2} + \frac{l_n}{A_n} + \frac{l_m}{A_m}\right) \qquad (4-17)$$

从图 4 - 29 可知,机构变形后的变形条件为

$$l_k - \Delta l_k = l_c + \Delta l_c \qquad (4-18)$$

将式(4 - 14)~式(4 - 17)代入式(4 - 18)得

$$F = \frac{E[l_1(\cos\alpha'_0 - \cos\alpha_0) + l_2(\cos\beta'_0 - \cos\beta_0)]}{\dfrac{l_c}{A_c} + \dfrac{l_1}{A_1} + \dfrac{l_2}{A_2} + \dfrac{l_n}{A_n} + \dfrac{l_m}{A_m}} \qquad (4-19)$$

由于模板的面积和刚度大,略去压缩变形,考虑前、后固定模板的弯曲变形后,则有

$$F = \frac{E[l_1(\cos\alpha'_0 - \cos\alpha_0) + l_2(\cos\beta'_0 - \cos\beta_0)]}{\dfrac{l_c}{A_c} + \dfrac{l_1}{A_1} + \dfrac{l_2}{A_2} + \dfrac{H^3}{48J_1} + \dfrac{H^3}{48J_2} + \dfrac{l_m}{A_m}} \qquad (4-20)$$

式中,H 为拉杆间距;J_1,J_2 分别为前后固定模板在拉杆以内部分的惯性矩。

令

$$A = \frac{l_c}{A_c} + \frac{l_1}{A_1} + \frac{l_2}{A_2} + \frac{H^3}{48J_1} + \frac{H^3}{48J_2} + \frac{l_m}{A_m}$$

$$\lambda = \frac{l_1}{l_2}$$

由于角度 α_0,β_0,α'_0,β'_0 均很小,一般在 5°~6°以内,故对式(4 - 20)中的三角函数作以下近似处理,即

$$\cos\alpha_0 \doteq 1 - \frac{1}{2}\alpha_0^2 \qquad \cos\alpha'_0 \doteq 1 - \frac{1}{2}\alpha'^2_0$$

$$\cos\beta_0 \doteq 1 - \frac{1}{2}\lambda^2\alpha_0^2 \qquad \cos\beta'_0 \doteq 1 - \frac{1}{2}\lambda^2\alpha'^2_0$$

代入式(4 - 20)得

$$F = \frac{E}{2A}l_1(1+\lambda)(\alpha_0^2 - \alpha'^2_0) \qquad (4-21)$$

从式(4 - 21)可以看出,当 $\alpha'_0 = \alpha_0$ 时,$F=0$。当 $\alpha'_0 = 0$ 时,F 值最大。对于已定的装置,各构件的长度和截面积是一定的,弹性模量 E 也是已知的,因此其锁模力主要取决于 α'_0(即变形量)的大小。选定一组 α_0 值(如为 4°30′,5°6′,…),可作出 $F-\alpha'_0$ 的一组曲线,如图 4 - 30 中的曲线 1 和曲线 2。它表示了 α_0,α'_0 及锁模力的变化关系。由图可知,当 $\alpha_0 = 5°6′$,$\alpha'_0 = 0$ 时,锁模力可达 900 kN。

(2)油缸拉力

由图 4 - 30 可知,锁模力取决于 α_0 的大小,α_0 较大时,锁模力也较大(曲线 2 的锁模力大于曲线 1 的锁模力)。然而,α_0 的增加是有限度的,它由材料的弹性变形和油缸拉力所限制。α_0 越大,变形越大,所需的油缸拉力必然也大。如果油缸拉力已定,任意增加 α_0,则由于拉力不够,连杆伸不直,模具锁不紧,锁模力反而很小。它们的关系可从受力图 4 - 31 中分析求得。如图 4 - 31 所示,由于油缸拉力 F_0,使连杆 l_1 和 l_2 分别受到 F_1 和 F_2 两个分力,F_2 作用到模板上的水平分力为 F。

根据力三角形法则,有

$$F_2 = \frac{F}{\cos\beta'_0} \qquad (4-22)$$

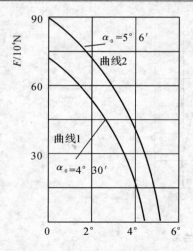

图 4 - 30　F, α_0, α_0' 之间的关系图

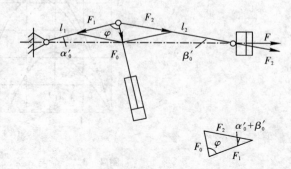

图 4 - 31　油缸拉力和连杆受力分析

$$F_1 = F_2 \frac{\sin(\alpha_0' + \beta_0' + \varphi)}{\sin\varphi} = F \frac{\sin(\alpha_0' + \beta_0' + \varphi)}{(\cos\beta_0' \sin\varphi)} \qquad (4-23)$$

$$F_0 = F_2 \frac{\sin(\alpha_0' + \beta_0')}{\sin\varphi} = F \frac{\sin(\alpha_0' + \beta_0')}{\cos\beta_0' \sin\varphi} \qquad (4-24)$$

由于锁模时 α_0' 和 β_0' 角很小,所以油缸拉力 F_0 的指向,可看作铅垂方向,则

$$\varphi = 90° - \alpha_0'$$

$$\sin\varphi = \sin(90° - \alpha_0') = \cos\alpha_0'$$

代入式(4 - 24)后,有

$$F_0 = F \frac{\sin(\alpha_0' + \beta_0')}{\cos\beta_0' \cos\alpha_0'} = F(\tan\alpha_0' + \tan\beta_0') \qquad (4-25)$$

由于 α_0' 和 β_0' 角较小,经换算可得

$$F_0 = \frac{E}{2A} l_1 (1+\lambda)^2 (\alpha_0^2 - \alpha_0'^2) \alpha_0' \qquad (4-26)$$

式中,α_0, α_0' 的单位为 rad。

由式(4 - 26)可知,油缸拉力随 α_0' 和 α_0 的变化而变化。那么,选定一组 α_0 值,可作出 F_0 - α_0' 的一组曲线,如图 4 - 32 所示。由图可以看出,在锁模过程中,油缸拉力 F_0 是变化的,当 $\alpha_0' = \alpha_0$ 时 $F_0 = 0$,当 $\alpha_0' = 0$ 时 $F_0 = 0$,但其中有一个最大值。当 α_0 为 5°6′(即锁模力可达 900 kN)时,油缸拉力(F_m)的最大值应为 53 kN。考虑到系统的效率和制造安装上的误差等,实际所需油缸的拉力 F_s 应为

$$F_s = \frac{F_m}{\eta} \qquad (4-27)$$

式中,η 为系统的效率,一般为 0.8～0.9;F_m 为油缸的最大拉力,10^4 N。

(3)增力倍数

从图 4 - 32 可以看出,油缸拉力在 α_0' 为 3°左右时为最大。此时的锁模力与油缸拉力之比,即为增力倍数。可得增力倍数 M 为

$$M = \frac{F}{F_{0max}} = \frac{1}{\tan\alpha_0' + \tan\beta_0'} \qquad (4-28)$$

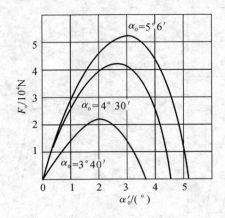

图 4-32 F_0 与 α_0 和 α'_0 的关系

4.2.4 注射机的工作过程

注射成型的基本工作过程如图 4-33 所示,主要包含了以下操作单元。

1)合模与锁模。注射成型的周期一般是以合模为起始点的。合模过程中的动模板的移动速度是变化的,先低压快速闭合,当动模与定模快要接近时,切换成低压低速,以免模具内有异物或模内嵌件松动,然后切换成高压而锁紧模具。

2)注射装置前移。合模机构闭合锁紧后,注射装置整体前移,使喷嘴和模具浇道口贴合。

3)加料塑化。螺杆转动,使料斗内的物料经螺杆向前输送,并在料筒的外加热和螺杆剪切作用下使其熔融塑化。物料由螺杆输送到料筒前端,并产生一定压力。在此压力(背压)作用下螺杆在旋转的同时向后移动,当后移到一定距离,塑化的熔体达到一次注射量时,螺杆停止转动和后移,准备注射。

4)注射充模。加料塑化后,注射油缸推动注射螺杆前移,以高速高压将料筒前部的熔体注入模腔,并将模腔中的气体从模具分型面驱赶出去。

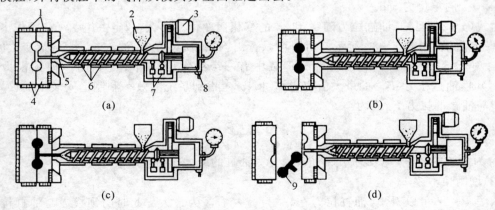

图 4-33 注射机基本操作程序

(a)加料塑化;(b)注射充模;(c)保压固化;(d)脱模

1—加热装置;2—料斗;3—电机;4—模具;5—喷嘴;6—加热冷却装置;7—行程开关;8—油压缸;9—制品

5)保压固化。熔体注入模腔后,由于模具的低温冷却作用,模腔内的熔体产生收缩。为了保证注射制品的致密性、尺寸精度和强度,必须使注射系统对模具施加一定的压力(螺杆对熔体保持一定压力),对模腔塑件进行补塑,直到浇注系统的熔体冻结到其失去从浇道口回流的可能性时,就可卸去保压压力,使制品在模内充分冷却定型。制品在模内冷却的同时,螺杆传动装置进行加料塑化的工作,准备下一轮注射。制品冷却与螺杆预塑化是同时进行的。

6)注射装置后移。注射装置退回的目的是避免喷嘴与冷模长时间接触产生喷嘴内料温过低而影响注射。

7)开模及顶出制品。模腔内的制品冷却定型后,合模装置即开启模具,并自动顶落制品。

4.3　热塑性塑料注射成型技术

4.3.1　注射成型前的准备

完整的热塑性塑料注射制品成型过程应包括成型物料准备、注射机上成型和成型所得制品的热处理与调湿处理三个大的阶段。成型物料的预处理主要为干燥处理,以免水分引起注射制品产生气泡、银纹等缺陷,而热塑性塑料注射制品的热处理和调湿处理与挤出制品基本相同。注射机上的成型是决定注射制品质量的关键所在,因此,本节主要分析讨论注射成型阶段。

注射机上成型制品的核心问题,是采取一切可能的措施得到塑化良好的熔体,将熔体按预定的条件注入闭合的模具型腔完成造型,再有控制地将已获得型腔型样的成型物冷凝定型,从而使制品达到预期的质量要求。因此,以下先对注射成型周期作简要介绍,再对塑化、造型和定型这三个注射成型的基本过程作较深入的分析。

4.3.2　注射成型工艺周期

注射机上成型制品是一周期性过程,每成型一个制品注射机注射装置和锁模装置的各运动部件均按预定的顺序依次动作一次。因此,注射成型过程中各成型步骤的时间顺序、合模力、注射压力和物料所经受的温度与压力变化均具有循环重复的周期性特点。通常将注射机完成一个制品所需的全部时间称为总周期时间(或简称为周期时间),一个注射成型周期内,锁模装置、螺杆和注射座的动作时间与各部分操作时间如图 4-34 所示。为便于对注射成型过程进行分析,可将组成成型周期的各部分时间按其在成型过程中的作用划分为成型时间和辅助操作时间两大部分。前者是指熔体进入模具、充满模腔造型和在模腔内冷凝定型所需的全部时间;后者是指在总周期时间内除成型时间外的其余所有时间,通常包括注射机有关运动部件为启、闭模和顶出制品的动作时间,以及安放嵌件、涂脱模剂和取出制品等的辅助操作时间。由于造型和定型都是在闭合的模腔内进行,因此成型时间应包括在模具锁紧的时间内,而运动部件的动作时间和辅助操作时间则应包括在模具开启的时间内。用大浇口模具成型厚壁制品所观测到的在模具锁紧时间内柱塞或螺杆位置、物料温度、作用在柱塞或螺杆上的压力、喷嘴内的压力和模腔内的压力变化如图4-35所示。由图可以看出,从对料筒前端熔体开始施压,到由模腔内脱出制品这一段不长的时间内成型过程要经历六个不同的时期。

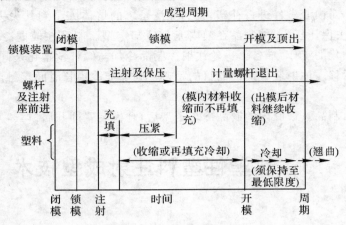

图4-34　注射成型周期图

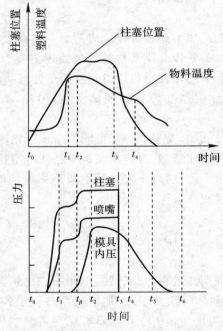

图4-35　注射过程柱塞位置、塑料温度、柱塞与喷嘴压力、模腔内压力的关系

1)入模准备期。入模准备期也称柱塞或螺杆的空载期,相当于图4-35上的 t_0 到 t_1 这段时间。这一时期的特点是,柱塞或螺杆在 t_0 时刻虽已开始前进,但由于使料筒前端的熔体升压并流过喷孔与模具的浇道系统需要一定的时间,故在 t_1 时刻前熔体尚未进入模腔。由于熔体高速通过截面很小的喷孔和浇道受到很大的流动阻力并产生大量的剪切摩擦热,故在这一时期结束时物料温度明显升高而作用在柱塞上的压力和喷孔内的压力均迅速升高。

2)充模期。这一时期从 t_1 时刻开始,至熔体到达模腔末端的时刻 t_β 结束。在这一时期柱塞或螺杆继续快速前进,直至熔体完全充满模腔。由于充模期的时间很短,模具对热熔体的冷却作用不显著,加之充模速度很高的熔体在模腔内流动时仍有一定量的剪切摩擦热产生,故充

— 128 —

模结束时物料温度有一定升高,达到成型周期内的最高值。在模腔未完全充满之前,熔体在其中流动的阻力不大,故模腔内的压力仍比较低,但作用在柱塞上的压力和喷孔内的压力均上升到最高值。

3)压实期。这一时期从 t_β 时刻开始,至柱塞到达其前进行程的最大位置的时刻 t_2 结束。在此之前模腔虽已为熔体充满,但由于充模期结束时喷嘴内的压力远高于模腔内的压力,故进入这一时期后仍有少量熔体被挤进模腔,使模腔内熔体密度增大而压力急剧升高,压实期结束时模腔内压力达到成型周期内的最高值。因受到低温模具的冷却,物料温度在这一时期开始下降。

4)保压期。这一时期从 t_2 时刻开始,到柱塞开始退回的时刻 t_3 结束。压实期结束后柱塞并不立即退回,而需要在最大前进位置再保持一段时间,在此期间作用在柱塞上的压力和喷孔内的压力保持最大值不变,而由于模具的冷却作用使模腔内料温下降和体积收缩,体积收缩又导致模腔内压力下降和浇道内熔体缓慢地流进模腔。

5)倒流与封口期。这一时期从 t_3 时刻开始,到浇口内熔体凝固的时刻 t_4 结束。保压期结束后,柱塞在 t_3 时刻开始后退时,作用在其上的压力随之消失,喷孔和浇道内的压力也迅速下降;这时模腔内的压力会高于浇道内的压力,若浇口内的熔体仍能流动,少量熔体就会从模腔倒流入浇道并导致模腔内压力迅速降低。随模腔内压力下降倒流速度减慢,热熔体对浇口的加热作用减小,温度迅速下降,到 t_4 时刻浇口内的熔体凝固倒流随之停止。通常将浇口熔体凝固的时刻称为"封口",在模腔内压力与时间关系曲线上,对应于封口时刻 t_4 的点称为"封口点",封口后模腔内的料量不再改变。

6)继冷期。这一时期从 t_4 时刻开始,到模具开始开启的时刻 t_5 结束。这一时期虽然外部作用的压力已经消失,但模腔内仍可能保持一定的压力,随冷却过程的进行这一时期内物料温度和压力逐渐下降,通常在启模时模腔内仍可能残留一定的压力。实际生产中由于制品形状与结构、模具浇道系统的结构与尺寸和成型工艺条件的不同,并非每个注射制品的成型过程都要全部经历以上所述的六个时期。例如,成型壁很薄和用点浇口的制品时,在模腔被熔体充满后,或因熔体已全部凝固,或因浇口已经冻结,即不必保压,也不会出现倒流。

4.3.3　注射成型工艺条件

1.熔融塑化过程

塑化虽然只是整个注射成型过程的一个准备阶段,但由塑化所得到的熔体质量,对随后的流动造型过程和制品的质量都有不可忽视的影响。对塑化产物质量的基本要求是,应达到规定的成型温度范围,熔体内各处的温度均一性应尽可能大,而其中的热分解产物的含量则应尽可能少。热塑性塑料由于导热性差,要实现物料的均匀熔融塑化是一个相当复杂的问题,塑化过程进行的方式、加热方法和加热时间等多种因素都对塑化产物的质量有影响。实践表明,注射机注射装置的结构设计比塑化工艺参数的调节,对塑化产物质量的影响具有更为重要的意义。柱塞式注射装置由于塑化物料所需热量仅靠外部热源供给,加之缺乏机械搅拌混合,因此容易出现局部过热而很难使塑化产物的质量达到上述的基本要求,目前仅为部分小型注射机所采用。现代化的各类注射机广泛采用的是可提供高质量塑化产物的螺杆式注射装置,因此以下着重讨论成型物料在螺杆式注射装置内的熔融塑化过程。

　　成型物料在螺杆式注射装置内的熔融塑化过程与在螺杆式挤出机挤压装置内的熔融塑化过程相近,但由于二者的螺杆工作方式不同,其塑化过程也存在一些差异。二者的主要不同之点是螺杆或挤出机可以将挤出机料筒内物料的熔融当作稳态下的连续过程处理,而螺杆式注射机料筒内的物料熔融则是一个非稳态的间歇式过程。

　　在挤出机螺杆稳定工作状态下,挤出机的挤出量、螺杆头前熔体的温度和所承受的压力保持恒定,其熔融区螺槽任一横截面上未熔固相面积或固体床宽度及熔膜厚度也均为定值。注射螺杆是间歇式转动的,物料在螺杆上的运行距离是不一致的,在每个周期时间内除转动预塑化物料外还要停转一段较长时间。在螺杆停止转动期间,在料筒壁传导热的作用下,螺槽内的物料仍在继续熔融使已形成的熔膜加厚。当螺杆再次转动时,熔膜厚度将逐渐减薄,而固体床的宽度则相应增大;若螺杆的转动时间足够长,熔膜最终将达到与稳定挤出相同的厚度。然而,注射机螺杆预塑化时的转动时间一般都不长。一个成型周期内注射机螺杆螺槽内固体床和熔体区的变化情况如图4-36所示。

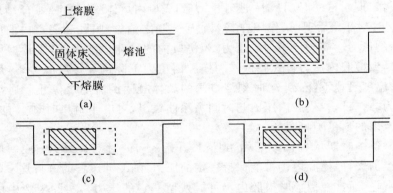

图4-36　往复式单螺杆塑化的熔融机理

(a)预塑结束时;(b)注射前;(c)注射结束时;(d)保压结束时

　　图4-36(a)表示预塑结束时螺槽内两相物料的分布情况,这与挤出机螺杆连续转动挤出时螺槽断面内固体床与熔体区分布类似;图4-36(b)表示螺杆开始前进注射时螺槽内两相物料的分布情况,由于熔融区螺槽内物料在螺杆停止转动期间仍受到料筒壁的传导加热,使固体床各边的物料继续熔融如虚线所示;图4-36(c)表示螺杆前推注射结束时螺槽内两相物料的分布情况,由于在螺杆前推期间螺槽内的固体床受到传导和剪切摩擦的双重加热,其宽度和厚度都有较明显的减小;图4-36(d)表示保压结束时螺槽内两相物料分布情况,由于料筒壁的传导加热使固体床周边的物料在此期间进一步熔融。最后,当螺杆在下一个成型周期又开始转动预塑化物料而后退时,固体床在熔融区螺槽中所占区域不断增大,直至再次达到如图4-36(a)所示的情况。

　　注射机螺杆边转动边后退,由于后移而使其预塑物料的螺杆有效长度变小,因而可能导致随后塑化的物料不能完全熔融,而且有发生固体床崩溃的可能。即使螺杆有效长度变小后仍能保证物料完全熔融,但由于注射机螺杆的转动与停转和前推与后移是周期性地交替进行,致使螺槽内物料受到的剪切和传导加热也具有波动起伏的特点。因此,注射机螺杆头前已塑化熔体柱,在轴向上和径向上的温度分布都不可能十分均匀。螺杆头前熔体的温度分布与螺杆预塑计量行程的关系如图4-37所示。

　　由此可以看出,在螺杆注射装置中螺杆的转动是间歇进行的,在螺杆不转动时仅由外加热器通过料筒壁向物料提供热量,而在螺杆转动时物料受外热源和剪切摩擦的双重加热。供热方式的这种周期性变化,是螺杆注射装置塑化物料的重要特点,这一特点显然使塑化过程的工艺控制复杂化。直接对螺杆注射装置中物料塑化有影响的工艺参数,主要是料筒各段温度分布、螺杆的转数与背压和成型周期时间。

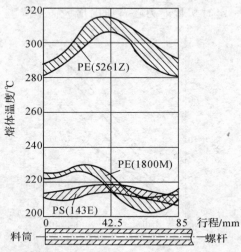

图 4 - 37　熔体温度分布与计量行程的关系

　　料筒各段加热温度的分布,主要由所成型塑料的类型而定。熔融温度低而熔体黏度高的塑料(如硬质聚氯乙烯、抗冲击型聚苯乙烯和 ABS 塑料等),在很大程度上可利用剪切摩擦加热,成型这类塑料时螺杆加料段对应的料筒加热温度可低于其熔融温度。在这种情况下,外加热器的主要作用是提供开始运转所需要的热量和弥补热损失,物料熔融塑化所需的大部分热量靠剪切摩擦产生。熔融温度高而熔体黏度低的塑料(如聚酰胺和高密度聚乙烯等),在受外部热源加热而熔融之前难于由剪切摩擦获得热量,采用高的加料段温度主要是增大料筒壁热传导的换热效果,以促进物料尽早熔融。熔融温度高熔体黏度也大的塑料(如聚砜、聚苯醚和可熔性聚酰亚胺等),既需要从外部高温热源取得升温所需的热量,也能靠剪切摩擦获得调节熔体流动性的内热,料筒各加热段的温度均在塑料的熔融温度附近。不论成型哪一种类型的塑料,料筒末端与螺杆计量段对应区的温度,都应高于塑料的熔融温度而低于其热分解温度。对于成型温度区间较宽且热稳定性较高的塑料,料筒各段温度可适当选高,反之,则应偏低。

　　螺杆转动预塑物料时,塑化后的熔体积累在螺杆头前并对螺杆作用一反压力推动其后移,但螺杆能否后移及后移速度的大小,显然与附加到螺杆上的各种阻力有关,如各种摩擦阻力和注射油缸内工作油的回泄阻力等。若改变工作油的回泄阻力,即改变螺杆预塑转动时的背压,即可调节螺杆头对其前面熔体所施加的压力。增大背压通常使螺杆塑化能力减小而使熔体温度升高,而且采用较高背压对改善熔体的塑化均一性有利。

　　螺杆转动预塑物料时,其转速是决定物料内剪切速率大小和内摩擦热量多少的重要工艺参数。预塑所得到熔体内由剪切摩擦所产生的热量,与熔体的黏度和剪切速率有关,若以 $(\pi D n/h)$ 近似表示螺杆转动对熔体的剪切速率,单位体积熔体内的剪切生热速率可表示为

$$q = \eta_a \dot{\gamma}^2 = \eta_a \left(\frac{\pi D n}{h}\right)^2 = \left(\frac{\pi D}{h}\right)^2 \eta_a n^2 \tag{4 - 29}$$

式中,q 为单位时间单位体积熔体内所产生的热量;η_a 为熔体的表观黏度;D 为螺杆直径;h 为螺槽深度;n 为螺杆转速。由式(4-29)可以看出,在螺杆直径和螺槽深度一定时,剪切生热速率与转数的二次方成正比,而且随熔体表观黏度的增大而线性地增加。显然,加大螺杆转数不仅可以缩短一份注射量物料的预塑化时间,而且还可以使这份注射量熔体的温度升高。成型聚苯乙烯时螺杆的塑化能力与其转速的关系如图 4-38 所示,由图可以看出,塑化能力与转数有近似直线关系,而在转速一定时塑化能力随背压的增大而下降。

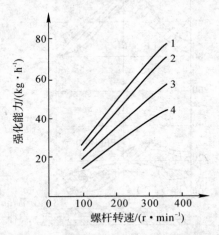

图 4-38 不同背压下聚苯乙烯的塑化能力与螺杆转速的关系
1—背压 8.5 MPa;2—背压 13 MPa;3—背压 21 MPa;4—背压 30 MPa

　　螺杆转动预塑物料时,其转速和所承受的背压均可在较大范围内改变,高转速和高背压下预塑所产生的熔体温度有时会高于外加热器控制的料筒温度。改变螺杆的转数和所承受的背压,不仅可用于调节塑化产物的温度和温度分布均一性,也可用于提高塑化产物内各组分的混合效果。例如,采用高背压预塑直接法着色的粒料,制品的着色效果可得到明显改善。

　　成型周期时间对塑化过程也有影响,这是因为周期时间的长短将改变物料在料筒内总的停留时间,延长周期时间虽然有利于提高熔体的温度均一性,但要受降低机台生产效率和塑料在料筒温度下允许停留时间两方面因素的限制。

　　要得到高质量的塑化产物,在不延长成型周期的情况下,螺杆最佳工作条件是低料筒温度下的高转速高背压预塑,因为这种条件有利于更多的机械功转变为物料熔融塑化所需的热能,而且能保证螺杆有较高的塑化能力。当然,在注射成型某一种塑料时能否采用这样的塑化条件,在很大程度上要由这种塑料的热稳定性来决定。

2. 流动造型过程

　　塑化良好的塑料熔体,在螺杆压力的推动下,由料筒前端经过喷孔和模具浇道系统流入型腔并取得型腔型样的造型过程,是注射成型最重要和最复杂的阶段。其重要性不仅在于制品的形状和尺寸就是在这一阶段得到,而且还在于制品的外观质量和主要性能也在很大程度上与这一阶段的工艺控制是否得当有关。但由于热塑性塑料熔体在注射成型条件下的流动多表现出非牛顿型黏弹体的特点,加之充模流动过程又不可避免地伴随着熔体降温,再加上流道几何形状和尺寸的复杂多样,从而给这一成型阶段的分析与控制增加很多困难。典型注射制品的流动造型过程,包括成型周期中入模准备、充模和压实三个时期,在入模准备期内熔体又要先后通过喷孔和模具的浇道系统。

（1）熔体通过喷孔的流动

喷嘴孔是料筒和模具浇道的连接通道，也是充模时熔体所经过的通道中剪切速率变化最剧烈的部位之一，因而熔体流过喷孔时会有较多的压力损失和较大的温升。

若将充模时熔体通过喷孔近似地看作等温条件下通过等截面圆管时的层流，对牛顿流体和幂律流体可分别用式（2－22）和式（2－30）估算压力损失。在实际使用中式（2－30）不便于计算，因而对幂律熔体多用孔壁处的最大剪切应力 $R\Delta p/(2L)$ 与相应的表观剪切速率 $4Q/(\pi R^3)$ 和表观黏度 η_a 的关系式 $R\Delta p/(2L)=\eta_a 4Q/(\pi R^3)$ 导出的下式估算压力损失：

$$\Delta p=8\eta_a LQ/(\pi R^4) \tag{4-30}$$

由式（2－22）和式（4－30）可以看出，不论熔体的流动行为是牛顿型的还是非牛顿幂律型的，通过喷孔时的压力损失都随喷孔长度 L 和体积流率 Q 的增大而增加。而当喷孔的半径 R 增大时，压力损失则与其成四次方的指数关系减小。因此，喷孔直径的微小变化，会引起压力损失的较大波动。

熔体流过喷孔时由于有摩擦热效应和热量散失，因而不是真正的等温过程；加之生产中所用喷嘴的孔多带有锥度，不是等截面圆管；再加上计算时未考虑熔体从大直径的料筒进入直径很小喷孔时会出现的"入口效应"；这些都使用式（2－22）和式（4－30）计算所得结果不能精确地反映熔体流过喷孔时的压力损失，计算结果通常均小于实测值。

充模期间熔体高速流过喷孔时必将产生大量剪切摩擦热，由于生产中喷嘴均用单独的加热器维持在较高的温度，加之熔体通过喷孔的时间极短，因而这部分热量很少散失，几乎全部用于加热熔体使其温度升高。温升值可由压力降对单位时间内流过喷孔熔体所做功转换成的热量（$\Delta pQ/J$），与单位时间内流过喷孔熔体温度升高 ΔT 所需热量（$\rho c_p Q\Delta T$）的平衡关系得到

$$\Delta T=\Delta pQ/(J\rho c_p Q)=\Delta p/(J\rho c_p) \tag{4-31}$$

式中，Q 为体积流率；Δp 为压力降；c_p 和 ρ 分别为熔体的定压比热容和密度；J 为热功当量。

由式（4－31）可以看出，熔体流过喷孔时的温升，主要由熔体通过时压力损失的大小所决定，实验表明这一结论与实测结果基本相符。高压高速注射充模时，测得的喷孔内壁温升可高达 $100\ ℃$，这就是为什么热稳定性差的塑料不宜采用细孔喷嘴高压高速注射充模的重要原因。

（2）熔体在模具浇道系统中的流动

熔体在流动充模过程中，通过模具浇道系统与通过喷孔一样，也会出现温度和压力的变化。这种变化除与熔体的流变性能和浇道各部分的截面形状和尺寸有关外，还与浇道系统的冷、热状态有密切关系。

热塑性塑料注射用模具的浇道系统，按其与模腔是同时被冷却还是被单独加热，在工艺上分别称为冷浇道系统和热浇道系统。目前生产中使用最多的是冷浇道系统，这种浇道系统像模腔一样，成型时维持在塑料的热变形温度之下。热浇道系统工作时要单独加热，使其温度保持在塑料的流动温度或熔点之上。

熔体流过热浇道系统时的情况，与其通过喷孔时的情况很相近，熔体流过冷浇道系统时的情况则有些不同。进入冷浇道的熔体，由于浇道温度远低于熔体的温度，熔体流表层与浇道壁接触后迅速冷凝形成紧贴浇道壁的冷凝料壳层，从而使允许熔体通过的浇道实际截面积减小。冷凝壳层的厚度与塑料的热物理性能、熔体的温度和流速以及模具温度等多方面的因素有关。由于结晶型塑料的熔体冷却到稍低于熔点时就会很快凝固，其冷凝壳层的厚度一般大于非结

晶型塑料。

冷凝壳层的形成既然能使浇道允许熔体通过的截面面积减小,因而在用式(2-22)和式(4-30)估算压力损失时,应将浇道的半径值适当减小。但浇口的情况有些不同,由于其截面积很小,熔体高速通过时因受到强烈剪切而产生大量摩擦热,使浇口处局部温度有较大升高,加之浇口紧靠模腔容易受到其中高温熔体的加热,故在熔体高速流过时一般不会形成冷凝壳层。塑料是热的不良导体,浇道内已形成的冷凝壳层对随后通过的熔体有一定的保温作用,加之熔体通过时与壳层摩擦产生较多的热量,从而使熔体通过的温度不仅不会下降,有时反而会有所升高。在已知冷凝壳层的厚度后,对于圆截面浇道熔体流过主浇道、分浇道和浇口时的温升,亦可用式(4-31)分别进行估算。

对流动充模的一个基本要求是在尽量短的时间内用足够量的熔体将模腔充满,也就是说充模时应有较高的体积流率。由式(2-21)和式(2-42)知,对牛顿型熔体通过圆形截面和平板狭缝形浇口时的体积流率分别与 R^4 和 WH^3 成比例地增大,即增大浇口的截面积总是有利于提高熔体的体积流率。但从假塑性流体的流变特性知,由于增大浇口截面积会导致流体通过时的剪切速率减小,致使流体表观黏度随之增大。所以,对大多数塑料熔体来说,用增大浇口截面积提高熔体充模时的体积流率有一极限值,当浇口截面积超过此值之后,反而会使体积流率下降。实践表明,在大多数情况下截面积小的浇口更有利于熔体快速充模;这是因为在注射成型条件下绝大多数塑料熔体具有假塑性流体的流变特性,其表观黏度 η_a 与剪切速率之间存在 $\eta_a = K\dot{\gamma}^{n-1}(n<1)$ 的关系。因此,当熔体流过截面积小的浇口时,剪切速率因流速的急剧提高而显著增大,加之高剪切速率下所产生的摩擦热会使熔体温度明显升高,这二者都将使通过浇口的熔体黏度下降,而黏度的下降又将会导致体积流率的增大。

(3)熔体进入模腔后的流动

熔体从越过浇口开始到整个模腔基本上为熔体充满为止的这一段时间,是流动充模造型过程中最重要、也是最复杂的时期;其重要性在于制品的形状、尺寸、外观、内应力和聚合物的形态结构等,均在这一不长的时间内基本确定下来。由于热熔体在各种几何结构冷模腔内流动时,表现出极其复杂的流变行为和热行为,因而要用简单的模型来概括如此复杂的过程显然是不可能的。所以,以下仅对熔体在模腔内流动时的一般特征和影响充模长度的主要因素作简要说明。

1)熔体在模腔内的流动方式。充模过程中熔体在模腔内的流动方式,主要与浇口的位置和模腔的形状及结构有关。图4-39所示为熔体经过四种不同位置的浇口进入不同形状模腔后的典型流动方式。

图4-39(a)表示由轴向浇口进入等截面圆管形模腔,图4-39(b)表示由膜状浇口进入平行板狭缝形模腔,熔体在这两种形状模腔中均以一维流动方式充模;图4-39(c)表示经过与圆板状制品平面相垂直的浇口流入模腔,其流动方式是以浇口为圆心,各半径方向上的熔体均用同样的速度辐射状地向四周扩展;图4-39(d)表示由制品平面内的浇口进入矩形截面的模腔,其充模方式是越过浇口的料流前缘以浇口为圆心按圆弧状向前扩展。

2)熔体在模腔内的流动类型。熔体通过浇口进入模腔时的流速,与其在模腔内的流动类型有直接关系,图4-40所示为慢速和快速充模两种极端情况示意。

由图可见,由浇口出来的熔体流速很高时,熔体流首先射向对壁,以湍流的形式充满模腔;而由浇口出来的熔体流速较低时,以层流方式自浇口向模腔底部逐渐扩展。湍流流动充模,不仅会将空气带入成型物内,而且由于模底先被熔体填满,使模腔内空气难以排出;未排出的空气被热熔体加热和压缩成高温气体后,会引起熔体的局部烧伤和降解,这不仅会降低制品的表观质量,而且还是制品出现微裂纹和存在较大内应力的重要原因。层流流动充模,可避免湍流流动充模引起的各种缺点,得到表观和内在质量均比较高的制品;但若流动速度过小会显著延长充模时间,如果由于流动中的明显冷却降温而使熔体黏度大幅度提高,就会引起模腔充填不满、制品出现分层和熔接缝强度偏低等缺陷。

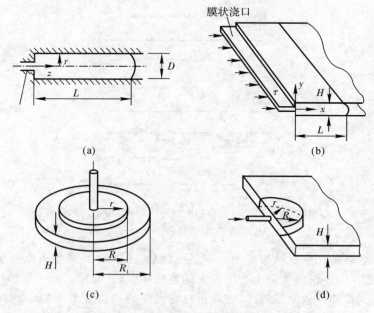

图 4-39 一些简单模腔和充模方式

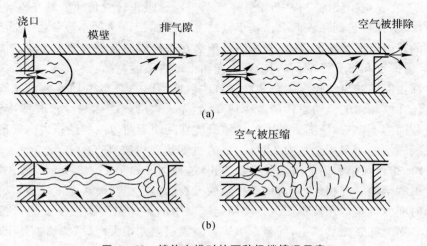

图 4-40 熔体充模时的两种极端情况示意

(a)慢速流入;(b)快速流入

3)模腔内熔体向前推进的运动机理。熔体以层流方式充模时,在模腔内向前推进的运动机理与其非等温流动特性有关。热熔体从浇口处向模底推进时,其前锋表面由于与冷空气接触而形成高黏度的前缘膜。前缘膜最初的形状大致反映熔体流中各液层的流速分布,随后由于降温引起的黏度进一步增大和表面张力的作用,其前进速度会小于熔体自身的流速,所以前缘膜后的熔体单元通常会以更高的速度追到膜上。这时可能出现两种情况:一是受到膜的阻止熔体单元不再前进,只得转向模壁方向而很快被冻结;二是熔体单元冲破原有的前缘膜,形成新的前缘膜。图 4-41 所示为熔体在模腔内向前推进运动的示意。

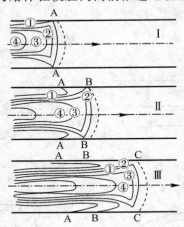

图 4-41　模腔内的料流由 AA 断面移到 CC 断面时的示意图
Ⅰ～Ⅲ—熔体单元位置的连续变化;①～④—熔体单元

转向模壁的熔体单元与紧贴模壁的冷冻层接触后,迅速冷凝成线速度和切变速率均接近零的不冻层,由此在熔体流的截面上产生很大的速度梯度,这会使大分子链的两端因处于不同的速度层中而受到拉伸并取向。因此,在靠近模壁的区域内存在着不同于熔体流其他部分的特殊取向机理,这是制品表层形态结构与芯层不同的一个重要原因。模腔内实测的溶体流动流线分布表明,在充填模腔的过程中,熔体单元被前缘膜阻止转向和冲破原有膜形成新膜的两种情况交替出现,并且是制品表面上出现小波纹的重要原因。这种小波纹在其冷硬之前若能被随后到来的热熔体所传递的压力"熨平",就不会在脱模后的制品表面上出现。因此,较高的注射压力、注射速度和模具温度,有利于获得光洁平整表面的制品。

4)熔体在模腔内的流动长度。热塑性塑料注射成型时总是将模具维持在较低的温度,因而充模时熔体在模腔内的流动总伴随着冷却降温,先进入的热熔体与冷模腔壁接触后在壁面上立即形成凝固的不动层,使随后进入的熔体只能在凝固层所包围的通道内向前流动,随冷却时间的延长凝固层的厚度逐渐加大,当凝固层的厚度达到模腔高度的一半或等于圆筒形模腔截面的半径时,熔体在模腔内的流动就完全停止,这种情况如图 4-42 所示。凝固层内表面的温度应与塑料的熔融温度相近,而与模壁接触的外表面温度应与模具温度一致,这两个温度在充模的整个时间内可基本保持不变。充模期间流动中的熔体温度也极少变化,这是因为凝固层与熔体流界面上有摩擦热产生,甚至在熔体与凝固层温差很大时,摩擦热也是阻碍熔体流中心部分降温的热屏障。从这些前提出发,并假定充模过程中塑料的密度、热扩散系数和熔不变,对于矩形截面模腔的充模曾导出极限流动时间的计算式为

$$t_x = \frac{h^2}{32\alpha} \left[\frac{T_a - T_L}{T_L - T_W} + \frac{\Delta H}{c_p(T_L - T_W)} + 0.5 \right] \tag{4-32}$$

式中,t_x 为极限流动时间;h 为模腔横截面高度的一半;α 为塑料的热扩散系数;T_a 为熔体的平

均温度；T_L 为塑料的熔融温度（流动温度或熔点）；T_W 为模腔壁温度；ΔH 为结晶聚合物的熔化潜热；c_p 为塑料的定压比热容。

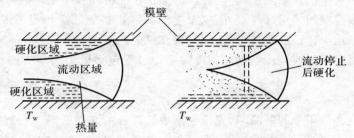

图 4 - 42　模槽中熔体的流动与硬化作用

若上述矩形截面模腔的长度和宽度分别为 L 和 W，熔体充模时的体积流率为 Q，则模腔被熔体充满所需的时间 $t_j = 2LWh/Q$。保证模腔能为熔体充满的必要条件是 $t_x \geqslant t_j$，如果取 $t_x = t_j$，则有

$$\frac{2LWh}{Q} = \frac{h^2}{32\alpha}\left[\frac{T_a - T_L}{T_L - T_W} + \frac{\Delta H}{c_p(T_L - T_W)} + 0.5\right]$$

若假定熔体充模时的流变行为接近牛顿型流体，且 $W/2h > 10$，熔体在模腔内的体积流率 Q 即可用式（2-42）计算，将式（2-42）代入上式并经移项整理后得

$$L = \frac{h^2}{4}\left(\frac{\Delta p}{6\mu\alpha}\right)^{\frac{1}{2}}\left[\frac{T_a - T_L}{T_L - T_W} + \frac{\Delta H}{c_p(T_L - T_W)} + 0.5\right]^{\frac{1}{2}} \tag{4-33}$$

式（4-33）表明，充模过程中熔体在模腔内的流动长度受模腔截面高度（$2h$）、熔体的流变性能参数（μ）、塑料的热物理性能（$c_p, \alpha, \Delta H, T_L$）及成型工艺条件（$\Delta p, T_a, T_W$）等多种因素的影响，其中模腔截面高度对流动长度的影响最为显著。由式（4-33）还可以看出，在模腔的几何尺寸已定和成型用塑料也已确定的情况下，只能通过提高熔体温度、模具温度和模腔入口处的压力来保证模腔的充满。

（4）模腔内熔体的压实与增密

如前所述，充模过程结束后熔体进入模腔的快速流动虽已停止，但这时模腔内的压力并不高，尚不足以平衡浇道内的压力，因而浇道内的熔体仍能以缓慢的速度继续流入模腔，使其中的压力升高，直至浇口两边的压力达到平衡为止。压实期时间虽然很短，但熔体紧密贴合模腔壁精确取得模腔型样，以及不同时间和不同流向熔体的相互熔合，就是在这一极短的时间内依靠模腔内的迅速增压完成的，压实期内迅速增压的另一效果是使成型物增密。

浇口出口处的压力和充模期结束时熔体具有的流动性，是影响压实效果的主要因素，这是因为前者决定了模腔在压实期所能达到的最高压力，后者则决定了压力向远离浇口处传递的难易。增大注射压力、减小喷孔和模具浇道系统内的流动阻力，均对增高模腔进口处的压力有利；而提高熔体温度、模具温度、注射速度和增大模腔厚度，均有利于改善模腔内的压力传递条件。

在压实期内模腔内压力达到最大值时常使模具出现变形，特别是在模腔的中心部分，因为压力最高使变形量也最大。模具出现变形的结果，一是使平板制品的厚度大于模腔厚度，二是增大了厚度的不均一性。为此，当锁模力一定时，工艺上可采取在充模后期适当降低注射压力的方法，使压实期模腔内可能达到的最高压力减小。

3. 冷却定型过程

熔体进入模腔后虽已开始了冷却降温过程,但由于充模期和压实期的时间很短,因而在压实期结束后除紧靠模壁的表层已冷凝外,成型物的内部物料仍处在黏流态或高弹态。要使成型物在脱模后可靠地保持已获得的形状,还需要在模腔内继续冷却一段时间,使其全部冷凝或具有足够厚度的凝固层。典型注射制品的冷却定型过程包括成型周期中的保压、倒流和继冷三个时期。

(1)外压作用下的冷却

成型壁很薄或浇口很小的制品时,充模期结束后螺杆可立即退回,不需要经历保压期和倒流期,可以直接开始无外压作用的冷却定型过程。当成型厚壁且浇口大的制品时,压实期结束后螺杆不能立即退回,而必须在最大前进位置上再停留一段时间,以使成型物在外压作用下进行冷却。成型物在外压作用下冷却一段时间的目的是继续向模腔内挤入一些熔体(常称补料),以补偿成型物因冷却而引起的体积收缩,并避免成型物过早地与模壁脱离。

保压期间实现补料的必要条件是,压实期结束后料筒前端还应有一定量的熔体(常称料垫),而且从料筒到模腔的通道能允许熔体通过,若在此之前,料筒前端已无料垫,或喷孔和浇道系统中任何一处已被冷凝的料堵塞,尽管螺杆还在施压,但由于无熔体可补,或有熔体但不能流进模腔,也就无法实现补料。

补料时的压力决定了模腔内塑料被压缩的程度,如果外压很高对同一模腔就能补进更多的料,这不仅使制品的密度增高和成型收缩率减小,而且持续地压缩还能促进成型物各部分更好地熔合,因而对提高制品的强度性能有利。但在成型物的温度已明显下降之后,外压作用下产生的总形变中就有相当大一部分是弹性的,因而会在制品中造成较大的内应力和大分子取向,这种情况又不利于制品强度的提高。在压实期结束后立即降压,或在补料的过程中分步降压,以便整个补料过程或补料过程的后期能在较低的外压下进行,从而有利于弹性形变的松弛和大分子的解取向,故能在一定程度上改善制品的强度性能。

影响补料效果的另一重要工艺因素是保压时间,在保压压力一定的条件下延长保压时间,能够往模腔中补进更多的熔体,其效果与提高保压压力相似。但过分延长保压时间,也像过分提高保压压力一样,不仅无助于制品质量的提高,而且反而有害。出现这种情况的原因与下面将要讨论的封口压力控制有密切关系。

(2)冷却过程中熔体的倒流与模腔封口

用大尺寸浇口成型厚壁制品时,保压期内可以有足够长的时间向模腔补料并传递压力。若在浇口凝封之前就解除模腔的外压,此时浇道内的压力随之急剧下降而低于模腔内的压力,致使熔体从模腔倒流入浇道。随熔体的流出,模腔内的压力迅速下降,倒流的流速也逐渐小,直至通过浇口的熔体有充分时间冷却而使模腔封口。封口时刻模腔内的温度和压力,分别称为封口温度和封口压力,这二者是影响注射制品质量的重要工艺参数。

封口后由于不再有熔体进出模腔,这时模腔内聚合物的温度、压力和比容三者之间的关系可用修正的范德华状态方程式表示,由式(2-64)可以得到封口压力和封口温度的关系为

$$p = [R'T/(v-b)] - \pi \tag{4-34}$$

式(4-34)中各符号的意义同第2章。由式(4-34)可见,在聚合物的比容一定时,作用在模腔内物料上的压力与其温度有如图4-43所示的直线关系。若将图中的 A 点看作压实期结束时模腔内温度和压力的代表,则直线 AB 代表保压期模腔内压力与温度的关系。AB 直

线与温度坐标轴平行,是因为保压期内模具的冷却作用虽使物料温度下降,但因有外部熔体的不断补进因而模腔内的压力基本保持恒定。B 点时保压期结束螺杆后退,随之出现的倒流引起模腔内压力沿 BC 直线下降,C 为封口点。此后模腔内的物料量不再改变,即比容为定值,故温度和压力沿 CL 呈直线的关系下降。DE 直线表示在较低的压力下补料而且浇口的凝封发生在螺杆后退之前,这时外压解除后无熔体倒流,从 E 点起模腔内物料即沿 EK 直线降温和降压,但因封口压力较低,所得制品的密度较小。由此不难看出,制品的密度在很大程度上由封口时模腔内的温度和压力所决定,制品的密度或重量一般是随封口压力的增大而增加。例如,若将保压时间从 AB 延长到 AF,在 F 点才解除外压,此后倒流使模腔内压力沿 FG 直线下降,G 为封口点,自封口点 G 后模腔内的压力与温度即沿 GM 直线下降,由此而得到的制品密度和重量较前述的两种情况都大,但其内应力较高,而且常因成型收缩过小而引起脱模困难。

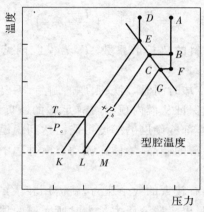

图 4 - 43　注射成型时模具型腔中的压力与温度关系

综上所述可以看出,封口温度和封口压力对制品质量有强烈影响,为调节这两个参数,工艺上多借助改变保压时间来实现。如果保压时间过短,补进模腔的料量少而倒流出的料量多,致使封口压力很低,由此得到的制品容易出现凹陷和缩孔,且成型收缩率也比较大,因而密度低、强度差、尺寸精度也差。延长保压时间可使封口压力增大,这对改善制品的外观、强度和尺寸精度都有利;但过高的封口压力,不仅会造成制品脱模的困难,而且会因制品内应力过大反而强度降低。除保压时间外,改变保压压力、浇口尺寸、熔体温度和模具温度等,对封口温度和封口压力也有不同程度的调节作用。

(3)浇口封断后的冷却

制品从模腔中脱出之前必须具有足够高的刚性,以免脱模顶出时产生变形,并可使制品有较好的因次稳定性(指注射制品离开模具后在室温放置过程中的尺寸、形状、性能的稳定程度)。为此,在模腔封口后一般不能立即将成型物从模腔中脱出,而需要留在模内再继续冷却一段时间,以便使其整体或足够厚的表层降温至聚合物玻璃化温度或热变形温度以下之后,再从模腔中顶出。

无外压作用条件下的冷却时间,常在成型周期中占有很大比例,减小这一段时间,对缩短成型周期提高注射机生产效率具有重要意义。用降低模具温度以加速传导散热,是缩短继冷期时间的一个有效途径,但也不能使模具与熔体二者之间的温差过大,否则就会因成型物内外降温速率差别过大而使制品内具有较大的内应力。这是因为模具温度很低时,表层的降温远比内层为快,有可能出现表层温度已降至玻璃化温度之下,内层仍处在熔融温度附近。在这种情况下,表层已很坚硬,其弹性模量远大于未凝固的内层;当内层进一步冷却降温时,由于收缩受到外部冷硬壳层的限制而处于径向拉伸状态,这种拉伸作用又反过来作用于外部冷硬壳层,使之处于切向压应力作用的状态。在这样的条件下最后定型的制品,其强度性能常因内应力较大而明显下降。

模腔内成型物的冷却过程,是其内部的熔体先将其热量传导给外面的凝固层,凝固层再将热量传给模腔壁,最后由模具向外散发。由于塑料的导热性远小于模具所用之金属,成型物的冷凝层就是冷却过程中的制约因素之所在,成型物的冷却时间就主要由塑料的热物理性能和制品的壁厚所决定。热传导理论的计算表明,成型物在模腔内冷却所必需的最短时间 t_k 可用下式估算:

$$t_k = \frac{H^2}{\pi^2 \alpha} \ln\left[\frac{4}{\pi} \left(\frac{T_a - T_W}{T_E - T_W} \right) \right] \tag{4-35}$$

式中,H 为制品的壁厚;α 为塑料的热扩散系数;T_a 为模腔内熔体的平均温度;T_W 为模具温度;T_E 为脱模时制品的温度。

在用式(4-35)估算最短冷却时间时,对壁很厚的制品,不要求脱模前整个壁厚全部冷硬,只要求其外部的冷硬层厚度能保证从模内顶出时有足够的刚度即可。此外,厚壁制品由于保压时间较长,在解除外压时其外部冷硬层的厚度可能已达到脱模的要求,这时就不再需要无外压条件下的冷却时间。对壁很薄的制品,熔体在流动充模过程中已充分降温,一般也不必有无外压条件下的冷却时间。

启模时若制品对模腔壁尚有较大的残余压力,就需用较大的顶出力克服制品与模腔壁的摩擦力,才能将制品从模腔中脱出。残余压力过大时所需要的顶出力也很大,顶出时容易引起制品表面划伤,严重时会出现顶件破裂。残余压力在启模时下降接近于零是最佳脱模条件,若到达零压力时成型物的温度还较高就不利于启模,因进一步的冷却模腔内会产生负压。在有型芯的模腔中,负压引起的过大收缩会使制品对型芯的包紧力很大,这也会造成脱模时顶出的困难。借助图4-43,通过调节封口温度和封口压力改变等密度线(如图中 GM,CL 和 EK 直线)的位置,可在制品允许脱模温度(T_c)一定时,将启模前的模腔内压力下降至由实验确定的极限值之下,如图4-43中 $-P_c$ 到 $+P_h$ 的范围内。

4.3.4　注射成型制品的取向和内应力

热塑性塑料注射制品中总在不同程度上存在大分子的取向和内应力,取向程度和内应力大小及二者在制品内的分布,对注射制品的质量有不可忽视的影响,因而有必要单独提出讨论。

1. 大分子的取向

在正常的注射成型条件下,聚合物熔体总是以层流的方式流动充模,充模的聚合物大分子在流动过程中的取向如图4-44所示。聚合物熔体以层流方式流动时,在速度梯度的作用下,卷曲的长链大分子会逐渐沿流动方向舒展、伸直、取向。与此同时,由于流动中的熔体温度都比较高,分子链的热运动剧烈,解取向过程也在同步进行。因此,流动过程中所能达到的大分子取向程度,由取向和解取向二者的相对优势所决定。由于速度梯度是外加应力引起的,在外部剪切应力停止作用或减小后,已取向的长链大分子将通过链段的热运动继续进行解取向。不难看出,在制品中保存下来的取向结构,显然是流动取向和停止流动后解取向两个对立过程所产生效应的净结果。

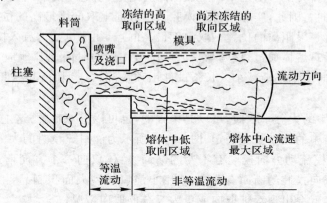

图 4 - 44　聚合物在管道中和模具中的流动取向

　　制品内取向结构的分布,与熔体在充模时的非等温流动特性和模腔内的压力分布有关。这是因为大分子的取向和解取向都具有松弛特性,即大分子从无序转变到有序或从有序转为无序都需要一定的时间。当熔体温度一定时,大分子沿流动方向重排的速率主要与剪切应力大小有关,而有可能进行重排的时间则与熔体的降温速率有关。熔体在模腔内流动时,与模腔壁接触的表层有最大的剪切应力,愈接近熔体流中心剪切应力愈小。因此,剪切应力引起的大分子有序化重排速率,应当由近壁表面层向着熔体流中心逐渐减小。但熔体流的表面层与冷模壁接触后立即凝固;次表面层熔体由于有凝固的表层隔热降温速率显著减小,其中的大分子有较长的取向时间;内部各层随与熔体流中心距离的减小,可取向的时间逐渐增大。流动停止后,解取向过程的情况是:紧贴表面凝固层的次表面层最先凝固,可解取向的时间最短;内部各层随与模壁距离的增大,其可解取向的时间也逐渐增大。

　　综上所述不难看出,在注射制品的横截面上,取向度最大的地方并不是表层,而是距表层不远的次表面层。用双折射法测得的长条试件厚度方向上取向度的分布如图 4 - 45(a)所示。

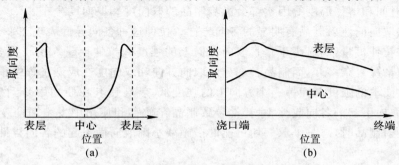

图 4 - 45　矩形长条注射试样取向度的分布
(a)厚度方向;(b)长度方向

注射制品内充模流动方向上的取向度变化,与模腔长度方向上的压力分布和不同位置上降温速率存在差异有关。注射充模时,模腔内的压力分布情况是在浇口附近的进口处最大,而在熔体最后到达的模腔底部处最小。在模腔内任一点处,引起大分子取向的剪切应力由于正比于该点的压力,因而大分子取向的可能性,也应当由浇口附近处的最大下降至模腔底部处的最小;但在充模和补料时浇口附近不断有热的熔体通过,使这里的取向结构比其他地方有更充分的时间进行解取向。因此,实际测得的模腔长度方向上取向度最高的位置,不是在靠近浇口处,而是在与浇口有一段距离的位置。取向度最高的点,往往也是被流入模腔的熔体最先填满的横截面,由于随后有熔体通过,该处承受剪切应力作用的时间比其他地方长,从这一点到浇口和模腔底部的取向度都逐渐减小。长条试件用顶端浇口成型时,其纵断面上的取向度分布如图4-45(b)所示。

充模流动过程中的大分子取向,可以是单轴的,也可以是双轴的,这主要由模腔的形状、结构、尺寸和熔体在其中的流动特点而定,图4-46所示为注射充模时的大分子单轴取向和双轴取向示意。若沿充模流动方向模腔有不变的断面,熔体仅向一个方向前进,就主要是单轴取向;若沿充模流动方向模腔的断面有改变,或用小浇口成型大面积制品,由于熔体充模时要同时向几个方向推进,就会出现双轴取向或更为复杂的取向情况。

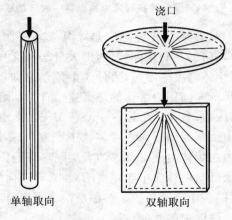

图4-46 聚合物注射成型时的流动取向

由以上的分析可以看出,在注射成型过程中,制品形状、制品壁厚、浇口位置、模具温度、注射压力、保压时间和熔体温度等因素都会影响制品的取向度和取向度分布。

具有单轴取向的注射制品有明显的各向异性。拉伸这种各向异性表现在平行取向方向上的拉伸强度和拉伸模量,明显高于垂直取向方向上的强度和拉伸模量。由于大多数注射制品在使用中受力情况复杂多变,而制品各部分的取向方向和取向度在成型过程中很难准确控制,若制品一个方向上的强度高而另一个方向上的强度低,就会使其在使用中受到破坏的可能性增大。加之,取向引起的各向收缩不均,常导致制品在贮存和使用中发生翘曲变形。因此,在设计和成型注射制品时,总是采取一切可能的措施减小因取向而引起的各向异性。

2. 内应力

在注射成型的充模、压实和保压过程中,外力在模腔内熔体中建立的应力,若在熔体凝固之前未能通过松弛作用全部消失而有部分存留下来,就会使制品中存在残余应力,或称内应力。在注射制品中,通常存在有三种不同形式的内应力,即构型体积应力、冻结分子取向应力和体积温度应力。

构型体积应力是制品几何形状复杂而引起的不同成型收缩所产生的,这种形式的内应力在制品不同部位的壁厚差别较大时容易表现出来,应力值不大而且可通过热处理消除。冻结分子取向内应力主要是剪切流动所造成大分子取向来不及回复从而被冻结后造成的内应力。体积温度应力与制品各部分降温速率不同而引起的不均匀收缩有关,在厚壁制品中表现较为明显。这种形式的内应力有时会因形成缩孔或表面凹痕而自行消失,也可以通过热处理来消除。

三种形式的内应力中,以冻结分子取向应力对注射制品的影响最大。这种形式的内应力与大分子链的取向状态被冻结有关。凡能减小制品中取向度的各种因素,也必然有利于降低其取向应力。实验结果表明,提高熔体温度和模具温度,降低充模压力和充模速度,以及缩短保压时间等,都会在不同程度上使制品的取向应力减小。制品的尺寸特性对其取向应力的产生有不可忽视的影响,通常用表面积与体积之比表征制品尺寸特性,因为这个比值对成型物在模腔内的冷却降温速率有明显影响,比值愈大冷却降温就愈快。由于注射制品中大分子的取向主要产生在次表面层中,因此表面积与体积之比大的制品,其取向程度和取向应力都比较大。

内应与聚合物分子链的刚性有直接的关系。内应力的存在,不仅是注射制品在储存和使用中出现翘曲变形和开裂的重要原因,也是影响其光学性能、电学性能和表观质量的重要因素。特别是在制品的使用过程中要承受热、有机溶剂和其他能加速其开裂的介质时,消除或降低内应力,对保证制品正常工作具有更加重要的意义。

用注射试件研究塑料的强度性能时,应考虑试件中存在的内应力对测试结果的影响。试件中存在的内应力,不仅会使测试结果的分散性增大,而且还可能因测试值显著降低而导致对所测塑料性能的错误评价。例如,聚碳酸酯是抗冲击性能优异的塑料,若因成型注射试件时工艺控制不当而使其存在较大的内应力,用这样的试件测得的冲击强度值就可能比通用 ABS 塑料的冲击强度值低。如果对内应力会使试件的强度值大幅度下降缺乏了解,就会得出聚碳酸酯塑料的冲击韧性反而不如通用 ABS 塑料的错误结论。

4.4　热固性塑料的注射成型技术

4.4.1　热固性塑料注射成型技术的特点

注射成型是热固性塑料制品较先进的技术,与压缩模塑和传递模塑相比,热固性塑料注射成型具有效率高、成型过程容易自动化和制品质量一致性高等突出优点。

热固性塑料注射多在螺杆式注射机上进行,成型物料首先在温度较低的料筒内预塑化到半熔融状态,在随后的注射充模过程中因受到进一步塑化而达到最佳流动状态,注入高温模腔后,经一定时间的交联固化反应而凝固成为制品。可以看出,热固性塑料注射和热塑性塑料注射的主要不同点是,预塑化的熔体温度低,流动性不高;充模的流动过程也是熔体经受进一步塑化的过程;熔体取得模腔型样后的定型是依靠高温下的固化反应完成。因此,能否精确控制物料在成型过程中各主要阶段的状态变化和化学反应,是实现热固性塑料注射的关键。

注射技术对所用热固性塑料成型工艺性的基本要求是,在低温料筒内塑化产物能较长时间保持良好流动性,而在高温的模腔内能快速反应固化。在各种热固性塑料中,酚醛塑料最适合用注射成型,其次是邻苯二甲酸二烯丙酯(DAP)塑料、不饱和聚酯塑料和三聚氰胺甲醛塑料。环氧塑料由于固化反应对温度很敏感,用注射技术成型的困难较大。

热固性塑料的注射,在注射机的成型动作、成型步骤和操作方式等方面,均与热塑性塑料的注射相似,但在工艺控制上有较大的差别。图 4-47 所示是注射成型酚醛塑料时,在一个成型周期中物料的温度和黏度的变化情况。可以看出,物料进入料筒后,随塑化过程的进行温度逐渐上升而黏度逐渐下降,积累在料筒前端的是温度不高的熔体,物料在这一过程中以状态转变的物理变化为主;螺杆前进注射后,熔体快速通过喷孔和浇道时,因剪切摩擦生热而使温度迅速上升;到达浇口时熔体黏度下降至成型周期内的最低点,在此过程中仍以物理变化为主;在低黏度熔体进入模腔后,因受到模具的加热使其温度达到成型周期内的最高点,与此同时黏度急剧增大,这显然与交联反应快速进行有关;充满模腔的熔体在启模前一直保持在高温状态,交联反应继续进行使黏度不断增大,直至固化成为刚硬的制品才能从模具中取出。可以看出,热固性塑料的注射过程,像热塑性塑料一样,要经历塑化、造型和定型三个大的阶段。

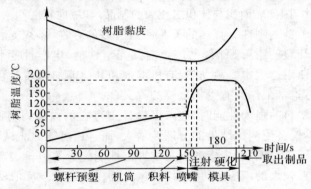

图 4-47 酚醛塑料在注射成型过程中的黏度与温度变化

4.4.2 热固性塑料注射成型机及其工作原理

由于热固性塑料与热塑性塑料注射成型的特点明显不同,因此,对于热固性注射机要有以下要求:

1)要有良好的供料性,热固性塑料注射料多为粉料,在加料装置中最好采用振动装置或搅拌器,以保证加料顺利进行。为了避免注射料在料筒内停留过长而固化,螺杆长径比 L/D 一般较小,为 12~18。

2)要保证注射料加热均匀,而且能排过多的摩擦热,所以,料筒一般用液体介质(水或 油)分 2~3 段加热,它的优点是加热均匀,而且在过热时能迅速将温度降至 20~25 ℃。螺杆内部也要用液体介质加热,以便调节螺杆杆温度,避免螺杆表面过热。用电加热时要有精确的温度控制,同时应备有急用的冷却水夹套。

3)料筒温度一般保持在(85~95)±1 ℃,不得过高,以免塑料在料筒和喷嘴内固化。同时料筒的前部应易拆卸,以便在偶而固化时能迅速清理。

4)螺杆一般是渐变型螺杆,其压缩比较小,在 1.1~1.8 范围内。对于流动性较好的物料,为了防止逆流,压缩比取较大值;对于流动性较差、固化时间短的物料,压缩比取较小值;对于长玻璃纤维增强塑料,为了保护纤维,可采用压缩比为 1 或压缩比为 0.7~0.8 的螺槽较深的螺杆,这样可以减少摩擦产生的热量,便于从外部控制温度。

5)螺杆头部为锥形,并与料筒前部或喷嘴内轮廓相适应,同时,加料计量要准确,使注射后残留在喷嘴内的熔料减到最少,防止熔料在此堆积。喷嘴应为直通式型,喷孔的直径不小于3 mm,喷嘴内表面应精加工,防止熔料附着在上面引起固化.

6)预塑螺杆的传动多采用液压马达,因为液压马达的传动特性软,可以避免因熔料固化而扭断螺杆,并可在不停车的情况下进行调速.

7)热固性塑料注射工艺过程与热塑性塑料注射成型基本一样,所不同的是热固性塑料注射成型在熔料充满模腔后,需要有一个解除锁模力的时刻,以便从模具中排出固化时产生的低分子挥发物,然后再施加压力进行锁模。为此,锁模部分和液压系统应满足这种要求。此外,由于模具温度较高,在保压之后喷嘴应离开模具,以免喷嘴内熔料过热而固化。

图 4-48 所示为热固性塑料注射所用喷嘴和螺杆的示意图,表 4-3 列出了几种常见热固性塑料注射成型时螺杆和喷嘴的结构参数。

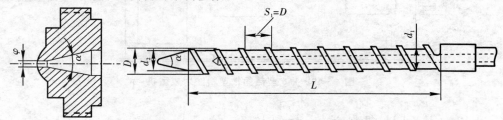

图 4-48 热固性塑料注射成型用喷嘴和螺杆结构示意图

表 4-3 几种热固性塑料注射用螺杆和喷嘴的的结构参数

注射材料名称	螺杆直径 D/mm	长径比 L/D	加料段螺槽根径 d_1/mm	均化段螺槽根径 d_2/mm	压缩比 ε	螺杆头锥度 α/(°)	螺杆与料筒间隙 δ/mm	喷孔直径 d/mm
酚醛注射粉	55	16	47	49.5	1.44	45	0.16~0.21	5.5
酚醛注射粉	36	16	28.2	29.0	1.10	30	0.05~0.10	3.5
酚醛玻纤注射料	51	10	28	29	1.10	60	0.1	5
酚醛玻纤注射料	51	14	29	32	1.16	46	0.1	6

热固性塑料注射成型机的结构与热塑性注射成型机基本一致,其操作步骤也基本相同。但是,由于所用注射材料的特性不同,因此其注射机也有一定区别,主要体现在螺杆、喷嘴以及温度控制差异性较大。此外,由于固化过程中会产生低分子挥发物,因此,必须设计排气动作。以国产 766 型热固性塑料注射机(见图 4-49)为例,分析其结构特点如下:

在注射装置中,应该采用螺杆预塑式注射装置,料筒采用恒温水而且分三段加热,水温保持在设定值±1 ℃,螺杆直径为 36 mm,长径比 L/D 为 16,压缩比为 1.1。螺杆转动由液压马达通过齿轮变速箱放大扭矩后带动(液压马达的扭矩为 50 N·m),可在不停车的情况下进行无极调速,由于液压马达的传动特性软,所以对螺杆有保护作用。

在合模装置中,采用全液压式合模装置部分,由闭模油缸和增压油缸组成,增压倍数为 4。定模板是可动的,这是为了适应放气动作和避免定模板与喷嘴接触时间长引起喷嘴温度过高使物料在喷嘴处固化而设计的。放气时,动模板稍有退后,定模板在弹簧的张力作用下紧跟动模板退后,以保证模具不会张开,而气体却能从分型面排出。动模板的主动速度是分级的,即靠小泵单独供油和大小泵同时供油,分为慢速和快速,模板的行程由限位开关的位置来决定,因此,能比较容易实现模具的调整。

控制系统部分除了与普通注射机的要求相同外,在注射结束后有一个排气动作,模具卸压,使塑料在固化过程中的气体可以从模具分型面排出,由于此动作时间很短,一般难以观察到。

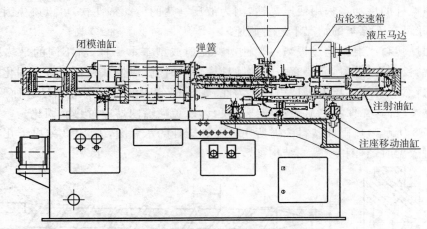

图 4 - 49 766 型热固性塑料注射成型机

4.4.3 热固性塑料注射成型技术

1. 热固性塑料在料筒内的塑化

热固性塑料的主要组分是线型或稍带支链型的低分子量聚合物,而且聚合物分子链上存在有可反应的活性基因。加进料筒的热固性塑料,因低分子量聚合物受热转变到黏流态而成为有一定流动性的熔体。对塑化后热固性塑料熔体的基本要求是,温度的均一性应尽可能高;所含固化产物应尽可能少;流动性应满足从料筒中顺利注出。为保证上述基本要求的实现,应根据塑料中树脂的反应活性大小选用不同压缩比的注射螺杆,并将料筒的温度控制在树脂流动温度的下限附近。例如,酚醛树脂一般在 90 ℃左右熔融,超过 100 ℃已能观察到交联反应产生的放热,因此料筒高温加热段的温度取 85~95 ℃为宜。预塑热固性塑料时的螺杆转速和背压也不宜过高,以免因强烈的剪切所引起的温升使物料受热不均和部分物料早期固化。尽量减少熔体在料筒内的停留时间,也是保证塑化后熔体质量的重要措施。为此,一是防止注射时熔体的倒流,这需要在注射装置的设计中采取止回环之类阻止逆流和漏流的结构;二是在工艺上要精确控制每次预塑时的积料量,使之与成型一个制品所需的料量尽可能相等,并在每次注射时将其从料筒中全部排出。

2. 热固性塑料熔体在充模过程中的流动

热固性塑料注射成型时,喷嘴和模具均处在加热的高温状态,熔体流过喷孔和浇道时不会在通道的壁面上形成不动的固体塑料隔热层,而且由于壁面附近有很大的速度梯度,因而靠近壁面的熔体以湍流形式流动,从而提高了热壁面向熔体的传热效果。加之,充模时的流速都很高,有大量的剪切摩擦热产生,这二者共同作用的结果使熔体在流过喷孔和浇道的很短时间内温度迅速升高。例如,酚醛塑料注射成型时,料筒前端温度若为 85 ℃,喷嘴的加热温度为 95 ℃,熔体通过喷孔后温度即可上升到固化所需要的 120~130 ℃的"临界塑性"状态。熔体在喷孔和浇道内流动时因受热而进一步塑化,其黏度显著降低,故进入模腔后有良好的充模能力。

热固性塑料熔体也多具有非牛顿型假塑性流体的流变特性,因而提高剪切应力可使其黏度降低;但剪切应力对交联反应有活化作用,又会因反应加速而使黏度升高。因此,流动充模阶段,工艺控制关键是在交联反应显著进行之前将熔体注满模腔。采用高的注射压力与注射速度和尽量缩短浇道系统长度等,都有利于在最短的时间内完成充模过程。

热固性塑料中常含有短纤维状填料,在流动充模过程中短纤维各部分可能处于不同的速度层中,由于同一纤维各部分不能以相同速度移动而必然进行转动,直至其长轴与流动方向一致转动才能停止,短纤维按上述方式沿流动方向取向的过程如图 4-50 所示。熔体在模腔内流动时,短纤维填料的取向过程比在喷孔和浇道内复杂,取向情况还与制品形状和浇口位置有关,短纤维在扇形板状试样中的取向过程如图 4-51 所示。纤维取向是填充热固性塑料注射制品存在各向异性的主要原因。

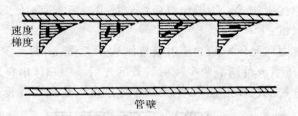

图 4-50　聚合物熔体中短纤维在管道中的流动取向示意

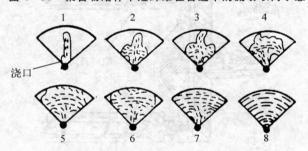

图 4-51　扇形片状试样中短纤维的定向

3. 热固性塑料成型物在模腔内的固化

充满模腔的热固性塑料熔体,在取得模腔的形状后即转变为成型物,由于高温模具对成型物的持续加热,使树脂具有足够的反应能力。因树脂的交联反应速率随温度的升高而加大,只有将模具控制在较高温度,才能使成型物在较短的时间内充分固化定型。成型物在模腔内必需的固化定型时间,主要由模具温度的高低决定。

热固性树脂的交联反应通常均伴随有较多的热量产生,由于这部分热量可使模腔内的物料升温膨胀,对由交联反应而引起的体积收缩有补偿作用,因而在模塑结束后不必保压补料;而且由于浇口内的料常比模腔内的料更早固化,因而热固性塑料在充模后,既无法往模腔内补料,也不会出现倒流。

对借助缩聚反应而交联固化的热固性塑料,在固化过程中应采取措施将反应副产物水及其他低分子物及时排出模腔。因为这些副产物存留在模腔内,既不利于缩聚交联反应的充分进行,又会使制品出现疏松、起泡和表面丧失光泽等缺陷。

4.5 特种注射成型技术

常规注射成型技术,对一般热塑性塑料和热固性塑料注射制品的成型虽有较好的适应性,但难以实现特殊结构制品的注射成型要求。因此,在不断完善常规注射成型技术的同时,还开发了多种新的注射成型技术。以下以共注射、夹芯注射和发泡注射为例作简要介绍。

4.5.1 共注射成型

常规注射通常只能得到单一色彩的制品,为能得到复合色彩的制品开发了多色注射技术,目前较多采有的是双色注射技术。为适应双色注射技术的需要,设计了双混色、双花色和双清色三种类型的双色注射机。

图 4-52 所示为成型双混色制品的注射装置结构示意图,这种装置由两个料筒和一个公用喷嘴所组成,借助液压系统可调节两个注射装置的先后顺序和排出料量的比率,以便得到不同的混色效果。目前这种双色注射技术,主要用于成型要求有自然过渡色彩的塑料花。

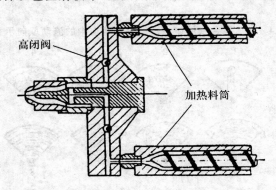

图 4-52 双混色注射成型机结构示意图

图 4-53 所示为成型双花纹色制品的注射装置结构示意及其所成型制品的花纹图案,这种双色注射装置有两个料筒和一个旋转喷嘴。

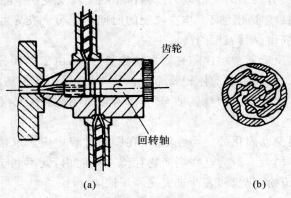

(a)   (b)

图 4-53 成型花纹用的喷嘴和花纹

成型时借助喷嘴内芯阀的旋转,使两个料筒内不同色彩的熔体交替注入模腔,从而得到从中心向四周辐射式的双色花纹图案。

成型双清色制品的双色注射机,有两个料筒和一个合模装置。制品的成型,是在由一个阳模和两个阴模所构成的两个模腔内分两次注射完成,两阴模安装在定模板上,阳模安装在动模板的回转盘上。图 4-54 所示为两筒相互垂直布置的双清色注射机结构示意图。成型制品时阳模先与较小型腔的阴模锁紧并进行第一次注射,待成型物基本定型后即启模,然后借助齿轮传动使回转盘转动180°,以使阳模与其上的成型物进入另一容积较大的阴模腔,锁紧模具后进行第二次注射,由于两次注射物料的颜色不同,故可得到表面上二色分明的双色制品。计算机键盘按键的顶面是双清色塑料制品的典型代表,这种按键顶面的文字部分和本体部分需分别用不同颜色的塑料成型。

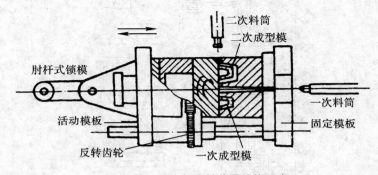

图 4-54 双清色注射装置结构示意

4.5.2 夹芯注射

夹芯注射也称双层注射,是一种制得表层和芯层由不同材料构成的复合塑料制品成型技术。这种注射新技术,克服了常规注射仅能得到表、里均为同一种材料制品的局限性,所用成型设备的注射系统,应由两个注射装置和一个能控制两种物料熔体依次注入模腔的喷嘴组成,这种注射技术成型制品的过程如图 4-55 所示。

成型过程开始时,依次锁紧模具、关闭喷嘴、在两注射装置的料筒中同时预塑计量 A 和 B 两种物料。随后喷嘴先接通第一个料筒,部分表层料 A 注入模腔;在第一个注射装置的注射动作结束后,喷嘴立即改接通第二个料筒,向模腔内注入芯层料 B,B 料应能将先进入的 A 料均匀地胀开并推向模壁;当模腔接近充满时喷嘴又改接通第一个料筒,再向模腔注入少量的 A 料,其作用是将浇道内的 B 料全部挤入模腔并充填模腔的浇口附近区,以保证这次成型和下次成型所得的制品表面都不会出现 B 料。以上充模造型过程结束后,再经过一定时间的保压和冷却,即可启模顶出制品。

夹芯注射制品的表层和芯层,可以是不同品种的两种塑料,也可以是加有不同添加剂的同一种塑料,又可以是表层为新料而芯层为回收料,还可以是表层为密实料而芯层为泡沫塑料。总之,用两种性能不同的材料借助夹芯注射成型的制品,既能使其具有单一材料制品不可能有的复合材料性能,又为在基本上不降低制品质量的前提下节约新料和高价添加剂开辟了新的途径。

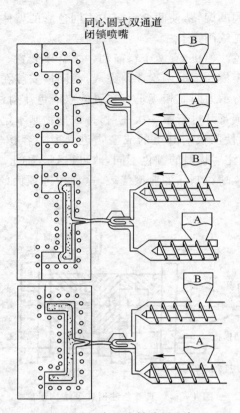

图 4 - 55 夹芯注射过程示意

4.5.3 发泡注射

目前,发泡注射已成为制造热塑性塑料泡沫制品的重要成型技术之一,用发泡注射技术既能制得密度为 0.1~0.3 g/cm³ 的低密度泡沫制品,也能制得密度为 0.4~0.9 g/cm³ 的高密度泡沫制品。使用广泛的高密度泡沫塑料制品,由于具有足够高的机械强度,因此也称为机械泡沫塑料制品。有两种类型的机械泡沫塑料制品,一类制品整体全为泡沫塑料,另一类制品仅芯部为泡沫塑料而表层为密实塑料。后者实际上就是泡沫夹芯制品,其成型技术已如前述,以下着重介绍整体泡沫制品的发泡注射技术。

由发泡注射制得的整体泡沫塑料制品,其外部总包覆着一层密实塑料,而且从表皮到芯部密度逐渐减小,故常将这种泡沫塑料制品称作结皮泡沫塑料制品。注射成型结皮泡沫塑料制品时,一般是将含有分解性或挥发性发泡剂的物料加进料筒后,在发泡剂的分解温度或挥发温度之上加热塑化,也可在塑化过程中往料筒中的物料吹入气体以代替发泡剂。不论用哪一种发泡方法,物料在料筒内塑化时,都必须用高背压强制性地阻止发泡,发泡过程必须控制在塑化料进入模腔后进行。发泡注射制品的成型,常采用高压和低压两种方法。

1. 低压法发泡注射

这种方法成型制品的特点在于,物料取得模腔的型样是有发泡能力的熔体由高压料筒进入低压模腔后,因发泡体积急剧膨胀而填满模腔全部空间的结果。因此注射充模时,不能用熔体填满整个模腔,而应使注入熔体的体积小于模腔的容积,二者之比由制品所要求的密度决定。成型时由于模具温度总是远低于发泡剂的分解温度或挥发温度,因而紧贴模壁的熔体因急剧降温而阻止其中的发泡剂分解或挥发,从而在制品的表皮形成薄的致密塑料层。

借助发泡膨胀而获得模腔型样的成型物,经过一定时间的冷却,在表层足够刚硬后即可启模顶出。但应注意,从模内脱出的泡沫塑料制品,其芯部仍可能处在熔融状态,且其中的发泡剂可能还在继续发泡。若情况确实如此,芯部发泡剂分解所产生的热量在向外传导时,就会使已经硬化的表层重新变软,从而导致制品明显膨胀变形。为避免这种现象的发生,可将从模内脱出的制品立即喷水冷却。

2. 高压法发泡注射

用这种方法成型结皮泡沫制品的主要特点是,含有发泡剂的物料在料筒内加热塑化后,用与成型密实制品相近的高压注入锁紧的模腔;熔体充满模腔并经短暂停留后,动模后退一定距离,模腔容积随之增大,使熔体能够完成发泡过程。因此,高压法发泡注射成型制品时也要采用带密封边的位移式型腔模具,而且是通过改变模腔容积的增加量来控制发泡制品的密度。

与低压法发泡注射相比,高压法发泡注射制品的成型周期较短。若在表层冷硬后就将制品从模内顶出,用高压法发泡注射的制品从模具中脱出后同样需立即喷水冷却。高压法发泡注射所得制品与低压法发泡注射制品相比,表面的结皮更为坚硬,芯部的泡孔也更加均匀。这种发泡注射的另一个优点是,可制得表面有精细图案的美观制品。

一般来说,用发泡注射技术成型结皮泡沫塑料制品,有节约原材料、制品易大型化、不会出现应力翘曲、比重小、刚性好和厚壁制品不会出现表面凹痕和内部缩孔等优点。

思考题与习题

4-1　注射机的基本参数有哪些? 它们的含义是什么?

4-2　简述柱塞式和螺杆式注射装置的结构和工作原理,对比二者的优缺点。

4-3　注射螺杆和挤出螺杆有关参数的确定有哪些不同之处?

4-4　喷嘴的功能有哪些? 试述常用的喷嘴类型和特点。

4-5　注射时喷嘴处漏料,可能是哪些原因造成的?

4-6　液压式合模装置主要有哪几种? 各有何特点?

4-7　试述液压-机械式合模装置的工作原理和特点。

4-8　热固性塑料注射机和热塑性塑料注射机的主要区别有哪些? 原因何在?

4-9　热塑性塑料在螺杆式注射料筒内与在单螺杆挤出料筒内的塑化过程有哪些相同点和哪些不同点?

4-10　螺杆转速和螺杆转动后移时承受的背压,对螺杆式注射装置的塑化过程和塑化料的质量有何影响?

4-11　试分析注射成型过程中快速充模和慢速充模各有什么利弊。

4-12　保压在热塑性塑料注射成型过程中的作用是什么? 是不是一切热塑性塑料注射制品成型时都要有保压期? 实现在保压期内往模腔中补料的必要条件是什么?

4-13　热塑性塑料注射制品成型时,浇口凝封之后模腔内物料的比容、温度和压力如何变化?

4-14　热塑性塑料注射制品内为什么总有一定程度的聚合物大分子取向? 取向度和取向结构的分布与哪些因素有关? 取向度对注射制品的力学性能有何影响?

4-15　如何解释在热塑性塑料注射制品的边缘、浇口附近、料流熔接痕处、金属嵌件附近和壁厚有较大变化的部位都容易出现应力开裂?

4-16　热固性塑料与热塑性塑料二者注射成型过程中的塑化、充模和定型有哪些相同点和不同点?

4-17　测得一种热塑性塑料熔体在注射成型条件下的表观黏度为 64 Pa·s,该熔体通过直径 4 mm、长 75 mm 圆形等截面喷孔时的体积流率为 $5×10^{-5}$ m³/s。已知熔体密度为 0.77 g/cm³,定压比热为 1.68 kJ/(kg·℃),试估算熔体通过喷孔时的压力损失和温升。

4-18　用低密度聚乙烯成型一平板状注射制品,板长 300 mm、宽 50 mm、厚 2 mm。已知:所用聚乙烯的熔融温度为 130 ℃,定压比热为 2.31 kJ/(kg·℃),热扩散系数为 $16×10^{-4}$ cm²/s,熔化潜热为 134 J/g,熔体充模时的平均温度为 180 ℃;且熔体在成型条件下的流变行为接近假塑性幂律流体,其稠度 $K=98$ N·s/m²,非牛顿指数 $n=0.35$。若所用模具的温度为 30 ℃,且注射速率保持 15 cm³/s 不变,试判断熔体能否充满模腔,并估算为了保证模腔充满浇口出口处必需的最小压力。

4-19　一注射模具采用矩形截面的侧浇口,浇口长 4 mm、宽 5 mm、厚 1 mm,塑料熔体通过该浇口充模时的流变行为接近假塑性幂律流体,其稠度 $K=9.8×10^{4}$ N·s/m²、非牛顿指数 $n=0.6$,产生的压力降为 10 MPa。试估算熔体通过浇口时的表观黏度和充满 50 cm³ 模腔所需的时间。

4-20　成型一重 200 g 的聚苯乙烯注射制品时,所用注射压力为 80 MPa、注射温度为 170 ℃,充模结束后测得模腔内的平均压力为 25 MPa;且已知常温(25 ℃)和常压(0.1 MPa)条件下聚苯乙烯的密度 $\rho=1.05$ g/cm³。试估算:(1) 在压力 80 MPa 和温度 170 ℃条件下聚苯乙烯的密度;(2)熔体在模内冷却收缩时需补进的料量。

4-21　已知注射机的注射量为 125 cm³,注射油缸直径为 220 mm,螺杆直径为 42 mm,注射时系统油压为 $40×10^{5}$ Pa,试计算注射压力、最大成型面积和所需的锁模力(模腔压力为 22.5 MPa)。

4-22　已知螺杆式注射机的注射量为 500 cm³ 螺杆的长径比为 16.5,料筒外径与螺杆直径之比为 2.46,试求螺杆直径(螺杆头上装有止回环)、螺杆的行程和料筒的加热功率。

4-23　合模装置的结构如图 4-56 所示,合模时系统的油压为 $65×10^{5}$ Pa,试求锁模力。

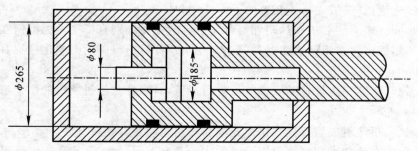

图 4-56　合模装置结构示意图

第5章 塑料压延成型技术

5.1 概　　述

压延成型（calendering molding）是一种专用于热塑性塑料的一次成型技术，其基本成型原理是，先用各种塑炼设备将成型物料加热熔融塑化，然后使已塑化的熔体通过一系列相向旋转的辊筒间隙，使之经受挤压与延展作用成为平面状的连续塑性体，再经过冷却定型和适当的后处理即得到膜、片类塑料制品（见图5-1）。这种制造平面状连续型材技术的主要特点是：生产能力大、效率高、成型过程容易实现连续化和自动化，可制得带有各种花纹与图案的制品和多种类型的薄膜层合制品。塑料压延成型技术生产制品是多工序连续化作业，生产流程长，工艺控制复杂，所用设备数量多、造价高，不适合小批量制品的生产。

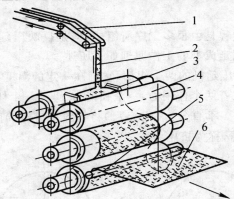

图5-1　塑料片材压延成型原理
1—供料装置；2—料条；3—挡料装置；4—辊筒；5—剥离装置；6—塑料薄片

各种热塑性塑料原则上均可采用压延成型技术，目前用量最大的压延塑料品种是聚氯乙烯，其次是聚乙烯、聚丙烯、改性聚苯乙烯、ABS、聚碳酸酯、聚对苯二甲酸丁二醇酯和醋酸纤维素等塑料。用压延技术制造的主要产品是薄膜、片材和人造革，其中以厚度为 0.05～0.5 mm 的软质聚氯乙烯薄膜、厚度为 0.3～0.7 mm 的硬质聚氯乙烯片材和发泡聚氯乙烯人造革的产量最大，也可以使用不同塑料制备压延复合板材。

完整的压延制品成型工艺过程，应包括压延前的成型物料准备、压延成型和压延物的定型与后处理三个阶段。压延制品生产线也由各种备料辅机、主成型设备压延机和各种冷却定型与后处理辅机三部分组成。备料辅机，通常由配制与塑化物料和向压延机供料的料仓、料斗、计量器、开炼机、密炼机和塑化挤出机等组成，如图5-2所示。压延机是压延成型的主要设备，是由一系列相对运动的辊筒组成，物料在两个辊筒之间的间隙内受到钳取力从而被引入辊隙,受到挤压力而被压延,辊筒内部通过加热与冷却实现物料的成型与定型。常用的定型与后处理辅机主要是各种引离、轧花、冷却、测厚、张力、卷曲和切断装置等。目前为适应高产、优质成型的需要,各种压延制品都有专用的生产线。

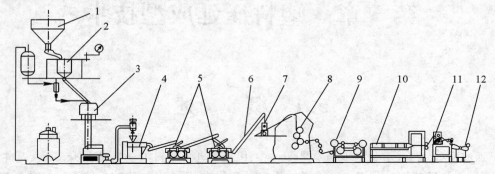

图5-2 塑料压延片材生产工艺过程
1—料仓;2—计量装置;3—高速热混合机;4—塑化机;5—密炼机;6—供料带;7—金属检测器;
8—四辊压延机;9—冷却定型装置;10—运输带;11—张力调节装置;12—卷曲装置

5.2 压延成型原理

虽然压延成型的生产过程是由很多工序所组成,但是反映压延成型本质的是塑料在压延成型机上所完成的工序。压延成型的工作原理如下所述。

在图5-3中,O_1,O_2 为压延机的两个辊筒,它们在一定的温度下,以不同的圆周速度相对转动。辊筒表面对物料存在着两个作用力,一个径向力 T,另一个切向力 F。将 T 和 F 沿 x,y 坐标轴分解,如图5-4所示。垂直分力($F_y - T_y$)将物料拉进辊筒间隙,称为钳取力。水平分力($T_x + F_x$)对物料进行挤压,称为挤压力。

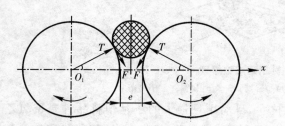

图5-3 辊筒对物料的径向力和切向力

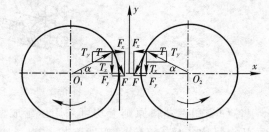

图5-4 辊筒的钳取力和挤压力

钳取力和挤压力都来自辊筒,同时作用在物料上。要使物料不断进入辊筒间隙,必须

$$F_y > T_y \qquad\qquad (5-1)$$

而 $T_y = T\sin\alpha$,$F_y = F\cos\alpha$,α 为接触角。

切向力 F 实际上等于物料对辊筒的摩擦阻力,只是方向相反。

设物料与辊筒的实际摩擦因数为 f,则 $F = Tf = T\tan\rho$,ρ 为摩擦角。将该式代入式(5-1),得

$$T\tan\rho\cos\alpha > T\sin\alpha$$

即

$$\tan\rho > \tan\alpha \qquad\qquad (5-2)$$

所以

$$\rho > \alpha \qquad\qquad (5-3)$$

　　这就是说,要使物料不断进入辊筒间隙,必须保证物料与辊筒之间的摩擦角大于物料与辊筒之间的接触角。事实上,由于压延操作时物料已变软变黏,物料与辊筒表面的摩擦角总是比较大的,容易实现 $\rho > \alpha$ 这一条件。

　　压延过程中受辊筒的挤压,受到压力的区域成为钳住区(a—d),辊筒开始对物料加压的点称为始钳入点(a),加压终止点为终钳住点(d),两辊中心称为中心钳住点(c)。钳住区压力最大处称为最大压力钳住点(b)。如图 5-5 所示。

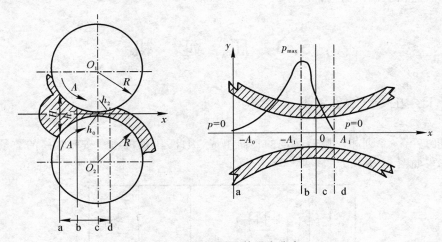

图 5-5　钳住区及其压力分布

　　物料在辊筒间除了受到挤压了和钳取力外,还受到剪切力的作用。设 O_1 辊筒表面线速度为 v_1,O_2 辊筒表面线速度为 v_2。当 $v_1 > v_2$ 时,两辊筒表面相对速度使物料的运动速度沿 y 轴方向形成速度梯度,速度梯度分布如图 5-6 所示。当 $v_1 = v_2$ 时,速度梯度分布如图 5-7 所示。由于速度梯度的存在,料层间产生相对运动,相对运动速度即剪切速度,料层间的相互作用力即剪切力。因此,当物料被加在两个以不同速度反向旋转的辊筒间隙中时,不仅受到挤压力和钳取力,而且还受到剪切力,由于剪切力的作用,物料之间相互剪切、摩擦,从而使物料得到进一步塑化。最后通过辊隙由速度较快的或温度较高的辊筒表面导出。

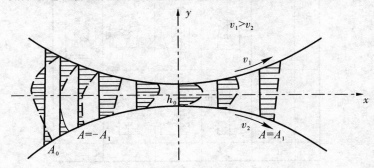

图 5-6　物料在转速不同辊筒之间的速度分布

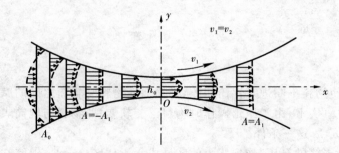

图 5-7 物料在转速相同辊筒之间的速度分布

压延后的片材在平行和垂直于压延方向上由于取向程度不同所导致的各向异性现象,称为压延效应,这在压延产品上普遍存在。

5.3 压 延 机

5.3.1 压延机的分类和结构

压延机是由一系列相对旋转运动的辊筒组成,因此,压延机通常按照辊筒的数量和排列形式进行分类,如图 5-8 所示。

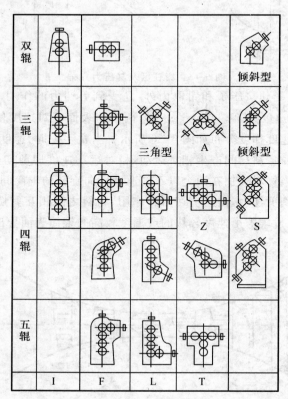

图 5-8 常用压延机的分类

　　按辊筒数分,有两辊、三辊、四辊和五辊等。其中三辊、四辊应用较普遍。两辊压延机只有一道辊隙,通常用于混炼和塑炼。三辊压延机有二道辊隙,但其压延制品的精度、表观质量以及压延速度都有一定不足,因此,目前通常使用四辊、五辊压延机,其产品厚度均匀性和表观质量以及压延速度均比三辊压延机要高。三辊、四辊压延机的结构如图5－9和图5－10所示。

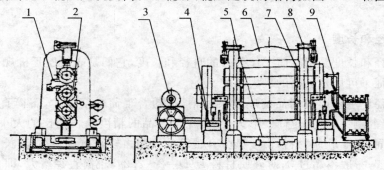

图 5－9　三辊压延机

1—挡料装置;2—辊筒;3—传动系统;4—润滑装置;5—安全装置;6—机架;
7—辊筒轴承;8—辊距调节装置;9—加热冷却装置

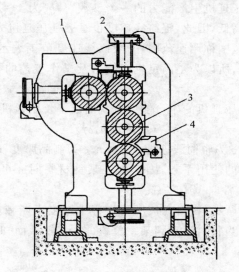

图 5－10　四辊压延机

1—机架;2—辊距调节装置;3—辊筒;4—挡料装置

　　按辊筒排列形式分,有"I"型、"F"型、"L"型、"Z"型和"S"型等。"I"型辊筒呈上下一线排列,压延过程中,由于物料分离辊子的作用,是所有辊筒的变形都发生在垂直平面内,互相干扰,直接影响制品质量。同时,加料也不方便。"Z"型四辊压延机的机身高度减小,加料比较方便,而且辊筒的变形对成型制品的第三道间隙的影响甚微,因此,有利于提高制品的精度。

　　以图5－9所示三辊压延机为例,其排列方式为"I"型,它由辊筒2、传动系统3、辊距调整装置8、加热冷却装置9等组成。挡料装置1起调节制品幅宽的作用。当制品的最大幅宽接近辊筒的长度时,挡料装置可以防止物料从辊筒端挤出。辊筒2是压延机的成型部件,内部可以进行加热和冷却,以适应被加工物料的工艺要求。机架6承受全部机械作用力,要求具有足够的强度和刚度,以及抗冲击振动的能力。三辊压延机一般是2辊固定,调节1,3辊来改变两道辊间的间隙量。润滑系统 4 用于对轴承等传动系统进行润滑，它对轴承兼有冷却作用。加热和冷却装置 9 是给辊筒 2 提供加热和供冷。

5.3.2 压延机的主要参数

1. 辊筒直径和长度

辊筒的直径和长度是指辊筒工作部分的直径和长度，它们是表征压延机规格的重要参数。辊筒的长度表征了可压延制品的最大幅度。

辊筒的长径比主要影响制品的厚度尺寸精度，随着辊筒长度增大，辊筒直径也要相应增加，以增大辊筒的刚性，否则辊筒变形大，无法保证制品的精度。长径比的大小根据材料性质的不同有所不同，对于软质材料，由于其分开辊筒的作用力较硬质材料小，其长径比可以大些，$L/D=2.5\sim2.7$，一般不超过 3；对硬质材料 $L/D=2\sim2.2$。辊筒直径增大，即使转速不增大，线速度也会增大，有利于提高产量。

2. 辊筒的线速度、调速范围和生产能力

辊筒的线速度是表征压延机生产能力的一个参数，一般为 $4\sim100$ m/min。线速度的高低取决于机器自动化水平的高低，因此，辊筒线速度也是表征压延机先进程度的参数之一。

辊筒可以无级变速的范围称调速范围，一般以线速度范围表示。由于压延机所加工的材料品种多，性能又各不相同，所以为了满足生产能力及操作工艺的要求，辊筒的调速范围一般应在 10 倍左右。

辊筒线速度确定之后，压延机的生产能力也就确定了。压延机的生产能力为

$$Q=60veba\rho\gamma \tag{5-4}$$

式中，Q 为生产能力，kg/h；v 为辊筒线速度，m/min；e 为制品厚度，m；b 为制品宽度，m；γ 为物料密度，kg/m³；a 为压延机的使用系数，固定加工某种材料时 a 可取 0.92，经常换料时，a 取 $0.7\sim0.8$；ρ 为超前系数，通常取 1.1 左右。

超前现象，如图 5-11 所示，物料在被压延过程中厚度不断减小。随着厚度的减小，其宽度和长度不断增加。但是，当物料运动到某一位置（图示 cd 截面）时，宽度不再增加，而只增加长度。

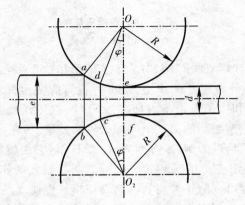

图 5-11 超前现象示意图

在 $abcd$ 区,物料由辊筒带着向辊隙运动,此时物料的宽度增加,而厚度减小。由于此时物料的厚度仍较大,只有靠近辊面的物料其运动速度才与辊筒的速度相近,料层内部的速度低于辊筒。这种现象称为物料滞后于辊筒,所以 $abcd$ 区称为滞后区。

物料运动到 cd 截面后,物料的宽度不再增加,而厚度继续减少。物料厚度的减小仅用于增加料片的长度,即物料被辊筒挤压而推过辊筒间的间隙 ef,此时物料运动的速度大于辊筒的线速度,这种现象称为物料超前于辊筒,所以,$cdef$ 区称为超前区。在 cd 截面以后,物料速度与辊筒速度之比,称为超前系数。

3. 辊筒的速比

辊筒的速比是指两只辊筒线速度之比。速比愈大,压延物料产生的剪切摩擦热也愈大。速比过大有可能使物料变质分解,或者造成物料包在速度高的一只辊筒上,而不贴附下一只辊筒。速比过小,物料贴附辊筒的能力差,容易加入空气,造成气泡,影响塑化质量。

四辊压延机的速比一般以 3 辊的线速度为标准,其他三辊都对 3 辊维持一定的速度差。物料种类不同,或同一物料其制品厚度或用途不同时,速比也不同。对软聚氯乙烯薄膜,其速比大致如下:1∶3 为 1∶(1.4～1.5);2∶3 为 1∶(1.1～1.25);3∶4 为(1.2～1.3)∶1。

4. 驱动功率

压延机的驱动功率是指驱动压延机滚筒所需要的功率。影响驱动功率的因素很多,主要有材料的品种、制品的厚度与宽度、辊筒的直径、压延速度和辊筒温度等。因此,很难有一个标准的理论公式计算。目前,一般采用实测和类比的方法确定,大约为数十至百千瓦。

5.3.3　辊筒

辊筒是压延成型的主要部件,也是决定制品质量和产量的关键部件。因此,对辊筒的结构设计、材料选择和加工制造有以下基本要求:①辊筒应具有足够的刚性,以确保在重载作用下,弯曲变形不超过许用值。②辊筒表面应有足够的硬度,一般要求达到肖氏硬度 65～75,同时应有较好的抗腐蚀能力和抗剥落能力,以确保辊筒工作表面具有较好的耐磨性、耐腐蚀性。③辊筒工作表面应精细加工,以保证尺寸精度和表面粗糙度,不得有气孔或沟纹。辊筒工作表面的壁厚要均匀,否则会使辊面温度不均匀,影响制品质量。④辊筒材料应具有良好的导热性,通常采用冷硬铸铁,特殊情况下采用铸钢或钼铬合金钢。⑤辊筒要便于加工,造价低。

1. 辊筒的结构

辊筒的结构与其加热冷却的方法有密切的关系。辊筒温度的变化对制品质量的影响很大。辊筒的结构大致可分为空腔式和钻孔式两种(见图 5-12)。由于空腔式辊筒(见图 5-12(a))加热面积太小,传热壁厚,工作表面温差大,目前已很少采用。钻孔式辊筒如图 5-12(b)所示。它是在靠近辊筒表层附近沿圆周分布钻直径为 30 mm 左右的通孔数十个,这些孔与中心孔道相通。

钻孔辊筒的传热面积约为空腔式辊筒的 2～2.5 倍,而且传热壁厚度小、载热体流经的截面积小,流速大,传热效率高。由于辊筒中段和两端的传热壁厚是相同的,因而整个辊面温度趋于均匀。辊筒温度的变化对制品精度影响很大,当辊径较大时,尤为明显。例如辊径为 900 mm 的冷硬铸铁辊筒,当表面温度差为 1 ℃时,其径向线膨胀量约为 0.01 mm,而塑料薄膜的允许公差一般为±0.01 mm,可见辊温对制品精度影响之大。

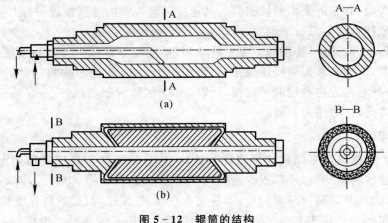

图 5-12　辊筒的结构

(a)空腔式；(b)钻孔式

当辊筒的线速度达到某一定值,剪切和摩擦产生的热量超过物料所需的热量时,辊筒不仅不需要加热,而且需要冷却。通常把辊筒从外界加热到外界冷却的转折点时的线速度称为临界转速。它与材料品种、制品厚度、辊筒速比等相关。不同条件下,辊筒的临界转速是不同的。

当线速度高于临界转速后,辊筒要不断冷却,以便引走多余的热量。空腔式辊筒因壁厚大,迅速引走多余的热量难以办到。而钻孔时则可以迅速改变辊面温度,在实现自动控制的情况下,这就可以使辊筒线速度远远超过临界转速,从而大大提高了压延机的生产能力和经济效果。

钻孔式辊筒由于孔的数目多,孔细而深,加工难度大,所以加工费较高。同时因为钻孔加工的需要,辊颈尺寸要减小,对刚性有所削弱。加之结构复杂,成本高,所以多用于大型、高速压延机,中小型目前采用较少。

2.横压力

根据力的作用与反作用原理,当辊筒对物料以挤压力和剪切力作用时,物料将给辊筒以反作用力,这种企图将滚筒分开的反作用力称为分离力。

图 5-13 所示为四辊压延机的受力情况,压延机的 2 辊分别与 1,3 辊形成辊隙,所以受到两个分离力的作用,3 辊也受到两个分离力作用。

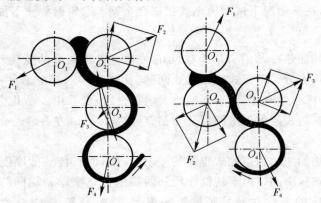

图 5-13　四辊压延机的分离力

　　而 1,4 辊则只受一个分离力的作用。分离力是对两只辊筒而言,当具体对一只辊筒时,则称为横压力。如对 1,4 辊,分离力也就是横压力;而对 2,3 辊,横压力则是两个分离力矢量和。图中 F_1,F_2,F_3 和 F_4,表示每个辊筒横压力的方向。由于物料分布在整个辊筒的工作长度上,所以横压力是分布载荷。从圆周方向看,物料是在其与辊筒相接触的范围能被挤压,因此,横压力又是分布在辊筒表面相当大的圆面积上的。在这个圆弧面积上,横压力的分布极不均匀。横压力随着辊距的减少而逐渐增大,在最小间隙的前方(约 3°~6°)达到最大值,在最小间隙处,由于物料的变形差不多已经结束,横压力变小;通过最小间隙后,横压力急剧下降,并趋于零,如图 5-14 所示。

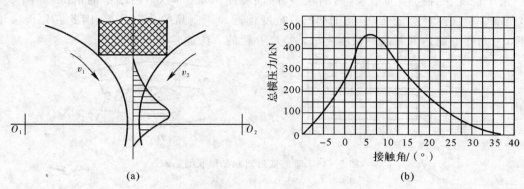

图 5-14　横压力的分布

　　影响横压力大小的因素较多,其中有:

　　1)辊距的大小:横压力随辊距的减小而增大,当辊距接近零时,辊筒之间变成刚性挤压,横压力迅速上升,从维护辊筒的角度,这是不允许的。

　　2)物料的种类和性能:物料的黏性越大,横压力也越大。如加工硬聚氯乙烯比加工软聚氯乙烯的横压力要大得多。

　　3)加工温度:辊筒的加工温度越高,物料的黏度越低,流动性越好,所产生的横压力就小,反之就大。

　　4)辊筒直径和压延宽度:横压力随辊筒直径和压延宽度的增加而增大,因为辊筒直径和压延宽度增大,物料与辊筒的接触面积增大,所以横压力随之增大。

　　5)辊筒速度:辊筒速度对横压力的影响比较复杂。辊筒速度增加,单位时间压延物料增多,横压力增加;但辊筒速度增加,摩擦热增加,熔料黏度降低,使横压力降低。因而综合其效果,影响不大。

　　6)存料体积:辊筒进料口处存料体积大,横压力也大,因为存料体积增大,就好像插入辊隙的楔块加厚一样。

　　7)辊筒排列:由于压延机辊筒排列方式不同,每两只辊筒间的加料位置和存料体积也不相同,所以每对辊筒间横压力的大小和方向都不相同。

　　作用在辊筒上的总横压力可用下式计算,即

$$F = 2\mu_0 \upsilon RB(1/e - 1/H) \tag{5-5}$$

式中,F 为总横压力;μ_0 为物料表观黏度;υ 为辊筒线速度;R 为辊筒的半径;B 为压延制品宽度;e 为辊筒间隙;H 为辊间存料厚度。

在实际设计中,横压力一般不是计算得来的,而是根据经验选取的。如 φ700 mm×1 800 mm 压延机,其单位长度横压力选取 7 000 N/cm,则总横压力为 7 000×180＝1 260 kN。可见辊筒所受力的横压力是相当大的。

3. 辊筒挠度及挠度的补偿

辊筒承受这样大的横压力,使辊筒就好像支撑在两端轴承上的圆柱梁一样发生弯曲变形。由于辊筒长径比很小,最大不超过 3,属于短梁,所以不能用一般梁的弯曲理论公式计算其变形,而是用挠度总值(包括弯曲挠度和剪切挠度)的公式求其最大变形量。

由于挠度在辊筒中部最大,两端较小,因而制品出现中间厚,两端薄的情况,如图 5－15(b)所示。由实际计算证明,辊筒中部的总挠度远远大于制品的允许公差,因此必须设法予以补偿,否则就不能达到制品的精度要求。挠度补偿的方法通常有以下三种。

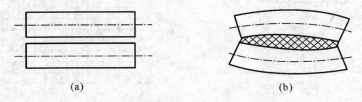

(a)　　　　　　　　　　(b)

图 5－15　辊筒变形对制品形状的影响
(a)变形前;(b)变形后

(1)中高度补偿法

为了消除制品中间厚两侧薄的情况,把辊筒工作表面加工成中部直径大,两端直径小的腰鼓形,其中部最大直径和两端最小直径之差称为中高度 E,$E＝D_1-D$,如图 5－16(a)所示。当然最理想的中高度曲线形状应是辊筒的挠度曲线,但是由于机械加工难以办到,常采用圆弧或椭圆的一部分,近似地予以补偿。实际上精确的中高度曲线也是没有必要的,因为影响横压力大小的因素很多,这些因素变化,横压力也变化,挠度也就随之而变,所以固定不变的中高度补偿法的局限性很大,一般不单独使用。由于中高度补偿法简单易行,应用较普遍。当辊筒再无其他补偿法配合时,其中高度 E 在 0.02～0.1 mm 范围内,与其他补偿配合使用时,中高度 E 在 0.02～0.06 mm 范围内。例如,φ700 mm×1 800 mm 的斜 Z 型四辊压延机采用中高度补偿法,其中第一辊的 E 值为 0.06 mm,第二辊的 E 值为 0.02 mm,第三辊的 E 值为 0 mm,第四辊的 E 值为 0.04 mm。

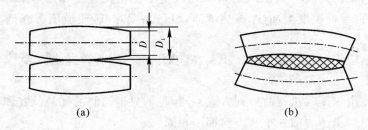

(a)　　　　　　　　　　(b)

图 5－16　中高度补偿法
(a)不工作时;(b)工作时

(2)轴交叉补偿法

如果将两个互相成平行的辊筒中的一个辊筒,绕其轴线中点的连线旋转一个微小角度,使两轴线呈交叉状态,如图 5-17 所示,则两个辊筒之间的间隙从中间到两端逐渐在增大,以达到补偿辊筒挠度的目的。

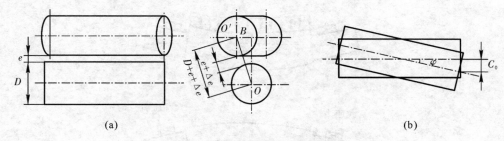

图 5-17　轴交叉补偿法

设 D 为辊筒直径,e 为辊筒间隙,Δe 为间隙增量,φ 为交叉角,C_0 为旋转 φ 角后辊筒端部中心的偏移距离。在 $\triangle OBO'$ 中,有

$$(D+e+\Delta e)^2=(D+e)^2+C_0^2$$

得

$$\Delta e=\frac{C_0^2}{2(D+e)+\Delta e}$$

由于 e 和 Δe 与 D 相比都很小,可以忽略,则

$$\Delta e=\frac{C_0^2}{2D} \tag{5-6}$$

由式(5-6)知间隙的增量 Δe 与偏移距离 C_0 的平方成正比,与辊筒直径的 2 倍成反比。

挠度曲线是轴线中部变形大,两端变形小,而轴交叉曲线的趋势则与之相反。把二者叠加起来,如图 5-18(a)所示。由于轴交叉后两辊筒间的间隙形状与辊筒的挠度曲线并不一致,所以,制品就由中间厚两边薄的状况变为中部和两边厚,靠近中部的两侧薄(三高两低)的情况,如图 5-18(b)所示。制品厚度的均匀程度提高了,但未能彻底消除不均匀现象。轴交叉越大,“三高两低”的情况就越严重,因此轴交叉量不能太大,通常轴交叉角限制在 2°以内。

轴交叉装置应设在辊筒两端,配对使用,使用时,辊筒两端的辊距必须相等,两端交叉值也必须相同,否则将引起制品的误差。在负荷情况下,不允许对一端进行调节,否则会引起颈损伤。

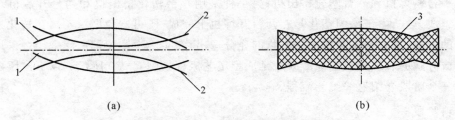

图 5-18　轴交叉后制品断面形状

1—挠度曲线;2—轴交叉曲线;3—制品断面形状

(3)预应力补偿法

预应力补偿法是在辊筒工作负荷作用前,预先给辊筒以额外的负荷,其作用方向正好同工

作应力相反,所产生的变形与工作应力引起的变形正好相反,从而达到补偿的目的,如图5-19所示。预应力补偿只限制在某一定范围内,因为过大的预应力对辊筒轴承影响太大。

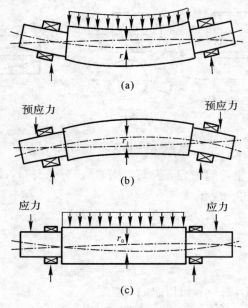

图 5-19 预应力补偿法

(a)补偿前辊筒挠度;(b)施加预应力后辊筒挠度;(c)预应力补偿后辊筒挠度

5.4 压延成型工艺及其应用

5.4.1 软质聚氯乙烯薄膜压延工艺

在各种压延薄膜中,软质聚氯乙烯压延膜的产量最大,其压延成型工艺也最成熟。这种压延膜的成型均以四辊压延机为主机,而备料阶段塑化成型物料辅机的常见组成方式有两种,一种是仅用一台密炼机和一台塑化挤出机;另一种是用一台塑化挤出机和两台开炼机。后一种塑化辅机组成方式,由于均匀塑化是在两台开炼机上完成,既可避免聚氯乙烯在塑化过程中发生热降解的危险,又有利于物料中挥发物的充分逸出,在实际生产中被广泛采用。采用这种塑化辅机组成方式的软质聚氯乙烯薄膜压延成型工艺流程如图 5-20 所示。以下按压延成型工艺过程的三个阶段介绍这一工艺流程。

1.备料阶段

为成型软质聚氯乙烯压膜而备料时,首先按配方要求将聚氯乙烯树脂和各种添加剂称量后加进高速热混合机,在热混合机内将物料加热到指定温度并高速搅拌一定时间后放入高速冷混合机。物料在冷混合机内冷却并借助高速搅拌使之充分分散后出料,送往塑化挤出机。在塑化挤出机内预塑化后的熔融料,用运输带依次送往第一开炼机和第二开炼机,经两次塑炼后轧成的料片,经过金属探测仪检测,即可均匀地向四辊压延机供料。

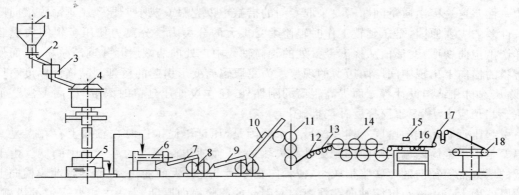

图 5 - 20　软质 PVC 压延膜生产工艺流程

1—树脂料仓;2—电磁振动加料器;3—称量器;4—高速热混合机;5—高速冷混合机;6—挤出塑化机;
7—运输带;8—两辊开炼机;9—运输带;10—金属探测器;11—辊压延机;12—牵引辊;13—托辊;
14—冷却辊;15—测厚仪;16—传送带;17—张力装置;18—卷曲机

在备料阶段,物料混合与塑化的均匀性,对薄膜质量有不可忽视的影响。混合分散不均常使薄膜出现"鱼眼"和柔曲性下降,而塑化不均则会使薄膜出现斑痕。塑炼物料时的温度不宜过高,时间也不宜过长,否则会使过多的增塑剂和其他低沸点添加剂散失并导致树脂降解;塑炼温度也不宜过低,以防止出现物料塑化不均和塑化料不贴辊。

2. 压延阶段

这一阶段从熔体落到四辊压延机的第一道辊隙压延成料片开始,料片随后依次通过第二道和第三道辊隙而逐渐被挤压与延展成为薄膜,最后由引离辊将薄膜从成型辊筒上剥离下来。

熔体在压延过程中需要补充的热量,一部分由压延辊筒的加热装置供给,另一部分来自物料通过辊隙时产生的剪切摩擦热。剪切摩擦热的多少,除与辊速和速比有关外,还与物料的黏度有关,因而与料温和增塑程度有密切关系。因此,在确定压延辊筒的温度时,应同时考虑辊速和物料黏度的影响。压延时熔体和料片常黏附于高温和快速的辊筒上,为使料片能够依次贴合辊筒,防止因夹入空气而导致薄膜带有气泡,各压延辊筒的温度一般是依次升高,但四辊压延机的第三和第四两辊的温度应大致相同,以利于薄膜的引离。

调节各压延辊筒间的速比,也是为了保证料片能够良好贴辊,但应注意速比过大会出现包辊现象,而速比过小料片不易贴辊而使空气夹入。此外,引离辊与第四压延辊的速比也要控制恰当,速比过小不利于引离,速比过大又会对薄膜产生过度的拉伸。压延薄膜时引离辊的线速度一般比第四压延辊的线速度高 30%～40%,这样既可通过拉伸取向提高薄膜的强度,又可适当增大单位重量薄膜的长度。引离辊应尽量靠近压延机的最后一个辊筒,以防止薄膜引离拉伸时因过度降温而失去塑性。

压延薄膜时需对各道辊隙进行调节,这既是为了适应成型不同厚度薄膜的需要,也是为了改变各道辊隙处的存料量。四辊压延机的各道辊隙值,除最后一道与薄膜厚度大致相同外,其余各道的辊隙值均大于薄膜的厚度,而且是自下而上逐渐增大,以使各辊隙处有少量存料。辊隙处的存料在压延过程中,起储备、补充和调节辊隙压力的作用。

软质聚氯乙烯压延薄膜的成型过程中,在表观透明性、色调和厚度均一性等方面常存在一些质量问题,其中的大部分都可通过调整成型物料配方和修正操作条件得到克服,只有横向厚度均一性差这一突出质量问题需要采取专门的措施予以克服或减小。导致压延薄膜横向厚度均一性差的主要原因,是压延辊工作时辊筒承受很大的分离力。分离力使压延辊筒像受载梁一样产生挠曲变形,变形值从挠度最大处的辊筒轴线中点处向两端展开并逐渐减小,从而使压延薄膜的横向上出现中间厚两边薄的现象。为克服辊筒变形引起的压延制品横向厚度不均一性,除从选材和结构设计等方面提高辊筒的刚性外,还在设计压延机时采取"中高度法""轴交叉法"和"预应力法"等辊筒挠度补偿措施。

引起压延制品横向厚度不均一的另一个原因是,压延辊筒工作时在轴向上存在温差。这种温差是由于辊筒两端比中间部分更易散失热量,从而使辊筒两端的温度比中间低。由于温度低的地方辊筒径向的热膨胀量较小,使轴向辊隙值出现较大的变化,进而导致薄膜横向上两侧的厚度增大。为减小辊筒轴向存在温差而引起的薄膜横向厚度差,工艺上常采取的措施是,用红外线灯或专门的电热器对辊筒两端温度偏低的部位进行局部加热。

3. 定型与后处理阶段

这一阶段从引离开始,薄膜依次经过冷却、测厚、切边、输送和卷绕成卷。若需压花,应将压花装置安装在引离辊和冷却辊之间。

压花装置主要由钢制压花辊和橡胶辊组成,可根据薄膜要求花纹图案的不同随时更换压花辊。为使压出的花纹不致变形,可通水冷却压花辊和橡胶辊。作用在压花辊上的压力、冷却水的流量和辊的转速,都是影响压花操作和花纹质量的重要工艺因素。

薄膜的冷却定型主要由冷却装置完成,压延膜的冷却装置常由多个内部可通入冷却水的辊筒组成。为使薄膜的正面和反面都能得到冷却,多采取使薄膜在前进过程中正面和反面交替与冷却辊表面接触的"穿引法冷却"。冷却不足,成品薄膜易发黏起皱;冷却过度,冷却辊表面会因温度过低而凝结水珠,二者都会导致薄膜的质量下降。冷却辊的线速度过小,会使定型后的薄膜发皱,但线速度也不宜过大,以免因受到冷拉伸而在薄膜内引起内应力,受到冷拉伸的薄膜存放后收缩量大,也不易展平。

常用的薄膜厚度连续检测设备是 β 射线测厚仪,其工作原理是,放射性同位素放出的 β 射线,在穿透薄膜后在电离室内产生电离电流,随膜厚的不同电离电流强度随之改变;电离电流经放大后自动记录下来,即可连续地得到膜厚的数据。薄膜厚度的这种连续检测方法,不仅能不间断地显示测量结果,而且可用于反馈控制。

冷却定型后的薄膜,先用切边刀切去不整齐的两侧边,再平坦而松弛地用无端橡皮输送带送至卷绕装置。输送过程中,由于薄膜处在非张紧状态,因此可在一定程度上消除薄膜内因压延和牵伸而产生的内应力。

5.4.2　硬质聚氯乙烯片材压延工艺

硬质聚氯乙烯压延片材按用途的不同,分为二次成型用和压制板材用两类。制造二次成型(主要是热成型)用硬质聚氯乙烯片材的压延工艺,与成型软质聚氯乙烯薄膜所采用的压延工艺流程大致相同,只是备料阶段物料的初塑炼多采用行星式挤出机。压制板材用硬质聚氯乙烯片材的压延工艺流程与成型软质薄膜有所不同,备料阶段物料的塑化通常由一台密炼机和两台开炼机完成,从压延机上引离下来的塑性片状物经冷却辊定型后,不是送往卷绕装置收卷,而是切断成定长的片料。片料层叠成一定厚度的板坯后即可送往多层压机压制成硬板。压制板材用硬质聚氯乙烯片材压延工艺流程的后联动装置如图 5 - 21 所示。

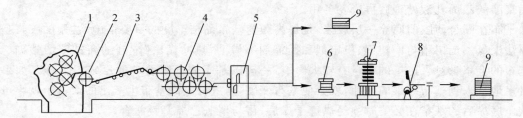

图 5 - 21　压板用硬质片材压延工艺流程的后联动装置
1—压延成型机;2—引离装置;3—缓冷装置;4—冷却定型装置;5—切断装置;
6—组合装置;7—层压装置;8—切边机;9—包装机

5.4.3　聚氯乙烯压延人造革生产工艺

人造革是一种仿皮革塑料制品,多以各种布为基材,贴合塑料膜或涂覆塑料层后制得,故人造革实质上是塑料和布等纺织材料的复合材料制品。近年来虽然已出现用聚烯烃、聚酰胺和聚氨酯等制造的人造革,但聚氯乙烯人造革在目前仍占主导地位。用无发泡能力塑料膜或涂层与市布、针织布和帆布等复合而成的人造革称普通人造革,而在表层薄膜和基布间插进发泡塑料层形成的三层结构复合物称为泡沫人造革。泡沫层的存在,首先使人造革具有良好的柔软性手感;其次是提高了人造革的绝热性,当用手握住泡沫人造革时使人有温暖的感觉。

生产人造革可采用多种工艺方法,其中用压延薄膜与布贴合制得人造革的方法称为压延法,用压延法生产的人造革称为压延人造革。按贴合操作与薄膜压延在生产工艺流程中的关系,压延人造革生产有直接贴合和分步层合两种实施方法。直接贴合法是指压延膜在冷却定型之前即与基布贴合,压延膜的成型和膜与基布贴合制得人造革在同一生产线上连续完成;分步层合法是指在一个生产线上制得压延膜后,再在另一个生产线上与基布贴合制得人造革。采用分步层合法生产时,基布经薄膜多次贴合后可制得较厚塑料层的人造革,而且表层膜下面的层合膜可用回收塑料成型,是回收塑料有效利用的一个重要途径。分步层合法生产人造革的其他优点是工艺过程容易控制和生产效率高,但由于占用设备多、能耗大和产品成本高,而较少为生产所采用。目前生产上主要采用直接贴合法生产各种类型的聚氯乙烯压延人造革。

直接贴合法生产聚氯乙烯压延人造革的工艺流程,与生产软质聚氯乙烯压延薄膜的工艺流程大致相同。所不同的是生产普通人造革时,需在薄膜成型后加进与基布贴合和半成品革后加工处理的各项操作,其中主要的是基布预处理、贴合和半成品革的表面处理等;而在生产泡沫压延人造革时,还须加进复合表层膜与发泡两项操作。

1. 基布预处理

为提高薄膜与基布的黏结牢度和减小贴合压力,并为得到表面平整的人造革产品,基布在与薄膜贴合之前需进行必要的预处理。预处理的内容视基布的类型和人造革的质量要求而定,常见的是布面清理、针织布剖幅和底涂胶浆等操作。

清理各种基布的表面常采用两种方法:一是拼接后用刷毛装置刷去布面上的布毛和线头等杂物,再用压光机压光;二是拼接后先用水洗去布毛、线头和纺织浆料,再进行干燥和定幅处理。

由于针织布多为圆筒状,所以在与塑料膜贴合之前须用剖幅机剖开,剖开后的针织布两边在用聚醋酸乙烯乳液处理后再成卷备用。

基布在贴合薄膜前底涂一层胶浆,是提高膜与基布黏结牢度的重要措施,常用的胶浆是用悬浮法聚氯乙烯树脂与增塑剂、稳定剂和稀释剂等借助"热冲糊法"配制的高黏度增塑糊。底涂基布的上浆量对人造革的质量有较大影响,一般以基布表面附着一薄层浆料为佳。如果浆料过多地渗入到基布纤维的间隙,就会使基布变硬,用这种底涂基布生产出的人造革就不可能柔软。底涂后的基布在必要时须经烘道干燥后,再与聚氯乙烯薄膜贴合。

2. 贴合

薄膜与基布复合的操作称为贴合,在压延聚氯乙烯人造革的生产中根据复合方式的不同,贴合操作有擦胶法和贴胶法之分,贴胶法又有内贴和外贴两种不同的实施方法。不论用哪一种贴合方法使薄膜与基布复合,基布在贴合薄膜前都需经过预热。

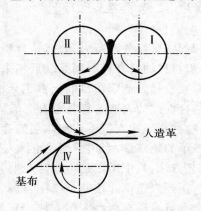

图 5－22　擦胶法贴合示意

图 5－22 所示为擦胶法贴合示意。用这种方法贴合时,压延机最后一道辊隙的上辊和下辊应有一定的速比,上辊一般比下辊的转速大 40％左右。基布由薄膜与下辊表面的间隙导入后,由于膜的速度比布的速度大,二者的接触面上有因速度差而产生的剪切和刮擦,使热膜表面的一部分熔体在压力和刮擦的联合作用下进入布缝。为保证熔体确能擦进布缝,导入压延机辊隙的基布应有足够的张力;两辊的间隙也要调整适当,既不允许因辊隙过小将布擦破,又不能因辊隙过大而降低擦进效果;而且还要将辊温适当提高,以使膜表面熔体黏度减小而易于擦进布缝,否则会因黏度高、剪切应力过大而引起基布的破裂。用这种贴合法所生产的压延人造革的主要优点是,薄膜与基布结合牢固,不必在基布表面上底涂胶浆;其主要不足之处是产品僵硬、手感差、生产过程不易控制,而且仅适用于厚布作为基材。

图 5－23 所示为贴胶法的两种贴合方式示意。由图可以看出,内贴法的特点是在压延薄膜未从压延辊筒上引离之前,即用一个能作用压力的橡胶贴合辊将压延辊筒上的薄膜与基布贴合;而外贴法的特点是在压延膜从压延辊筒上引离之后,另用一组贴合辊通过加压将薄膜与基布贴合。为提高基布与薄膜的黏结效果,贴胶法所用基布与膜接触的一面应底涂一层胶浆。贴胶法生产压延人造革的主要优点是,产品柔软手感好,生产过程容易控制,而且基布无破裂危险;其主要不足之处是,为提高膜与基布的黏结牢度,需对基布进行底涂胶浆的预处理。

3. 复合表层膜与发泡

这是生产泡沫压延人造革特有的两项操作,用直接贴合法生产泡沫压延人造革的基本过程是:先按与生产普通压延人造革相同的工艺流程制得含发泡剂压延膜与基布的贴合物,再用一辊筒将这一贴合物加热后,在含发泡剂层膜的上面复合一层预先成型好的不含发泡剂的表层膜。复合的这一表层薄膜,既可对其下面的泡沫层起保护作用,又可使泡沫压延人造革具有平整光滑的外观。

用于制造泡沫层薄膜的成型物料中因含有发泡剂,因而要求在成型这种薄膜的捏和、密炼、开炼和压延的各项操作中,将操作温度都控制在发泡剂的分解温度之下,以保证所制得的压延膜在与基布贴合之前不会发泡。复合表层膜前加热贴合物的温度,也应控制在发泡剂的分解温度之下。

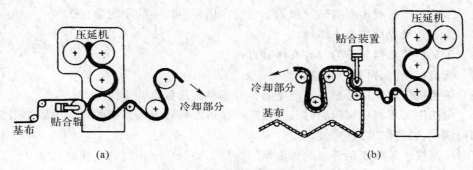

图 5－23　贴胶法的两种贴合方式

(a)内贴法；(b)外贴法

已复合表层膜的泡沫人造革半成品,虽可在轧花时进行瞬间发泡,但最好是采用使半成品革通过烘道加热的发泡方法。因为在烘道内加热温度容易控制,有利于得到泡孔均匀的泡沫层。发泡烘道多采取分段控制温度,一般是从烘道进口到出口温度逐渐降低,以保证半成品革连续通过烘道各加热段时,依次完成发泡剂分解产生气体、树脂流动与微孔结构形成和微孔结构固定的发泡全过程。半成品革通过发泡烘道的速度,主要由发泡层的厚度来决定。

4. 表面处理

为了提高人造革的手感和表面美观与光泽等,经贴合或发泡后的半成品革,还需经过必要的表面处理,才能成为最终产品。人造革常见的表面处理操作是轧花、印花和涂饰。

普通压延人造革可采取与压延薄膜相同的方法轧花,而泡沫人造革多采用"间隙轧花法"轧制花纹。所谓间隙轧花法,就是轧花金属辊与橡胶辊之间保持一定的间隙,当泡沫人造革通过这种轧花装置时,既能轧制出花纹又不会将泡孔压破,用这种方法轧制的花纹深度一般为泡沫层厚度的 30% 左右。轧制出花纹的清晰度和深浅程度,一般可通过调节轧花辊的压力和温度实现。间隙轧花装置可安装在发泡烘道的后面,在人造革发泡后但尚未冷却之前轧制花纹;也可用于冷却后成卷的泡沫人造革,经重新加热后独立式地轧制花纹。

在人造革表面印上各种彩色图案花纹,既可增加其表观美感,又可使其具有真皮感。纸张印刷常用的凹版轮转印刷、胶版印刷和丝网印刷等,均适用于普通压延人造革的印花,但泡沫压延人造革常采用沟底印花装置印花。这是一种专门为泡沫人造革印制立体花纹而设计的凹凸纹印花装置,其印花辊筒上的着墨凸起部分较高,以便在印花的同时轧制出相应的凹纹,印刷油墨即填嵌在所轧出的凹纹中。用这种方法得到的彩色图案花纹富有立体感。

根据压延人造革的使用要求,选择适当的涂饰材料对人造革表面进行涂饰处理,可达到使表面不发黏、不吸尘、具有特殊光泽、手感滑爽、提高耐磨性和保护花纹等多方面的目的。例如,在人造革表面上喷涂很薄一层氯乙烯共聚物和丙烯酸酯的甲乙酮混合溶液,经干燥成膜后即可防止人造革的表面发黏。刮涂、喷涂和辊涂都可用于人造革表面的涂饰处理,其中以逆辊涂布法最为常用。

思考题与习题

5-1 压延生产过程由哪些部分组成?它们在压延生产中的职能是什么?

5-2 简述压延成型的基本原理。

5-3 压延机是如何分类的?各有何特点?

5-4 何谓挤压力、钳取力、分离力?

5-5 压延机辊筒的挠度是怎样产生的?有哪些方法可以补偿挠度?

5-6 用四辊压延机压延薄膜时三个辊隙在使熔融料转变为薄膜的过程中的作用是否相同?应如何调节各辊隙的隙缝宽度?

5-7 用四辊压延机压延薄膜时各辊筒间为什么要保持一定的温差和速比?

5-8 压延过程中,物料为什么总会包覆在转速高或温度较高的辊筒上?

5-9 如何实现不同塑料的共压延从而制备两层或多层不同塑料的压延板材?

第6章 塑料压制成型技术

6.1 概 述

压制成型(compression molding)也称为模压成型,是依靠外压的压缩作用实现成型物料造型的塑料一次成型技术。依据其具体成型特点又分为压缩模塑、传递模塑、冷压烧结和层压成型。

压制成型主要用于热固性塑料制品、热固性复合材料制品以及硫化橡胶制品,还可以用于热塑料性塑料片材的成型,但必须进行加热塑化和冷却定型,因此对于热塑性塑料进行压制成型效率很低,一般不推荐。

由于液压机、压制成型模具是压制成型的主要装备,因此本章首先对液压机的组成、工作原理以及压制成型模具进行简要介绍。

6.2 液压机的工作原理和分类

虽然压机可采用机械式,但机械式压机不能产生高的压制力而且压制力调节十分困难,因此,现有模压成型的主要设备采用液压机,液压机通过成型模具对成型物料施加压力,使物料取得模具形状并固化定型,液压机还可以开启模具或顶出制品。

6.2.1 液压机的工作原理

液压机是应用帕斯卡原理工作的压力机械。液压机工作原理如图 6-1 所示,小活塞 D_1 给油液施加一个力 F_1,油液产生的压力为 p_L,压力 p_L 将等值地传递到工作油缸活塞 D_2 上,使工作活塞产生作用力 F_2。由于工作活塞 D_2 截面积比小活塞 D_1 截面积大的多,所以作用力 F_2 很大($F_2 = \dfrac{D_2}{D_1} \cdot F_1$)。利用 F_2 给压板和工作台之间的加热模具加压,可以成型制品。

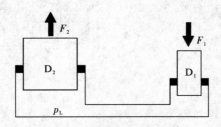

图 6-1 液压机的工作原理

压制成型的主要步骤如图6-2所示。其具体操作是先将塑料加入敞开的模具内,然后向工作油缸通入压力油,工作油缸活塞和上压板向下运动进行闭模,最终将力传给模具并作用在成型物料上。成型物料在加热模具的作用下熔融和软化,借助液压机所施加的压力充满模腔,在热压的进一步作用下固化。为了排除固化过程中所产生的低分子物,需要进行卸压排气,然后再升压并保持压力。经一定时间固化成型后,即可开模取出制品。压制成型控制的主要工艺参数是压制压力,压制温度和压制时间。

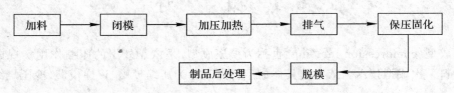

图6-2　压制成型工艺流程

为了适应压制成型过程的操作工艺,液压机应满足以下基本要求:

1)压制压力应足够大,并能在最大压力范围内进行任意调节。压力应在一定时间内达到,并且能够保持预定的压力。

2)液压机的活动横梁在行程中的任何一点位置都能停止和返回。这对安装模具、预压、分次装料,或发生故障时进行调节,是十分必要的。

3)液压机的活动横梁在行程中任何一点位置都能进行控制和施加工作压力,以适应不同高度模具的要求。

4)液压机的活动横梁在阳模尚未接触塑料前的空行程中,应有较快的速度,以缩短压制周期,提高生产效率和避免塑料受热时间过长而使流动性降低或硬化。当阳模将要接触塑料时应降低闭模速度,不然可能使模具或嵌件遭到损坏,或者使塑料从阴模中冲散出来,同时可以使模具内的空气得到充分排出。

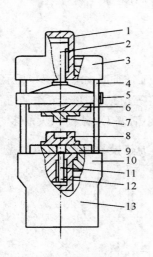

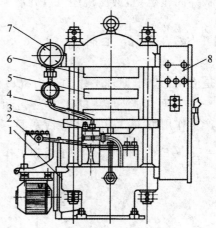

图6-3　上压式液压机

1—工作油缸;2—工作油缸活塞;3—上梁;4—支柱;
5—活动横梁;6—上模板;7—阳模;8—阴模;9—下模板;
10—机台;11—顶出油缸活塞;12—顶出油缸;13—机座

图6-4　下压式液压机

1—机身;2—柱塞泵;3—控制阀;
4—下热板;5—中热板;6—上热板;
7—压力表;8—电气箱

6.2.2　液压机的分类和主要零部件

　　液压机的结构形式很多,主要是有上压式液压机和下压式液压机。上压式液压机如图 6-3所示,液压机的工作油缸设置在液压机的上方,活塞由上往下压,下压板固定。模具的阳模和阴模可以分别固定在上、下压板上,依靠上压板的升降来完成模具的启闭和对成型物料施加压力。下压式液压机如图 6-4 所示,液压机的工作油缸设置在液压机的下方,活塞由下向上压。这种结构形式的液压机重心较低,稳定性较高,多适用于大吨位的液压机。

　　液压机的主要零部件如下:

　　1) 机架。框式机架采取整体结构。其左右内侧装有两对可调节导轨,在上压板升降时起导向作用。柱式机架由四根立柱与上横梁和机座等连成一个稳固的整体,上压板的上、下运动由立柱导向。立柱式结构的制造虽比框式结构复杂,但因其机座工作台四周均无阻挡,方便照明和操作,故应用的更为广泛。

　　2) 工作油缸和活动压板。活动压板和工作油缸的柱塞采用固定式联接,用以传递工作油缸的压力,通过导向套沿立柱或导轨导向面上下往返运动,因而是液压机传递作用力、实现成型动作的重要部件。根据所使用工作油缸的数量,又可将液压机分为单缸式和多缸式两种。目前 250 吨以下的中、小型液压机多采用单缸式,多缸式主要用于大吨位或压制大面积制品的液压机。

　　3) 顶出机构。顶出机构的作用,是在使用固定式模具时,将制品从模腔中顶出。顶出机构有手动、机械和液压顶出等几种工作形式。小型液压机多采用手动或机械顶出,大型液压机则采用液压顶出。上压式液压机的顶出机构安装在下部的机座内,液压顶出机构的结构与工作油缸类似,与机械顶出机构相比,有顶出力、顶出速度和顶出行程均可方便调节的优点。

　　4) 加热平板。加热平板是向模具提供热能的部件,需固定在上、下压板上,加热板与压板之间应加绝热层,以减少向压板传热。加热平板的工作面应平直光滑使模具能与之密切接触以利传热,板面温度分布也应力求均匀。加热平板可用蒸汽、热介质和电加热,而以电加热较为普遍。用电加热的平板内有一排等距离的圆孔,用于装进管式电阻加热器。板内还装有温度传感器,与控温仪表相连,对加热平板的温度实现调控。

　　5) 液压与控制系统。液压机的液压传动系统主要由电动机、泵、阀和管路组成,为工作油缸和顶出油缸提供液压油,以便通过柱塞使活动压板具有压力并使其能按照要求的速度和行程工作。控制系统通常由定温控制器、温度传感器、行程开关盒、时间继电器等组成,以实现对加热平板温度、活动压板行程和压板行程和模压时间等工艺参数的控制。

6.2.3　液压机的主要技术参数

1. 最大总压力

　　液压机的最大总压力(或称液压机的吨位)是表征机器压制能力的主要参数,一般用它表示机器的规格。例如 Y71-100 液压机,表示最大总压力为 1 000 kN(即 100 t)的液压机。液压机的最大总压力是根据成型制品所需的压制能力来确定的,压制能力可用下式计算,即

$$F_p = p_0 A n \times 10^{-4} \qquad (6-1)$$

式中,F_p 为压制能力,N;p_0 为压制压力,Pa,依据压制成型物料而确定,粉料为 $(12 \sim 40) \times 10^6$ Pa,纤维增强料为 $(40 \sim 100) \times 10^6$ Pa;A 为压制面积 cm^2;n 为模具内成型腔的数目。

计算出压制能力后,再考虑液压机的效率,则最大总压力 F 为

$$F = \frac{F_p}{\eta} \qquad (6-2)$$

式中,η 为液压机的效率,一般 $\eta = 0.8 \sim 0.9$。

根据计算值,再按液压机的系列圆整,取大于计算值的接近数值作为选择液压机的依据。相反,如果在使用时已知液压机的总压力,也可用式(6-2)来确定液压机的压制能力。

2. 工作液的压力

目前,液压机所用工作液的压力有 16 MPa,32 MPa,40 MPa,60 MPa 等数种,其选择主要取决于油泵的额定压力,多数用 32 MPa 左右的工作压力。液压机的工作压力不宜过低,否则,为了满足液压机最大总压力的需要,就要有较大的工作油缸,使液压机结构庞大、重量增加。

3. 最大回程力

液压机活动横梁在回程时要克服各种摩擦阻力、回油压力以及运动构件的重力等。回程力可以计算,也可根据实际经验选定。液压机的最大回程力一般为液压机总压力的20%~50%。

4. 升压时间

升压时间也是液压机的一个重要指标,因为在塑料压制过程中不仅需要液压机有足够的最大总压力,而且当塑料流动性较好时,要求压力能迅速上升,这样才能保证塑料充满模腔,得到满意的制品。因此,液压机的工作压力必须在一定时间能升到到所需要的数值。目前 5 000 kN 以下的塑料液压机,升压时间要求在 10 s 以内。

6.3　模压成型的模具

模压成型用的模具按其结构特点可划分为溢式、不溢式和半溢式三种类型。

1)溢式模具:结构如图 6-5 所示,是由阴模和阳模两部分组成,阴阳两部分的正确闭合由导柱来保证,制品的脱模依靠顶杆完成。在模压时,多余物料可溢出。由于溢料关系,压制时不能太慢,否则溢料多而形成较厚的毛边。闭模也不能太快,否则溅出较多的物料,模压压力部分损失在模具的支撑面上,造成制品密度下降和性能降低。这种模具结构比较简单,操作容易,制造成本低,对压制扁平状制品较为合适,多用于小型制品的压制。

2)不溢式模具:结构如图 6-6 所示,这种模具的特点是不让物料从模具型腔中溢出,使模压压力全部施加在物料上,可制得高密度制品。这种模具不但可以适用于流动性较差和压缩率较大的塑料,而且可用来压制牵引度较长的制品。由于模具结构较为复杂,要求阴模和阳模两部分闭合十分准确,故制造成本高。由于是不溢式,要求加料量精确,必须采用重量法加料。

3)半溢式模具:结构介于溢式和不溢式之间,分有支撑面和无支撑面两种形式,如图 6-7 所示。有支撑面模具除装料室外,与溢式模具相似。由于有装料室,可以适用于压缩率较大的

塑料。物料的外溢在这种模具中受到限制,当阳模深入阴模时,溢料只能从阳模上开设的溢料槽中溢出。这种模具模压时物料容易积留在支撑面上,从而使型腔内的物料得不到足够的压力。无支撑面模具与不溢模具类似,不同的是阴模在进口处开设向外倾斜的斜面,因而在阴模与阳模之间形成一个溢料槽,多余的物料可以通过溢料槽溢出,但受到一定的限制。这种模具具有装料室,加料可略过量,而不必十分准确,所得制品尺寸很准确,质量均匀密实。

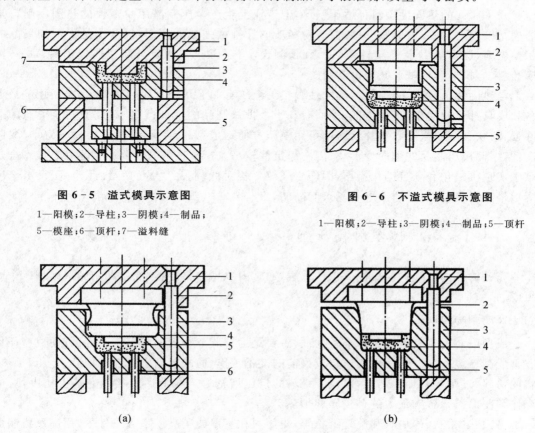

图 6 - 5　溢式模具示意图

1—阳模;2—导柱;3—阴模;4—制品;
5—模座;6—顶杆;7—溢料缝

图 6 - 6　不溢式模具示意图

1—阳模;2—导柱;3—阴模;4—制品;5—顶杆

(a)　　　　　　　　　　(b)

图 6 - 7　半溢式模具示意图
(a)有支撑面:1—阳模;2—导柱;3—阴模;4—支撑面;5—制品;6—顶杆
(b)无支撑面:1—阳模;2—导柱;3—阴模;4—制品;5—顶杆

6.4　塑料模压成型技术

　　塑料模压成型又称为压缩模塑、压塑成型或简称模压,压制是热固性塑料制品生产最早采用的一次成型技术。其成型制品的基本过程是:先将固体成型物料放进已加热到设定温度的敞开模腔内,然后闭合模腔并对物料施压,使其取得模腔的型样转变为成型物,用适当的方法使成型物在模腔内定型后,即可启模取出制品。模压热固性塑料时,由于成型物的定型是依靠树脂的交联反应实现,模具在成型过程中可以始终保持在高温状态,因而能耗低、生产效率也高。模压热塑性塑料时,必须将模具冷却降温到聚合物的玻璃化温度或热变形温度之下才能使成型物定型,为此需要交替地加热与冷却模具;这不仅会造成热能的巨大浪费和模具的加速损坏,而且由于加热和冷却均需要花费较长的时间,从而使生产效率很低。基于上述原因,模压主要用于热固性塑料的成型,而很少用于热塑性塑料制品的生产,目前只有在制造无翘曲变形的薄壁平面热塑性塑料制品时才采用模压技术,如模压硬质氯乙烯-醋酸乙烯共聚物密纹唱片等。

几乎所有的热固性塑料都适于模压,但工业上生产模压制品用量最大的热固性塑料是酚醛模塑粉、脲醛与三聚氰胺-甲醛模塑粉和玻璃纤维增强酚醛压塑料,其次是不饱和聚酯的团状模塑料(DMC)、片状模塑料(SMC)和预制模塑料(BMC),以及环氧树脂模塑料、DAP树脂模塑料、有机硅和聚酰亚胺等模塑料。

与热固性塑料的注射相比,热固性塑料的模压有如下几个方面的优点:一是所用的成型设备和模具都比较简单,造价也低,因而有利于小批量制品的生产;二是对成型物料形态的适应性强,粉状、纤维状、团状和片状料都可用模压方便地成型;三是所得制品的内应力小、取向程度低,因而模压制品的翘曲变形小、因次稳定性较高。模压技术的主要不足之处是成型全过程难于实现机械化和全自动化操作,因而生产效率相对低、制品质量的一致性差;而且由于压缩变形量有限,模压也不适于形状复杂制品的生产。

6.4.1 热固性塑料模压制品生产过程

完备的热固性塑料模压制品生产过程,通常由成型物料准备、成型和制品后处理三个阶段组成。

1.成型物料准备

成型前对模压料进行各种准备处理,主要是为了调节物料的成型工艺性、方便成型操作和改善成型环境条件。热固性模压料成型前的准备工作,通常包括工艺性能检验、预压、预热,粉料的粉碎、过筛和补加添加剂,以及纤维料的挤压增密等。在上述的各项准备工作中,对成型操作和制品质量影响最大的是预压和预热。

将散状(粉状、碎屑状和乱纤维状等)模压料在室温或稍高于室温条件下,用高压模制成重量一定、形状规则的锭片或坯件的操作称为预压。预压操作可在专用的锭片预压机上模制锭片,也可在通用塑料液压机上用专门的预压模具成型与制品形状相近的坯件。散状料经过预压后,一是可以减小热成型模具加料室容积,从而简化模具结构和减小模腔尺寸;二是可避免粉料的粉尘飞扬,有利于改善成型车间的卫生条件;三是可提高向模腔加料的准确性,有助于降低因加料量不准确而造成的制品报废;四是改善了预热和热压时的传热条件,因而有利于缩短预热和热压时间。

预压一般是在不加热预压模的条件下进行,当物料在室温下不易预压时,也可将预压模适当加热,但加热温度应以不致引起物料在热压成型时的流动性下降为限。预压压力多在20~200 MPa的范围内选择,其合适值随物料性质及预压物的形状和尺寸而定。

采用经过预热的模压料成型制品,一是可以提高物料在成型条件下的流动性,因而有利于降低成型压力、减小模具磨损和因流动性过低而造成的制品报废;二是缩小了成型物料与热成型模具的温差,使物料加热到成型温度的时间缩短,并使模腔内物料各处的温度不均一性减小,从而有利于缩短成型周期时间、减小制品中的内应力和提高其因次稳定性。

2. 成型

成型是热固性塑料模压制品生产的关键阶段,模压制品的质量和生产效率在很大程度上与这一阶段工艺控制的是否得当有关。模压法成型制品是一间歇式操作过程,每成型一个制品都要依次经过加料、闭模、排气、固化、脱模和清理模具等一系列操作。成型有金属嵌件的模压制品时,在加料前应先将预热过的嵌件安放到模腔内。若制品脱模后容易变形,可在其从模内脱出后立即放进冷却夹具中整形。热固性塑料模压制品成型过程如图 6-8 所示。

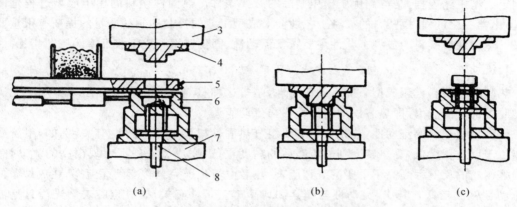

(a) (b) (c)

图 6-8 热固性塑料模压成型工艺过程示意

(a) 加料;(b) 压制成型;(c) 顶出脱模

1—自动加料装置;2—料斗;3—上模板;4—阳模;

5—压缩空气上、下吹管;6—阴模;7—下模板;8—顶出杆

3. 制品后处理

为改进热固性塑料模压制品的外观和内在质量,或为弥补成型之不足,常需在成型后对模压制品进行后处理,生产中常见的后处理操作是涂漆烘烤与热处理。

模压制品在去毛边和机械加工之后,被破坏的表面既不美观,又会因其增大吸湿作用而使制品在使用过程中出现明显尺寸变化和电绝缘性能下降。为此,需要在模压制品表面涂漆,涂漆前要对制品表面进行净化处理,然后用浸涂或刷涂的方法上漆。浸涂法上漆的生产效率高,但只适用于小型不带金属嵌件且无高精度配合孔的制品;刷涂法上漆的加工效率低,适用于形状复杂和带有金属嵌件的制品。

热固性塑料模压制品的热处理,也称后烘处理,是指将制品置于适当温度下加热一段时间,然后随加热装置一起缓慢冷至室温的操作。模压制品经过热处理后,可使其固化更趋完全,水分及其他挥发物的含量减少,成型过程中产生的内应力得以降低或消除;因而有利于稳定制品的尺寸,提高其耐热性、电绝缘性和强度性能。热处理操作可按一次升温和分段升温两种方式进行,前者指一次就将加热装置连续升温到预定的热处理温度;后者指加热装置分段升温到预定的热处理温度,而且每升高一段温度,都要在这一段的最后温度下恒温一定时间,故这种升温方式的热处理,也称阶梯式升温热处理。形状简单和尺寸较小的制品多采用一次升温式热处理;形状复杂、厚壁和较大尺寸的制品,采用阶梯式升温可取得更好的热处理效果。热处理温度一般应比成型温度高 10~50 ℃,而热处理时间则依塑料的品种、制品的结构和壁厚而定。

6.4.2 热固性模塑料的成型工艺性

成型工艺性,可理解为材料对一定成型技术适用性或适应程度。热固性模塑料对模压技术的适用程度,由材料的配方、制造方法及贮存和运输条件等多方面的因素所决定,但起关键作用的是其主要组分热固性树脂的反应活性、状态转变特点和流变特性。依据模塑料的工艺性制定成型工艺规程,是得到优质模压制品的必要条件。热固性塑料的模压成型过程是一个物理-化学变化过程,模塑料的成型工艺性能对成型工艺的控制和制品质量的提高有很重要的意义。热固性模塑料的成型工艺性主要考察流动性、固化速率和成型收缩率等工艺指标。

1. 流动性

热固性模塑料模压成型条件下的流动性,是指这种材料在一定温度和压力作用下充满模具型腔各部分的能力,即热态模塑料的变形与流动能力。

热固性模塑料的流动性,首先与其主要组分热固性树脂的反应程度有关,例如,甲阶酚醛树脂由于反应程度低,受热转变到黏流态后的黏度也低,在成型条件下表现出高的流动性;乙阶酚醛树脂的反应程度高于甲阶酚醛树脂,受热后由于难于完全转变到黏流态,在成型条件下的流动性就比较低。其次,流动性与模具和成型工艺条件有关,模具型腔表面光滑且呈流线型,在成型前对模塑料进行预热及模压温度高无疑能够提高流动性。

测定热固性模塑料流动性有四种常用的方法:其一是用特定模具,在一定成型温度、成型压力和施压速率的条件下,测定定量物料在窄槽内的流动距离,如拉西格法;其二是在成型温度和成型压力一定的条件下,用不同的施压时间模压标准样件,流动性指标以得到外观合格样件所需最短施压时间表示,如杯形样件法;其三是在一定温度和压力条件下,用物料挤出小孔的流率表示流动性,如高化氏流变仪法;其四是测定物料在规定条件下的黏度值连续变化情况,用黏度-时间曲线测定流动性的大小,如卡拉维茨塑性计法和布拉本德塑性计法。

不同类型模压制品的成型,对模塑料的流动性有不同的要求。模压薄壁和形状复杂的制品时,要求模塑料有较大的流动性;但过大的流动性会导致物料在模腔内填塞不紧和树脂与填料的分头集中,从而使制品质量下降。过大的流动性还会使模塑料熔融后容易溢出型腔,造成分模面不必要的黏合,或使模具导向部件发生阻塞,给制品脱模和清理模具的工作带来很大困难,并有可能降低制品的尺寸精度。流动性小的模塑料,较适用于成型形状简单和厚壁的制品;但过小的流动性会因物料难于填满模腔而使制品报废,还会因模具闭合所需时间延长而使成型设备的生产能力下降。

2. 固化速率

固化速率也称硬化速率,热固性模塑料在模压条件下的固化速率,以标准试件的外观或指定性能达到最佳时所需成型时间与试件的厚度比值来表征,这个比值愈小表明模塑料的固化速率愈大。固化速率常用 min/mm 或 s/mm 为单位。

模塑料的固化速率,主要由所用热固性树脂的反应特性决定,故树脂固化反应历程、所用固化剂和催化剂的类型和加入量等,对固化速率均有明显影响。模塑料的固化速率还受成型前的预压和预热条件、成型工艺参数和成型操作方式(如是否排气等)等多种因素的影响。

常用标准试件法测定固化速率,其测定过程是:在除成型时间以外其他工艺参数都不变的情况下,用被测模塑料模压成型时间不同的多组标准试件,测得各组试件的指定性能后绘制性能值与模压时间的关系曲线,以既满足制品质量要求又有较高生产率为依据,从曲线上确定合适的固化时间,再以所得固化时间和试件厚度计算固化速率。图 6-9 所示为在不同温度下模压试件得到的变形值与模压时间的关系曲线,由图可以看出,170 ℃下 4 min 这一组条件最为可取。也可用塑性计确定模塑料的固化速率,其方法是用塑性计绘出不同温度下表征流动性的参数与时间的关系曲线,如图 6-10 所示的流量时间曲线,以物料达到最佳固化状态来选定合适的固化温度和固化时间。热固性塑料的固化行为还可采用 DSC、流变仪等研究。

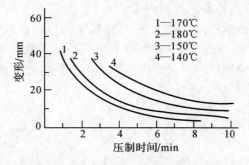

图 6-9　酚醛塑料在不同温度时变形-时间关系曲线

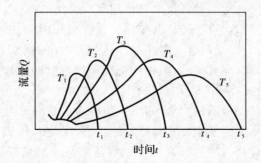

图 6-10　酚醛塑料在不同温度下的流动-固化曲线

温度 $T_1 > T_2 > T_3 > T_4 > T_5$;固化时间 $t_1 < t_2 < t_3 < t_4 < t_5$

　　热固性模塑料的固化速率对其流动性有直接影响,固化速率很大的物料,其流动性必然较低。因此,需将模塑料的固化速率调节到一适当值,过小时会使制品成型时间延长,降低成型设备的生产效率;过大时不能用于成型薄壁和形状复杂的制品,因为可能出现物料尚未填满模腔即已固化的危险。

3. 成型收缩率

　　在高温下模压的热固性塑料制品,脱模冷至室温后,各向尺寸将发生收缩,工艺上常用成型收缩率表征各种模塑料在不同成型条件下所得制品的尺寸收缩程度。成型收缩率 S_L 定义如下:在常温常压条件下,模具型腔一个方向的尺寸 L_0 和制品相应方向的尺寸 L 之差与 L_0 之比值,即

$$S_L = \frac{L_0 - L}{L_0} \times 100\%$$ （6-3）

成型收缩率可用百分数表示,也可用单位长度的收缩表示。成型收缩大的模塑料模压的

制品易发生翘曲变形;而成型收缩率波动大的模塑料,模压所得制品的尺寸波动范围也大。

目前已知引起热固性塑料制品成型收缩的基本原因有三个方面:其一是树脂化学结构在成型过程中发生了变化,由线型或支链型结构转变为体型结构,由此而引起的分子链间距离的减小,导致不可逆的体积收缩;其二是由于塑料和金属的热膨胀系数相差悬殊,故由高温同时冷却到室温后,塑料制品的收缩量比金属模具大;其三是制品从模腔内脱出时有弹性形变回复和塑性形变产生,这是因为固化定型后的热固性塑料制品并非刚体,成型时外压作用下产生的弹性形变,在外压解除后的回复使制品体积变大,而模腔壁对弹性回复的限制作用,使高温制品产生局部塑性形变,致使塑性形变部分的收缩大于无塑性形变部分。

为测得热固性模塑料的模压成型收缩率,可在规定的模压条件下成型标准圆片试件或立方体试件,试件从模内脱出后冷至室温,并在恒温恒湿条件下经一定时间的调节处理后,方可测其各向尺寸计算成型收缩。但应注意模压制品的成型收缩率,除与塑料的组成和性质有关外,还受制品形状与结构和成型条件的影响。

6.4.3 模压成型工艺控制

由热固性模塑料成型工艺性的讨论可以看出,这种成型物料在模压成型过程中发生的各种变化,只有在一定的温度和压力以及这二者作用一定时间的条件下才能发生。因此,模压成型过程应控制的主要工艺参数是模压温度、模压压力和模压时间。但成型过程中物料实际被加热到的温度和承受的压力以及与这二者相关的体积,均随时间而变。图 6-11 所示为无承压面(即无凸肩)和有承压面(即有凸肩)两种典型模压模具型腔内物料的体积、温度和压力在模压成型周期内的变化情况。

在无承压面模具的情况下,模具完全闭合后,物料所承受的压力不变是其特点。图 6-11 中 A 点为模具处在开启状态下物料加进模腔时的压力、温度和体积情况;B 点表示模具基本闭合时物料所承受压力增大、温度升高和体积被压缩减小的情况,在 B 点之后阳模继续下移直至模具完全闭合这段时间,物料所承受的压力增大到与外压平衡的最大值,体积同时被压缩到施压过程中的最小值,由于模具的加热和物料被增密温度快速上升;C 点表示在压力不变情况下,物料因继续被模具加热而达到和模具相同的温度,其体积因温度升高所引起的膨胀而稍有增加;D 点时压力继续保持不变,因交联固化反应剧烈进行放出大量的热,而使物料温度上升到高于模具温度,由于交联的增密效应和低分子物排出所引起的体积收缩,大于温升所引起的体积膨胀,其总的结果是物料体积开始减小,这之后虽然压力和温度均保持不变,但交联固化反应的继续进行使物料体积不断减小;E 点时模具开启,模腔内压力迅速降至常压,成型物的体积由于压缩弹性形变的回复而稍有增大,此后从模腔中脱出的制品在室温下冷却,使其温度快速下降,而体积则随之逐渐减小,F 点时制品已冷至室温,但由于体积收缩的滞后,使制品在室温下存放的一个相当长的时间内,其体积仍在缓慢地减小。

在有承压面模具的情况下,物料在模压成型过程中的体积、温度和压力随时间变化的情况则稍有不同。这种模具的阳模与承压面密合后,模腔的容积即保持恒定,所以成型过程中物料体积不变是其特点。模具闭合后物料温度的变化情况与在无承压面模具中相同,体积和压力随时间的变化如图 6-11 中的虚线所示。由于闭合在模腔内的物料在高压下可经由排气槽和分型面少量溢出,使施压后期(B 点之后)模腔内的压力上升到最大值之后又很快下降,此后液压机所施加的总压力由物料和承压面共同承担。当物料被模具加热而温度上升至与模温相同时,因其体积无法膨胀而导致模腔内压力有所回升;随后因交联反应的进行使物料体积收缩,但因阳模不能下移而使模腔内的压力逐渐下降。

对大多数热固性模塑料的模压制品成型过程来说,物料的体积、温度和压力随时间变化的关系可能是介于上述两种典型情况之间,但图 6 - 11 所显示的典型情况下的变化规律,对确定模压成型工艺条件仍具有重要的参考价值。

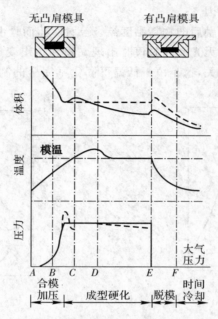

图 6 - 11　热固性塑料模压成型时体积-温度-压力关系

1. 模压温度

模压温度是指模压成型时所规定的模具加热温度,这一工艺参数规定了模具向模腔内物料的传热条件,对物料的熔融、流动和固化进程有决定性的影响。

热固性模塑料在模压过程中的温度变化情况已如前述,由于塑料是热的不良导体,靠近模壁和远离模壁的物料不可能在同一时间达到相同的温度。在成型的开始阶段近壁处物料和中心部分的物料存在较大的温差,这将导致模腔中内外层物料的固化交联反应不能同时开始。靠近模壁的表层料由于升温快先固化而形成硬的壳层,而内层料在稍后才开始交联反应而产生的固化收缩,因受到外部已固化硬壳层的限制而承受拉应力,致使固化后的模压制品的表层内常有残余压应力,内层则常有残余拉应力。残余应力的存在,是模压制品在存放和使用过程中出现翘曲、开裂和强度下降的重要原因。因此,采取措施尽力减小成型开始阶段模腔内物料的内外温差,最大限度地促使物料各处同时开始固化交联反应,是获得高质量热固性塑料模压制品的重要条件。

不同的热固性模塑料有不同的模压温度范围,成型薄壁制品时应取温度范围的上限,成型厚壁制品时可取温度范围的下限。但成型深度很大的薄壁制品时,物料熔融后要经过较长的流程才能填满模腔,为防止流动过程中熔融料早期固化,也应取温度范围的下限作为模压温度。

在不损害制品强度和其他重要性能指标的前提下,适当提高模压温度,对缩短模压成型周期和提高制品质量都有利。但过高的模压温度,会因交联反应过早开始和反应速率过高,使熔融料的流动性急剧下降,这将导致模腔不能完全填满(见图 6-12),特别是模压形状复杂、壁薄和深度大的制品时,这种情况更易出现。过高的模压温度还可能引起有机着色剂变质和有机填料的热分解,这也是使制品表面失去光泽的重要原因。在很高的模具温度下,模腔中物料的外层固化速率远大于内层,先固化的外层所形成的硬壳将阻止后固化的内层在交联反应时产生的低分子物向外挥发,这不仅会降低模压制品的强度,而且也是从模内脱出的制品出现肿胀、开裂和翘曲变形的重要原因。

模压温度过低时,不仅熔融后的物料黏度高、流动性差,而且由于交联反应难于充分进行,常导致所得制品强度低、外观无光泽和脱模时出现黏模和顶出变形。从模内脱出的制品出现肿胀,有时也与模压温度低有关,这是由于低温下固化不完全的制品,表层承受不住内部低分子物挥发而产生的压力所致。

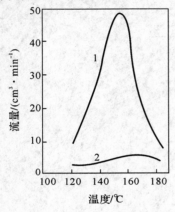

图 6-12　热固性塑料流量与模压温度的关系
1—p_m 为 30 MPa;2—p_m 为 10 MPa

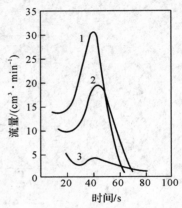

图 6-13　热固性塑料模压压力对流动固化曲线的影响
1—p_m 为 50 MPa;2—p_m 为 20 MPa;3—p_m 为 10 MPa

2. 模压压力

模压压力是指液压机施加在模具上的总力与模具型腔在施压方向上的投影面积之比。模压压力在成型过程中的作用,是使模具紧密闭合并使物料增密,也用于促进熔融物料的流动和平衡模腔内低分子物挥发所产生的压力。

表观密度低的模塑料,由于使其增密时要消耗较多的能量,因而成型时需用较高的模压压力。故模压散状料比模压预压物的压力高,而模压乱纤维状料又比模压粉状料的压力高。

成型熔融后黏度高、交联反应速率大的物料,以及成型形状复杂、壁薄和面积大的制品时,由于要克服较大的流动阻力才能使物料填满模腔,因而需采用较高的模压压力。高的模压温度因能使交联反应加速,从而导致熔融物料的黏度迅速增高,故需用高的模压压力与之配合。若固化交联反应中有较多的低分子物产生,为平衡这些低分子物挥发所产生的压力,也要求提高模压压力。因此,为减小或避免交联反应所产生的低分子物对成型过程的不良影响,在加压闭模后应进行几次短时间的卸压排气。

由图 6-13 可知,高的模压压力虽有促使熔融料快速流动、使制品密度增大、成型收缩率降低、克服肿胀和防止出现气孔等一系列优点,但过大的模压压力会降低模具使用寿命、增加液压机功率消耗和增大制品内的残余应力。因此,成型热固性塑料模压制品时,多借助预压、预热和适当提高模压温度等工艺措施来避免采用高的模压压力。但应注意,若不适当地提高预热温或延长预热时间,致使在预热过程中物料已部分固化,不仅不能使模压压力降低,反而要用更高的模压压力来保证物料填满模腔(见图 6-14)。

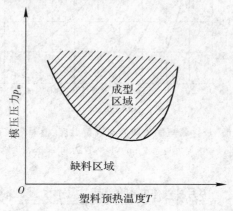

图 6-14　热固性塑料预热温度对模压压力的影响

3. 模压时间

模压时间也称压缩模塑保压时间,是指模具完全闭合后或最后一次卸压排气闭模后,到模具开启之间物料在模腔内受热进行固化的时间。在成型过程中模压时间的主要作用是,使已取得模腔形状的成型物有足够的时间完成固化定型。

固化有时也称硬化、熟化或变定,这些术语都是指热固性塑料成型时制品中聚合物分子体型结构形成的过程。从化学反应的本质来看,固化过程就是交联反应进行的过程,但成型工艺上的"固化完全"并不意味着交联反应已进行到底,即并不是指物料中所有可参加交联反应的活性基团已全部参加了反应。"固化完全"这一术语在成型工艺中是指交联反应进行的程度,已使制品的综合物理力学性能或特别指定的使用性能达到了预期的指标。显然,制品的交联度不可能达到 100%,而固化程度却可以超过 100%,通常将交联反应超过完全固化所要求程度的现象称为"过熟",反之则称为"欠熟"。

合适的模压时间与塑料的类型和组成、制品的形状和壁厚、模具的结构、模压温度和模压压力的高低、预压和预热条件以及成型时是否安排有卸压排气等多方面的因素有关。在所有这些因素中,以模压温度、制品壁厚和预热条件对模压时间的影响最为显著。合适的预热条件,由于可加快物料在模腔内的升温过程和填满模腔的过程,因而有利于缩短模压时间。物料在模腔内所需的最短固化时间,与模压温度和制品壁厚的关系如图 6-15 所示。由图可以看出,提高模压温度时,模压时间随之缩短;而增大制品壁的厚度时,需相应延长模压时间。

在模压温度和模压压力一定时,模压时间就成为决定制品质量的关键因素。模压时间如果过短,所成型制品未能固化完全,致使机械性能差、外观缺乏光泽和容易出现翘曲变形与肿胀。适当延长模压时间,不仅可使制品避免出现上述缺陷,还有利于减小制品的成型收缩率,并可使其耐热性、强度性能和电绝缘性能等有所提高。但过分地延长模压时间,又会使制品的固化程度超过固化完全的要求,这不仅使生产效率降低、能耗增大,而且会因树脂过度交联而导致成型收缩率增大,从而使树脂与填料间产生较大的内应力。因模压时间过长而引起的过固化,也常常是制品表面发暗、起泡和出现裂纹的重要原因。

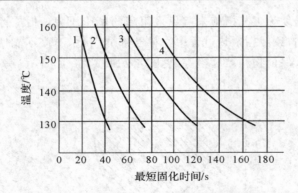

图 6-15　最短固化时间与成型温度、壁厚的关系
1—厚度为 3.4 mm；2—厚度为 6.4 mm；3—厚度为 9.5 mm；4—厚度为 12.7 mm

6.5　塑料传递模塑成型技术

　　传递模塑又称传递成型或注压，是先将热固性模塑料放进一加料室内加热到熔融状态，然后对熔融态的物料加压使其注入已闭合的热模腔内，经一定时间固化而成为制品的作业。传递模塑与压缩模塑的重要区别在于二者所用模具结构不同，传递模塑用模具在成型腔之外另设一加料室，注压时物料的熔融与成型是分别在加料室和成型腔内完成的。

　　适于压缩模塑成型的各种热固性模塑料，原则上也适用于传递模塑成型，但传递模塑对模塑料成型工艺性的要求更接近热固性注射用成型物料，即要求成型物料在未加热到固化温度前的熔融状态应具有良好的流动性，当加热到高于固化温度后又有较大的固化速率。热固性塑料传递模塑制品的成型，既可在专用的传递成型机（铸压式液压机）上进行，也可在通用的液压机上进行。与模压技术相比，传递模塑技术更适于成型形状复杂、薄壁和壁厚变化较大、带有精细金属嵌件和尺寸准确性要求较高的小批量制品。传递模塑生产热固性塑料制品的过程与模压法大致相同，二者的主要不同之处在成型操作方面，而且不同类型的传递模塑技术、成型过程进行的方式也不完全相同。

6.5.1　传递模塑的类型

1. 罐式传递模塑

　　罐式传递模塑成型制品的过程如图 6-16 所示，其成型操作如下：先将模塑料加进模具上部热的加料室（即料罐）之中，闭模使模塑料在加料室内受热熔融，然后液压机通过传递压柱对熔融料施压，熔融料经过加料室下面的浇道系统注入模具下部热的成型腔并取得型腔的型样转变为成型物，成型物在型腔内经过一定时间的固化定型后即可启模取出制品。启模时要先利用压柱拉出主浇道的固化物，然后才能用顶出杆将制品连同分浇道和浇口内的固化物一并顶出。

　　为保证成型过程中模具可靠的闭合，罐式传递模塑用模具加料室的截面积，应大于制品和浇道在平行分模面上投影面积的 10%。为确保熔融料能完全填满成型腔和充模后继续向成型腔传压补料，模塑料的一次加料量应略大于制品和浇道固化物的总重量。

　　罐式传递模塑成型制品时，既可用移动式模具，也可用固定式模具。当用移动式模具时，成型在通用的液压机上进行,装料、启模和取出制品等操作全靠手工完成,因而劳动强度大生产效率低。当用固定式模具时,若将模具安装在传递模塑专用的液压机上,即可实现半自动化的成型操作。

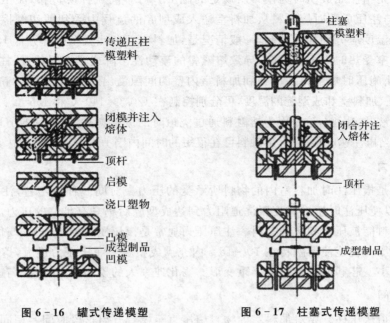

图 6-16　罐式传递模塑　　　　图 6-17　柱塞式传递模塑

2. 柱塞式传递模塑

柱塞式传递模塑成型制品的过程如图 6-17 所示,其成型操作如下:先将经过充分预热的模塑料装入热的加料室,闭模使模塑料在加料室内受热熔融,然后液压机通过柱塞对熔融料施压,使其通过与加料室直接相连的分浇道和浇口进入成型腔,经过一定时间的固化后即可启模,用顶杆将制品连同分浇道和浇口内的固化物一并顶出。

柱塞式传递模塑成型制品一般都用固定式模具,而且要将模具安装在专用的双油缸传递成型机上。成型制品时,传递成型机的一个油缸专用于将模具合紧,另一个油缸则专用于通过柱塞对熔融料施压。由于合紧模具和加压注料是由两个油缸分别担任,故柱塞式传递模塑用模具加料室的截面积不必大于制品和浇道在平行分模面上的投影面积。

柱塞式传递模塑与罐式传递模塑相比,由于所用模具无主浇道,因而往成型腔注入熔融料时的流动阻力较小,而且没有主浇道固化物废料产生,故其成型制品时的能耗和物料损耗都比较小。此外,由于制品与分浇道内的固化物和残留在加料室内的固化物是作为一个整体从模内顶出,使脱模时间缩短,有利于提高生产效率。若采用单巢模成型制品,模具无分浇道加料室与成型腔直接连通,由于熔融料不必通过狭小的通道即可注入成型腔,故可用于流动性很差的成型物料模塑制品,如碎屑状模塑料的成型。

6.5.2　传递模塑工艺控制

传递模塑与压缩模塑的成型过程工艺控制大致相同,需要控制的主要工艺参数是注压温度、注压压力和注压时间。确定注压工艺参数需要考虑的因素,也与选择模压工艺参数时相似,但也有一些不同之点。

1. 注压温度

注压温度是指注压成型时为模具所规定的温度。对于同一种模塑料,注压温度一般低于模压温度,这与注压成型时熔融料从加料室注入成型腔的过程中受到剪切摩擦加热有关。注压模各部分的温度应分别加以控制,一般情况是:加料室部分比成型腔部分低 15~20 ℃,以避免物料在加料室受热时因温度过高,导致熔融料的流动性下降或早期固化;压柱的温度可以更低一些,以防止施压时熔融料从压柱和加料室内壁的间隙溢出。例如,注压木粉填充线型酚醛模塑料时,压柱、加料室和成型腔的温度,可分别控制在 120 ℃,140 ℃ 和 155 ℃。注压速度对注压温度有不可忽视的影响,这是因为熔融料通过浇道时的流速愈高,所受到的剪切就愈强烈,温升值也愈大。当压注速度很高时,熔融料可在很短的时间内因剪切摩擦升温到达其固化温度。

2. 注压压力

注压压力是指压注时加料室内的物料所承受的压力。对同一种模塑料,注压压力通常比模压压力高,以使压注时熔融料克服浇道阻力到达成型腔后仍具有足够的压力,从而保证成型腔充满后熔融料能被压实和实现补料。注压压力通常是模压压力的 1.5~2.5 倍,在正常情况下合适的注压压力应能使熔融料在 10~15 s 内充满成型腔。注压压力过大,熔融料进入成型腔后会冲断细小型芯和嵌件或使之严重变形。固化速率大的模塑料,用高压高速压注为好。

3. 注压时间

注压时间指从压柱开始对加料室内物料施压直至模具开启这段时间。用同一种模塑料成型同一种制品,注压所需时间一般比模压缩短 20%~30%。这主要是由于注压时熔融料进入成型腔时的温度已升高到固化临界状态,成型腔充满后熔融料即迅速进行交联反应。此外,在加料室内已被加热熔融并在通过浇道时受到补充加热的熔融料,到达成型腔后的温度均一性远比模压成型时高,成型腔内各处的物料能大致同时开始固化,不会因个别地方料温低、固化慢而使整个制品的固化时间都要延长。

6.5.3 注封

注封也称塑封,是指借助传递模塑技术用塑料包埋电气元器件的工艺。用塑料包埋电气元器件的其他工艺方法是灌封和包封,被封进塑料内的电气元器件常称为包埋件。将电气元器件包埋在塑料之中,可使其与外界环境隔绝,以利于绝缘、防腐蚀、防震动破坏。

用于注封的热固性模塑料应具有很高的流动性,以便能在较低的注压压力下,将熔融料从加料室注入安放有包埋件的成型腔。注封工艺中最广泛采用的是环氧模塑料,其次为有机硅、DAP、不饱和聚酯和酚醛等的高流动性级别的模塑料。

注封用的模具,在结构上与通用的罐式注压模相近。由于包埋的电气元器件都很精细,容易在注封中受到损坏,加之成型腔内一次装入的元器件都比较多,故常用特殊的托架将元器件夹住后再固定在注压模的成型腔内。注封件内的残留空气对包埋的电气元器件工作的可靠性有不利影响,因此注封用压注模要有适当的排气槽,必要时应采用抽真空的方法强制排出成型腔内的空气。

注封工艺过程与一般的注压工艺过程相同,但注压压力要低得多。注封件的生产过程与一般注压制品的不同之处,是对包埋的元器件要进行前处理。对包埋的元器件进行前处理的目的是,提高与塑料的黏附力并防止元器件表面对塑料的固化有不良影响。为此,应将元器件及其托架表面清洗干净后干燥除去吸附水。若元器件的体积较大,由于制造元器件的金属或陶瓷材料与塑料的热膨胀系数相差甚远,加之注封件在使用中其内部的元器件会发热,因而有可能导致注封件的塑料层开裂。为消除这一不良现象,应选用固化后成型收缩较小而变形能力又较大的模塑料作为注封料;此外对元器件表面进行糙化处理,增大与塑料的黏附力,也对减小塑料层开裂的危险有一定的作用。

为提高注封设备的生产效率,常在注封件完全固化之前即将其从模内脱出,用这种方法得到的注封件必须进行后固化处理,以使其气密性、电绝缘性、耐热性和尺寸稳定性等达到预定的指标。环氧模塑料由于固化速率一般都比较低,其注封件的后固化处理更是必不可少。

6.6　塑料冷压烧结成型技术

冷压烧结成型有时被称作冷压模塑,是一种先将一定量成型物料加进常温下模具,在高压下压制成密实坯件(又称冷坯或毛坯),然后送进高温炉中烧结一定时间,从烧结炉中取出经冷却而成为制品的塑料成型技术。这种成型技术主要用于聚四氟乙烯、超高分子量聚乙烯和聚酰亚胺等难熔塑料制品的生产,其中以聚四氟乙烯最早采用,而且成型工艺也最为成熟,故以下即以聚四氟乙烯为例介绍冷压烧结成型工艺过程。聚四氟乙烯冷压烧结成型由冷压制坯、坯件烧结和烧结物冷却三个基本过程组成。由冷压烧结成型得到的聚四氟乙烯制品,大多须经过机械加工后才能成为最终产品。

6.6.1　冷压制坯

聚四氟乙烯及其与各种填充剂的混合料有良好的压锭性,在常温下可用高压制成各种形状的坯件。冷压制坯通常用与模压模相似的模具在通用的塑料液压机上进行。模具的型腔尺寸应在制品尺寸的基础上,以聚四氟乙烯粉料的压缩比和烧结后的收缩率为依据计算确定。

在运输和贮存过程中,由于受压和受到震动等原因,聚四氟乙烯粉料易出现结块成团,这会使冷压时往模腔加料发生困难,并可能导致坯件的密度不均,因此,使用前须将有结块的料破碎过筛。

聚四氟乙烯冷却压制坯时,粉料在冷压模内压实的程度愈小,烧结后制品的收缩率就愈大;如果坯件各处的密度不等,烧结后的制品会因各处收缩不同而产生翘曲变形,严重时会出现制品开裂。因此,冷压制坯时应严格控制装料量、所施压力和施压与卸压的方式,以保证坯件的密度和各部分的密度均一性达到预定的要求。

冷压制坯时,将制品所需的松散料一次全部装入模腔,只能用于在施压方向壁厚完全相同的制品。冷压形状较复杂的制品时,应将所需粉料分成几份,分次加进模腔,每次加进的粉料量应与其填充的部分模腔容积相适应,而且应当用几个阳模分层次地对粉料施压。图 6-18所示为聚四氟乙烯法兰形制品冷压制坯时的装料过程示意。装料前先将底模和成型法兰孔的芯棒放入模套内,随之往模腔内加进第一份粉料,如图 6-18(a)所示;然后往模腔内插进第一个阳模,但并不对其施压,如图 6-18(b)所示;此后再加进第二份粉料,如图 6-18(c)所示;随之插进第二个阳模,如图 6-18(d)所示;最后将整套冷压模移入液压机,在两个阳模上同时施压使粉料取得模腔形状,如图 6-18(e)所示。用这种分批装料的方法,一般能保证粉料在模腔各部分都均匀而密实地填充。

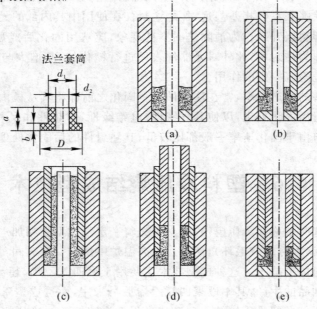

法兰套筒

图 6-18　分两批加料的聚四氟乙烯坯件压制步骤

将制品所需粉料全部装入模腔后应立即加压成型,所施压力宜缓慢上升,严防冲击式加压,升压速率多用阳模下移的速度控制。冷压大型的和形状复杂的坯件时,应采取低的升压速率;反之,则可采取较高的升压速率。为使高度大的坯件上、下的压实程度尽可能一致,以从型腔的上、下两个方向同时加压为宜。如果坯件的截面积较大,由粉料带入的空气不易从模具间隙完全排出,加压的过程中可进行几次卸压排气。当施加的压力达到规定的值后,尚需在此压力下保压一段时间,以便压力能向坯件的内部充分传递,保压时间一般随坯件高度和截面积的增大而延长。保压时间结束后应缓慢卸压,以免因压力消失过快引起的回弹使坯件产生裂纹。冷压制坯时施加的压力愈高,坯件的密度就愈大,高密度坯件烧结时的体积收缩则较小。但冷压压力过高时,聚四氟乙烯粒子在受压过程中容易相互滑移,严重时也会使坯件出现裂纹。

在烧结前应严格检查坯件有无裂纹或其他缺陷,有裂纹的坯件绝不可用于烧结,因为烧结时裂纹不会自行消失。报废的聚四氟乙烯冷压坯件,破碎并用胶体磨磨细后可以再用;而经过烧结后的烧结物如果报废,则无法回收利用。

6.6.2　坯件烧结

烧结是将坯件加热到聚四氟乙烯的熔点以上,并在这一烧结温度下保持一定时间,以使坯件内紧密接触的粒子通过大分子链的相互扩散运动而熔结成密实整体的作业。聚四氟乙烯坯件烧结过程伴随有树脂的相变,当升温到高于熔点($T_m = 327$ ℃)的烧结温度时,树脂内的晶相部分全部转变为非晶相,这时坯件由白色不透明体转变为胶状的弹性透明体。

坯件的烧结多以间歇的方式进行,按加热载体形态的不同,可分为固体载体、液体载体和气体载体三种不同的烧结方式。生产中广泛应用的是气体加热载体烧结,所用气体可以是空气,也可以是氮气。最常见的是以空气为加热载体,在带有安放坯件转盘的热风循环烘箱中进行烧结。这种烧结装置的主要优点是坯件受热均匀、便于观察每个坯件的烧结情况和操作方便,因此以下即以这种烧结方式为例介绍烧结过程。

放进烧结烘箱中的坯件,可以处于自由状态,也可置于防止变形的夹具之中,主要由坯件形状和允许烧结变形的大小而定。烧结工艺条件应根据聚四氟乙烯树脂的牌号、填料的用量与类型和坯件的尺寸与壁厚等确定。整个烧结过程,通常分升温和保温两个阶段进行。

升温阶段是将坯件加热,由室温上升到烧结温度的过程。坯件受热后体积显著膨胀,在聚四氟乙烯熔点附近膨胀量可高达 25%。由于树脂的导热性差,若升温过快将导致坯件内外的温差加大,由此而引起的内外膨胀程度不同,将使烧结物内产生较大的内应力。温差的这种内应力效应,在大型坯件上表现得更为显著。内应力大的烧结物,冷却后容易出现翘曲和开裂。升温过慢,会使总的烧结时间延长,导致烧结设备的生产效率下降。对大尺寸和用于车削薄膜的聚四氟乙烯坯件,烧结时应采用较慢的升温方式,在低于 300 ℃时可每小时升温 30～40 ℃,高于 300 ℃以后以每小时升温 10～20 ℃为宜。升温过程中应在聚四氟乙烯结晶速率最大的温度区间(315～320 ℃)保温一段时间,以保证坯件内外温度尽可能均匀一致。烧结温度主要由树脂的热稳定性确定,热稳定性高者可定为 380～400 ℃,热稳定性差者取 365～375 ℃为宜。在允许的烧结温度范围内,提高烧结温度可使制品的结晶度增大,相对密度和成型收缩率也将随之增大。

保温阶段是在到达烧结温度后,使坯件在此温度下保持一定时间,以使整个坯件的结晶结构能够完全消失的过程。保温时间的长短主要取决于烧结温度、粉状树脂的粒径和坯件的壁厚等因素。烧结温度高但树脂热稳定性较差时,应适当缩短保温时间,否则会造成树脂的热分解,这将导致制品表面不光、起泡和出现裂纹等缺陷。为使大型厚壁坯件的中心区也升温到烧结温度,应适当延长保温时间。用小粒径树脂粉料冷压而成的坯件中,孔隙含量低导热性好,升温过程中内外的温差小,可适当缩短保温时间。

聚四氟乙烯树脂在加热到高于 415 ℃时,热分解速率急剧增大。热分解产物主要是一些毒性很大的不饱和氟化物,如全氟异丁烯、四氟乙烯和全氟丙烯等。因此,烧结这种树脂的坯件时,必须采取有效的通风措施和必要的劳动保护。

6.6.3　烧结物冷却

烧结物冷却是指将完成烧结过程的坯件,从烧结温度冷至室温的过程。与坯件的烧结过程一样,聚四氟乙烯烧结物的冷却过程也伴随有相变,由于冷却是烧结的逆过程,故其相转变过程也与烧结过程的相转变相反,是由非晶相转变到晶相。相态转变的存在,使烧结物在冷却过程中有明显的体积收缩,其外观也由弹性透明体逐渐转变为白色不透明体。

烧结物的冷却方式有"淬火"和"不淬火"之分。所谓淬火就是快速冷却,不淬火是指慢速冷却。以淬火方式冷却时,烧结物以很高的降温速率通过聚四氟乙烯的最大结晶速率温度范围,所得制品的结晶度低。以不淬火方式冷却时,由于降温慢有利于结晶过程的充分进行,所得制品的结晶度高。淬火又有空气淬火和液体淬火之分,由于烧结物在液体中比在空气中降温快,所以液体淬火所得制品的结晶度比空气淬火的小。

不同类型的制品对冷却降温速率的要求不尽相同。大型制品的烧结物,如果冷却时降温过快,常因内外温差大而引起的收缩不均使制品内存在较大的内应力,这有可能导致制品中出现裂纹。壁厚大于 4 mm 的制品,其烧结物一般不采取淬火方式冷却,较为可取的冷却方式如下:先以每小时 15~24 ℃的速率慢冷,到达结晶速率最大的温度区间后保温一段时间使其充分结晶,温度降至 150 ℃后从烧结烘箱取出,移入保温箱中冷至室温。对平板状制品和允许变形量很小的制品,其烧结物从烧结烘箱中取出后,应立即置于定型模内慢冷至室温。小型薄壁制品的烧结物可快速降温冷却,冷至 250 ℃后即可从烧结烘箱中取出,取出后是否需要淬火应根据使用要求而定。

6.7 塑料层压成型技术

层压成型也简称层压,是指借助加压与加热作用将多层相同或不同材料的片状物通过树脂的黏结或熔合,制成材质的组成结构近于均匀的整体制品作业。在塑料制品生产中,对于热塑性塑料,层压成型主要用于将压延片材制成压制板材;对于热固性塑料,层压成型是制造连续纤维增强热固性树脂复合材料制品的重要方法。将浸有热固性树脂胶液的纸或纤维布用不同的方式层叠后可制成板、管、棒和其他简单形状的增强热固性塑料层压制品。在各种层压制品中,以增强热固性塑料层压板的产量最大,而且在成型工艺上也最具代表性。

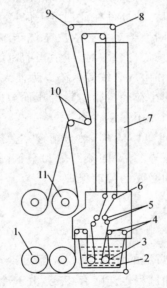

图 6−19 立式浸胶机示意图

1—原材料卷辊;2—浸胶槽;3—涂胶辊;4—导向辊;5—挤压辊;6,8,9—导向辊;
7—干燥室;10—张紧辊;11—浸胶材料收卷辊

增强热固性塑料层压板是以热固性树脂为黏料,以纸和各种纤维布为增强剂,先将二者复合再层压成型而制成。常用的热固性树脂是酚醛、环氧、三聚氰胺甲醛、DAP 和有机硅等;增强剂多为纸、棉布、玻璃布、合成纤维布、石棉布、芳纶布、碳纤维布等。这种板材常按所用增强剂和树脂的种类来分类与命名,例如以玻璃布和酚醛树脂制成的板就称作"玻璃布基酚醛层压板"。增强热固性塑料层压板完整的成型过程,由成型物料准备、压制成型和板材的修整与热处理三个阶段组成。

6.7.1　成型物料准备

制造增强热固性塑料板的成型物料是浸胶片材,故成型物料的准备工作主要是将树脂和纸或布制成浸胶片材。浸胶片材制备在浸胶机上进行,图 6-19 和图 6-20 所示分别为立式和卧式两种浸胶机制备浸胶片材的示意。立式浸胶机占地面积小,纸或布通过浸胶槽时可经受多次浸渍,也便于控制浸胶片材的含胶量,但不适于纸等湿强度低的增强材料浸胶;卧式浸胶机的优缺点与立式机恰好相反。

浸胶前要先将树脂按需要配成一定浓度的胶液,用作增强剂的纸和布也要进行适当的表面处理,以改善胶液对其表面的浸润性。纸或布通过浸胶槽时,应当被胶液充分而均匀地浸渍并使浸胶片材达到规定的含胶量。在浸胶过程中影响浸胶片材质量的主要因素是胶液的浓度与黏度、纸或布的张紧程度及其与胶液的接触时间,以及挤胶辊的间隙等。

附有胶液片材的干燥,通常在浸胶机的洞道式干燥箱中进行。干燥的目的在于除去胶液的溶剂和其他低分子挥发物,也具有促进树脂反应以调节片材所附胶层流动性的作用。干燥过程中,主要控制干燥箱各段的温度和附胶片通过干燥箱的速度,以保证浸胶片材的质量达到预定要求。

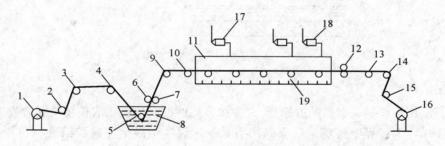

图 6-20　卧式浸胶机示意图

1—原材料卷辊;2,4,9—导向辊;3—预干燥辊;5—涂胶辊;6,7—挤胶辊;8—浸胶槽;
10,13—支承辊;11—干燥室;12—牵引辊;14,15—张紧辊;16—收卷辊;
17—通风机;18—预热空气送风机;19—加热蒸汽管

干燥后的浸胶片材即可用作制造层压制品的成型物料,其质量指标主要有含胶量、挥发物含量和不溶性树脂含量。这几项质量指标反映了浸胶片材在压制成型时树脂的软化温度高低和流动性大小,因而对层压制品的质量和压制工艺控制都有重要的影响。

6.7.2　压制成型

增强热固性塑料层压板压制成型的主要设备是多层液压机,成型过程通常包括叠块、进模、热压和脱模四项操作。

1. 叠块

叠块是为热压准备坯件的操作,为此需先按板材的规格剪裁浸胶片材,再根据板的厚度计算每块板坯应堆叠的浸胶片张数,随后按预定的排列方向将所需张数的浸胶片堆叠成板坯。

在板坯的最上面和最下面,放 2～4 张用含脱模剂胶液浸渍且含胶量较多的特制浸胶片,这可使制成的板材不仅表面美观,而且防潮性也比较好。

2. 进模

进模是将堆叠好的板坯夹在模板之间,并组合成压制单元放进多层压机热压板间的操作。层压板材用的模板是表面光洁度很高的镀铬钢板或不锈钢板,为使热压后模板便于与板材分开,夹进板坯前应先在模板的工作面上涂润滑剂或衬上隔离膜。为充分利用两加热板之间的空间,通常是将若干块厚薄不等的板坯组合成一个高度稍小于二加热板间距的压制单元后再放进多层压机,图 6-21 所示为压制单元组成示意。压制单元的组合顺序是:先在金属垫板上放衬纸,衬纸上放单面模板,单面模板上放板坯,板坯上放双面模板,双面模板上再放板坯;双面模板和板坯交替堆放的次数,视板坯的厚度和加热板间距而定;最后一块板坯上依次放上单面模板、衬纸和金属垫板。将按以上方式组合的压制单元,在多层压机的下压板处在最低位置时,分层推入各加热板之间,即可闭合压机开始升温升压压制板材。

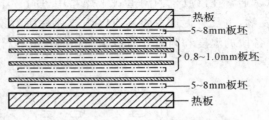

图 6-21　压制单元组成示意图

3. 热压

热压是层压板压制成型的关键操作,由多张分离的浸胶片组成的板坯转变为整体的板材,就是在这项操作的过程中实现。热压的作用是促进树脂熔融流动使胶液进一步浸渍增强片材,并引发交联反应使浸胶片固化成一个整体。热压过程需要控制的主要工艺参数是热压温度、热压压力和热压时间。

热压温度的高低首先取决于胶液的树脂和固化剂类型,此外,还受浸胶片材含胶量、挥发物含量、不溶性树脂含量和板材厚度的影响。热压时的温度和压力一般分为五个时期分别进行控制。第一个时期为预热期,在此期间加热板坯使其温度从室温上升到树脂体系开始交联反应的温度,在升温过程中树脂熔融进一步均匀浸渍增强物片材并使部分挥发物逸出;这一时期施加的压力为热压规范所规定之最高压力的 1/3～1/2,若压力过高,胶液将大量流失,容易造成板材树脂含量不足。第二个时期为中间保温期,在此时期内,温度和压力均保持在前一时期结束时的水平,其作用在于使树脂以低的速率固化;这一时期的终点用模板边缘外流之胶液是否达到凝胶化决定,一旦出现凝胶化即开始升温升压。第三个时期为二次升温期,温度和压力在此期间均升高到热压规范所规定的最高值,由于进入这一时期树脂因已凝胶化而流动性显著下降,高温高压不仅不会造成流胶过多,反而有利于增大交联反应速率和减少板材中气孔、裂纹和分层等缺陷的产生。第四个时期为二次保温期,树脂在此时期内充分进行交联反应,完成板坯的固化定型。第五个时期为冷却期,已固化定型的板材在此时期内逐渐降温冷却,为避免因降温过快而引起翘曲变形,应控制降温速率,冷却期内应保持一定的压力,过早卸压容易造成板材表面起泡和翘曲变形。

热压过程中热压压力的主要作用是：压紧板坯中的各层浸胶片、促进黏稠树脂流动和驱赶挥发分，在板材冷却期间保持一定的压力有平衡残余挥发分所产生内压的作用。热压压力的高低主要由树脂固化特性决定，若固化过程中有低分子物排出，热压压力应比较高；树脂要求高温固化时，一般需要相应增大热压压力。规定的热压时间，应保证固化后的板材在脱模时有足够的强度和刚度。热压时间的长短主要由树脂类型、固化体系特性和板坯厚度决定。当树脂和固化体系一定时，板坯愈厚所需的热压时间就愈长。

4. 脱模

脱模指使模板与板材分离的操作。在热压过程的冷却期结束多层压机卸压后，即可将压制单元从压机中依次推出。置于专门操作台上的压制单元，用人工或专门的翻板机与吸钢板机使板材与模板分离。

6.7.3　板材修整与热处理

修整主要指切去热压所得半成品板的毛边，使其尺寸满足成品板材规格要求的操作。厚度 3 mm 以下的薄板可用圆锯切板机切边，厚度大于 3 mm 的厚板一般用砂轮锯片切边。

热处理是指按规定的温度和时间烘烤板材的操作。热处理是使板材中树脂达到固化完全的补充措施，目的是改善板材的机械强度、耐热性和电绝缘性等。热处理的温度和时间，主要由树脂类型、固化体系特性和板材厚度决定。

增强热固性塑料层压管和层压棒的层压成型工艺过程，与层压板的成型工艺过程大致相同，只不过管材和棒材坯件的准备不是将浸胶片简单地堆叠成块，而是用专门的卷管机将浸胶片材卷制成管状坯和棒状坯；而坯件的固化定型，对于层压管只需将卷制成的管状坯送入固化炉烘烤；对于层压棒需将卷制成的棒状坯放入专门的压制模具内，在施加高压的情况下热压成型。

思考题与习题

6-1　液压机由哪些基本部分组成？各部分的作用是什么？

6-2　为成型塑料制品，液压机应满足哪些基本要求？并简述其理由。

6-3　用同一种热固性模塑料、同一套模具和同样的工艺参数模压成型时，为什么经过预热的料总比未经预热的料所得制品的强度高？

6-4　影响热固性模塑料模压流动性和固化速率的因素有哪些？

6-5　模具结构对热固性塑料模压过程中模腔内物料的体积变化和所承受压力的变化有何影响？

6-6　液压机的工作油缸为差动油缸，活塞直径为 145 mm，活塞杆直径为 135 mm，油压为 32 MPa，试计算总压力。如制件的压制压力为 35～40 MPa，试确定在该机上所能加工的压制面积。

6-7　模压一厚度为 12 mm、重量为 268.8 g 的热固性塑料制品，所用模塑料的松密度为

0.14 g/cm³,经过预压后的预压物密度为 0.84 g/cm³。若松散料和预压物可分别按 1 min/mm 和 0.8 min/mm 的固化速率成型,试估算分别用松散料和预压物成型时的最小模腔容积和模压时间。

6-8　用热固性模塑料模压—厚壁圆管状制品,制品外径为 180 mm、内径为 160 mm、高为 60 mm、密度 1.36 g/cm³。若模压压力取 30 MPa、固化速率取 0.8 min/mm,试求模压该制品时的最小加料量、最短模压时间和所用液压机的最小吨位。

6-9　用同一种热固性塑料生产同一种制品时分别采用传递模塑和压缩模塑成型,为什么前者的成型温度和时间可以小于后者,而成型压力又需要大于后者?

6-10　聚四氟乙烯冷压烧结制品的成型由哪三个基本过程组成? 有哪些因素会对制品的质量产生影响?

6-11　绘出增强热固性塑料层压板成型时热压过程五个时期的温度和压力与时间的关系曲线,并说明各时期的温度和压力在成型中的作用。

第7章 塑料二次成型加工技术

7.1 概   述

　　塑料二次成型是相对于塑料一次成型而言的。有些塑料制品由于技术上或经济上的原因,不能够或不适于经过一次成型即取得制品的最终形状,而需要用挤出、注射、压延和浇铸等一次成型技术制得的型材或坯件在高弹态经过再次成型以取得制品的最终形状。因此,塑料二次成型技术就是以一次成型技术的产品为成型对象,经过再次成型以获得最终制品的各种技术。

　　二次成型技术与一次成型技术相比,除成型的对象不同外,二者所依据的成型原理也不相同,如图7-1所示。一次成型主要是通过塑料的流动实现造型,成型过程中总伴随有聚合物的状态或相态转变,如熔融纺丝、注射成型、薄膜吹塑、挤出成型、压延成型等;而二次成型过程始终是在低于聚合物流动温度或熔融温度的高弹态下进行,一般通过黏弹性形变来实现一次成型塑料型材或坯件的再造型,如中空吹塑成型(hollow blow molding)、热成型(thermal forming)以及薄膜双向拉伸(biaxial oriented stretch film)和纤维的单向热拉伸等。

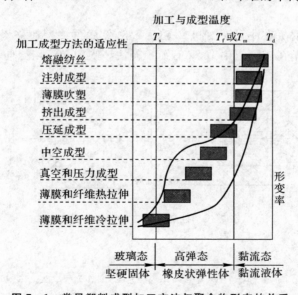

图 7-1 常见塑料成型加工方法与聚合物形态的关系

7.2 中空吹塑成型

中空制品吹塑成型通常简称为吹塑,是一种借助流体压力(吹塑气体压力)使闭合在模腔内尚处于半熔融状态的型坯膨胀成为中空塑料制品的二次成型技术。由于型坯的制造和吹胀两过程可以各自独立地进行,故中空制品吹塑技术也属塑料二次成型范畴。

可用于生产吹塑制品的热塑性塑料品种很多,但最常用的是聚乙烯、聚丙烯、聚氯乙烯、聚对苯二甲酸乙二醇酯、聚碳酸酯和聚酰胺等。大多数的吹塑制品用作各种液状货品的包装容器,如塑料瓶、塑料桶、塑料壶等,可以分为非耐压容器、耐压容器、耐热容器、耐热耐压容器,取决于所用聚合物材料的性能。吹塑成型所用塑料一般应具有较高的耐环境应力开裂性、良好的阻透性和抗冲击性。此外,对不同包装用途的吹塑制品,还要求其所用塑料具有耐化学药品性、抗静电性和耐挤压性等。

吹塑工艺按型坯制造方法的不同,可分为注坯吹塑和挤坯吹塑。这两种吹塑方法所制型坯,若在热状态下立即送入吹塑模内吹胀成型,就总称为热坯吹塑。若不用热的型坯,而是将压延所得片材、挤出所得管材和注射所得坯件重新加热到半熔融状态后再放入吹塑模内吹胀成型,就总称为冷坯吹塑。工业生产中广泛采用的是热坯吹塑,以提高生产效率。

热坯吹塑成型机组除通用的挤出机和注射机外,还包括吹塑用模具、启闭模装置、控制装置等。吹塑模具的型腔多由两个半模夹紧后形成,型腔四周设有冷却介质通道。由于吹胀时所用压缩空气压力不高,因而所需合模力也不大,加之吹塑模的结构都比较简单,因此可以采用强度不高的材料来制造。吹塑模的常用制模材料是铝、锌合金、铍铜、生铁和钢材等。

7.2.1 注坯吹塑

这是一种先用注射机在注射模内制成有底型坯,然后再将型坯移入吹塑模内吹胀成中空制品的技术。注坯吹塑在实际应用中,又有无拉伸注坯吹塑和注坯拉伸吹塑两种方法。

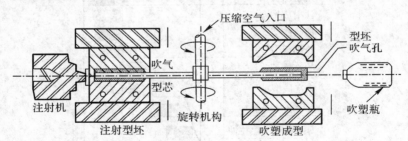

图 7-2　注坯吹塑工艺过程示意图

1. 无拉伸注坯吹塑

无拉伸注坯吹塑常简称为注坯吹塑,其成型过程如图 7-2 所示。成型过程从注射模的闭合开始,随后往闭合的模腔内注入塑化良好的塑料熔体并在芯模上形成适宜尺寸、形状和重量的管状有底型坯。若生产的是瓶类制品,瓶颈部分及其螺纹也在这一步序上同时成型。所用芯模为一端封闭的带吹气孔的管状物,该芯模在注射模中作为型芯,而在吹塑模中作为引入吹塑气体的来源。压缩空气可从开口端通入,从芯模管壁上所开的多个小孔逸出。型坯一经成型,注射模立即开启,旋转机构及时将芯模连同型坯移入吹塑模内。吹塑模应快速闭合,在型坯还处于半熔融状态的情况下,将压缩空气引入芯模,型坯立即被吹胀而脱离芯模并紧贴到吹塑模的型腔壁上。吹胀物在其内部仍保持一定充气压力的条件下,因受吹塑模壁的冷却作用而凝固定型,随后吹塑模开启,即可取出吹塑制品。

注坯吹塑在技术上有许多优点,最重要的一点是型坯的壁厚分布可由注射模型腔的形状与尺寸予以精确控制,因而使所得中空制品的壁厚较为均匀,避免了中空制品角隅部分容易出现的减薄现象。其次,注射制得的型坯能够全部进入吹塑模内吹胀成型,故所得中空制品底部无接缝也无边角废料。从对塑料品种的适应性看,注坯吹塑与挤坯吹塑相比可选用的塑料范围较宽,一些难于用挤坯吹塑成型的塑料品种,可用注坯吹塑成型出合格的制品。注坯吹塑的主要不足是成型需用注射和吹塑两套模具和一个特制芯模,而且注射型坯的模具造价较高;其次是注射所得型坯温度较高,吹胀物需要较长的冷却时间,使注坯吹塑制品的成型周期长、效率低;还有一个缺点是注射所得型坯的内应力较大,加之在转换模具时容易受到不均匀的冷却,这些都会增加聚烯烃塑料吹塑容器出现应力开裂的危险性。当用此法制造较大尺寸的制品时,以上的不足之处就变得更加突出,因此注坯吹塑在实际生产中主要用于大批量的小型精致中空容器的成型。

2. 注坯拉伸吹塑

注坯拉伸吹塑也称注射拉伸吹塑,是指在成型过程中型坯不仅被横向吹胀,而且在吹胀前还受到轴向拉伸,以提高制品纵向的分子链取向性,所得制品具有大分子双轴取向结构,因此制品的强度可以进一步提高。

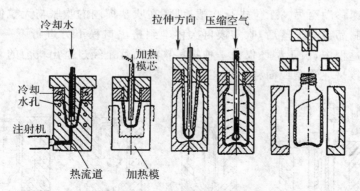

图 7 - 3　注坯拉伸吹塑示意图

注坯拉伸吹塑制品成型过程如图 7 - 3 所示。在这一成型过程中,型坯的注射造型与无拉伸注坯吹塑法相同,但所得型坯并不立即移入吹塑模,而是经适当冷却后移送到加热槽内,在槽中加热到预定的拉伸温度后,再转送至拉伸吹胀模内。在拉伸吹胀模内先用拉伸棒将型坯进行轴向拉伸,然后再引入压缩空气使之横向胀开至紧贴模壁。吹胀物经过一段时间的冷却后,即可从模内脱出得到具有双轴取向结构的吹塑制品。

成型注坯拉伸吹塑制品时,通常将不包括瓶口部分的制品长度与相应型坯长度之比定为拉伸比;而将制品主体直径与型坯相应部分直径之比规定为吹胀比。增大拉伸比和吹胀比虽然有利于提高制品强度,但在实际生产中由于必须保证制品的壁厚满足使用要求,故拉伸比和吹胀比都不能取得过大。实验表明,二者取值为 2～3 时,可得到综合性能较高的制品。

用无拉伸注坯吹塑技术制得的聚丙烯中空容器,其透明度不如硬质聚氯乙烯吹塑制品,冲击强度则不如聚乙烯吹塑制品。当改用注坯拉伸吹塑成型时,不仅其制品的透明度和冲击强度可分别达到硬质聚氯乙烯制品和聚乙烯制品的水平,而且弹性模量、拉伸强度和热变形温度等均有明显提高。制造同样容量的中空制品,拉伸注坯吹塑可以比无拉伸注坯吹塑的制品壁更薄,因而可节约成型物料。

7.2.2 挤坯吹塑

挤坯吹塑与注坯吹塑的不同,仅在于其型坯是用挤出机经管状机头挤出制得。由于所用成型设备比较简单而且生产效率较高,这种吹塑技术所得制品在吹塑制品的总产量中,目前占有绝对优势。挤出的型坯虽然也可先经过拉伸再吹胀而制得有双轴取向的中空制品,但其成型过程远比注坯拉伸吹塑过程复杂,故生产上较少采用挤坯拉伸吹塑技术。为适应不同类型中空制品的成型,挤坯吹塑在实际应用中有单层直接挤坯吹塑、多层直接挤坯吹塑和挤出-蓄料-压坯-吹塑等不同的方法。

1. 单层直接挤坯吹塑

单层直接挤坯吹塑的基本过程如图7-4所示。型坯从一台挤出机供料的管状机头挤出后,垂直悬挂在挤出口模下方,移模机构将处在开启状态的吹塑模迅速推动到挤出口模下方,当下垂的型坯长度达到规定值之后,吹塑两半模立即闭合,模具的上、下夹口依靠合模力将管坯迅速切断并快速移动至另一工位进行吹塑,型坯在吹塑模内的吹胀与无拉伸注坯吹塑相同,吹塑完成后开模制品自动掉落后,吹塑模再次移动到挤出口模下方进行下一个循环。在这种吹塑制品的成型过程中,由于型坯仅由一种物料构成而且是经过挤出机前的管机头挤出制得,故常称作单层直接挤坯吹塑或简称为挤坯吹塑。

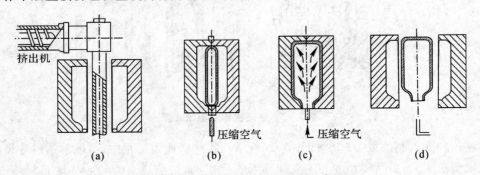

图 7-4 单层直接挤坯吹塑过程示意图
(a)管坯挤出;(b)管坯进入吹塑模;(c)管坯吹塑;(d)开模

2. 多层挤坯吹塑

这是在单层挤坯吹塑技术的基础上发展起来,专用于成型由不同物料组成的吹塑制品的方法,其成型过程与单层直接挤坯吹塑并无本质的不同,只是型坯的制造须采用能挤出多层结构管状物的机头,三层管坯挤出设备如图7-5所示。

多层直接挤坯吹塑的技术关键,是控制各层物料的均匀稳定流动以及各层之间相互熔合与黏结质量。若层间的熔合与黏结不良,制品夹口区的强度会显著下降。可以从两个方面改善层间的熔合与黏结质量:其一是往各层物料中混入有黏结性的组分,这可以在不增加挤出层数的情况下使制品夹口区的强度不致显著下降；其二是在原来各层间增加有黏结功能的物料层，这就需要增加制造多层管坯的挤出机数量，使成型设备的投资增加，型坯的成型操作也更加复杂。

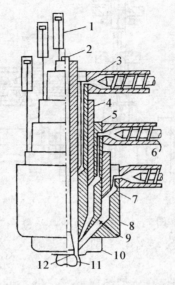

图 7-5 三层管坯挤出示意图
1—油缸；2—支撑杆；3—挤出机；4—环形活塞；5—隔层；6—黏结材料
7—环形通路；8—外壳；9—储料器；10—喷嘴；11—型坯；12—芯轴

多层吹塑中空制品的生产主要是为了满足日益增长的化妆品、药品和食品等对塑料包装容器阻透性的更高要求。例如，外层为聚氯乙烯而内层为聚乙烯的双层结构吹塑瓶，外层树脂为瓶提供良好的刚性、阻燃性和耐候性，内层树脂则使瓶具有优异的耐化学药品性。因此，多层吹塑容器所用物料的种类和必要的层数，应根据使用的具体要求确定。当然，制品层数愈多，型坯的成型也愈加困难。

3. 挤出-蓄料-压坯-吹塑

用直接挤坯吹塑技术制造大型中空制品时，由于挤出机直接挤出管状型坯的速度不可能很大，当型坯达到规定长度时常因自重的作用，使其上部接近口模部分壁厚明显减薄而下部壁厚明显增大，而且型坯的上、下部分由于在空气中停留时间的差异较大，致使温度也明显不同。用这种壁厚和温度分布很不均匀的型坯所成型的吹塑制品，不仅吹塑过程困难，制品壁厚的均一性差，而且内应力也比较大。

为得到壁厚均匀、内应力也比较低的大型挤坯吹塑制品，就必须改变制坯的方法。一种较为可取的大型吹塑型坯的制造方法是：先将挤出机塑化的熔体蓄积在一个蓄料缸内，在缸内的熔体达到预定量后，用加压柱塞以很高的速率使其经环隙口模迅速压出，成为一定长度的管状物，再按照挤坯吹塑的方法进行吹塑。这种按挤出、蓄料、压坯和吹塑方式成型中空制品的工艺过程可用如图 7-6 所示的带蓄料缸吹塑机实现。为进一步提高大型吹塑制品壁厚的均一性，目前在这种带蓄料缸的吹塑机上已采用可变环隙口模和程序控制器，用以实现按预先设定的程序自动控制型坯的轴向壁厚分布。

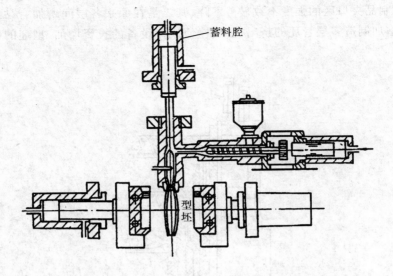

图 7－6　带蓄料缸吹塑示意图

7.2.3　中空吹塑工艺过程控制

注坯吹塑和挤坯吹塑的差别仅在于型坯成型方法的不同,二者的型坯吹胀与制品的冷却定型过程基本相同,吹塑成型过程要控制的工艺因素也大致相同。对吹塑过程和吹塑制品质量有重要影响的工艺因素是型坯温度、吹塑模温度、充气压力与充气速率和冷却时间等。

1. 型坯温度

制造型坯,特别是挤出型坯时,严格控制其温度的目的,在于既要使型坯在吹胀之前有良好的形状稳定性,又能保证吹塑过程中具有很好的变形能力。从而使吹塑制品获得光洁的表面、较高的接缝强度和适宜的冷却时间。

型坯温度对其形状稳定性的影响通常从两个方面表现出来:一是熔体黏度对温度的依赖性,型坯温度偏高时,由于熔体黏度较低,使型坯在挤出、转送和吹塑模闭合过程中因重力等因素的作用而变形量增大;二是离模膨胀效应,当型坯温度偏低时,型坯长度收缩和壁厚增大现象就更为明显,其表面质量也明显下降,严重时出现鲨鱼皮症和流痕等缺陷,壁厚的不均匀性也明显增大。

在型坯的形状稳定性不受严重影响的条件下,适当提高型坯温度,对改善制品表面光洁度和提高接缝强度有利。但过高的型坯温度不仅会使其形状的稳定性变坏,而且还因必须相应延长吹胀物的冷却时间,使成型生产效率降低。

2. 吹塑模的温度和冷却时间

吹塑模的温度高低,首先应依据成型用塑料的种类来确定,聚合物玻璃化温度或热变形温度高者,允许采用较高的模温;相反的情况应尽可能降低吹塑模的温度。但吹塑模的温度不应控制过低,因为从型坯在模内定位到吹胀开始这段时间,很低的模具温度会使型坯明显降温,而过度的降温常导致型坯吹胀时的变形困难,这在制品上表现出轮廓的花纹变得不够清晰。吹塑模温度过高时,吹胀物在模内的冷却时间延长,从而使成型生产效率降低;若不相应延长冷却时间,制品会因冷却程度不够而在脱模时出现严重变形、收缩率增大和表面缺乏光泽等现象。

　　型坯在吹塑模内被吹胀而紧贴模壁后，一般不能立即启模，应在保持一定进气压力的情况下留在模内冷却一段时间。这是为了防止未经充分冷却即脱模所引起的强烈弹性回复，使制品出现不均匀的变形。冷却时间通常占吹塑制品成型周期总时间的 1/3 以上，视成型用塑料的品种、制品的形状和壁厚以及吹塑模和型坯的温度而定。在影响冷却时间的各种因素中，以制品的壁厚最为重要。随壁厚的增加，冷却时间必须相应延长。为缩短冷却时间，除对吹塑模加强冷却外，还可以向吹胀物的空腔内通入液氮和液态二氧化碳等强冷却介质进行直接冷却。

3. 充气压力和充气速率

　　吹塑成型的关键步骤是借助压缩空气的压力吹胀半熔融状态的型坯，进而对吹胀物施加压力使其紧贴吹塑模的型腔壁以取得型腔的精确形状。由于制造型坯所用塑料品种和成型温度不同，半熔融态型坯的模量值有很大的差别，因而用来使型坯膨胀的空气压力也不一样，一般在 0.2~0.7 MPa 的范围内。半熔融态下黏度低的易变形的塑料如聚酰胺等充气压力取低值，半熔融态下黏度大、模量高的塑料如聚碳酸酯等充气压力应取高值。充气压力的取值高低还与制品的壁厚和容积大小有关，一般来说薄壁和大容积的制品宜用较高充气压力，厚壁和小容积的制品则用较低充气压力为宜。合适的充气压力通常由实验确定，其值应保证所得制品的外形、表面花纹和文字等都足够清晰。

　　以较大的体积流率将压缩空气引入已在模腔内定位的型坯，不仅可以缩短吹胀时间，而且有利于制品壁厚均一性的提高和获得较好的表面质量。但充气的气流速度如果过大将会带来一些不利的影响：一是在空气的进口区会因出现减压，从而使这个区域的型坯内陷，造成空气进入通道的截面减小；二是定位后的型坯颈部可能被高速气流拖断，致使吹胀无法进行。所以充气时的气流速度和体积流率往往难于同时满足吹胀过程的要求，可取的解决办法是加大吹管直径，使体积流率一定时不必提高气流的速度。在吹塑细颈瓶之类中空制品时，由于不能加大吹管直径，为使充气气流速度不致过高，就只得适当降低充气的体积流率。

7.3　热　成　型

　　热成型是一种以热塑性塑料板材和片材为成型对象的二次成型技术，一般是先将板、片裁切成一定形状和尺寸的坯件，再将坯件在一定温度下加热到弹塑性状态，然后施加压力使坯件在热成型模具内弯曲与延伸直至与模具内表面紧密贴合，在达到预定的形状后使之冷却定型成为敞口薄壳形制品。热成型过程中对坯件施加的压力，在大多数情况下是靠抽真空和引进压缩空气在坯件两面所形成的气压差，但也采用各种形式的凸模机械压力。

　　热成型制品有两个共同的特点：其一是制品壁的厚度都比较小，这不仅指壁厚与表面积之比很小，而且也指壁的绝对厚度很小，有些小型制品的壁厚可小于 0.05 mm；其二是制品的高度或深度与其长度或直径之比一般都不大。自一次性使用的饮料杯、各种商品的"仿形"包装、日用和医用器皿、电冰箱内胆，直到汽车和小艇的外壳部件、大型建筑构件和化工容器等，都可采用热成型方法制造。

　　热成型所用的板材和片材主要由压延、挤出和浇铸等一次成型技术制造。工业上常用于制造热成型用板、片材的塑料品种包括聚苯乙烯、聚氯乙烯、高密度聚乙烯、聚丙烯、聚甲基丙烯酸甲酯、ABS、聚酰胺、聚碳酸酯和热塑性聚酯等。热成型除大量使用普通热塑性塑料片材外，还采用热塑性塑料的填充片材、发泡片材、压花片材、层合片材、植绒片材和金属镀膜片材以满足不同类型制品的需要。

相当大一部分用注射成型的热塑性塑料制品亦可用热成型法制造，与注射相比热成型具有能方便地成型大面积制品、制品内应力小、不易翘曲变形、模具投资小、生产效率高、设备投资少等突出的优点；而其缺点是所用板、片材本身的制造成本较高，而且成型过程中产生的边角废料多、制品的整修加工量大以及制品的尺寸准确度较差。因此，凡遇到一种制品能用以上两种方法成型时，其选择多半取决于制品总的生产成本。

7.3.1 热成型方法

为适应成型用片材品种与制品类型的不同，以及为满足提高制品质量与生产效率需要等需求，热成型技术在具体实施过程中有很多变化，目前生产中已采用的热成型方法有数十种之多。分析比较这数十种方法可以发现，只有为数不多的基本方法，其余的方法均可由这数种基本方法略加改进或适当组合而成。热成型的基本方法大致分为简单成型方法和有预拉伸成型方法两类。以下着重讨论这两类基本方法，另外选择性地介绍两种在生产中已获广泛应用的专用热成型方法。

1. 简单热成型方法

这类热成型基本方法的共同特点是片材仅经过一次拉伸变形即转变成制品，而且除模具外不用其他辅助成型装置。简单热成型方法按使片材变形的力的来源不同，又可分为真空热成型、气压热成型和机械加压热成型。

（1）真空热成型

这种热成型方法是依靠真空力使片材拉伸变形，其成型的基本过程如下：借助已预热热塑性塑料片材所具有的自密封能力，将其覆盖在阴模腔或真空室的顶面上形成密封空间，当密封空间被抽真空时，大气压力使得预热片材延伸变形与模具内表面贴合而取得制品的形状，这一过程如图 7-7 所示。

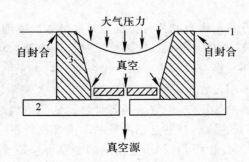

图 7-7　真空热成型示意图

1—预热热塑性塑料片材；2—模底板；3—模体（阴模）

真空力容易实现、掌握与控制，因此简单真空成型是出现最早，也是目前应用最广的一种热成型方法。简单真空成型在具体实施时最常采用单个阴模制造产品，仅用阴模的简单真空成型常称作"吸塑成型"。用直接真空成型法生产的制品,与模腔壁贴合的一面表观质量较高,结构上也比较鲜明细致,壁厚的最大部位在模腔底部,最薄部位在模腔侧面与底面的交界处,而且随模腔深度的增大制品底部转角处的壁就变得更薄;这是直接真空成型法不适于生产深度和厚度很大热成型制品的重要原因。

(2)气压热成型

真空成型过程中依靠抽真空在片材两侧所能形成的压力差不足 0.1 MPa,这很难满足厚度大的坯件和表面上的文字、图案需要十分清晰的制品的成型要求。此外,像聚碳酸酯之类的变形能力较差的片材,依靠抽真空产生的缓慢延伸速率也很难顺利成型。气压成型依靠压缩空气施压,不仅可在片材两侧形成更大的压力差,而且可使预热片材产生比真空成型高得多的延伸速率。

简单气压成型的基本过程如下:将预热过的片材放在阴模的顶面上,其上表面与带有进气孔的盖板形成密闭的气室,往密闭的气室内通入压缩空气同时在封闭模腔内抽真空后,高压高速气流产生的冲击式压力,使预热片材以很大的形变速率贴合到模腔壁上,这一过程如图 7-8 所示。

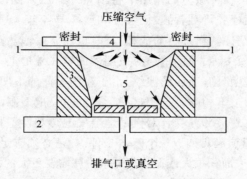

图 7-8　气压成型示意图
1—预热热塑性塑料片材;2—模底极;3—阴模;4—压力极;5—夹藏的空气

气压成型不仅能用一强大的冲击力使预热片材在很短的时间内完成造型过程,而且在成型物的冷却定型过程中对其施加较高的压力。为使模腔内的空气快速排出,最好在往封闭气室内通入压缩空气的同时对模腔抽真空。高速率拉伸、在较高压力作用下冷却和快速排出模腔内气体,是保证气压热成型制品的最佳重现性和制品表面细节清晰的必要条件。高效率的大批量热成型制品的生产几乎都采用气压成型法。阴模气压成型所得制品的特点,与阴模真空成型所得制品大致相同。

(3)机械加压热成型

这种简单热成型方法,是依靠机械压力使预热片材弯曲与延伸。在具体实施这种热成型方法时,虽然可单用阴模或单用阳模,但在生产中得到广泛应用的还是同时用阴模和阳模的成型方法。采用彼此能扣合的阴模与阳模的机械加压成型通常称作"对模机械加压成型"或简称为"对模成型"。

常用的对模有如图 7-9 所示的外形完全吻合和外形部分吻合两种形式。不论采用哪种形式的对模,都要求成型时阴、阳模对应部分的间隙在每次合模后保持恒定,因而阴、阳模应分别安装在运动中能严格保持平行的两个模板上。为此最常用液压机向片材施压并操纵阴、阳模的升降运动。

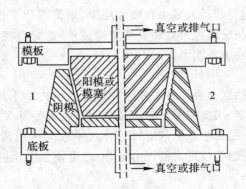

图7-9 对模成型示意图

1—外形完全吻合的对模;2—外形部分吻合的对模

在外形完全吻合的对模中,阴模的侧壁面与对应的阳模侧壁面在外形上完全匹配,两模面的间隙即为成型腔。当阳模在机械力的作用下将预热片材压入阴模中时,由于两相对模面的挤压作用,片材将全部填满模腔,使制品表面尺寸和型样与各自一侧的模具表面相同。这种形式的对模主要用于实体热塑性塑料片材的成型,有时也用于发泡热塑性塑料片材的成型。

在外形部分吻合的对模中,阴模侧壁与对应阳模侧壁在外形上不完全匹配,阴模壁面上常加工有文字、图案和使制品壁具有筋肋的波纹,由于在阴模面的下凹部分与阳模面形成较大的间隙,因而两个模面在外形上不相吻合。用这种形式的对模成型制品时,要求所用片材具有产生较大压缩形变的能力,故外形部分吻合对模最适合发泡热塑性塑料的热成型。

实现良好对模成型通常应满足如下三个基本条件:一是必须有足够的机械力以实现片材的延伸与压缩变形,当制品的表面积很大或形状很复杂时就需要更大的机械力;二是应能顺利排出模腔内的空气,为此模具内应开设排气孔或排气槽,若将排气孔与真空系统连通就可使排气效果更好;三是在模腔高度方向上应有适当斜度,这是为了避免片材被深度拉伸时出现撕裂。

对模成型所得制品的特点是形状与尺寸的准确性比较高,外形可以比较复杂,表面上可有文字、花纹和凸起的筋肋。目前对模成型在大批量生产薄壁浅拉伸敞口塑料容器方面获得广泛应用。

2. 预拉伸热成型方法

简单热成型方法有两个突出的缺点:一是片材的拉伸程度不大,因而不适合深腔制品的生产;二是所得制品壁厚的均一性差,制品中常存在强度上的薄弱区。采用先将预热片材进行预拉伸再真空成型或气压成型的方法,就能够较好地克服以上两个方面的缺点,从而方便地制得壁厚较均匀的深腔热成型制品。将预热片材进行预拉伸,像使片材拉伸造型一样,可通过施加机械力、气压力和真空力实现。机械力的预拉伸作用通常要借助柱塞实现,故将这种力作用下的预拉伸称作"柱塞预拉伸"。气压的预拉伸作用通常是依靠压缩空气将预热片材吹胀成泡实现,故常将其称作"气胀预拉伸"。

(1)柱塞预拉伸热成型

柱塞预拉伸成型也称柱塞助压热成型,其基本过程如图7-10所示。成型开始时需先将预热过的片材紧压到阴模的顶面上,随后机械力推动柱塞下移拉伸预热片材,直至柱塞底板与阴模顶面上的片材紧密接触,这时片材两侧均成为密闭的气室。若通过柱塞内的通气孔往片材上面的气室内吹入压缩空气,使片材再次受到拉伸而完成造型过程,这种成型方法常称作"柱塞助压气压热成型";若依靠对片材下面的模腔抽真空而完成造型过程,就将这样的成型方法称作"柱塞助压真空热成型"。

柱塞预拉伸热成型所得制品的质量与柱塞尺寸和给定温度有密切关系。柱塞的尺寸对预拉伸量有明显影响,一般情况是柱塞体积愈大,片材的预拉伸量也愈大;而且柱塞形状和尺寸的变化,会引起制品壁厚分布均匀性的差异。当柱塞温度低于预热片材的温度时,与片材接触后,柱塞立即吸收片材的热量而使其温度降低,由于低温区片材的变形能力较差,因此与柱塞顶面接触区片材形成的制品底部壁厚往往大于侧壁的厚度。为了降低或消除柱塞的骤冷效应,应适当提高柱塞在预拉伸时的温度。当柱塞温度与预热片材温度相同时,与柱塞接触区的片材,在柱塞下移推压的过程中,也和其他部分的片材一样被拉伸。

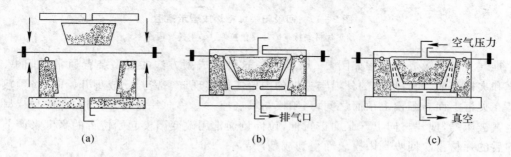

图 7-10 柱塞预拉伸热成型示意图
(a)片材夹紧;(b)预拉伸;(c)成型

(2)气胀预拉伸热成型

气胀预拉伸热成型是利用高压空气的"吹胀"作用,使预热片材受到预拉伸。气胀预拉伸后的预热片材,通常是依靠抽真空而紧贴到阴模型腔壁或阳模表面而取得制品的型样。

用压缩空气的吹胀作用使预热片材预拉伸,再借助抽真空使其完成造型过程的方法常称作"回吸阴模真空成型",其成型过程如图 7-11 所示。成型开始时,预热片材被紧压到阴模的顶面上,由于预热片材具有的"密封盖板作用"而使模腔成为封闭的气室,在压缩空气导入气室后,预热片材立即被"吹胀"成泡状物,当泡状物的球面达到预定尺寸时,立即停止导入压缩空气而改为抽真空,真空力将泡状物反向吸入模腔并使其紧贴模腔壁以取得制品的型样。

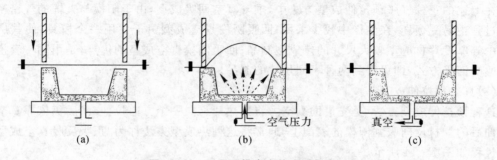

图 7-11 回吸阴模真空热成型示意图
(a)预热片材夹持;(b)鼓泡/材料预拉伸;(c)阴模反吸成型

用阳模的压缩空气气胀预拉伸热成型方法常称作"回吸阳模真空成型",其成型过程如图 7-12 所示。这种方法的成型过程与回吸阴模真空成型大致相同,不同之点仅在于,气胀预拉伸后的泡状物不是用真空力回吸到阴模型腔壁上,而是先用阳模推压进阴模模腔,然后再回吸到阳模的表面上。

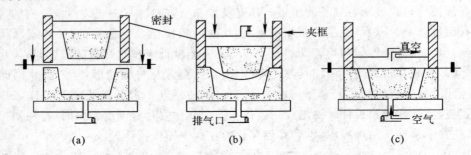

图 7-12　回吸阳模真空热成型示意图
(a)预热片材夹持;(b)片材预拉伸;(c)阳模反吸成型

推气真空回吸成型过程如图 7-13 所示。这种热成型方法的成型装置通常由阳模、阳模底座和夹框组成,而且底座的外沿与夹框的内壁应能实现气密密封。成型开始时,将预热片材夹持在夹框上面与阳模上顶面之间,当阳模与其底座一起移向片材时,封闭在底座与片材之间的空气被压缩,使片材向上气胀而被拉伸,拉伸量通常用改变阳模起始位置的高度来调节。预拉伸后的片材再次回吸到阳模表面得到成型产品。

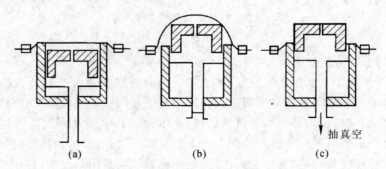

图 7-13　推气真空回吸成型
(a)预热片材夹持;(b)用夹藏空气预拉伸;(c)反吸真空成型

在上述的三种气胀预拉伸成型方法中,推气真空回吸成型,由于阳模与夹框的气密密封在成型过程中易受损坏,在生产中较少采用;回吸阴模真空成型由于仅用一个模具,使其广泛用于由中等厚度片材成型较大尺寸的热成型制品;回吸阳模真空成型的优点,是用同一套模具仅通过改变回吸方式,即可得到两种不同尺寸的制品。

(3)真空预拉伸成型

这种预拉伸成型方法,是先借助真空力将预热片材向一个方向拉伸,然后仍依靠真空力将预拉伸后的片材反向吸到阳模的表面上,通常将这种热成型方法称为"正吸反吸真空成型",其成型过程如图 7-14 所示。

这种方法的成型过程,从在阳模与阴模间预热片材开始,预热后的片材安放到阴模的顶面上,在抽空阴模腔时,预热片材即紧贴阴模顶面而自行将模腔密封,真空力将片材向下拉入模腔使其成为泡状物。预热片材的预拉伸程度,用阴模腔内的微型限制开关调节,当泡状物的球面与限制开关接触后,阴模腔立即从抽气转换为连通大气,与此同时,阳模下降并紧压到片材的密封边上,这时,可开始经过阳模内的通气孔抽真空,迫使泡状物反吸到阳模表面上。

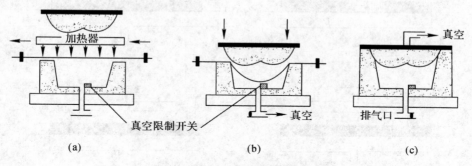

图 7 – 14　正吸反吸真空成型
(a)热塑性塑料片材加热;(b)片材预拉伸;(c)反吸真空成型

这种热成型方法的特点与气胀回吸阳模真空成型大致相同,但采用真空力更便于调节片材的预拉伸程度。因抽真空所产生的预拉伸力较低,所用片材应比较薄;加之真空力的拉伸速率远比机械力和气压力低,故这种方法也不适合大型制品的生产。

3. 专用热成型方法

这类热成型方法是专为一些有特殊要求制品的成型而开发的,因而其适用范围有限,但在其适用领域与通用热成型方法相比,能以更高的效率和更低的成本生产出更为优质的制品。原地加热与切边气压热成型和柱塞预拉伸原地切边气压成型,是专用热成型方法的两个典型实例。

(1)原地加热与切边气压热成型

这种专用热成型方法的基本特点,是将热成型的片材预热、拉伸造型和切掉废边三项基本操作放在同一个地方进行,由于全部热成型过程都是将片材夹封在热板和模具之间完成,故也称为"夹片热成型"。夹片热成型过程如图 7 – 15 所示。

成型开始时先将冷片材放到接触式加热板上,随后将带有型刃的阴模轻压到片材上,并使型刃轻微插入片材之中。型刃在此成型过程中具有夹持片材和密封型腔的双重作用。为使片材与加热板密切接触,在预热期间可往模腔内通入微压压缩空气。当片材预热到规定温度后,在排出模腔内压缩空气的同时,经过加热板的通气孔往片材下导入压缩空气,将其压入模腔直至紧贴型腔壁。在低温模具使已取得模腔形状的成型物快速冷却定型后,即可对模具施加一定的压力使型刃下移,将制品与废边分离。

这种专用热成型方法,由于能够减小或取消各个制品间预留的废边,从而有利于提高片材的利用率;加之只用一个阴模,不必加设专门的切边装置,故总的工装费用也比较低。这种方法的突出缺点有二:一是加热板只能使片材单面受热,若片材厚度较大,需要很长的预热时间,才能使未与加热板接触一面的温度达到预定值;二是无法使片材受到预拉伸,因而难于成型深腔制品。综合以上分析可以看出,夹片热成型最适合用薄的片材(厚度一般小于 0.625 mm),借助多腔模高效、大批量生产对壁厚均匀性无严格要求的浅盘类制品。

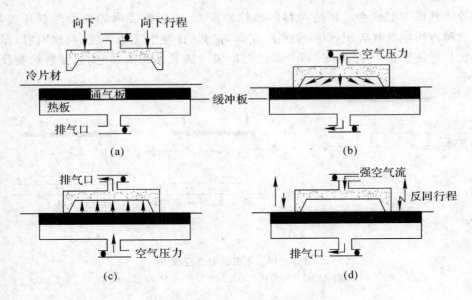

图 7－15　原地加热与切边气压热成型
(a)片材夹持；(b)片材加热；(c)成型；(d)修剪和顶出

(2)柱塞预拉伸原地切边气压热成型

这种专用热成型方法的重要特点是柱塞预拉伸、拉伸造型与切除废边在同一地方进行,故也常称作"成型原地切边热成型",其成型过程如图 7－16 所示。

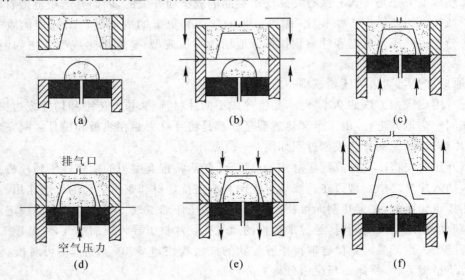

图 7－16　柱塞预拉伸原地切边热成型
(a)预热片材定位；(b)夹持；(c)预拉伸；(d)气压成型；(e)切边；(f)模具分离和顶脱

成型开始时,用运片装置将预热好的片材送到成型工位,预热片材的全部成型过程,由此工位上的阴模、柱塞和二者外边的夹框实现。片材被上、下夹框压紧后,柱塞立即向上运动将其预拉伸,一旦柱塞到达预拉伸的最大位置,即可经过柱塞内的通气孔导入压缩空气,使片材再次受到拉伸而紧贴到阴模的型腔壁上。成型物经低温模具冷却定型后,阴模和柱塞在保持匹配位置不变的情况下一起下移,因受到模具与夹框的剪切,制品与废边分离。

用这种方法成型制品,因成型与切边在同一地方进行,故无因成型物转移工位而引起偏位切边的缺点。这一特点,非常适合有准确配合要求的盖类制品的生产,因采取原地切边而使制得的盖能与食品或饮料容器顺利匹配,是成型原地切边成型方法的最重要特征。然而正是这一特点,使成型与切边不能在同一时间进行,故其成型周期时间较长,生产效率比通用成型方法低。

7.3.2　热成型制品生产过程

热成型制品的典型生产过程通常由坯件准备、预热、成型,成型物的冷却和制品的修整及热处理等工序组成。

1. 坯件准备

热成型坯件的准备工作,通常从其尺寸和形状的确定开始,经过排样到最后裁切下料。在确定坯件的尺寸和形状时,必须考虑到坯件在成型过程中的变形特点和拉伸程度,并以此为依据,准备合理的裁切下料用样板。简单的和规则形状的制品,其下料样板可通过展开图和几何计算而求得。复杂形状的制品,常需通过试验逐渐修改设计图而求得合用的下料样板。在样板的面积(即坯件的面积)确定之后,即可按均匀拉伸和体积不变的假定估算出坯件必需的厚度。由于实际成型过程中坯件总是受到不均匀的拉伸,因而坯件厚度的取值应大于估算值。

从给定尺寸的片材上裁取坯件时,应合理排样以便尽可能提高片材的有效利用率。为此常用样板在片材上以不同方式试排,以求得最佳排样方案。在试排时,可以仅用同一坯件的样板进行排列组合,也可以同时用几种坯件的样板进行排列组合,以便最大限度地减少片材的浪费。

从片材上按样板下料常采用冲裁、锯切、剪切和熔割等多种机械加工方法。冲裁法有效率高的突出优点,但由于要用高价的专用冲裁模具,故仅适于尺寸较小但批量很大坯件的下料。锯切法适用于各种厚度和不同尺寸与形状坯件的下料,但加工效率很低。剪切下料可以手工进行也可以主要由剪床完成,多用于厚度不大片材的裁切。熔割法主要用于小批量、形状简单、厚度大的坯件裁取。

2. 预热坯件

在热成型工艺中,坯件是在热塑性塑料弹塑性状态的温度范围内拉伸成型,故成型前必须将坯件加热到规定的温度。加热坯件时间一般占整个热成型周期时间的 $50\%\sim80\%$,而加热温度的准确性和坯件各处温度分布的均匀性,将直接影响成型操作的难易和制品的质量。

坯件经过加热后所达到的温度,应使塑料在此温度下既有很大的伸长率又有适当的拉伸强度;这对保证坯件成型时能经受高速拉伸而不致出现破裂十分必要。虽然较低温度的坯件可缩短成型物的冷却时间和节省热能,但温度过低时所得制品的轮廓清晰度和因次稳定性都不佳;而在过高的温度下加热坯件,会造成聚合物的热降解,并从而导致制品变色和失去光泽。在一般热成型过程中,坯件从加热结束到开始拉伸变形,因工位的转换总有一定的间隙时间,在这一不长的间隙时间内,坯件会因散热而降温,特别是较薄的、比热也比较小的坯件,散热降温现象就更加显著,所以坯件实际加热温度一般比成型所需的温度稍高一些。

适宜的加热条件除能将坯件加热到指定温度外,还应保持整个坯件各部分在加热过程中都均匀地升温。为此,首先要求所选用的片材各处的厚度尽可能相等,否则在同一加热条件下厚度小的地方就比厚度大的地方温度高。由于塑料的导热性差,在加热厚度较大的坯件时,若为使坯件快速升温,采用大功率的加热器或将坯件紧靠加热器,就会出现坯件的一面已达到规定的预热温度而另一面的温度仍然很低。一面温度高另一面温度低的坯件,不宜用于成型。为改变这种不利的加热情况,可改用可使坯件两个表面同时受热的双面加热器,也可采用高频加热或远红外线加热。

坯件加热所必需的时间,主要由塑料的品种和片材的厚度确定,一般情况是加热时间随塑料导热性的增大而缩短,随塑料比热和片材厚度的增大而延长,但这种缩短和延长都不是简单的直线关系。合适的加热时间,通常由实验或参考经验数据决定。

要求坯件加热时各部分都均匀地升温,是就一般情况而言;但在特殊的情况下为适应拉伸时坯件变形的特点,也可特意使坯件在加热后各部分间存在指定的温度差。在加热后的坯件各部分间保持一定的温度差,是为了使不同部位因温度的不同,具有不同的抵抗变形能力。若用绝热纸剪成花版,特意将拉伸时变形较强烈的部位遮蔽,使这些地方在加热时少受热射线的照射,加热后的温度比其他地方稍低,就可使其在拉伸时变形量减小,用这种方法可得到壁厚更为均一的制品。但由实验测定得知,采取上述局部遮蔽加热方法,所得制品的内应力较大,因次稳定性也比较差。

周边被固定的坯件(如置于夹持框中)在加热的过程中常出现“熔垂”,即半熔融态的坯件由于自支承性降低,在重力作用下,由起始的平面状变为下凹曲面状的现象,一般认为熔垂主要是升温后的体积膨胀和出现熔融流动所致,大幅度的升温可使非取向坯件各向上的尺寸增加 1%～2%,而熔融流动性的大小则与塑料熔体黏度的高低有关。出现熔垂的预热坯件虽仍可用于成型,但由于工艺上很难控制熔垂的产生及其大小,故在多数情况下应尽量避免熔垂现象的发生。熔垂现象常可由改用具有热收缩性的取向片材而得到克服,但所用片材取向度不能过大,否则会由于坯件内应力过大而使成型发生困难。

3. 坯件成型

各种热成型方法的成型操作都比较简单,主要是通过施力,使已预热的坯件按预定的要求进行弯曲与拉伸变形。对成型最基本的要求是:使所得制品的壁厚尽可能均匀。造成制品壁厚不均的主要原因,是成型时坯件各部分被拉伸的程度不同。这种因拉伸程度不同而造成的壁厚不均,虽然可以用遮蔽加热和在模具上合理布置通气孔得到改善,但这些措施都会给制品的因次稳定性带来不利影响,而且能够改善的程度也有限。成型过程中影响制品壁厚均匀性的另一个工艺因素是拉伸速度的大小,也就是抽气、充气的气体流率或模具、夹持框和预拉伸柱塞等的移动速度的不同。一般来说,高的拉伸速度对成型本身和缩短周期时间都比较有利,但快速拉伸常会因为流动的不足而使制品的凹、凸部位出现壁厚过薄现象;而拉伸过慢又会因坯件过度降温引起的变形能力下降,使制品出现裂纹。拉伸速度的大小与坯件在成型时的温度有密切关系,温度偏低的坯件,由于变形能力小而应采用较小的拉伸速度,若要采用高的拉伸速度,就必须提高坯件拉伸时的温度。由于成型时坯件仍会散热降温,所以薄型坯件的拉伸速度一般应大于厚型的,因为前者的温度在成型时下降较快。

成型力的主要作用,是使预热坯件产生形变,因此只有当成型力在坯件中引起的应力大于塑料在给定温度下的弹性模量时,才能使坯件充分形变。由于各种热塑性塑料在弹塑性状态时的弹性模量差别较大,且其模量对温度的依赖性也各不相同,故成型力应随片材的塑料品种与牌号、坯件的厚度和温度而变化。一般来说,聚合物大分子链刚性大、分子量高、存在极性基团的塑料片材,需要较高的成型力;坯件较厚和温度较低时,也要求采用较高的成型力。

4. 成型物的冷却与脱模

坯件经拉伸造型获得制品所要求的型样后,必须继续在成型压力下冷却一段时间,才能在解除压力后保持已获得的型样。如果冷却不足,制品从模腔内或模面上脱出后将发生变形;但过分的冷却,不仅使成型设备的生产效率下降,而且往往会由于成型物的过度收缩而紧包在阳模上,使脱模发生困难。

很薄的成型物在自然冷却条件下,一般只需经过很短的一段时间,就可降温到允许脱模的温度;但随成型物壁厚的增加,由于塑料自身导热性差,仅靠自然冷却就必然需要在模内停留较长的时间,故应采取附加的冷却措施。常用的附加冷却措施是金属模通水冷却、风扇吹风冷却和压缩空气喷枪冷却。这三种措施可各自单独使用,但组合使用的效果更好。允许的冷却降温速率,与塑料的导热性和成型物壁厚有关。合适的降温速率,应不致因造成过大温度梯度而在制品中产生大的内应力,否则在制品的高度拉伸区域,会由于降温过快而出现微裂纹。

除因坯件加热过度出现聚合物分解,或因模具成型面过于粗糙而引起脱模困难外,热成型制品很少有黏附在模具上的倾向。如果偶有黏模现象,也可在模具的成型面上涂抹脱模剂。脱模剂的用量不宜过多,以免影响制品的光洁度和透明度。热成型常用的脱模剂是硬脂酸锌、二硫化钼和有机硅油的甲苯溶液。

5. 制品的修整与热处理

热成型制品从模内脱出后的修整工作主要是切除废边和将边缘修理光滑。批量很大的制品修整工作多在专用的设备上进行,制品的批量不大时,多用手工工具修整。

热成型时由于不均匀拉伸和大分子取向使制品中总存在一定的残余应力和应变,从而使制品的因次稳定性和抗应力开裂能力降低。为消除热成型制品中的内应力和应变,一般多借助于热处理。热成型制品的热处理方法,与热塑性塑料挤出和注射制品大致相同,可以用鼓风烘箱,也可以用运输带载负制品缓慢通过温度分段控制的烘道。为使热处理充分发挥消除制品内应力和应变的作用,应在制品的修整和机械加工之后进行。

7.4　薄膜双向拉伸

双向拉伸作为薄膜的一种二次成型技术,是指为使薄膜内的大分子重新取向,在聚合物玻璃化温度之上所进行的两个方向大幅度拉伸作业。这是一种获得大分子双轴取向结构薄膜制品的重要成型方法。

用平缝机头挤出、筒膜挤出吹塑和压延等一次成型技术制得的薄膜和片材,虽在成型过程中已受到一定程度的拉伸,但拉伸的幅度一般较小,制品内的大分子取向结构也不明显。若将这些通过一次成型技术得到的厚片或筒坯重新加热到聚合物的玻璃化温度之上进行大幅度的拉伸,就能够使拉伸后的薄膜具有明显的大分子取向结构。虽然可以将厚片或筒坯的挤出成型与大幅度拉伸作业在同一条生产线上连续进行,但在大幅度拉伸前仍须将已定型的片、膜重新加热,所以在这种连续生产线上大幅度拉伸仍然是相对独立的二次成型作业。

若拉力仅使膜、片在一个方向上产生大的形变,就称为单向拉伸,此时膜、片中的大分子仅沿单轴取向;若拉力在平面上两个不同方向上(通常二拉力方向相互垂直)同时使膜、片产生大幅度形变,则称为双向拉伸,此时膜、片内大分子沿双轴取向。单向拉伸在挤出单丝和生产打包带、编织条及捆扎绳时获得应用;双向拉伸主要用于成型高强度双轴拉伸膜和热收缩膜。

薄膜双向拉伸技术有平膜法和泡管法之分。泡管法的主要特点是两个方向的拉伸同时进行,其成型设备和工艺过程与筒膜挤出吹塑很相似,但由于制品质量较差,故一般不用于生产高强度双轴拉伸膜,而主要用于生产热收缩膜。平膜法虽然成型设备比较复杂,但用此法制得的双轴取向膜有很高的强度,故目前在工业中获得较为广泛的应用,其中的逐次拉伸技术因工艺控制比较容易,成为成型高强度双轴取向薄膜的主要方法。

7.4.1 平挤逐次双向拉伸

成型双轴取向薄膜的平挤逐次双向拉伸方法,虽然可按先纵拉后横拉和先横拉后纵拉两种方式进行,但目前生产上用得最多的还是前一种方式,用这种方式成型双向拉伸膜的工艺过程如图7-17所示。

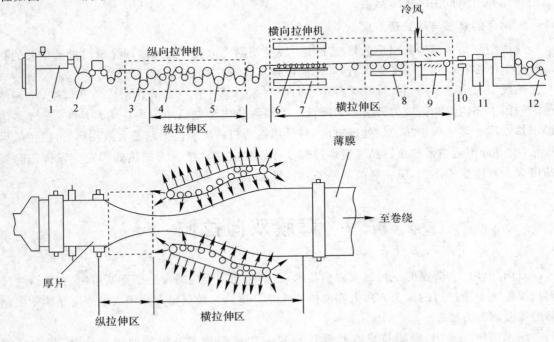

图7-17 逐步延伸平膜法拉伸薄膜的成型工艺过程示意图
1—挤出机;2—厚片冷却辊;3—预热辊;4—多点拉伸辊;5—冷却辊;6—横向拉伸机夹子;
7,8—加热装置;9—风冷装置;10—切边装置;11—测厚装置;12—卷绕机

按先纵拉后横拉方式成型聚丙烯双轴取向膜时,挤出机经平缝机头将塑料熔体挤成厚片,厚片立即被送至冷却辊急冷。冷却定型后的厚片经预热辊和加热到拉伸温度后,先被引入具有不同转速的一组拉伸辊进行纵向拉伸;达到预定纵向拉伸比后,膜片经过冷却即可直接送至横向拉幅机。拉幅机通常由预热、拉伸、热定型和冷却四段构成。纵拉后的膜片在拉幅机内经过预热、横拉伸、热定型和冷却作用,离开拉幅机后再经切边和卷绕即得到双向拉伸膜。下面介绍这一工艺过程的主要工序。

1. 厚片急冷

用于双向拉伸的厚片应是无定形的,工艺上为达到这一要求,对聚丙烯之类结晶性聚合物,所采取的办法是将离开口模的熔融态厚片实行急冷。用于急冷的装置是冷却转鼓,这是一种可绕轴旋转的大直径钢制圆筒,筒的表面应十分光滑。圆筒内设有冷却水通道,以便通入定温的冷水来控制转鼓的温度。应使转鼓尽量靠近挤出机口模,以防止厚片在到达转鼓前降温结晶。转鼓表面上的线速度应大致与机头出片速度相同或略有拉伸。转鼓的温度控制应力求稳定,成型聚丙烯时最好将其温度控制在(25 ± 0.5) ℃,而且转鼓工作部分的温度分布要均一。为避免厚片两面的冷却不均,可设吹风装置向未与转鼓表面接触的一面吹风冷却。要将强结晶性聚合物制成完全非晶态的厚片十分困难,工艺上一般允许厚片中有少量的微晶存在,但结晶度应控制在5%以下。高质量的厚片应具有表面平整、横向厚度均匀一致、边缘平直、无气泡无杂质和"鱼眼"以及近乎透明等特性。

2. 纵向拉伸

这一操作有单点拉伸和多点拉伸之分,如果急冷后的厚片是由两个不同转速的辊实现纵向拉伸,就称为单点拉伸,两辊表面线速度之比就是纵向拉伸比;如果纵向拉伸比是分配在若干个不同转速的辊筒上来实现,则称为多点拉伸。多点拉伸时,各辊的转速是依次递增的,其总拉伸比为最后一个拉伸辊或冷却辊的表面线速度与第一个拉伸辊或预热辊的表面线速度之比。多点拉伸具有变形均匀、拉伸程度大和不易产生"细颈"现象(即膜片两侧边变厚中间变薄的现象)等优点,因而多为实际生产所采用。

纵拉伸装置主要由预热辊、拉伸辊和冷却辊组成。预热辊的作用是将急冷后的厚片重新加热到拉伸所需温度(聚丙烯为130~135 ℃)。预热温度如果过高,膜片上会出现黏辊痕迹,这不仅会降低制品表观质量,严重时还会出现包辊现象,使拉伸过程难以顺利进行;温度过低又会出现冷拉现象,这将使制品的厚度公差增大、横向收缩的稳定性变差,严重时会在纵横向拉伸的接头处发生脱夹和破膜。纵拉后膜片的结晶度可增至10%～14%。在纵拉装置中设置冷却辊的目的有二:一是使结晶过程迅速停止并固定大分子的取向结构;二是张紧厚片避免发生回缩。由于纵拉后的膜片冷却后须立即进入拉幅机的预热段,所以冷却辊的温度不宜过低,一般控制在聚合物玻璃化温度或结晶最小速率温度附近。

3. 横向拉伸

纵拉伸后的膜片在进行横向拉伸之前仍需重新预热,预热温度为稍高于玻璃化温度或接近熔点(聚丙烯熔点为160~165 ℃),预热由一组加热辊筒实现。横向拉伸在拉幅机上进行,拉幅机有两条张开呈一定角度(一般为10°)的轨道。其上固定有两对链轮,可绕链轮往复运转的链条上装有很多夹子,这些夹子用于夹紧膜片的两个侧边。夹子在链轮的带动下沿轨道运行时,使膜片在前进的过程中受到强制的横向拉伸作用,在达到预定的横向拉伸比后,夹子将自动松开。横向拉伸倍数为拉伸机出口处的膜宽与纵拉伸后的膜片宽度之比。横向拉伸比一般小于纵向拉伸比,横向拉伸比超过一定限度后,所成型薄膜的性能不仅无显著提高,反而会出现膜的破损。横向拉伸后聚合物的结晶度通常增至 20%～25%。

4. 热定型和冷却

横拉伸后的薄膜在进入热定型段之前须先通过缓冲段。经过缓冲段时,薄膜的宽度与其离开横拉伸段末端时相同,但温度略有升高。缓冲段的作用是防止热定型段温度对拉伸段的影响,以便横拉伸段的温度能得到严格控制。热定型所控制的温度至少比聚合物最大结晶速率温度高 10 ℃。为了防止破膜,热定型段薄膜的控制宽度应稍有减小,这是由于横拉伸后的薄膜宽度在热定型的升温过程中会有一定量的收缩,但又不能任其自由收缩,因此必须在规定的收缩限度内使横拉伸后的薄膜在张紧的状态下进行高温处理,这就是成型双向拉伸膜的热定型过程。经过热定型的双向拉伸膜,其内应力得到消除,收缩率大为降低,机械强度和弹性也得到改善。

热定型后的薄膜温度较高,应先将其冷至室温,以免成卷后因热量难以散发而引起薄膜的进一步结晶、解取向和热老化。冷却后的双轴取向薄膜的结晶度一般为 40%～42%。

5. 切边与卷曲

冷却后的双向拉伸膜两侧边各有约 100 mm 未拉均匀的厚边,这种厚边应在收卷前切去。切边后的薄膜经导辊引入收卷机,卷绕成一定长度或一定重量的膜卷。膜卷须放在时效架上经过一定时间的时效处理后,才能成为最终产品。

7.4.2　泡管双向拉伸

泡管法双向拉伸薄膜成型工艺过程如图 7－18 所示。整个过程可分为管坯成型、双向拉伸和热定型三个阶段。管坯由挤出机经管机头挤出而成型,从机头出来的管坯立即进入冷却套管冷却。冷却后的管坯应将温度控制在聚合物玻璃化温度之上,经第一对夹辊折叠后进入拉伸区。在拉伸区管坯由从机头探管通入的压缩空气吹胀,从而使管坯受到横向拉伸并胀大成筒形膜。由于筒膜在胀大的同时还受到下端夹辊的牵伸作用,因而也被纵向拉伸。调节压缩空气的进入量和压力以及牵引速度,即可控制横向和纵向的拉伸比,因此用这种成型方法可制得纵、横两向取向度接近平衡的双向拉伸膜。拉伸后的筒膜经第二对夹辊再次折叠后进入热定型区,这时筒膜内要继续保持一定压力,使筒膜在张紧存在下完成热定型。最后经空气冷却和折叠,由卷绕装置收卷成膜卷。拉伸和热定型前的预热,多采用红外线灯。由泡管法成型双向拉伸膜,有所用设备简单和占地面积小的优点,但此法制得的双向拉伸膜厚度的不均一性大,强度也比较低。

平膜法和泡管法成型双向拉伸膜的工艺,都可用于制造热收缩膜,但绝大多数热收缩膜是用泡管法生产。热收缩膜是指受热后有较大收缩率的薄膜制品。用适当大小的这种薄膜套在被包装的物品外,在适当的温度加热后薄膜在其长度和宽两个方向上立即发生急剧收缩(热收缩管),收缩率一般可达 30%～60%,从而使薄膜紧紧地包覆在物品外面成为良好的保护层。用泡管法生产热收缩膜时,除不必进行热定型外,其余工序均与成型一般双向拉伸膜相同。

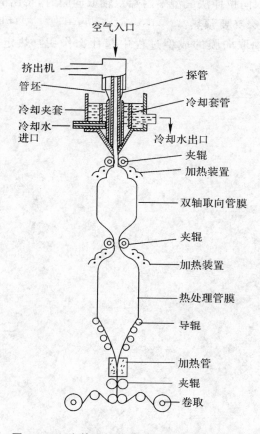

图 7 - 18　泡管法拉伸薄膜成型工艺过程示意

思考题与习题

7-1　成型"注射-拉伸-吹塑"制品时,拉伸前为什么要重新加热型坯?

7-2　成型大容量的中空制品时,为什么要采用带蓄料缸的吹塑成型机?

7-3　哪些工艺因素可能影响吹塑用注射型坯和挤出型坯的温度?

7-4　成型中空吹塑制品时,如何控制吹塑模的温度和充气速率?

7-5　热成型采用的三种力源各有什么特点?

7-6　为什么成型前预拉伸片材可改善热成型制品的性能?三种预拉伸方法各有什么特点?

7-7　用机械加压对模成型法制造热成型制品有什么优点?

7-8　夹片热成型和成型原地切边热成型各适于哪些类型制品的生产?这两种专用热成型方法与通用热成型方法相比在工艺过程中各有什么特点?

7-9　确定热成型坯件预热温度的基本原则是什么?为什么在一般情况下应使预热后的坯件各部分温度尽可能相同?提高预热坯件各处温度均一性的措施有哪些?

7-10　提高热成型制品壁厚均一性的工艺措施有哪些?

7-11　用平挤逐次双向拉伸法成型聚丙烯双轴取向膜时，挤出的厚片为什么要急冷？冷却后的厚片在拉伸前为什么又要预热？

7-12　热定型在双轴取向膜的成型过程中起什么作用？热定型操作中的控制因素有哪些？

第8章　塑料浇铸成型与涂覆技术

8.1　浇铸成型技术

浇铸成型(casting molding)也称铸塑成型,传统的塑料浇铸是由金属的铸造技术演变而来,指在常压下将树脂的液态单体或预聚体灌入大口模腔,经聚合固化定型成为制品的成型方法。这种浇铸方法称为静态浇铸。随着塑料成型加工技术的发展,传统浇铸技术逐渐有所改变,在静态浇铸的基础上又发展了嵌铸、离心浇铸和流延浇铸等新的浇铸方法。用于浇铸的成型物料也从树脂的单体和预聚体扩展到树脂的溶液、分散体(主要是聚氯乙烯糊)和熔体。

各种浇铸方法在成型时都不施加压力或只施加很低的压力,因而对成型设备和模具的强度要求不高,加之大部分物料可以不经加热塑化而直接灌进模腔,因此所用成型设备的结构也比较简单。成型压力低和成型设备结构简单,使浇铸技术对制品尺寸限制较小,特别适合大型塑料制品的成型,所得制品的内应力都比较低。各种浇铸方法的共同缺点是,成型周期长和所得制品的强度都比较低。

8.1.1　静态浇铸

这种浇铸方法成型制品的过程已如前述。由于除模具外不用其他成型设备,加之成型操作比较简便容易掌握,使静态浇铸在各种浇铸方法中成为应用最为广泛,对塑料和制品适应性最强的成型方法。但静态浇铸法成型的制品尺寸精度不高,而且绝大多数须经过机械加工后才能成为最终产品。

良好的静态浇铸料在成型工艺性上应满足如下三个方面的基本要求:一是流动性好,在浇灌时容易填满模具的型腔;二是液态物料固化(或硬化)时生成的低分子副产物应尽可能少以避免制品内出现气泡,而且固化的交联反应或结晶凝固过程应在各处以相近的速率同时开始进行,以免因各处固化收缩不均而使制品出现缩孔和产生大的残余应力;三是经聚合所得冷却凝固产物的熔融温度,应明显高于成型物料的熔点或流动温度。可供静态浇铸的成型物料虽然很多,但目前最常用的浇铸物料是己内酰胺、甲基丙烯酸甲酯的预聚浆料和以液态环氧树脂、不饱和聚酯树脂为主要组分的混合料,以下即以这三种成型物料为例,介绍静态浇铸制品的成型过程。

1. 聚己内酰胺浇铸制品

成型聚己内酰胺浇铸制品又称单体浇铸尼龙制品,或简称为 MC 尼龙制品。这种制品的成型物料,由单体己内酰胺及其聚合催化剂与助催化剂和填料与颜料等在浇铸现场配制而成,其反应机理是本体开环聚合反应,常用的催化剂是氢氧化钠,助催化剂是 N-乙酰基己内酰胺和异氰酸酯类化合物,其配制过程是:将一定量的单体加进反应器并加热,当单体开始熔化时立即抽真空以脱去部分水分;待单体全部熔化后停止加热和抽真空,加入催化剂再继续加热和抽真空;反应物开始沸腾后将温度控制在 140 ℃左右,适宜温度以此时真空度所对应的己内酰胺的沸点高低而定;在沸腾温度下保持 20～30 min,以使反应物中的水分含量降低到 0.03%以下。在停止加热并加进助催化剂之后,应立即将这种活性反应物浇灌进已准备好的模具型腔。

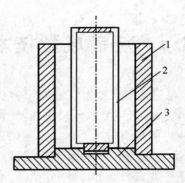

图 8-1　MC 尼龙管件浇铸模
1—模套;2—模芯;3—模底

　　MC 尼龙的浇铸模大多用薄钢板和钢管焊接而成,一种管材的浇铸模如图 8-1 所示。浇灌进成型物料前,先用硅油之类脱模剂涂抹模腔壁,并将模具预热到 160 ℃左右的己内酰胺聚合温度。活性反应物浇灌进模腔后己内酰胺即快速开环聚合,反应所放出的热量,能自动地将模腔内成型物料的温度维持在高转化率的温度范围内。由于反应温度低于聚合体的熔点(215～225 ℃),聚合体一旦形成就立即结晶出来成为固体料块。因聚合反应和结晶的析出,大致能够在反应物料的各个部分同时进行,所以固化产物比较均一。在聚合与结晶过程中,体系的总体积收缩量,可大部分为过程中的放热所引起的温升膨胀所抵消,故聚合体能够很好地填满整个模具型腔,而且所得制品的内应力很小以及尼龙 6 的分子量大,是单体浇铸尼龙制品在强度性能上优于聚酰胺 6 熔体成型制品的重要原因之一。

　　聚合与结晶过程完成后,即可将制品从模内脱出。为改善制品性能,尚需对其进行后处理,后处理的方法是:先在 150～160 ℃的机油中保温 2 h,并随机油一起冷至室温,然后再置于水中,煮沸 24 h 并随水缓慢冷却至室温。经过这样的处理,可完全消除制品的内应力并提高其尺寸稳定性。

2. 聚甲基丙烯酸甲酯浇铸板材

　　聚甲基丙烯酸甲酯浇铸板材为具有透明性的有机玻璃,用于聚甲基丙烯酸甲酯(PMMA)浇铸板材的成型物料是甲基丙烯酸甲酯单体与低分子量聚甲基丙烯酸甲酯组成的浆状物料,采用浆状物料进行浇铸的优点是能够避免直接使用单体甲基丙烯酸带来的爆聚现象。常用以下两种方法配制这种浆状物:其一是往单体甲基丙烯酸甲酯内加入少量增塑剂(如邻苯二甲酸二丁酯)、引发剂(如过氧化二苯甲酰 BPO、偶氮二异丁腈 AIBN)和润滑剂后,在加热(80～110 ℃)和搅拌的条件下进行部分聚合,当反应物的黏度达到要求值时,骤冷使其温度降至 30 ℃左右,所得浆状物经真空脱泡后即可用于浇铸;其二是将一定量的低分子量聚合体溶在含有引发剂、增塑剂和润滑剂的单体内,使其成为均匀的浆料,经真空脱泡和过滤后即可用于浇铸。为了提高有机玻璃的性能,也可在甲基丙烯酸甲酯单体中配入少量苯乙烯、甲基丙烯酸等共聚单体。

　　浇铸聚甲基丙烯酸甲酯板材的最常见模具如图 8-2 所示,其主体为两块洁净干燥的硅酸盐玻璃板,两板周边之间须衬以与所制有机玻璃板等厚的橡胶条,外周边应用橡胶布带包封并用弹簧夹子夹紧,但在其一边须留有一定长度的缺口作为向模腔内浇灌浆料之用。由于对有机玻璃板材的光学性能要求很高,不能在硅酸盐玻璃板与浆料接触的面上涂脱模剂。

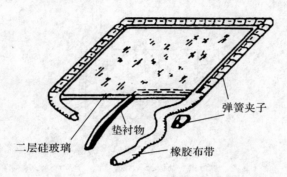

　　弹簧夹子
　　垫衬物
二层硅玻璃　　橡胶布带

图 8-2　平板有机玻璃浇铸模

　　将配制好的浆状物料浇灌进模腔时,应尽量避免带入空气,模腔充满浆料后应及时将进料缺口封闭。浆料的聚合反应可在常压下的烘房或水浴中进行,反应温度应分段逐步升高,必要时须插入几个冷却降温段,以避免聚合反应放热可能引起的爆聚。升温时各段所控制的温度和时间,在很大程度上由所浇铸的板材厚度决定。反应物的转化率达到 92%～96% 之前反应温度不应高于 100 ℃,在这之后需将反应温度升到 100 ℃ 或更高,而且应在此温度下保持数小时以进一步提高转化率以及分子量。

3. 环氧树脂浇铸制品

　　通常采用双酚 A 型环氧树脂作为浇铸主原料并加入液体增韧剂、增塑剂提高韧性,固化剂可选择胺类固化剂和酸酐类固化剂,还可以添加少量颜填料以改变浇铸制品的颜色和性能。在配制环氧树脂浇铸制品所用的成型物料时,应对固相组分的细度和分散均匀程度给予特别的重视,并尽力消除颜填料等添加剂加进树脂时带入的空气和低分子挥发物,还应当严格控制固化剂加进树脂时的温度。粉状填料等添加剂带入的吸附水和其他低分子挥发物以及溶解或混合加料过程中卷入的空气,是环氧塑料浇铸制品中产生气泡和针孔的主要原因。为此,在配料前应充分干燥填料和其他吸湿性添加剂,也可以在配料后用抽真空或常压静置等方法脱除成型物料中的气体。配料时,应先将树脂与填料加热到 80 ℃ 左右并混匀,然后在搅拌下加进除固化剂以外的其他组分,经充分混匀后将其自然冷却至加进固化剂所需的温度,借此加热与冷却过程可使混合料内的部分气体排除。加入固化剂时所允许的温度,与所用固化剂的反应活性有关,如脂肪族多胺为 30 ℃ 左右、芳香族多胺为 40 ℃ 左右、咪唑类为 50 ℃ 左右。

　　环氧混合料的黏度较高,为便于浇灌和排出模腔内的气体,多采用如图 8-3 所示的有大排气口和浇口的模具。为使黏合性很强的环氧塑料制品在固化后能从模腔内顺利脱出,所用模具在浇铸前必须涂脱模剂。常用的脱模剂润滑油和润滑脂,虽有较好的脱模性,但其成膜性不强,主要用于钢和铝等非多孔性金属模具的脱模。当采用由石膏和木材等多孔性材料制作的浇铸模时,若用润滑油和润滑脂作为脱模剂,由于二者容易渗透到模壁的微孔之中使其部分地失去隔离作用,这不仅会造成脱模困难和制品表面毛糙,而且还会使多孔材料内的水分向浇铸料渗透成为可能,从而导致制品内出现气泡或针孔。因此,由多孔材料制成的模具应采用成膜能力强的脱模剂,如聚苯乙烯、过氯乙烯和有机硅橡胶等聚合物的溶液。选用脱模剂时,还应考虑到环氧树脂所用固化剂的固化温度,例如用酸酐作固化剂的环氧塑料,由于固化温度较高,就应选用耐高温的脱模剂。

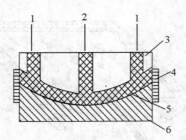

图 8-3　环氧塑料浇铸模

1—排气口;2—浇口;3—基体;4—密封板;5—环氧塑料;6—阴模

环氧混合料浇灌进模腔后,应根据固化剂的固化反应特性确定固化条件。若所用的是低分子量聚酰胺类室温固化剂,仅需在 25 ℃左右的室温下放置一定时间,有时也在高于室温的条件下固化,在这种情况下,升温不宜过快,固化温度也不宜过高,以免造成低沸点固化剂的挥发和低分子物来不及散逸而使制品起泡。用芳胺和酸酐等高温固化剂时,加热环氧混合料的升温速率也不宜过高,而且在确定固化温度时,以所选温度下不会因反应放热引起的温升造成树脂热降解为基本原则。

8.1.2　嵌铸

嵌铸也称灌封,是借助静态浇铸方法将物件包埋在浇铸塑料内的成型技术。这一成型技术既可用于包埋电气元器件,也可用于将各种生物标本、医用标本和商品样件包埋在透明塑料内以利长期保存,如图 8-4 所示。环氧树脂主要用于工业中电子元件的灌封包埋,而不饱和聚酯和甲基丙烯酸酯等主要用于的生物标本、医用标本和商品样件包埋。环氧树脂灌封制品生产过程与静态浇铸操作无明显不同。以下以生物标本的灌封为例进行介绍。

图 8-4　各种嵌铸制品

常用脲甲醛树脂、不饱和聚酯树脂和聚甲基丙烯酸甲酯灌封各种生物标本。脲甲醛树脂因其灌封制品耐水性差,目前已很少使用。灌封用不饱和聚酯多选用无色、透明、黏度小和固化反应放热较缓慢且固化产物硬度适中的品种。聚甲基丙烯酸甲酯的透明性和耐候性均较高,是较为理想的灌封用材料,但因其价格较贵,故仅用于使用要求高的标本灌封。

灌封用模具的形状一般都比较简单,多为立方体或其他简单几何形体,而制模材料与静态浇铸模具所用材料相同。有些标本的灌封件为提携方便等原因,常需在其外面附加一坚实外壳,灌封这类标本时常以其外壳作为模具。模具在灌封前都要进行彻底的清洗,部分模具在使用前还要涂脱模剂。

动植物标本等多水分的包埋件,在灌封之前必须将水分脱除,然后用合适的钉子将其固定在模腔内以免浇灌时位置移动;也可采用分次往模腔内浇灌物料的方法,将需要包埋的标本固定在灌封件的中央或其他合适的位置。

不饱和聚酯的灌封操作与环氧混合料的静态浇铸工艺很相似,但聚甲基丙烯酸甲酯的灌封在工艺上需要采取一些特殊措施。灌封聚甲基丙烯酸甲酯不能采取与静态浇铸有机玻璃板材相同的工艺方法,这是因为灌封件的厚度一般都比板材的厚度大,灌封件在聚合反应时发生爆聚的可能性也更大。为避免灌封件聚合反应时发生爆聚,可行的办法是在配制单体聚合体浆料时适当增加预聚体的比例;或者将灌封件的聚合过程置于充有惰性气体的热压罐内完成。

8.1.3 离心浇铸

离心浇铸是指将定量液态成型物料灌入绕单轴高速旋转并可加热的模具型腔内,使其在离心力的作用下填满模腔或均匀分布到模腔壁上,再经物理或化学处理硬化定型而成为制品的作业。由于是借助模具的旋转而使成型物料造型,因此离心浇铸所得制品多为圆柱形或近似圆柱形,如齿轮、滑轮、厚垫圈、轴套和厚壁管等。由于离心力能够促进高黏度物料的流动,因而离心浇铸可以用塑料熔体作为成型物料,最常用的是熔融黏度低、熔体热稳定性高的热塑性塑料熔体,如聚酰胺、聚丙烯和聚乙烯等。

与静态浇铸相比,由于在离心浇铸的成型过程中物料会受到离心力的压缩作用,因而所得制品的密度和强度较大,而且缩孔较少外表更光滑,尺寸精度也较高,同时由于离心力能够使物料均匀分布到回转体型腔壁上,故用离心浇铸可制得大型管状、筒状、球状制品。离心浇铸制品的成型需要专门的设备,故与静态浇铸相比设备投资较大。

离心浇铸的专用成型设备结构一般都比较简单,多由制品生产厂自行设计制造。不同形状和尺寸的离心浇铸制品,需要分别采用立式和水平式(也称卧式)设备成型。用立式设备的离心浇铸称为立式离心浇铸,这种浇铸方法多用紧压机配合制造外径尺寸大于轴线方向尺寸的实心制品。用水平式设备的离心浇铸称为水平式离心浇铸,这种浇铸方法多用于制造轴线方向尺寸较大的管状制品。

1. 立式离心浇铸

立式离心浇铸成型实心制品时的过程如图 8-5 和图 8-6 所示,成型用塑料经挤出机塑化后,将熔体灌进安装在垂直转动轴上的热模腔中,模具温度一般应比所用塑料的熔融温度高 $20\sim30\ ℃$。将惰性气体送到模腔上部,是为了防止高温熔体在成型过程中被氧化变质。制品成型腔的上部贮备一定量的熔体,是用以补充旋转充填和紧压时成型腔内物料的体积收缩。规定量的熔体浇灌进模腔后,模具即开始绕垂直轴旋转,经一定时间后熔体中的气泡即向中心区集中,此时可以停止模具在离心浇铸机上的旋转,并将其移到紧压机上。

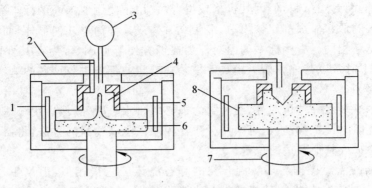

图 8-5　立式离心浇铸示意图

1—红外灯或电阻丝;2—惰性气体送入管;3—挤出机;4—贮备塑料部分;
5—绝热层;6—塑料;7—转动轴;8—模具

　　模具是以其轴线与紧压机转动轴垂直,而且底面距转动轴线最远的方式安装在紧压机上。当紧压机使模具绕轴高速旋转时,由于离心力与到转动轴线距离的平方成正比,故在模腔内熔体的轴向上形成压力梯度,在压力梯度的驱动下熔体内的气泡上升,这显然对减少制品中的气孔和提高其密实程度有利。在紧压过程进行的同时,模腔内熔体因受空气的冷却由表及里地逐渐凝固。为防止模腔上部贮备的熔体先期冷凝,需要为其单独加设绝热层。

　　紧压过程结束后,模具停止旋转并从紧压机上卸下。浇铸体此时尚未完全冷硬,应连同模具一起立即放入保温箱内以较小的速率降温,因快速冷却会产生内应力。刚放入保温箱时,模腔中浇铸体的中心区仍可能为熔融料,这部分熔融料在降温过程中要凝固收缩,从而需要模腔上部的熔体仍能向其补料,为使这种补料能够实现,必须刺破模腔上部贮备熔体的凝固面层使与大气保持相通。在保温箱内的冷却过程结束后,移出模具,启模取出制品。制品从模内取出后,须用机械加工的方法将其上部的多余部分截去。

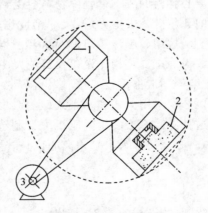

图 8-6　紧压机示意图

1—平衡重体或另一模具;2—带有塑料的模具;3—电动机

　　在立式离心浇铸制品的成型过程中,要特别注意控制离心浇铸机和紧压机工作时的转数及模具的加热温度,以保证熔体能顺利填满模腔和增密排气,并使与增密排气相关的补料过程得以充分进行。

2. 水平式离心浇铸

图 8-7 所示为一种水平式离心浇铸设备结构示意,可以看出这种浇铸设备由驱动模具旋转的传动系统和可在滑道上往复移动的烘箱两大部分组成。生产上多用水平式离心浇铸设备成型单体浇铸尼龙厚壁管,而这种厚壁管经机械加工后可制得各种轴套。

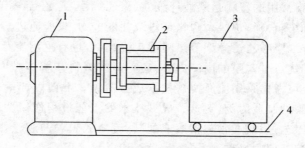

图 8-7　水平式离心浇铸设备示意图
1—传动减速机构;2—旋转模具;3—可移动的烘箱;4—软道

厚壁管的离心浇铸过程是:将配制好的己内酰胺活性反应物通过专用漏斗加进绕水平轴转动的模具型腔,加进的反应物随即在离心力的作用下均匀分布到型腔壁上,在规定量的反应物全部加完后即在模腔内形成一管状物;移动加热烘箱使模具在箱内继续旋转,调节烘箱温度使模具受热达到给定的温度范围,以便活性反应物能在稳定的条件下进行聚合反应。用这种方法所得厚壁管,外径由模具型腔直径决定,而管的内径则取决于加进型腔的物料量。

在水平离心浇铸过程中,型腔壁全部为塑料所覆盖,而塑料为热的不良导体,因此管状浇铸体的壁愈厚,聚合反应产生的热量就愈难通过型腔壁向外散发,浇铸体聚合反应过程中型腔内的实际温度与管的壁厚有密切关系。不难看出,用己内酰胺活性反应物离心浇铸厚壁管时,烘箱的加热温度应随管壁厚度的不同作相应调整,以便将模腔内浇铸体的实际温度维持在进行聚合反应所要求的范围内。在浇铸体完成聚合过程后即可停止烘箱加热,但必须在温度降至 $150 \sim 160$ ℃时才能停止模具旋转。在制品与模具一起冷却至 120 ℃左右时才能脱模取出制品,取出的制品应立即放入保温箱内慢速降温冷至室温附近。

借助如图 8-7 所示的类似设备,可用聚乙烯和尼龙-1010 等热塑性塑料的固体粒料成型大直径厚壁管。由于这种成型方法所用模具仅为圆筒形金属管,加之成型设备简单,因而适合小批量热塑性塑料厚壁管的生产,但所得管材的机械强度和表面光滑程度都不如挤出管材,而且成型周期长,生产效率低。

8.1.4　流涎浇铸

流涎浇铸也称薄膜浇铸,是制取塑料薄膜常用的成型技术之一。流涎浇铸成型薄膜的过程是:先将液态成型物料流布在连续回转的不锈钢载体上,再用适宜的处理方法将其硬化定型,即可从载体上剥离下薄膜。若将回转的载体看作一种移动式平面模具,流涎就是一种连续式的浇铸操作。流涎浇铸制得的薄膜宽度取决于载体的宽度,其长度可以不受限制,而膜的厚度主要由浇铸料的黏度(或浓度)和载体的回转速度决定。

流涎浇铸法所得薄膜的主要特点是厚度可以很小,最薄者仅为 $5 \sim 10$ μm,而且膜的厚度均一性高,也不易带入机械杂质。因而膜的透明度高,内应力小,特别适合高光学性能的使用要求,如感光材料的片基和硅酸盐安全玻璃的夹层等。用这种成型方法制造薄膜的主要缺点是生产效率不高和膜的强度较低;若所用浇铸料为树脂溶液,由于需要耗费大量有机溶剂,还有生产成本高和溶剂容易引起燃烧与污染环境等缺点。

成型流涎浇铸薄膜常用的塑料是醋酸纤维素、聚乙烯醇、氯乙烯-醋酸乙烯酯共聚物等不能采用熔融挤出吹塑的聚合物,这些聚合物是热敏性聚合物,只能通过溶液法进行流涎浇铸成膜,聚碳酸酯和聚对苯二甲酸乙二醇酯等热塑性工程塑料,也有采用流涎浇铸技术成型薄膜的方法,与吹塑法相比其优点是薄膜的内应力小,还有一些塑料其熔体黏度太高,也难以采用熔融吹塑法得到薄膜,也可考虑采用流涎浇铸技术成型薄膜。下面以产量最大工艺也最成熟的醋酸纤维素流涎浇铸膜的制造为例,对这一成型技术的工艺过程作简要说明。醋酸纤维素流涎浇铸膜的完整成型工艺过程,通常包括溶液配制、流涎成膜和薄膜干燥三项基本操作,实际生产流程中还包括有溶剂回收操作,如图8-8所示。

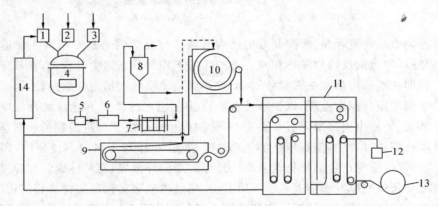

图8-8 醋酸纤维素薄膜生产流程示意图

1—溶剂贮槽;2—增塑剂贮槽;3—醋酸纤维素贮槽;4—混合器;5—泵;6—加热器;7—过滤器;
8—脱泡器;9—带式机烘房;10—转鼓机烘房;11—干燥室;12—平衡重体;13—卷曲辊;14—溶剂回收

1.溶液配剂

配制之前应先将醋酸纤维素进行干燥处理,使其含水量小于1%,否则会影响溶液的质量并对成型设备造成腐蚀。通常都用混合溶剂溶解醋酸纤维素,因混合溶剂比单一溶剂的溶解能力强,有利于得到低黏度和高挥发速度的溶液。常用混合溶剂的组分是二氯甲烷、三氯乙烷、甲醇和丁醇等,有时也往溶液中加进少量三苯基磷酸酯、邻苯二甲酸二丁酯等增塑剂组分。

配制溶液所用的设备,多为带有强力搅拌器和加热夹套的熔解釜,为有利于将聚合物溶解需要强化搅拌效果,常在釜内加设各种挡板。多采用慢加料快搅拌的配制操作方法,为此需先将混合溶剂放入溶解釜并加热到一定温度,然后在快速搅拌和定温的条件下,缓缓加入粉状或片状醋酸纤维素,投料的速度以不出现结块现象为准。慢加料的目的在于使溶液中的粉粒或片料不致结块,而快速搅拌则既有加速分散混合的作用,又可借助搅拌桨叶与挡板间的强烈剪切作用撕开可能产生的团块。应在允许的范围内尽量降低配制时的加热温度,否则即使在溶解釜上安装回流冷凝装置,也会导致溶剂的过多损失。

配制成的溶液,先通过适当加热降低其黏度,再经压滤机滤去溶液中的机械杂质,最后用脱泡器脱除气泡后,方可用于流涎成膜。

2. 流涎成膜

生产中常用的流涎浇铸设备是不锈钢带式流涎机。这种设备的主体是一可连续回转、表面无接头且具有镜面光洁度的不锈钢带,钢带用两个转动辊筒张紧并驱动。在前转动辊筒所载钢带的上方有一流涎嘴,其宽度较钢带稍小,而断面为倒三角形,在三角形的顶部开有一定宽度的隙缝。脱泡后的溶液加到流涎嘴内,从其下面的隙缝流布到不锈钢带的表面上。流布到钢带表面的溶液层厚度,由钢带的运行速度和流涎嘴隙缝宽度所决定。整个流涎机密封在一烘房内,从不锈钢带下面逆其运行方向吹入约 60 ℃ 的热空气,使流布到钢带上的溶液层中的溶剂逐渐挥发。带有溶剂的热空气从烘房上部排气口排出,并送往溶剂回收装置。溶液流布到不锈钢带上后,即随其回转并开始干燥过程,溶液层由前辊筒上部绕过后辊筒移至前辊筒下部时,已初步干燥成膜,此时即可从钢带上剥离下来,送往干燥室作进一步干燥。

3. 薄膜干燥

从钢带上剥离下来的半成品膜,通常还含有 15%~20% 的溶剂,需要作进一步的干燥处理。常用烘干和熨烫两种方法,对半成品膜进行干燥处理。烘干常用的设备是长方形的烘房或干燥室,烘房内通常都分隔成几段,每一段的温度应能独立控制,各段的温度一般是顺着半成品膜前进的方向逐渐升高,而后再由高温突降至低温。待干燥的半成品膜是在支承辊、转向辊和卷曲辊的帮助下通过烘房。干燥后的薄膜,以水为主的挥发物含量应低于 1%。熨烫法是利用一系列加热辊筒直接与半成品膜接触使溶剂挥发,与烘干法一样,为便于溶剂回收,整个熨烫装置也应放在密闭室内。

8.2　涂覆成型技术

涂覆成型(coating molding)也称涂覆制品成型,早期的塑料涂覆技术是从油漆的涂装技术演变而来,故传统意义上的涂覆,主要是指用刮刀将糊塑料均匀涂布在纸和布等平面连续卷材上,以制得涂层纸和人造革的工艺方法。随着塑料成型技术的发展,涂覆用塑料从液态扩展到粉体,被涂覆基体从平面连续卷材扩展到立体形状的金属零件和专用成型模具,涂布方法也从刮涂发展到浸涂、辊涂和喷涂。目前由于塑料涂覆的目的多种多样,致使涂覆技术的实施方法也各式各样,比较常见的是成型模具涂覆(简称模涂)、平面连续卷材涂覆和金属件涂覆。

8.2.1　模涂

这是一类以成型模具为基体,在阴模内腔或阳模外表面涂布塑料层后,经硬化处理而制得壳、膜类开口空心塑料制品的涂覆方法。模涂用量最大的成型物料是聚氯乙烯增塑糊和聚烯烃与聚酰胺等热塑性塑料粉末。工业上常用的模涂方法是涂凝成型、蘸浸成型和旋转成型等。

1. 涂凝成型

涂凝成型是一种将成型物料涂布在阴模大口型腔壁上,以制得敞口空心塑料制品的模涂工艺。当所用成型物料为糊料时常称为"搪铸",而当以干粉为成型物料时特称作"搪塑"。

(1)搪铸

搪铸是用糊塑料制造空心软制品(如软质聚氯乙烯玩具)的一种常用成型方法。其成型制品的基本过程是:将配制好的糊塑料灌入预先加热到给定温度的阴模型腔中,靠近型腔壁的糊料即因受热而"凝胶",然后将没有凝胶的糊料倒出并将模具再加热一段时间,待凝胶料充分"塑化"后经过冷却降温,即可从模腔的开口处取出软制品。目前搪铸主要以聚氯乙烯增塑糊为成型物料,这种糊塑料的配制方法前一章已经述及,以下先就聚氯乙烯增塑糊在成型过程中受热后的物理变化作简要说明,然后再介绍这种糊塑料的搪铸工艺。

1)聚氯乙烯增塑糊受热后的物理变化。将这种糊料成型为制品,必须借助加热使糊塑料经历一系列的物理变化过程,工艺上常将促使糊塑料发生物理变化的加热称作糊塑料的"热处理"。热处理糊塑料时,依据所发生物理变化性质的不同,将糊塑料向制品的转变过程划分为"凝胶"和"塑化"两个阶段。凝胶是指糊塑料从开始受热,到形成具有一定机械强度固体物的物理变化过程。聚氯乙烯增塑糊在这一阶段的变化情况如图8-9(a)(b)(c)所示。由图8-9可以看出,糊塑料开始为微细树脂粒子分散在液态增塑剂连续相中的悬浮液,如图8-9(a)所示;受热使增塑剂的溶剂化作用增强,致使树脂粒子因吸收增塑剂而体积胀大,如图8-9(b)所示;随受热时间延长和加热温度的升高,糊塑料中液体部分逐渐减小,因体积不断增大,树脂粒子间也愈加靠近,最后残余的增塑剂全被树脂粒子吸收,糊塑料就转变成一种表面无光且干而易碎的凝胶物,如图8-9(c)所示。热处理糊塑料的塑化是指凝胶产物在继续加热的过程中,其机械性能渐趋最佳值的物理变化。塑化阶段糊塑料的变化情况如图8-9(d)(e)所示。可以看出,由于树脂逐渐被增塑剂所溶解,充分膨胀的树脂粒子先在界面之间发生黏结,随着溶解过程的继续推进,树脂粒子间的界面变得愈来愈模糊,如图8-9(d)所示;当树脂完全被增塑剂溶解时,糊塑料即由不均一的分散体,转变成均质的聚氯乙烯树脂在增塑剂中的浓溶液,这种浓溶液一般是透明的或半透明的固体,如图8-9(e)所示,这一过程与热塑性塑料的熔融塑化相似。塑化完全的糊塑料,除颜料和填料等不溶物外,其余各组分已处于一种十分均匀的单一相中,而且在冷却后能长久地保持这种状态,这就使搪铸聚氯乙烯制品能够具有较高的强度和韧性。

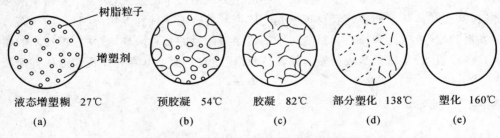

图8-9　PVC增塑糊的凝胶与塑化示意图

2)搪铸工艺。搪铸制品的成型过程如图8-10所示,其操作步聚是:先将聚氯乙烯糊料由贮槽灌入已加热到规定温度的模腔,灌入时应注意保持模腔和糊料的清洁,以使整个模腔壁均能为糊料所润湿,同时还须将模具稍加震动以逐出糊料中的气泡,待糊料完全灌满模腔后停放一段时间,再将模具倒置使未凝胶的糊料排入贮料槽,这时模腔壁上附有一定厚度已部分凝胶的料层。如果单靠预热模具不能使凝胶层的厚度达到制品壁厚的要求,可在未倒出糊料前短时间加热模具,加热方法可以是用红外线灯照射,也可以是将模具浸进热水或热油浴中。随后需将排尽未凝胶糊料的模具放入 165 ℃左右的加热装置中使凝胶料层塑化,塑化时间取决于制品的尺寸及其壁厚。塑化完毕后从加热装置中移出模具,用风冷或用水喷淋冷却,通常在模具温度降至 80 ℃左右时,即可将制品从模内取出。由于搪铸制品为软制品,拔出时可变形,因此不存在脱模困难。生产中也有不预先加热模具而将糊料直接灌进冷模腔的操作方法,在这种情况下多采用灌满糊料后短时加热模具和重复灌料以得到所需厚度的凝胶料层。交替灌料和排料时,在每次排出未凝胶料后,都需将已形成的凝胶料层进行适当的加热塑化,但又不能使凝胶层完全塑化,只能在最后一次排料后才可以使凝胶料层完成最终塑化,以避免制品壁出现分层。用重复灌料法成型搪铸制品,工艺上比较麻烦,其优点是可减少空气进入制品壁的机会,并能比较准确地控制制品壁的厚度。用这种方法还可以成型壁的内、外层由不同成型物料构成的搪铸制品,例如制品壁的内层是发泡料外层是密实料的制品。

图 8 – 10　搪铸制品成型过程示意

搪铸的主要优点是设备费用低,易高效连续化生产,工艺控制也比较简单,但所得制品的壁厚和重量的重现性都比较差。

（2）搪塑

粉料的搪塑与糊料的搪铸在成型工艺过程上很相似,但由于搪塑所用成型物料是固体的干粉而不是液态的糊料,故其成型操作也有不同于搪铸之处。搪塑所用阴模在外形上大多类似上大下小的敞口容器,一般用导热性好的薄金属板冲压制成。这种模涂方法最常用于小批量聚乙烯、聚丙烯等敞口薄壳制品的成型,其成型过程如图 8 – 11 所示。

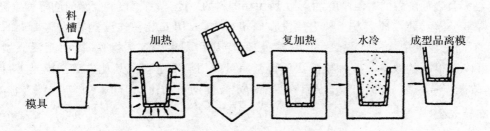

图 8 – 11　搪塑制品成型过程示意图

搪塑制品成型操作的步骤是:先将粉状成型物料加进模腔之中,再将装满粉料的模具放进烘箱加热,加热温度应高于塑料的熔融温度,而加热时间应足以使与模壁接触的粉料熔融并达到所需的熔料层厚度,加热时间到达后从烘箱中取出模具并将其倒置排出未熔融的粉料。由于尚有未熔的粒子附在熔融料层表面,需将模具重新放进烘箱内加热,直至熔融料层充分流平、表面变光滑后方可从烘箱中移出。为加速冷却可用冷水喷淋制品,制品依靠凝固收缩而与模壁脱开,使其能方便地从模腔内取出。

搪塑的主要优点是不需专用成型设备,模具结构简单易于制造,成型操作也很容易掌握;但这种模涂方法不能用于成型尺寸准确度要求高的制品,而且模具在成型过程中要交替地经受加热与冷却,不仅能耗大而且使生产效率大为降低。

2. 蘸浸成型

蘸浸成型也称浸涂成型,其法与搪铸大体相似,都是用糊塑料成型中空软制品的技术,但这种模涂方法所用成型模具不是阴模而是阳模。蘸浸成型的操作步骤是:先将模具浸入糊塑料中,然后再将模具从糊塑料中慢慢提出,即可在模具表面附着一层糊料,这一操作步骤如图8-12所示;模具表面上的糊料层经热处理和冷却后,即可剥离下来得到制品。

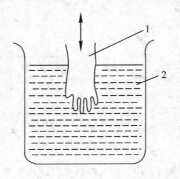

图8-12　蘸浸成型示意图
1—模具;2—糊塑料

在实际生产中,浸涂操作可以有多种变化,可以用冷模具,也可用预热过的模具,为达到一定的制品壁厚,也可采用多次浸涂法,而且各次浸涂可用不同的糊塑料,如果第一次和第三次用一般糊塑料而第二次用发泡糊塑料即可得到泡沫夹芯制品。蘸浸成型多采用实心阳模,从这种模具上剥离下已定型的制品后即可投入重复使用;蘸浸成型模具有时就是制品的主体,如在布手套表面和工具手柄表面浸涂糊塑料。常用的糊塑料是聚氯乙烯增塑糊。用这种糊塑料浸涂模具后,在模具表面附着的料层厚度,主要由所用糊塑料的黏度、模具温度和浸涂时间等因素决定。

可将多个模具装在同一支承架上浸没在糊塑料中,或用安装在连续运转传送带上的多个模具,在不同工位上依次完成预热、浸涂、热处理、冷却和剥离等各项操作,因而蘸浸成型制品的生产可以有很高的效率。这种模涂法所得制品可以用压缩空气或其他方法从模具上自动剥离下来,故蘸浸成型制品的生产过程能够实现一定程度的自动化。

3. 旋转成型

这种模涂技术是可用全封闭模腔成型无口塑料空心制品的唯一方法,但采用不同结构的模具,用这种模涂技术也能制得小口和敞口的空心制品,其成型制品的基本过程是:在模具封闭前将定量的成型物料加进模腔,然后使闭合模具在加热装置内同时作相互垂直的双轴向低速旋转,当物料已全部均匀地涂布到模腔壁面并充分塑化后,即可将模具从加热装置中移出,经冷却后开模取出制品。由于旋转成型是在无压力和非流动条件下使物料造型,因此所得制品几乎没有内应力;加之成型过程中不产生边角废料,使成型物料有很高的利用率。旋转成型时用同一模具,仅仅改变加进模腔的成型物料量,即可得到不同壁厚的制品。另外,由于旋转成型的模具双轴向的转速都不高,故成型用设备构造简单;所用小型成型模具常为钢或铝制的对模,而大型的多用薄钢板焊接而成。这一模涂技术,当用于成型液态物料时常称为滚铸,当用于成型固体物料时常称为滚塑。

(1)滚铸

滚铸最常用的成型物料是聚氯乙烯糊,所用成型设备多为如图 8 - 13 所示的多模旋转成型机。固定在旋转成型机载模台上的模具,在旋转成型机主、次轴的带动下作双轴旋转时,模腔内的糊料因自重而一直存留在距地面最近的模腔底部,当模腔的各处壁面因旋转而先后接触糊料时就从中带出一些。模腔内的糊料以这种方式在模具一面旋转一面受热的情况下,就自动而均匀地全部涂布到整个型腔壁上,附在模腔壁上的料层继续受热时发生凝胶并逐渐塑化。糊料在模腔内旋转与受热的时间,随所用糊料性质和制品的壁厚而定。

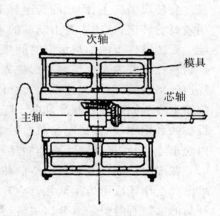

图 8 - 13　多模旋转成型机

在滚铸制品的成型过程中,模具受热后的温度上升速率不能过大,否则会导致制品壁出现明显的厚薄不均。提高模具的旋转速度,可增大糊料的流动性,有利于改善制品壁厚的均匀性;用黏度较低的糊料成型,也有利于提高制品壁厚的均匀性。

(2)滚塑

成型滚塑制品目前最常用的成型物料是聚乙烯、聚丙烯、尼龙粉等原料,成型设备多采用如图 8 - 14 所示的单模式大型旋转成型机。这种大型模涂设备为便于操作,多安放在轨道上,以便移入和移出加热室与冷却室。

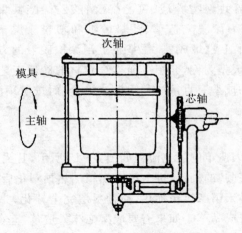

图 8 - 14　单模旋转成型机

用滚塑法成型大型制品时,先将精确称量过的粉料加进分离型模具的一个半模的底部,然后将两个半模紧固在一起并安装到旋转机上。将安装有模具的旋转机推进加热室并同时使模具开始作双轴旋转,当到达规定的加热时间后,立即将成型机从加热室移进冷却室,在继续旋转的同时,用空气或空气与水雾的混合介质冷却模具。当模具冷却至一定温度,模内制品已冷硬定型后,再将成型机移至加热室和冷却室之间的卸模区,停止旋转并启模取出制品。

滚塑成型过程需要控制的主要工艺参数是模具加热温度、旋转成型机主、副轴的转速和速比、加热时间和冷却时间等。模具加热温度一般应高于树脂的熔融温度,温度的波动也不能过大;提高模具温度有利于缩短加热时间,但物料的热氧化降解趋势增大,冷却时间也要相应延长。旋转成型机主、副轴的转速都不宜过高,成型高熔体黏度的树脂时用低的转速,反之则可用较高的转速;速比主要由制品的形状特点和模具安装方式决定,具体的速比值通常用实验确定。旋转条件下的加热保温时间视制品的大小和壁厚而定,总的原则是所取加热时间应能保证物料在模腔内充分熔融并形成光滑的制品壁。旋转条件下的冷却时间,与所用冷却方式的降温效果有关,但降温速率太大会使制品过早地与模壁脱离,并因脱开部分与未脱开部分冷却收缩早晚不同而导致制品翘曲。降温如果过慢,就会延长冷却时间而降低生产效率。为提高设备的利用率,在保证制品脱出后不会出现变形的前提下,可在较高的模具温度下将制品从模内脱出,然后在模外继续冷却制品。

在成型特大尺寸塑料中空制品时,可使滚塑技术的优点得到充分发挥,近年来这一成型技术已广泛用于成型容量从几百立升到数万立升的大型贮罐和汽车与小船的壳体等。这些大型制品的滚塑有时要采取分次加料、多次旋转造型的成型方法,目的是在制品壁内充填一层泡沫体,以便将结实的表层和密度小的芯层结合在一起,使制品既具有足够的强度和刚性又具有重量轻和隔热性好的优点。

8.2.2　平面连续卷材涂覆

这是一类以纸、布和金属箔与薄板等非塑料平面连续卷材为基体,用连续式涂布方法制取塑料涂层复合型材的涂覆技术。平面连续卷材涂覆最常用的成型物料是聚氯乙烯糊,其次是氯乙烯-偏二氯乙烯共聚物乳液、氯乙烯-醋酸乙烯酯共聚物乳液、聚氨酯溶液和聚酰胺溶液等。重要的制品为涂覆人造革、塑料墙纸和塑料涂层钢板等,其中以聚氯乙烯涂覆人造革的产量最大,技术上也最成熟,在基布上刮涂橡胶液的方法与此类似。以下即以布基聚氯乙烯涂覆人造革的成型为例,介绍平面连续卷材的涂覆工艺过程。按照涂布方式的不同,布基聚氯乙烯人造革的成型有直接法和间接法之分,而按所用涂布工具的不同,又可分为刮刀法和涂辊法。

1. 直接涂覆

用这种工艺方法成型人造革的工艺流程如图 8-15 所示,其成型步骤如下:先在经过预处理的基布上涂一层作为"底胶"的糊料,进入第一烘箱加热预塑化后,再在底胶层上涂一层作为"面胶"的糊料,涂面胶后进入第二烘箱加热,使糊料层完全塑化;完成糊料层塑化后的半成品革经压花、冷却和卷曲即得成品革。如果需要成型泡沫人造革,应在底胶层上先涂一层含发泡剂的糊料并使其预塑化后,再在可发泡糊料层上涂面胶。

用刮刀在基布上涂布糊料有如图 8-16 所示的三种方式。其中图(a)所示为简单刀涂式,由于在刮刀作用点的下面没有任何支承物承托运行的基布,因而很难控制涂层的厚度和厚度均一性,而且不适用强度低的基布;图(b)所示为辊筒刀涂式,由于有金属辊或橡胶辊承托刮刀的作用点,故可较均匀地在强度较小的基布上进行涂布,而且有糊料透入布缝较深的优点;图(c)所示为带衬刀涂式,由于有橡皮输送带承托基布,更适于强度较小基布的涂布。

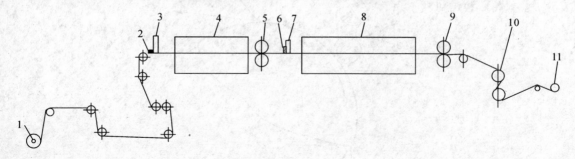

图 8 - 15　直接涂覆法工艺流程图

1—布基;2—塑性溶胶(底胶);3—刮刀;4—烘箱;5—压光辊;6—塑性溶胶(面胶);

7—刮刀;8—烘箱;9—压花辊;10—冷却辊;11—成品

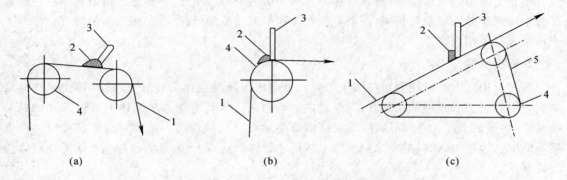

(a)　　　　　　　　　　　(b)　　　　　　　　　　　(c)

图 8 - 16　各种刮刀涂覆方式示意图

(a)简单刀涂式;(b)辊筒刀涂式;(c) 带衬刀涂式

1—基材;2—塑性溶胶;3—刮刀;4—承托辊;5—输送带

　　可采取多种方式用辊筒将糊料涂布到基布上,生产上广泛采用的是逆辊涂布法。所谓逆辊涂布法,是指涂布糊料的辊筒(常称为涂胶辊)转动的方向与基布运行的方向相反。逆辊涂布时可采取顶部供料,也可采取底部供料,糊料黏度高时宜用前者,糊料黏度低时用后者较好。

　　图 8-17 所示为顶部供料的逆辊涂布机示意图。这种涂布机工作时,糊料由传递辊与定厚辊的间隙曳入,再由传递辊将定量的糊料传递给涂胶辊,涂胶辊与钢带承托运行的基布作反向运动,借助大辊筒对涂胶辊产生的压力使其上的糊料平整地转移到基布上。糊料涂布层的厚度主要受定厚辊与传递辊间隙大小和涂胶辊与基布的相对速度控制。涂胶辊表面的线速度应大于基布运动速度,二者之差愈大,擦进基布缝的糊料量就愈多。

　　逆辊涂布与刮刀涂布相比,虽然设备投资较大,但涂布的速度高、涂层的厚度均一性也较好,特别是涂层较薄时容易得到很光滑的人造革表面;而且由于糊料渗入基布缝少,所制得的人造革手感也较好。逆辊涂布较适用于黏度低的糊料,而不适用于高黏度糊料。刮刀涂布的情况则正好相反,黏度小于 0.5 Pa·s 的糊料就不易刮涂。刮刀涂布由于糊料渗入基布缝较多,所制得的人造革手感不佳,而且基布上的缺陷会明显地在人造革表面上显现,因此很粗糙的帆布以及针织布和无纺布都不宜采用刮刀法涂布。

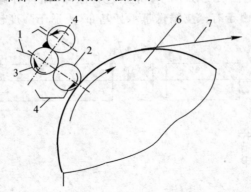

图 8 – 17 逆辊涂布机示意图
1—调节板；2—涂胶辊；3—传递辊；4—定厚辊；5—承胶盘；6—大辊筒；7—钢带

基布上所涂的糊料层，在烘箱内加热时所经历的凝胶与塑化，与前述之搪铸制品在热处理过程中所发生的物理变化相同；而基布预处理和半成品革的压花、冷却和表面涂饰等操作与生产压延人造革相同。

2. 间接涂覆

将糊料用刮涂法或逆辊涂布法涂布到一个循环运转的载体上，经过预热烘箱使糊料涂层达到半凝胶状态后经与基布贴合，再经过主烘箱塑化后将其冷却并从载体上剥离下来得到半成品革；半成品革经轧花（或印花）和表面涂饰即制得间接涂覆法人造革。由于在成型这种人造革的工艺过程中，糊料是先涂到载体上然后才转移到基布上，故又将间接涂覆法称作载体法或转移法。

在同一载体上若用两台涂布机分两次进行涂布，且先涂一层薄的不含发泡剂的糊料层，经加热半凝胶后再涂一层含发泡剂的较厚糊料层，经再次加热使新涂料层半凝胶后与基布贴合，即可得到表面致密耐磨而又有柔软特点的双层结构泡沫人造革。

间接涂覆法成型人造革所用的载体，主要是钢带和离型纸。以钢带为载体的涂覆设备投资大，但钢带经久耐用且维修费用低。用离型纸作载体的涂覆设备结构较为简单，而且只需在离型纸上轧上花纹即可将其转移到人造革上，故贴合基布后不必另行轧花；但离型纸在使用过程中常出现断裂，这不仅会导致停工修机，而且每次使用后要在专门的设备上进行检验修检，其综合成本反比用钢带高。

用这种间接涂覆法成型人造革，基布可在不受拉伸的情况下与半凝胶的糊料涂层贴合，因此特别适用于伸缩性很大的针织布和抗张强度很低的无纺布作基材；由于人造革表面的平整光滑程度不受基布表面情况的影响，因此用表面很粗糙的基布也能借助这种方法制得表观良好的人造革。

8.2.3 金属件涂覆

金属件涂覆是指在金属件的表面上加盖塑料薄层的作业，不能将这种塑料涂覆技术称作"塑料涂覆"，因为这很容易与在塑料制品表面上涂覆各种涂料的涂装技术相混淆。在金属件的表面上加盖一层附着牢固的塑料薄层,可使其在一定程度上既保有金属的固有性能,又具有塑料的某些特性,如鲜艳的色彩、耐腐蚀、电绝缘和自润滑性等。

涂覆金属件用的成型物料,既可以是液状的,也可以是干粉状的。常用的液状成型物料是三氟氯乙烯、氯化聚醚和聚乙烯等的悬浮液。常用的干粉状成型物料主要是聚乙烯、聚氯乙烯、聚酰胺、环氧树脂和饱和聚酯的粉状复合物,其次是聚四氟乙烯、聚苯硫醚、聚丙烯酸酯和酚醛树脂的粉状复合物。干粉状成型物料的细度,多在 80～120 目之间。

为了提高塑料涂层与金属件表面的附着力,涂布塑料层前应对金属件表面进行处理。常用的处理方法有喷砂、化学除油除锈和机械方法除锈等,其中以喷砂的效果最好。喷砂不仅能较彻底地清除锈迹,而且可增大表面的粗糙度,有利于增加塑料层与金属件表面的接触面积。经过处理的金属件表面应干燥、无尘、无油和无锈迹。

将成型物料涂布到金属件表面所采用的方法,液态料常用的是刷涂、揩涂、淋涂、浸涂和喷涂,干粉料常用的是火焰喷涂、流化床浸涂和静电喷涂。由于液态成型物料的涂覆工艺与传统的油漆涂装工艺很相似,以下着重介绍干粉成型物料常用的三种涂覆方法。

1. 火焰喷涂

这种涂覆技术是依靠压缩空气的气流将热塑性塑料粉末快速而连续地送入特制的喷枪,借助喷枪前端乙炔氧高温火焰的快速加热,使喷出的塑料粉末经过高温火焰区后达到熔融状态并随高温气流投射到金属件表面。当金属件表面上附着的塑料层厚度达到规定的要求后即停止喷涂,待熔融的塑料层凝固后投入水或油中急冷即得涂层制品。火焰喷涂装置如图 8 - 18 所示。

进行火焰喷涂时,待喷涂金属件一般需要预热,预热温度应根据所用塑料的种类、金属件大小和环境温度高低等因素决定。喷涂时的火焰温度以既不会过分损害塑料的性能,又能使塑料涂层对金属件表面有良好附着力为原则而确定。一般以许用温度范围内的最高温度喷涂底层,这样可以提高塑料涂层的黏附效果,在随后加厚塑料层的喷涂中可适当降低火焰温度。

火焰喷涂的效率不高,喷涂过程中常有刺激性气体放出,而且需要熟练的操作技术;但这种粉末塑料喷涂技术所用设备简单,投资小,用于大型罐和槽内壁防腐蚀涂层的涂覆,其综合经济技术效果仍优于其他一些涂覆方法。

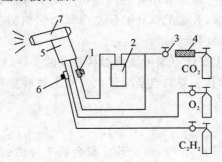

图 8 - 18　火焰喷涂装置
1—进粉调节器;2—粉桶;3—压力调节器;4—加热器;5—枪柄;6—氧乙炔混合器;7—塑料喷枪

2. 流化床浸涂

塑料粉末流化床浸涂的基本工艺过程是:将已预热到塑料熔融温度以上的金属件(或称工

件),浸没进流态化的塑料粉末中,与热工件接触的塑料粒子立即在其表面上熔融,逐渐形成连续的塑料层,当塑料层的厚度达到规定要求后,立即取出工件并送进烘箱烘烤,到达所规定的烘烤时间后从烘箱取出,经过冷却即得金属件涂层制品,如图8-19所示。

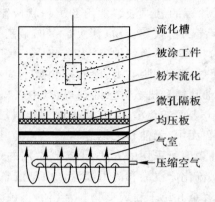

流化槽
被涂工件
粉末流化
微孔隔板
均压板
气室
压缩空气

图 8 - 19　流化床内塑料粉末浸涂示意图

热塑性塑料和热固性塑料的粉末均可用于流化床浸涂,不论用哪一类粉末加进流化槽时都应松散无结块,粉末的平均粒径以 $100\sim200\,\mu m$ 为宜。

塑料粉末的流化态用流化床实现,典型流化床的结构及其浸涂工件的情况如图8-19所示。流化床使塑料粉末流态化的原理是:用一微孔隔板将容器分隔成上部流化槽和下部气室两个部分,隔板中均匀分布的微孔,其孔径允许气流通过而不允许流化槽内的粉末粒子漏入气室之中,引入气室的是已经过净化处理的压缩空气,经均压板均压后通过微孔隔板进入流化槽,在气流的压力和流速达到一定值后,即可使流化槽内的塑料粒子悬浮于气体中形成流态化的固-气均匀混合体系。用流化床浸涂工件时,主要是通过调整工件的预热温度和在流化槽内的浸没时间来控制塑料涂层的厚度。

浸涂后的工件放进烘箱内烘烤,是为了在工件表面形成平整、光滑、致密和连续的塑料涂层。热塑性塑料粉末浸涂的工件,在烘烤时仅有粉粒的熔融与流平;而热固性塑料粉末浸涂的工件,在烘烤时除粉末的熔融与流平外还有热固性树脂的交联固化过程。烘烤温度和烘烤时间是影响烘烤效果的主要因素,合适的烘烤温度与时间由塑料的类型、工件的大小、涂层的厚度和对涂层的性能要求等多种因素确定。

塑料粉末流化床浸涂的主要优点是可涂覆形状复杂的工件、粉末的浪费少、涂层质量高和一次浸涂即可得到厚的涂层,其主要缺点是涂覆大尺寸工件时要用造价很高的大型流化床和大型烘烤装置。

3. 粉末静电喷涂

粉末静电喷涂的原理如图8-20所示。其涂覆金属工件的过程是:将接地的工件作为正极,将喷枪头的电极与高压静电发生器相连,使二者之间形成高压静电场;带有负高压电(一般为 $60\sim100\,kV$)的喷枪头部因电晕放电使其附近空气电离产生大量负电荷粒子,塑料粉末在经过净化处理的压缩空气气流的推动下进入喷枪,从头部喷出时,因会附着一定量的负电粒子而带负电;带有负电的塑料粉粒在高压静电场力的作用下,沿电力线"飞向"作为正极的工件并被其表面吸附而形成粉末覆盖层。

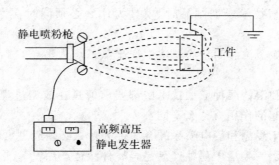

静电喷粉枪

工件

高频高压
静电发生器

图 8 - 20　粉末静电喷涂示意图

　　塑料粉末粒子的绝缘电阻都很高,当其在工件表面上因静电引力而附着后,粉粒自身所保有的荷电量要经过足够长的时间后才会消失。因此,已被吸附沉积的粉层,能够不受重力、气流和机械振动等的影响而稳定地保持在工件表面上,这就是用粉末静电喷涂的工件不必预热就可在常温下涂布塑料粉层的原因。另外,在粉末静电喷涂时,随着工件表面吸附的粉粒增多,所聚积的电荷也愈来愈多,最后将排斥继续投来的带有同性负电荷的粉粒,从而产生"自限效应",即任一处的粉层厚度达到一定值后,再继续喷涂厚度不会继续增大的现象。由于存在自限效应,在粉末静电喷涂时,即使是形状很复杂的工件,也能保证工件表面各处的粉层厚度大致相同。其次,沉积在工件表面上的粉粒由于受到很强的静电引力而趋向紧密堆积,这对减少涂层中的气孔和得到平整光滑的涂层表面均有利。在粉末静电喷涂时,粉粒能够"飞向"工件表面,除主要依靠静电引力外,还有压缩空气气流的推动作用,当工件有深凹之类的静电场"死角"时,也能靠气流将一定量的粉粒送进死角区,从而在一定程度上克服了静电场死角无粉末涂布的不足。

　　除涂布方法由预热工件的浸涂改为不预热工件的喷涂外,金属件的粉末静电喷涂的工艺操作与粉末流化床浸涂基本相同,即整个涂覆工艺过程由工件表面前处理、粉末涂布和涂布件烘烤等多项操作组成。

　　金属件表面采用粉末静电喷涂方法加盖塑料薄层,与用其他粉末涂覆方法相比,除具有涂布前工件不必预热和容易得到致密、厚度均匀、气孔少和表面平整光滑涂层的优点外,还具有涂覆工艺过程容易实现连续化和自动化等突出优点,因而在金属件的塑料粉末涂覆领域目前占有主导地位。

思考题与习题

　　8 - 1　静态浇铸的 MC 尼龙制品为什么比注射成型的 PA 制品里有较高的强度?

　　8 - 2　浇铸 PMMA 板材时,为什么要使用 MMA 的预聚体? 如何防止爆聚?

　　8 - 3　为什么静态浇铸时不用塑料熔体,而离心浇铸时却常用塑料熔体?

　　8 - 4　灌封和注封在工艺操作和对成型物料与包埋件的适应性上有什么不同?

　　8 - 5　"热处理"聚氯乙烯增塑糊造型物的目的何在? 增塑糊在"热处理"过程中会发生什么样的物理变化?

8-6　用滚铸和滚塑技术成型制品时,模具为什么必须同时在两个相互垂直的轴向上旋转?

8-7　分别用直接涂覆法和间接涂覆法生产聚氯乙烯人造革,二者对基布的要求和所制得产品性能有什么不同?

8-8　在离心浇铸和滚铸两种成型技术中都要求模具在成型过程中转动,二者的转动方式和转动对物料造型所起的作用有什么不同?

8-9　用粉末流化床浸涂和静电喷涂的金属件为什么必须经过烘烤才能在金属件表面上形成光滑平整的塑料涂层?生活中哪些产品是金属件涂覆产品?

第9章　塑料成型加工新技术

9.1　概　　述

从 20 世纪 80 年代开始,伴随着塑料材料、成型加工设备、成型模具以及塑料制品用途的发展,塑料成型加工领域出现了许多新的加工技术,这些新技术的出现是由于新产品设计复杂程度提高,以及采用现有加工技术难以完成成型或为解决传统成型加工技术存在的缺陷而产生的。从以满足一些特殊产品成型加工为目的,逐渐推广形成了一种新的成型加工新技术。例如,为解决厚壁注射制品收缩问题发明了气体辅助注射成型技术,为解决聚合物合金制备过程中相容性问题发明了反应挤出,为解决汽车发动机进气管塑料件无法脱模问题发明了熔芯注射成型技术,为解决聚碳酸酯光盘注射件内应力问题发明了注射压缩成型技术,为解决汽车塑料油箱耐渗透、抗静电等问题发明的多层挤出吹塑技术,为解决塑料件的快速复制问题和无模具制造技术发明了快速成型技术等。

这些新的成型加工技术的出现,与计算机辅助设计(CAD)与辅助制造(CAM)、计算机在塑料成型加工中的应用等信息技术发展有关,也与塑料制品在汽车、电子电器、航空航天、建材、医疗器械、机械等领域的广泛需求有关,还与塑料材料、模具设计、成型设备本身发展有关,应该说,塑料成型加工新技术体现出众多现代科技成果的综合与交叉。

本章以气体辅助注射成型、反应挤出、熔芯注射、注射压缩、自增强成型等主要塑料成型加工新技术为例,介绍这些新技术产生的背景、原理、特点、应用。

9.2　气体辅助注射成型

9.2.1　气体辅助注射成型简介

气体辅助注射成型(Gas - Assisted Injection Molding,GAIM),简称气辅注射成型,是在传统注射成型(Conventional Injection Molding,CIM)基础上发展起来的一种新技术。它的最基本过程如下:先在模具型腔中注射了一定量的熔体(见图 9 - 1(a)),再注入经压缩后的高压惰性气体(见图 9 - 1(b)),利用气体推动熔体完成充模(见图 9 - 1(c)),再在气体内压的作用下进一步完成对塑料制件的保压以及冷却定型(见图 9 - 1(d)),随后再将气体从气道中排出,形成内部带有气道的塑件零件。

GAIM 技术最早可追溯到 1971 年美国人 Wilson 尝试在 CIM 过程中加气以制造厚的中空鞋跟,虽然在当时并未取得成功,但却为一个具有划时代意义的新技术诞生迈出了探索性的

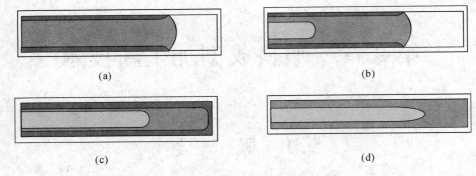

图 9 - 1　气体辅助注射成型示意图

(a)塑料熔体注入型腔,在模壁形成冻结层;

(b)氮气被注入塑料熔体,推动中间层的熔体前进;

(c)氮气进一步推动熔体前进并充满型腔;

(d)气体从内部对制件施加保压力补偿体积收缩并保持零件的外部尺寸

第一步。1983 年,英国人从结构发泡成型制造机房装修材料衍生出"Cinpres"控制内部压力的成型过程,并获得发明专利。该过程在 1986 年德国国际塑料机械展览会上展出后很快就被人们作为新工艺加以接受,并称之为塑料加工业的未来技术。1990 年,气辅注射成型工艺开始使用 Moldflow 软件,使得人们对气道设计和塑料熔体在气体压力推动下的流动有了更深入的了解。1997 年,采用外部气辅原件实现气辅注射成型的工艺获得广泛的商业化应用。1997年以后,将振动引入气辅注射成型过程中的振动气辅注射技术、用冷却气体冷却塑件的冷却气体气辅注射成型技术、多腔控制气辅注射技术、用冷却水代替气体的水辅助注射成型技术等相继产生,使得气辅注射成型技术蓬勃发展。目前,生产气辅注射成型设备或零部件的企业有Cinpres, Battenfeld, Krauss Maffe, Gain Technologies, Klockner, Mannesmann, Engel, Billion, Asahi Chemical, Stork, Gas Injection Ltd, Hettinga, Sandretto, Hydac/Befa, Bauer Compresseurs, Johnson Controls 等。

9.2.2　气辅注射成型的过程

气辅注射成型的过程是在普通注射成型过程中增加了气体注射单元和气体保压单元,因此,气辅注射成型过程可以分为六个阶段,如图 9 - 2 所示。

1)塑料充填阶段($t_1 \sim t_2$):这一阶段与传统注射成型相同,只是在传统注射成型时塑料熔体充满整个型腔,而在 GAIM 成型时熔体只充满局部型腔,其余部分要靠气体补充。

2)切换延迟阶段($t_2 \sim t_3$):这一阶段是塑料熔体注射结束到气体注射开始时的时间,这一阶段非常短暂。

3)气体注射阶段($t_3 \sim t_4$):此阶段是从气体开始注射到整个型腔被充满的时间,这一阶段也比较短暂,但对制品质量的影响极为重要,如控制不好,会产生空穴、吹穿、注射不足和气体向较薄的部分渗透等缺陷。

4)保压阶段($t_4 \sim t_5$):熔体内气体压力保持不变或略有上升使气体在塑料内部继续施压,以补偿塑料冷却引起的收缩。

5)气体释放阶段($t_5 \sim t_6$):使气体入口压力降到零。

6)冷却开模阶段($t_6 \sim t_1$):将制品冷却到具有一定刚度和强度后开模取出制品。

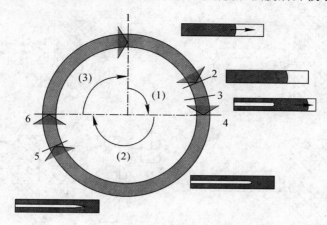

图 9-2 气辅注射成型的周期

目前共有四种方法实现气辅注射成型,分别为标准成型法、熔体回流成型法、活动型芯退出法、溢料腔法。从节省材料、实现难易程度上看,标准成型法是最主要的气体辅助注射成型技术。

1)标准成型法:先向模具型腔注入准确计量的塑料熔体(欠料注射),再通过浇口和流道注入压缩气体,推动塑料熔体充满模腔,并在气体压力下保压和冷却,待塑料熔体冷却到具有一定刚度和强度后开模取出制品,这是目前最常用的方法,如图 9-3 所示。

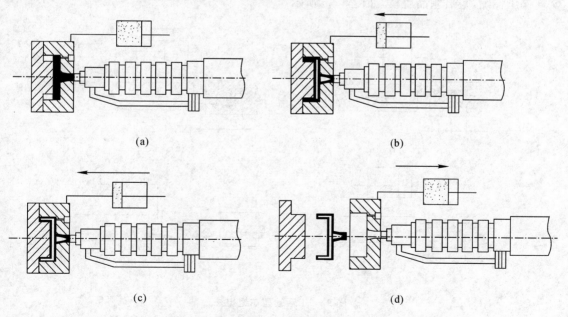

图 9-3 标准成型法

(a)熔体注射;(b)气体注射;(c)气体保压;(d)气体回收,开模取出制品

2)熔体回流成型法:首先塑料熔体充满模腔,然后从模具一侧注入压缩气体,气体注入时,多余的熔体从喷嘴流回注射机的料筒,如图 9-4 所示。

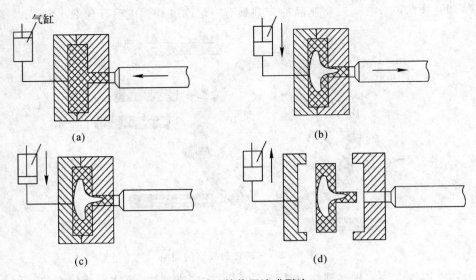

图 9-4　熔体回流成型法

(a)熔体注射；(b)气体注射，熔体回流；(c)气体保压；(d)气体回流，开模取出制品

3)活动型芯退出法：在模具的型腔中设置活动型芯，开始时使型芯位于最长伸出的位置 L_{max}，向型腔中注射塑料熔体，并充满型腔进行保压，然后从喷嘴注入气体，气体推动熔体使活动型芯从型腔中退出，让出所需的空间，待活动型芯退到最短伸出位置 L_{min} 时升高气体压力，实现保压补缩，最后制品脱模，如图 9-5 所示。

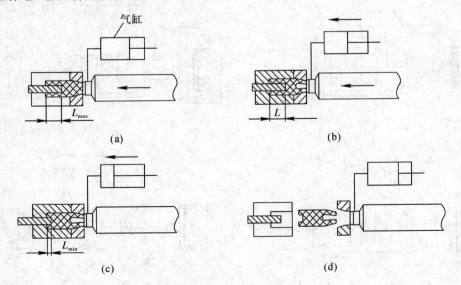

图 9-5　活动型芯退出法

(a)熔体注射；(b)气体注射，型芯退回；(c)气体保压；(d)气体回流，开模取出制品

4)溢料腔法：在模具主型腔之外设置可与主型腔相通的溢料腔，成型时先关闭溢料腔，向型腔中注射塑料熔体，并充满型腔进行保压，然后开启溢料腔，并向型腔内注入气体，气体的穿透作用使多余出来的熔体流入溢料腔，当气体穿透到一定程度时再关闭溢料腔，升高气体压力对型腔

中的熔体进行保压补缩,最后冷却开模取出制品,并清理溢料腔中的物料,如图 9-6 所示。

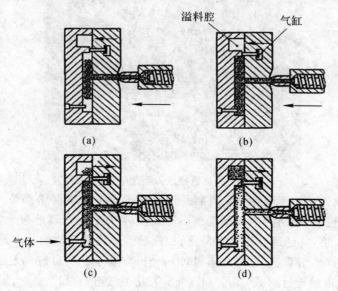

图 9-6　溢料腔法
(a)溢料腔关闭,熔体注射;(b)溢料腔开启,气体注射;(c)溢料腔关闭,气体保压;
(d)气体回流,开模取出制品

9.2.3　气辅注射成型的设计

1)注气方式的设计:目前气辅注射成型技术中所使用的注气方式有两种,即通过注射机的喷嘴将气体引入到型腔的喷嘴注气(见图 9-7),以及通过气针(气嘴)将气体引入到型腔的气嘴注气(见图 9-8)。喷嘴进气可以保证熔体流动方向与气体流动方向一致,但喷嘴进气对型腔熔体充填均衡性要求较高,对模具浇注系统设计和模具加工提出较高要求。气嘴注气灵活性高,进气位置应该尽量靠近浇口处,存在气体流动方向与熔体流动方向在局部位置不能保持一致甚至相反的情况,气嘴间隙在注射生产中可能被堵塞,需要停产对气嘴进行清理,这些缺点通过模具设计及精密制造可以解决。

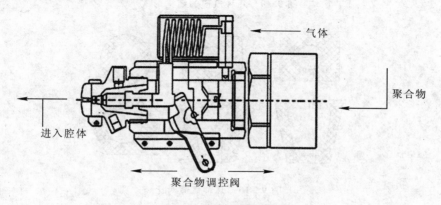

图 9-7　注气喷嘴的结构

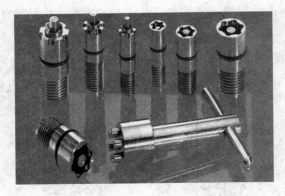

图 9-8　气体直接注入型腔时用的气针

2)气道设计:气道是用于引导气流方向并使气体不至于冲破薄壁部位。制品的本体厚度太厚容易出现指纹现象;制品的本体厚度也不能太薄,否则容易出现缩痕。气道长度尺寸一般为制品厚度的 2～3 倍,气道最好布置在角落、加强筋等部位并保持均匀平衡,制品应保持圆弧过渡,尽量避免直角,采用 CAE 进行气道设计和分析有利于获得良好的气道结构与尺寸。图 9-9 所示为几种气道的设计形式,图 9-10 所示为几种气道的对比。

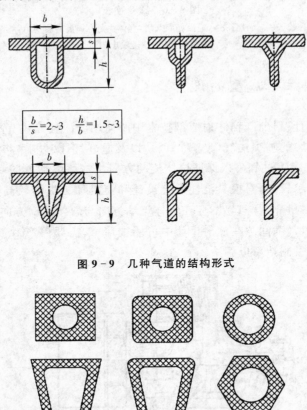

$$\frac{b}{s}=2\sim3 \quad \frac{h}{b}=1.5\sim3$$

图 9-9　几种气道的结构形式

图 9-10　几种气道对比

3)进气位置设计:进气位置设计对产品质量影响很大,图 9-11 所示为同一产品不同进气位置示意图。其中图(a)所示为右下角进气,容易在产品右端出现实心区;图(b)所示为左端进气,效果最好;图(c)所示为两端进气,容易在中部形成实心区;图(d)所示为产品中部进气,进气点附近的壁厚很难控制。

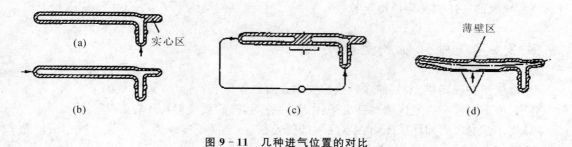

图 9-11 几种进气位置的对比

9.2.4 气辅注射成型工艺控制

1)材料性质与材料选择:气辅注射成型要求聚合物熔体具有一定强度,能够保证聚合物熔体有较高的气体穿透距离,又不被气体冲破形成气穴。而聚合物熔体强度取决于聚合物分子结构、导热性能、流变性能、模具温度、皮层厚度等因素。GAIM 一般适用于通用热塑性塑料、工程塑料及其合金、增强、填充材料,不适用于热固性塑料。

2)熔体温度:熔体温度是气辅注射非常重要的参数,气体穿透距离随熔体温度降低和气体压力上升而缩短。较高的熔体温度通常导致较小的皮层厚度和较短的气体一次穿透距离,同时由于较高的熔体温度也导致较长的冷却时间,从而产生较大的体积收缩,因而气体的二次穿透距离大大增加。气体穿透的最终距离因材料的不同而不同。

以 PP 作为注射材料为例,气体穿透距离随温度的升高而减小,当温度升高到一定范围内,气体穿透长度随温度变化趋于缓和,从流变学角度分析,因为随温度升高,熔体的黏度变小,从而熔体流动阻力变小,气体就容易推动更多的熔体,使气道的横截面积增大,从而气体穿透长度减小。温度升高,一方面有利于熔体的流动,对成型有利;另一方面温度太高,容易造成熔体吹穿和薄壁穿透,并且增加冷却时间,不利于生产率的提高。

3)熔体预注射量(熔体的充填百分比):气体穿透距离根据熔体预注射量的不同而不同。熔体预注射量太高,气体没有足够空间穿透,容易造成残余壁厚不均,制品易出现翘曲、凹陷等缺陷;熔体预注射量太低,聚合物熔体很难充满整个型腔,影响成型制品的尺寸,严重时,气体会很快赶上熔体前沿,从而在熔体完全充满型腔以前导致吹穿,不能完成注射过程;熔体预注射量控制合适时,气体穿透充分,从而得到外观和内在质量都良好的制品。

4)气体延迟时间:气体延迟时间越长,气体穿透的距离就越长,掏空部分的截面尺寸也就越小。这是由于随着延迟时间的增加,冷冻层和黏性层厚度增加,并且聚合物流动发生迟滞现象,从而导致穿透截面缩小而距离加长,气体延迟时间过长易产生迟滞痕。

5)气体注射压力与保压压力:气体压力越高,气体穿透的距离越短,聚合物皮层厚度越小。这是由于较高的气体压力推动较多的熔体向前,因而型腔后部堆积了较多的熔体,造成气体穿透的部分距离短而皮层厚度小,后部则没有气体穿透。保压压力主要与气体的二次穿透有关。保压压力小,则二次穿透距离长而皮层厚度大,反之则二次穿透距离短而皮层厚度小。

6)气体注射时间:气体前沿前进的速度要高于熔体前沿前进的速度,因而气熔界面的距离在不断地缩短。随气体注射时间的增加气体穿透距离增加直到型腔填满。气体注射时间越长,可能导致的气体二次穿透也越长。

9.2.5 气辅注射成型优缺点

与常规注射成型相比,气辅注射成型技术具有以下优点:

1)充填于制件中的气体取代部分熔体,节约原料,产品重量相对减轻。

2)气体注射压力和保压压力在制品内部处处相等,制品厚度减少,因此大大减小或消除了制品的缩痕,使得制品表面质量获得显著提高。

3)气体注射压力和保压压力比熔体注射压力和保压压力减小,使得制品残余应力和翘曲变形减小,尺寸稳定性提高。

4)成型过程所需注射压力和保压压力减小,大大减少了锁模力,降低了对模具材料的要求,减小了模具成本。

5)可以成型 CIM 难以加工的厚、薄复合塑件,减少装配结构中的零件数量。

但是,气体辅助注射成型需要增加供气、气体压力控制、气体回收装置,相对于普通注射成型,设备成本会增加。其次,模具设计需要额外考虑气道的设置等,对气辅模具设计增加了一定的难度。第三,成型工艺参数的控制精度要求增加,如气体注入点、熔体注射量、熔体强度、延迟时间、冷凝层厚度、气体压力等。这些参数相互影响关系复杂,对参数的控制要求提高,模具和成型条件的相互制约比传统注射更加复杂。

9.2.6 气辅注射成型技术的应用

目前,气辅注射成型已经在汽车工业、家用电器、大型家具、办公用品、家庭及建材等领域中的塑料制品中获得了比较广泛的应用。从产品结构来说,气辅成型工艺最适宜下列几类产品:

1)厚壁、偏壁、管棒状制件:如汽车零部件中的手柄、方向盘;家庭日用品中的衣架、椅子、门把手等。

2)大型平板制件:如汽车仪表盘、踏板、保险杠、门窗框、镜架;家电中的洗衣机盖、电视机外壳、计算机显示器外壳及家庭日用品中的桌面板式家具。

3)壁厚差异较大的制件:采用常规注射容易引起收缩不均、残余内应力较大等问题,严重时会导致产品断裂。采用气辅技术,利用气体穿入使厚壁部分变薄,改变厚壁不均,很好地解决了上述问题。

4)常规注射成型时不能一次加工成型的制件:如壳体中的一些小制件或固定螺栓等,常规注射成型中需要通过后续工序黏结,采用气辅技术将此位置作为气道,一次成型得到所需要的制件。

图 9-12～图 9-14 所示为气辅注射成型的典型产品。

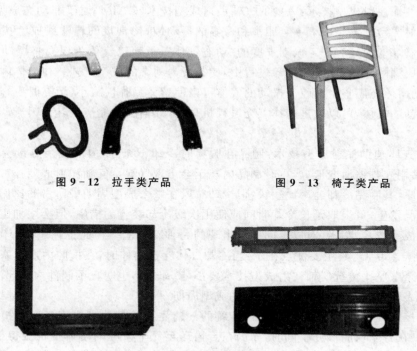

图 9-12　拉手类产品　　　　　　图 9-13　椅子类产品

图 9-14　几种进气平板类产品

9.2.7　气辅注射成型新技术

1)外部气体辅助注射成型(见图 9-15):不像传统方法那样将气体注入塑料内以形成中空的部位或管道,而是将气体通过气针注入与塑料相邻的模腔表面局部密封位置中,故称之为"外气注射",对熔体在模具内冷却时施加压力,取消了熔体保压阶段,保压的作用由气体注射来代替。凭借模具和制件中的整体密封准确控制气体注入阶段和压力增加的速率,其突出优点是能够对点加压,可预防凹痕,减少应力变形,使制品表观质量更加完美。

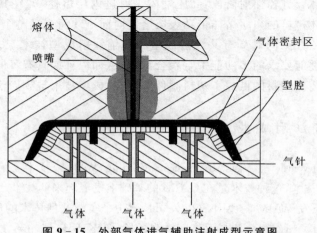

图 9-15　外部气体进气辅助注射成型示意图

2）振动气辅注射成型技术：一般的气辅注射成型技术（GAIM）属于非动态成型工艺，振动气体辅助注射成型工艺是引入一定频率和振幅的振动波，使常规气辅注射成型技术成型时注入的"稳态气体"变为具有一定振动强度的"动态气体"，从而以气体为媒介将振动力场引入气体辅助注射成型的充模、保压和冷却过程中，使其成为动态的成型工艺。在熔体内部引入振动的气体，推动熔体充满整个模腔。振动的气体可以使熔体黏弹性减小，填充时更容易流动和取向。引入振动的气体，可以改进熔体填充过程机理，有效消除收缩痕及其他因流动性差而造成的缺陷。

3）冷却气体辅助注射成型技术：制品在脱模时冷却不充分，内部残余热量会使熔体再结晶，导致制品剧烈收缩而变形，严重时制品内甚至会出现气泡。气辅注射成型技术能够有效降低塑件的壁厚，其制品冷却速率比较快，但冷却阶段在整个成型周期中所占的比例仍较大。为避免以上情况发生，可采取延长冷却时间或使用次级冷却装置的措施，但会增加工艺成本。冷却气体气辅成型技术便是针对以上问题而出现的一种新方法。在此工艺中，气体通常被冷却至−20 ℃到−180 ℃，其主要优点在于：当冷却气体穿透熔体时，在模腔内产生塞流效应。塞流产生的残余壁厚比传统气辅注射成型技术要小，冷却气体也防止了制件内部起泡，并能产生较光滑的内表面，进一步缩短了气辅成型的成型周期。

4）多腔控制气体辅助注射成型技术：传统的气辅注射成型技术应用于多腔模具是比较困难的，特别是在各个模腔尺寸不同时，原因在于输送至每个模腔的熔体量很难得到精确控制，而且控制气体通道或制品内部中空区域的截面面积也是比较困难的。为解决这些问题，英国Cinpres气体注射（CGI）有限公司开发出了多腔控制气体辅助注射成型技术（PFP），它利用由气体本身形成的模压和专用的切断阀，能够多次准确控制每个模腔内熔体在气体作用下的充填。

5）多气辅共注射成型技术：聚合物共注射成型工艺在于先后向模腔内注入不同的聚合物熔体，进而形成多层结构制品。而多气辅共注射成型技术是聚合物共注射成型技术与气体辅助注射成型技术互相结合而形成的一种新工艺，它与聚合物共注射成型工艺相比，多了一个注气过程；相对常规气辅注射成型技术（GAIM）而言，多了一个多层结构的形成过程。熔体共注射阶段：此阶段与一般共注射成型工艺类似，当表层和内层所注入的熔体总量占型腔体积一定比例时，停止注射熔体。气辅注射阶段：高压气体注射进内层熔体，并在其内部进行穿透。随着气体的前进，被气体排挤的内层熔体带动表层熔体向前流动而充满整个型腔。保压冷却，释压脱模，顶出制品。该方法同时具有共注射成型和气辅注射成型技术工艺两项技术的优点。因此，在一些有多种性能要求的多功能中空聚合物制品（如内外层具有不同性能），或者外层为高性能材料、内层为废旧塑料的低成本塑料制件中，此项成型技术得到广泛应用。

9.2.8 水辅注射成型

水辅助注射成型（Water - Assisted Injection Molding，WAIM）技术是一种新型的成型中空或者部分中空制品的技术，这种技术是在GAIM的基础上发展起来的技术。德国Aachen大学的IKV从1998年开始研发WAIM。德国Sulo公司是第1个实施这种技术的厂家，其于1999年采用WAIM技术成型出了超市用全塑料手推车。目前除了IKV外，Cinpres Gas Injection，Alliance Gas Systems，Battenfeld，Engel和PME等公司也在制造WAIM的注水设备。

　　除了具有 GAIM 的优点外，WAIM 有一个突出的优点，即能够直接在制品内部进行冷却。由于水的热传导速率是氮气的 40 倍，热熔是氮气的 4 倍，所以 WAIM 高的冷却能力可使制品的冷却时间降至 GAIM 的 30%～50%。除了明显缩短成型周期外，WAIM 能够成型壁厚更薄和更均匀的中空制品，使制品的设计和制造更为灵活。用水代替氮气可降低成本，此外，还可防止气体渗入到聚合物熔体中。

　　此外，WAIM 还可成型内表面很光滑的制件。水与气体之间的另一差异是气体具有可压缩性，而水不可压缩。因此，当水被注射入熔体内时，水的前沿就会像一个移动柱塞那样作用在制件的熔体型芯上，从水的前沿到熔体的过渡段，固化了一层很薄的塑料膜，它像一个高黏度的型芯，进一步推动熔体，从而将制件掏空。水压推动熔体前进的同时，还对其进行冷却。GAIM 的压力为 2～17MPa，而 WAIM 的压力通常能够达到 30MPa。

　　目前，WAIM 可以应用于中空弯曲件、杆件、截面厚薄不同的复杂件、较大薄壁件的成型，例如介质导管、汽车门把手、汽车顶梁、踏板、扶手、带支架的板件等制品的生产（见图 9－16）。PA，PP，PE，ABS，ASA，PBT 和 HIPS 等材料都可以用于 WAIM。

　　图 9－17 所示为 GAIM 和 WAIM 成型同一产品的内表面对比，可见 WAIM 内表面更加光滑。

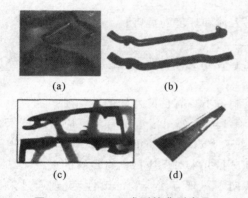

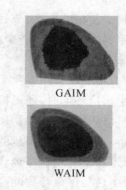

GAIM

WAIM

图 9－16　WAIM 成型的典型产品　　　　　　**图 9－17　GAIM 和 WAIM 成型产品的内表面对比**
(a)(b)介质导管；(c)汽车把手；(d)汽车配件

9.3　反应成型技术

9.3.1　反应挤出简介

　　反应挤出（reative extrusion）是指以螺杆和料筒组成的塑化挤压系统作为连续化反应器，将欲反应的各种原料组分如单体、引发剂、聚合物、助剂等分次由不同的加料口加入到螺杆中，在螺杆转动下实现各原料之间的混合、输送、塑化、反应和从模头挤出的全过程。

　　传统的挤出成型过程一般是将聚合物作为原料，由料斗加入到螺杆的固体输送区压实，在螺杆转动下依靠螺杆的螺旋作用和物料与料筒内壁的摩擦作用而将物料向前输送，随后在螺杆的熔融区利用料筒壁传来的外加热量和螺杆转动过程中施加给物料的剪切摩擦热而熔融,再在螺杆熔体输送区内使熔融物料进一步均化后输送给机头模具造型后出模冷却定型。这一过程可以简单地看作为物料由固态(结晶态或玻璃态)—液态(黏流态)—固态(结晶态或玻璃态)的物理变化主过程,变化的结果是用模头成型出了各种各样的塑料制品。

与此过程不同,反应挤出中存在着化学反应,这些化学反应有单体与单体之间的缩聚,加成,开环得到聚合物的聚合反应,有聚合物与单体之间的接枝反应,有聚合物与聚合物之间的相互交联反应等一系列化学反应。在常规的化学反应器如反应釜中,当聚合物的黏度达到 $10\sim10\ 000\ Pa\cdot s$ 范围时,一般不可能再进行反应,需要使用聚合物质量 $5\sim20$ 倍的溶剂或稀释剂来降低黏度,改善混合和传递热量才能保证反应进一步持续进行下去。而反应挤出却可以在此高黏度范围内实现反应,其主要原因是螺杆和料筒组成的塑化挤压系统能将聚合物熔融后降低黏度,利用熔体的横流使聚合物相互混合达到均匀,并提供足够的活化能使物料间的反应得以进行,同时利用新进物料吸收热量和输出物料排除热量的连续化过程来达到热量匹配,利用排气孔将未反应单体和反应副产物排出。

反应挤出的优点可以归纳为以下六点:

1)可连续化大规模生产;

2)投资少,成本低;

3)不使用或很少使用溶剂,可节省能源,减少对人体和环境的危害;

4)对制品和原料有较大的选择余地;

5)可方便地实现混合、输送、聚合等过程,简化聚合物脱除挥发物、造粒和成型加工等过程,并使这些环节一步实现。

6)在控制化学反应的同时,还可控制相结构,以制备出具有良好性能的新物质。

反应挤出最早出现于 1966 年。1966—1983 年有 150 个公司报道了有关反应挤出技术方面的专利 600 多个,主要涉及挤出机的研制工作。由于 1980 年以前世界上新型聚合物层出不断,人们的主要精力在于开发新型聚合物及其加工应用,并未对反应挤出有足够的重视。1980 年以后,人们放慢了对新型聚合物的合成研究,而转向了对现有聚合物的改性,发现通过采用聚合物的共混(blending)、合金(alloy)、复合(compounding)等手段可以使现有聚合物的性能大幅度提高,而且成本远低于开发一种新型聚合物。为此目的,反应挤出才得以迅速发展。

反应挤出可以使不相容的聚合物体系变得相容,可以使聚合物与纤维或填料之间的界面黏结力提高,从而大幅度提高聚合物合金、共混体系和复合体系的性能,也可以使通用聚合物高性能化,使原本不能用在受力状态或高温体系的通用聚合物变成承力材料和耐高温材料,显示了很大的潜力。迄今为止,反应挤出的研究仍处于初级阶段,人们对反应挤出的机理、过程控制、产物的结构与性能、反应挤出设备的设计等问题还知之甚少,还没有一套完善的科学理论来指导实际。对反应挤出技术的多方位开发,可以使更多的传统聚合物产品通过反应挤出得到。

9.3.2　反应挤出设备

传统的单螺杆或双螺杆挤出机主要是为挤出制品或者挤出造粒而设计的,对于要求不高的反应挤出可用单螺杆挤出机直接进行。由于双螺杆挤出机在输送性、自洁性、混合性、排气性、低比功率消耗性等方面均优于单螺杆挤出机,即使对于要求不高的反应挤出,双螺杆挤出机也比单螺杆挤出机要占优势。

但是传统意义的单螺杆或双螺杆挤出机用于反应挤出存在着明显的不足,主要表现如下:

1)无法实现分段加料:反应挤出一般要加入反应试剂如引发剂、单体等,这些助剂不宜于过早加入,应在聚合物处于熔融状态后加入,否则会造成混合料在螺杆加料段内打滑或过早反应而造成向前输送困难,也难以控制各反应原料准确的配比。

2)无排气系统:反应挤出中产生的挥发性副产物或未反应的助剂应当在螺杆均化段末被抽出,以免使其混入反应产物而造成制品的物理和其他性能降低。

3)长径比短:反应挤出要求物料在螺杆中有足够的反应时间,以保证所得反应挤出产品有高的性能,L/D 越大,物料在螺杆上停留时间就越长,混合、塑化、反应和均化更为充分完善。尽管 L/D 增大会使机筒和螺杆的制造困难,使功率消耗和制造成本增加,但从反应挤出对其要求来看,L/D 增大会对反应挤出有利,如对于一般挤出机 L/D 一般最大为 48,而反应挤出机的 L/D 可达 60。

为使反应挤出快速、充分地进行,并能得到稳定均一的反应挤出产物,反应挤出工艺对设备的要求如下:

1)停留时间和停留时间分布:物料在挤出机内的停留时间和停留时间分布对反应挤出过程有着决定性的影响。如果停留时间短,反应不能充分进行;停留时间过长时,又易引起物料降解。因此在能够充分反应的前提下,要尽量缩短物料在挤出机内的停留时间。停留时间分布对反应产物的质量有着直接影响,停留时间分布越窄(即不同时间加入到挤出机中的同一组份在挤出机内的停留时间大致相同),反应产物的质量越稳定,均一性越好。

2)混合性能:混合是反应挤出成败的关键之一。反应挤出不同于一般的挤出过程,它往往要对黏度差异较大的物料进行混合,混合难度大。而在反应挤出中,各组份之间的混合程度对反应速度和生成物质量有着非常重要的影响,只有当各组份混合均匀时,才能在短时间内达到充分反应,并使反应产物趋于一致,因此要求挤出机有更好的混合性能。

3)排气性能:在反应挤出中,聚合物熔体内常夹杂着一些挥发性气体(如残余单体、残余引发剂、水等),要使反应挤出过程稳定进行,挤出机应具备良好的排气性,能有效地将挥发组份从熔体中排除掉。

4)输送能力:反应挤出时,反应体系的黏度往往较大,物料的流动阻力大,要使物料从机头挤出,就要求挤出机具备较强的输送能力,能够连续而稳定地将物料向机头方向推进,并在均化段建立足够的压力。

5)热交换能力:反应挤出过程一般要在一定的温度范围内进行。在反应过程中,一方面反应本身要放出或吸收热量,另一方面,物料间的相对运动会产生黏性耗散热。同时,由于聚合物熔体的黏度往往较大,导热性差,不利于反应体系的温度控制。因此只有挤出机有较好的热交换能力时,才能及时将反应体系的热量排放出去,或者向其输入热量,使反应体系处于热平衡状态,反应也才能顺利、平稳地进行。

总之,反应挤出要求设备能为反应提供足够的停留时间,且停留时间分布窄,能准确控制反应体系的温度,并具备良好的混合、排气和输送能力。

图 9-18 所示为 Frund 和 Tzoganakis 报道的反应挤出机示意图。在料筒中段增加了反应试剂的加入口,在料筒后段增加了排气口,使反应挤出中未反应单体和气体可以被抽出。

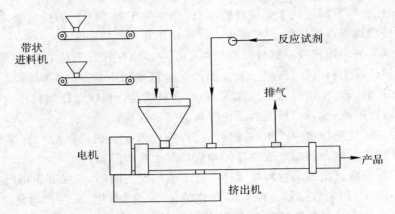

图 9 - 18　反应挤出机的示意图

图 9 - 19 所示为北京化工大学报道的四段式单螺杆反应挤出机的螺杆示意图,设计要点如下:

1)设加料段、熔融段、均化段和反应段,前三段与传统的三段式螺杆相似,但压缩比取值范围较宽。

2)反应段螺槽比均化段要深,这样可以使熔体减压并明显增加熔体停留时间。

3)在熔融段设置混炼元件,或者采用分离型螺杆结构以加速物料的融化。

4)优化螺杆结构参数,使熔体停留时间分布尽量窄。

5)在加料段机筒采取特殊的开槽结构,在提高固体输送效率的同时,防止物料中的液体助剂在轴向压力的作用下从加料口泄露。

6)为增加挤出机连续运转时间,应提高螺杆和料筒的表面光洁度,消除螺纹死角,防止物料在挤出机中滞留。

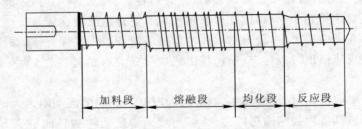

| 加料段 | 熔融段 | 均化段 | 反应段 |

图 9 - 19　四段式反应螺杆结构示意图

由图 9 - 19 可见,反应段设在均化段之后,反应段的主要功能是使均化段送来的熔体减压、完成反应并均匀的向前输送。随着反应的进行,熔体的黏度明显的增大,在反应段减压,有助于降低熔体的剪切速率,防止熔体过度剪切而降解。

如果熔融物料占挤出机料筒有效长度 50%,依据不可压缩假设,经简化可推出在挤出机中熔融物料平均停留时间(t)的表达式为:

$$t = \frac{\pi D \varepsilon \rho h_3}{2Q}(D - h_3)$$

式中,D 为螺杆直径(mm);ε 为螺杆的长径比;h_3 为均化段螺槽深(mm);ρ 为树脂密度(g/cm³);Q 为挤出产量(kg/h)。

采用四段式挤出机可以明显延长熔融物料的停留时间。在相同反应条件下,挤出产量比三段混炼型挤出机提高 25% 左右,比普通三段式挤出机提高 60% 左右。此外,四段式反应挤出机还具有停留时间分布窄的特点,这对于提高接枝反应效率是十分有利的。

9.3.3　反应挤出的应用

1. 接枝反应

利用反应挤出可以将含有官能团的单体接枝到聚合物的分子主链上,从而达到聚合物改性的目的。根据反应挤出的工艺特点,凡是热稳定性好的聚合物均可通过反应挤出进行接枝改性,这些聚合物有 HDPE,LDPE,LLDPE,PP,PS,ABS,PA,PMMA,PC,PSU 等。其中报道较多的为 PE 和 PP。

用于反应挤出的反应单体一般应具有以下特点:

1)含有可进行接枝反应的官能团,如双键等;

2)沸点高于聚合物熔点或黏流温度 T_f;

3)含有羧基、酸酐基、环氧基、酯基、羟基等官能团;

4)热稳定性好,在加工温度范围内单体不分解,没有异构化反应;

5)对引发剂不起破坏作用。

这些单体主要有马来酸(MA)、马来酸酐(MAH)、马来酸二乙酯(DEM)、马来酸二丁酯(DBM)、马来酸二异丙酯(DIM)、低偶联马来酸酯(LDME)、对苯二胺双马来酸(p-PBM)等马来酸系单体;以及丙烯酸(AA)、甲基丙烯酸(MAA)、甲基丙烯甲酯(MMA)、甲基丙烯酸缩水甘油酯(GMA)等丙烯酸系单体;此外还有乙烯基三甲氧基硅烷(VTMS)、乙烯基三乙氧基硅烷(VTES)、3-甲基丙烯酰氧基丙基三甲氧基硅烷(VMMS)等不饱和硅烷类单体和苯乙烯(St)类单体。

不同的接枝单体,其均聚反应和接枝反应的竞聚率不同,导致接枝产物的链结构差异很大。易于均聚的单体,其接枝链较长,产物中也可能存在着单体的均聚物。这种产物特性与基础聚合物(base polymer)的物理性质可能完全不同,理想的接枝应是接枝链很短,甚至仅由 1 个单体分子单元组成,在这种情况下,接枝物的物理性能、力学性能与基础聚合物差异不大,但化学性能却有很大的不同。单体与聚合物的有效混合、摩尔比例、引发剂的用量、助单体的选择以及反应温度、反应时间等因素均可用来控制接枝产物的分子链结构,使均聚物达到最小程度。

由于反应挤出的时间较短(一般为 2~6 min),因此只有自由基引发接枝的反应才适合于反应挤出,这类引发剂具有以下特点:

1)分解过程中不产生小分子气体,以免在产物中留下难以消除的气体;

2)在加工温度范围内,其半衰期为 0.2~2 min,低于 0.2 min 则反应太快,聚合物和反应单体、引发剂不能充分混合均匀,高于 2 min 则会使产物中残留对后续加工和性能不利的引发剂;

3)熔点低,易于与反应单体和基础聚合物混合。

这些引发剂通常有过氧化二异丙苯(DCP)、过氧化二特丁烷(DTBP)、过氧化二苯甲酰(BPO)、叔丁基过氧化苯甲酰(BPD)、1,3-二特丁基过氧化二异丙苯、2,5-二甲基-2,5 双(叔丁基过氧基)己炔(AD)等。

PE 与 MAH 的反应挤出接枝过程可以描述为:

链引发:

$$R—O—O—R \rightarrow 2RO· \tag{9-1}$$

$$RO· + PE \rightarrow PE· + ROH \tag{9-2}$$

链增长:

$$PE· + MAH \rightarrow PE—MAH· \tag{9-3}$$

链终止:

$$PE—MAH· + PE \rightarrow PE—MAH + PE· \tag{9-4}$$

$$PE—MAH· + PE· \rightarrow PE—MAH—PE \tag{9-5}$$

$$PE—MAH· + ·MAH—PE \rightarrow PE—MAH—MAH—PE \tag{9-6}$$

$$PE· + PE· \rightarrow PE—PE \tag{9-7}$$

$$PE—MAH· + PE—MAH· \rightarrow PE—MAH(饱和) + PE—MAH(不饱和) \tag{9-8}$$

上面表达的机理中式(9-3)和式(9-4)为接枝主反应,式(9-5)～式(9-7)为偶合终止导致的 PE 交联反应,其中式(9-5)和式(9-6)为由 MAH 作为桥链导致的 PE 交联反应,式(9-7)为 PE 自由基的偶合交联反应。因此,按照 K. E. Russel 的观点,这种交联能解释高含量 MAH 和 DCP 的 LDPE/DCP/MAH 体系中熔融指数(MI)随 MAH 和 DCP 增加而下降的现象。式(9-8)为接枝链的歧化终止,其结果形成了饱和 MAH 和不饱和 MAH 的单分子接枝结构,如图 9-20 所示。

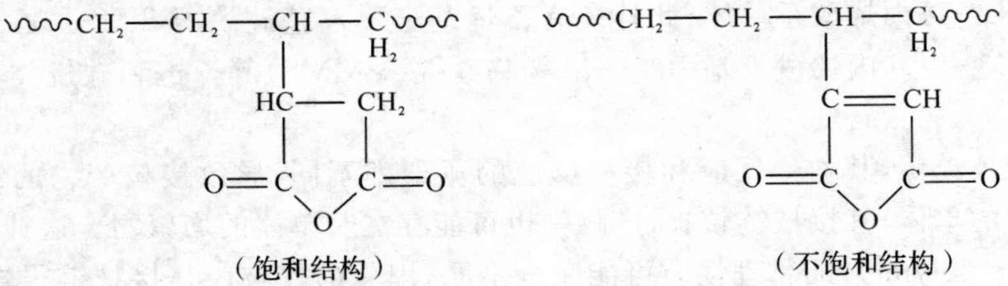

图 9-20　LDPE-g-MAH 的分子结构式

采用反应挤出制备出的接枝聚合物可用作热熔胶、增容剂等。

2. 聚合反应

反应挤出应用于聚合反应是指将单体和单体的混合物在很少量或无溶剂条件下于挤出机中制备聚合物的过程。随着反应的进行,反应混合物的黏度会迅速增加,通常由小于 $50Pa·s$ 增大到 $100Pa·s$ 以上,这样的体系对热转移极为不利。因此用于聚合反应的反应挤出机须设计为在机筒不同部位能同时传递黏度相差很大的反应物和生成物,以及能高效精确控制反应混合物的温度梯度。此外在进入挤出机均化段之前能有效地减压排气以使未反应单体和反应副产物及时除去,达到有效控制聚合度并得到稳定单一的产物。反应挤出用于聚合反应的类型有缩聚反应和加聚反应两大类。

(1)缩聚反应

由于缩聚反应是按逐步反应机理进行并伴随着小分子的产生,因此以挤出机为反应器时,必须在机筒一处或多处设置减压排气口,有效地移去低分子的副产物,达到最佳的平衡点。二是反应单体为两种或两种以上时,为了制得高分子量聚合物,必须严格控制单体的计量,单体最好是以熔融态或液态进入挤出机的加料口。在啮合型异向旋转双螺杆挤出机(Co–TSE)中制备缩聚型的聚合物有聚醚酰亚胺(PEI)、非晶型尼龙、芳香族聚酯和 PA6 与 PA66 的共缩聚物。

(2)加聚反应

虽然加聚反应无低分子副产物,但在挤出机中进行的本体加聚反应同样需要减压排气口以移去未反应的单体。其次,由于加聚反应会产生大量的反应热,通常加入易脱除的惰性气体以达到控制反应体系热量的目的;第三,在挤出机中进行的本体加聚反应须将反应温度控制在聚合物的熔融温度以上;第四,由于反应体系黏度高,聚合物链自由基的扩散转移较困难,因而终止速率低,聚合物分子量高,单体转化率高。由单螺杆挤出机(SSE)和双螺杆挤出机(TSE)制备自由基型加聚反应的产物有热塑性聚氨酯(TPU)、聚甲基丙烯酸甲酯(PMMA)、苯乙烯与丙烯腈共聚物(SAN)、苯乙烯与马来酸酐的共聚物(SMA)、苯乙烯与甲基丙烯酸共聚物(S/MMA)、苯乙烯与双马来酰亚胺共聚物(S/BMA)以及双马来酰亚胺均聚物 P(BMA)等。

利用反应挤出还可制备离子型本体聚合物,如在啮合型异向旋转双螺杆挤出机(CO–TSE)中已制备出了尼龙–6(PA6)、聚苯乙烯(PS)、苯乙烯–丁二烯–苯乙烯弹性体(SBS)和聚甲醛(POM)等。

应用反应挤出技术进行本体聚合反应最关键的问题是物料的有效熔化混合,均化和防止形成固相而引起挤出机螺槽的堵塞;二是能否有效地向增长的聚合物自由基进行链转移;三是聚合物反应热的逸去以保证反应体系温度低于聚合物的分解温度。

3. 共混增容反应

聚合物共混是获得综合性能优良的聚合物及聚合物改性的最简便、最有效方法,是近 20 年来聚合物界致力开发的领域。然而大多数聚合物之间不相容,直接混合得不到性能优良的共混物。人们已通过在共混体系中引入嵌段共聚物或接枝共聚物成功地制备出了一系列性能卓越的共混物。其中利用接枝共聚物实现反应挤出增容有着无可比拟的优点。

一是接枝共聚物的官能团可与另一聚合物反应而实现强迫增容(或称为就地增容);二是螺杆可产生高的剪切力使体系黏度降低,使共聚物能充分混合,特别是避免了增容剂过于聚集而降低增容效果的情况;三是共混作用与产品的造粒或成型可在一个连续化过程中同时实现,经济效益显著。通常的增容反应包括酰胺化、酰亚胺化、酯化、酯交换、胺–酯交换、双烯加成、开环反应及离子键合等类型。

在聚酰胺中引入三元乙丙橡胶可以改善其低温韧性,添加 EPDM–g–MAH 等增容剂,使得 EPDM–g–MAH 中 MAH 与 PA 的端胺基反应,形成强迫增容桥链体系,即

$$(9-9)$$

此时三元乙丙橡胶可以与桥链体系的 EPDM 分子链相容,聚酰胺可以与桥链体系的 PA 分子链相容。这是在双螺杆挤出机中制备超韧尼龙的典型工业实例。

4.可控降解反应

利用反应挤出技术可使聚合物可控降解，达到控制分子量和分子量分布的目的。在聚丙烯中加入适量的过氧化物进行反应挤出，使聚合物主链断裂，歧化终止，由断链产生的大分子自由基可制得用一般化学方法难以制得的熔体黏度低、分子量分布窄、低分子量的PP。这种PP可用于高速纺丝、薄膜挤出、薄壁注射制品。如加拿大 V. Triacca 提出在过氧化物存在的条件下，PP的自由基降解以无规断链为主，主链的断链次数与有机过氧化物的浓度成正比。美国 M. Xanthos 提出在 Brabender 强力混合器中，在 2,5-二甲基-2,5-二正丁基过氧化己炔-3存在的条件下，PP的降解程度随此过氧化物浓度的增加而增加。过氧化物浓度一定时，随反应时间的增加，PP的分子量降低，熔体指数增加，最后趋于极限值，达到极限值的时间为过氧化物半衰期的4～5倍。随PP分子量降低，PP熔体的非牛顿流体行为降低，当熔体指数达360时，PP的熔体接近于牛顿流体。该结果为反应挤出机的螺杆设计、工艺条件的确定提供了重要的参数。德国 H. G. Fritz 提出了双螺杆挤出机与联机流变仪相接，用计算机控制系统监控产品，可以迅速调节加工条件，制得质量稳定的低分子量PP。加拿大 A. Pabedingskas 等人提出了PP在反应挤出过程中控制PP黏度的降解动力学模型，考虑了引发剂效率和PP熔融时间两者对PP降解的影响，提出了动力学-熔融组合模型（combined kinetic - melting model），通过提出的模型可预估降解过程中PP分子量及分布的变化。美国 K. R. Watkins 和 L. R. Dean 提出了在 PET 中加入 0.19%乙二醇，在 265～273 ℃挤出，可降低其黏度，使其更适于挤出。

9.3.4　反应注射

反应注射成型（Reaction Injection Molding，RIM）是一种将两种具有化学活性的低分子量液体原料在高压下撞击混合，然后注入密封模具内进行聚合、交联固化形成制品的技术。

反应注射与热固性塑料注射的主要不同点：一是不用配制好的塑料而直接采用液态单体和各种添加剂作为成型物料，而且不经加热塑化即注入模腔，从而省去聚合、配料和塑化等操作，既简化了制品的成型工艺过程，又减少了能源消耗；二是液态物料的黏度低，充模时的流动性高，使充模压力和锁模力都很低，这不仅有利于降低成型设备和模具的造价，而且很适合成型大面积、薄壁和形状很复杂的注射制品。能以加成聚合反应生成树脂的单体，原则上都可作为反应注射的成型物料基体，但目前工业上已经采用的只有不饱和聚酯、环氧树脂、聚环戊二烯、聚酰胺和聚氨酯等几种树脂的单体，其中以聚氨酯单体应用最为广泛。反应注射除用普通的原料浆作为成型物料外，还可用含有短纤维增强剂的原料浆和有发泡能力的原料浆作为成型物料，通常将前者的成型特别称作增强反应注射成型（RRIM），将后者的成型称作发泡反应注射成型。以下即以聚氨酯为例介绍反应注射制品成型流程。

聚氨酯反应注射常在图 9-21 所示的专用设备上进行，其成型过程通常由成型物料准备、充模造型和固化定型三个阶段组成。

1.成型物料准备

聚氨酯反应注射所用成型物料，由分别以多元醇（组分 A）和二异氰酸酯（组分 B）为基料的两种原料浆组成，在多元醇中还常加入填料和其他添加剂。成型物料的准备工作通常包括原料浆的贮存、计量和混合三项操作。

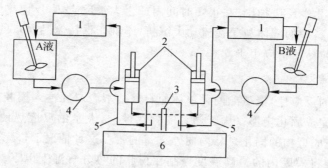

图 9 - 21 聚氨酯反应注射机示意图

1—换热器；2—置换料筒；3—混合头；4—泵；5—循环回路；6—模具

　　贮存两种原料浆应分别贮存在两个贮槽罐 A，B 内，并需用换热器 1 将其维持在 20～40 ℃ 的温度范围内。在不成型时，也要使原料浆在贮槽罐、换热器和混合头 3 中不断循环。为防止原料浆中的固体组分沉析，应对贮槽中的浆料不停地进行搅拌。

　　计量原料浆经由定量泵 4 计量输出，用定量泵吸入原料浆时须具有一定的压力，所以原料浆在贮槽罐、换热器和混合头中的循环通常在 0.2～0.3 MPa 的低压下进行。为严格控制进入混合头的混合室时各可反应组分的正确配比，要求计量精度不低于 ±1.5%，最好控制在 ±1% 以内。

　　聚氨酯反应注射制品的质量在很大程度上由浆料间的混合质量所决定。浆料的混合在混合头内完成，如图 9 - 22 所示，其左半部分为物料在混合头中循环状态，右半部分为物料在混合头中冲击混合及注射流出方向。成型物料的混合，是通过高压将两种原料浆同时压入混合头，在混合头内原料浆的压力能被转换成动能，使各组分单元具有很高的速度并相互撞击，由此实现均匀混合。原料浆的混合质量一般由其黏度、体积流率、流型以及两浆料的比例等多种因素决定。

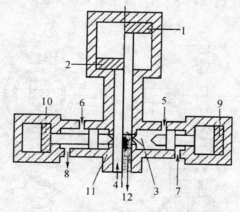

图 9 - 22 混合头示意图

1—注射时活塞位置；2—循环时活塞位置；3—注射时活塞杆位置；4—循环时活塞杆位置；5—组分 A 进料口；
6—组分 B 进料口；7,8—回路；9,10—活塞；11—冲击喷嘴；12—A,B 两组分冲击混合后流向

2. 充模造型过程

　　物料充模的特点是料流的速度很高，为此要求原料浆的黏度不能过高，过高黏度的混合料难于高速流动。黏度过低的混合料也会给充模带来问题：一是混合料容易沿模具分型面泄漏和进入排气槽，从而给模腔排气造成困难；二是料流可能夹带空气进入模腔，严重时会造成不

稳定充模;三是会使化学反应加剧,在很短时间内产生大量反应热,反应热引起温升,导致热降解;四是会造成混合料中的固体粒子在流动中沉析,不利于保持制品质量的一致。一般规定聚氨酯混合料充模时的黏度不应小于 0.1 Pa·s。

3.固化定型过程

由于具有很高的反应性,聚氨酯两种单体原料浆的混合料在注入模腔并取得模腔形状后,可在很短的时间内完成固化定型。由于塑料的导热性差,大量的反应热使成型物内部温度常高于表层温度,致使成型物的固化是从内向外进行的。在这种情况下,模具的换热功能主要是为了散发热量,以便将模腔内的最高温度控制在树脂的热分解温度以下。成型物在反应注射模内的固化时间,主要由成型物料的配方和制品尺寸决定。对需要加热固化的制品,适当提高模具加热温度不仅能缩短固化时间,而且可使制品内外有更均一的固化度。从模内顶出制品的合适时间,由制品取得足够的强度和刚度所需的固化时间决定。有些聚氨酯反应注射制品,从模内脱出后还要进行热处理,一是补充固化,但应注意在模腔内固化程度过低的制品,在热处理过程中会发生翘曲变形;二是涂漆后的烘烤,以便在制品表面形成牢固的保护膜或装饰膜。

9.4 熔芯注射成型

9.4.1 熔芯注射成型简介

对于外部和内部形状比较复杂,特别是内表面有凹槽的塑料制件,用普通的热塑性塑料加工十分困难,可成型的形状受到限制,采用普通注射成型无法将型芯脱出,用中空吹塑无法保证壁厚的均匀性(见图 9-23)。

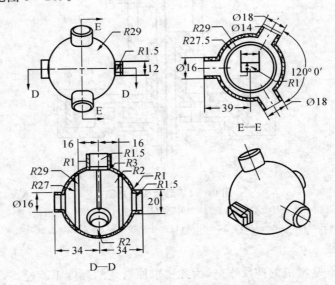

图 9-23 玻璃纤维增强 PA6 塑料制品

目前对此类中空产品的成型可以考虑先采用滑动型芯法、壳体法、中空吹塑法、旋转成型法等分次成型,再进行焊接,几种中空成型方法的比较见表 9-1。

表 9-1　几种中空成型方法的比较

成型方法	特征	存在问题
滑动型芯法	能使用通用注射成型机,但模芯、模具复杂,技术稳定,质量好,成本低,适用材料范围广	设计自由度小
壳体法	分二次注射成型为制品,再用振动进行焊接,壁厚、表面性能良好	制品有结合缝,强度差,要有焊接工序,设计范围受到制约
吹塑成型法	形状比较简单薄壁制品	壁厚不均匀,适用材料受到限制
气体注射成型法	注射成型时需注入高压气体,适用材料范围广	壁厚不均匀,内表面质量差
易熔型芯法	用带有比树脂熔点低的金属型芯,成型后熔出。能使用通用注射机,壁厚均匀,设计自由度大,适用材料范围广	投资额大

将金属熔模铸造的思路引入到塑料注射中,就形成了易熔型芯注射成型技术,简称为熔芯注射成型(fusible core injection molding)。它将成为成型复杂内、外表面制品的主要加工手段。

熔芯注射成型技术,最早可以追溯到 20 世纪 50 年代,那时主要用于小型制件和样品制件的生产。到了 20 世纪 80 年代末,随着汽车发动机全塑进气分配管的应用和发展,才使得该项技术在大批量生产上实现了突破,形成了比较完善的熔芯注射成型技术,并不断获得推广应用。

9.4.2　熔芯注射成型技术要点

采用低熔点合金(T_m＝90～200 ℃)预制出金属型芯(称为中子),然后将中子作为金属嵌件置入模腔,注射成型,再将成型件加热至中子熔点以上(加热温度小于塑料的 T_m 或 T_f)使中子熔化并流出,然后清洗注射件,得到注射制品。

熔芯注射成型技术必须解决以下四个方面的技术难题。

1. 中子材料的选择

由于中子熔点低于塑料的成型温度,塑料熔体进入模腔后与中子接触就有可能使中子熔融。因此对中子的熔点、热容量、热导率及机械强度选择十分重要。由于金属型芯导热系数(40～60 W/(m·K))比塑料(0.1～0.5 W/(m·K))大得多,塑料熔体与型芯接触后,熔体中的部分热量迅速传入型芯,再通过金属模具迅速传导溢出,这样与型芯接触的熔体层温度立即下降,因此可以保证型芯不会熔化,这也是熔芯注射成型之所以获得成功的最基本依据。

以锡 Sn(T_m＝232 ℃,ρ＝7.28 g/cm³)、锑 Sb(T_m＝631 ℃,ρ＝6.69 g/cm³)、铋 Bi(T_m＝271 ℃,ρ＝9.8 g/cm³)、铅 Pb(T_m＝327 ℃,ρ＝11.34 g/cm³)等为合金元素,通过不同配比可以制备出一系列熔点在 90～200 ℃的低熔点合金材料,以满足不同塑料材料的熔芯注射成型要求。表 9-2 给出了不同元素比例所获得的中子材料熔点。

表 9 - 2　不同元素比例所获得的中子材料熔点

化学组成/(%)				熔点/℃	比重/(g·cm⁻³)	导热系数/[W·(m·K)⁻¹]
锡(Sn)	锑(Sb)	铅(Pb)	铋(Bi)			
56	3	41	0	187	8.5	46
42	0	58	0	139	8.55	50.2
14.5	9	28.5	48	122	9.5	—
40	0	20	40	100	9.46	—
25	0	25	50	93	9.44	—

除了考虑中子的熔点能够适应于塑料注射以外,中子材料还须考虑成型工艺性、收缩性、刚性、熔出性、毒性等问题。适当的低熔点、足够的硬度和刚度的中子型芯才能在成型过程中承受塑料熔体压力的冲击而保持形状。

2. 中子的制备

采用低压浇铸法制备中子,即将中子材料先熔融为液态金属流体,再将其浇铸到中子成型钢模具中冷却凝固为具有一定形状和尺寸要求的中子。为了达到高的表面质量,中子成型须考虑模具温度、浇口位置、充填速度、压力、表面质量等,这些问题在金属铸造中不难解决。

3. 含中子塑料零件的注射成型

中子作为嵌件固定于注射模内,中子的密度高达 8～10 g/cm³,对大型制品中子重量达 10 kg,用机械手放入。其次中子比较软,在放置和注射中必须小心,不要碰伤,塑料熔体的注射压力、浇口位置、制品形状、树脂流动性必须仔细分析和试验,防止注射时使中子变形。

通常中子作为型芯,中子熔点比所成型的热塑性塑料熔点低,这虽然保证了制品脱模后便于将型芯熔化,但给注射时防止型芯熔化造成了一定的难度。在浇口处的型芯特别容易发生熔化现象,因为浇口处不断有热的熔体将热量带给型芯,因此应避免将浇口设置在可熔化的型芯处,而应该让熔体首先接触钢制的模具部分。

4. 中子的熔出

对于含有中子型芯的塑料制件,采用耐热油加热熔出即可。也可采用感应加热的方式熔出中子或促进熔出。熔出后的注射制品,需用清洗剂洗去附着在制品表面上的加热油。同时还需回收合金再送到中子成型机中成型中子。

熔出过程对注射制品的质量、制造成本、制品设计有着极其重要的影响,主要表现在:合金的损失、熔出温度、熔出时间、清洗剂和清洗时间。低熔点合金价格昂贵,即使少量的损失对成本影响也很大,为此以损失 0.1% 为核算目标,并希望尽量在低温、短时间内熔出。

清洗工序中,不仅仅要考虑所花费的时间会影响生产效率,对清洗液的卫生指标和防止公害也必须考虑。

中子熔出过程对制品性能的影响:采用感应加热,加热快、均匀,但限制产品中有金属嵌件;熔出过程中对塑料制品的加热,会造成制品退火,也可能发生变形。

5. 适合熔芯注射成型的塑料

PA6,PA66,PBT,PET,PPO,PEEK,PPA 等工程塑料适合于熔芯注射成型技术,更适合熔芯注射的则是玻纤增强的热塑性工程塑料。随着技术发展,玻璃纤维增强 PP 等熔点较低的塑料也能用于熔芯注射成型。

9.4.3 熔芯注射成型技术的应用

熔芯注射成型特别适用于形状复杂、中空和不宜机械加工的工程塑料制品,这种成型方法与吹塑和气体辅助注射成型相比,虽然要增加铸造可熔型芯模具和设备及熔化型芯的设备,但可以充分利用现有的注射机,且成型的自由度也较大。熔芯注射成型已发展成为专门的注射成型技术分支,实现批量生产的是伴随着汽车工业对高分子材料的需求而有所突破的汽车零部件,尤其是汽车发动机的全塑多头集成进气管的应用,而网球拍手柄是首先大批量生产的熔芯注射成型应用实例。其他新的应用领域有汽车水泵、水泵推进轮、离心热水泵、航天器油泵等,如图 9 – 24 所示。

(a)   (b)   (c)

图 9 – 24 熔芯注射成型全塑产品
(a)汽车发动机进气分配管;(b)汽车水泵叶轮;(c)飞机汽化燃油泵壳体

一辆汽车目前大约共消耗 170 kg 塑料(1993 年),约为汽车重量的 13%。汽车发动机消耗的塑料约为汽车总重量的 3%～7%,从发展趋势看,一辆汽车可以最多采用 15% 重量的塑料,与铝相比,大约可以减少 50% 的重量。

汽车进气歧管是易熔型芯注射工艺最重要的用途,也是易熔型芯注射工艺开发成功的源泉。通常,汽车进气歧管选用玻璃纤维增强尼龙 66(GFPA66)作为材料,采用易熔型芯工艺制造,其优点为:进气歧管由 11.5 kg 重的铸铁管发展到 5 kg 重的铸铝管,进而发展到 2.5 kg 重的塑料管,重量降低 50%;内表面光滑精度提高,吸气时阻力减少;树脂管的绝热性好,低温混合气体容积效率提高,CO 排气减少;成本降低约 40%;工序自动化提高;作业环境改善;投资成本降低 50%;模具寿命增大 12 倍;模具成本降低 75%。

9.5 注射压缩成型

9.5.1 注射压缩成型简介

在模具少许打开状态下(即模具首次合模后,动模和定模不完全闭合,保留 0.3～1.0 mm 的压缩间隙),利用低压将熔料注入模腔,浇口封闭后再二次合模,使模具完全闭合,利用锁模力压缩取代传统的保压使模腔中熔料产生压力,达到尺寸要求,这一过程被称为注射压缩成型

(injection compression molding,见图 9 - 25)。

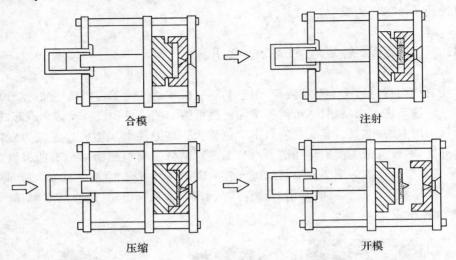

合模　　　　　　　　　　　　注射

压缩　　　　　　　　　　　　开模

图 9 - 25　注射压缩成型原理

　　传统注射成型中,要向预先闭模的模腔中高压充填熔料,会在制品中引起较大的分子取向和内应力,引起制品收缩不均,出模后变形、翘曲、制品的强度会下降。

　　采用注射压缩后,熔料以低的压力充填较大体积的型腔,不会产生取向和内应力。随后的压缩时,由于压力作用在整个制品的横截面上(类似于模压成型),熔料受压均匀,密度提高,内应力和取向大大减少,出模后收缩和翘曲消除。特别适合于成型对内应力要求低的制品,如透镜、光盘、透明件等零部件。

9.5.2　注射压缩成型的特点

　　1)注射压力小:注射压缩成型时,由于熔料是在扩大后的型腔内流动,相当于欠料注射,因此,熔料流动路径上的流动阻力减少,需要的注射充模压力大大减少。如一般注射成型时注射压力为 30～80 MPa,而注射压缩成型时的注射压力为 10～25 MPa。

　　2)型腔内的压力分布均匀:一般注射成型时,由于需要将熔体在高压下才能注入模腔,不可避免在模腔内存在压力梯度,往往会在浇口和成型制品的不同部位中产生不同的压力分布。

　　3)取向和残余应力减少,对于光学制品尤为重要:一般注射成型时,熔体在模腔内流动取向非常强,从浇口向制品长度方向的取向度分布如图 9 - 26(b)所示,从模壁向制品厚度方向的取向度分布如图 9 - 26(a)所示,由此可见,常规注射成型时,不仅取向度大,而且取向度的分布极不平衡。但是,注射压缩成型利用低的注射压力和随后的压缩工艺,大大地减少了流动取向,并使制品内的残余应力大为减少,得到了均一的制品结构,对于光学零件(如透镜和光盘)尤为重要。

　　4)尺寸精度和转印性大大提高:注射压缩成型时,在较低的注射充填压力下,容易受到均一的成型压力,对模具的转印性非常有利,可以提高成型品的形状精度及尺寸精度,对光盘生产极其重要。

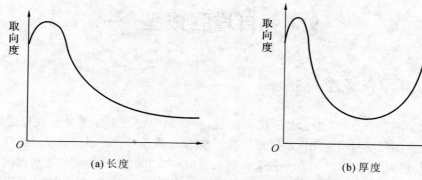

(a)长度　　　　　　　　　　(b)厚度

图 9 - 26　一般注射成型时制品的取向度分布

9.5.3　注射压缩成型的应用

用 PC 制成的光盘仅重 6 g,厚 1.2 mm,直径 12 cm,如图 9 - 27 所示。PC 是目前最主要的光盘基板用树脂,光盘性能的好坏取决于光盘基板材料的性能。PC 的光转移性高,韧性与耐磨损性高,特别用这种材料制作的光盘具有良好的光学特性,且张力超强,即便在高温、高湿的环境下也不易变形,不仅确保了刻录品质,更延长了光盘的使用和保存年限。音乐或其他数字信息被储存于 CD 上约 40 亿条细凹槽之中,利用注射工艺,将这些标记放在 CD 上需要的时间还不到 4 s。

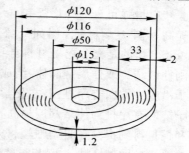

图 9 - 27　CD 尺寸及形状(单位:mm)

在偏光显微照片中可观察到注射压缩成型出的 CD 制品与普通注射成型出的 CD 制品的内应力明显有差别,注射压缩成型出的 CD 制品的复折射率很小(见图 9 - 28(b)),内应力几乎为零。而在普通注射成型的 CD 产品中,在光盘的读入和读出部位附近,复折射率很大(见图9 - 28(a)),内应力很大,会严重影响画面和影像效果。

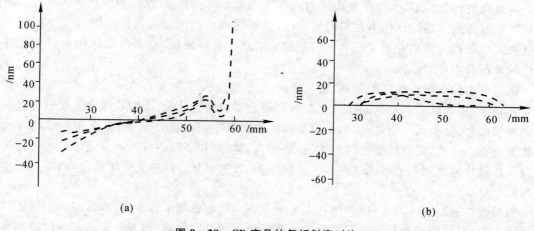

(a)　　　　　　　　　　　　　(b)

图 9 - 28　CD 产品的复折射率对比

(a)普通注射成型;(b)注射压缩成型

9.6 自增强成型

9.6.1 自增强成型简介

结构材料的主要力学性能指标是强度和模量,金属和陶瓷的实际模量与理论值接近或相等,而聚合物的实际强度与模量比理论值相差很大,造成这种差异的原因有很多。高分子材料基础结构单元的长链大分子中 C—C 原子的共价键结合能高达 400 kJ/mol,对应着极高的理论刚度和强度,但由于聚合物材料内部大分子链的无规则排列,使分子链本身的高强度和高模量并未转化为制品的高强度和高模量,在材料受力过程中,作为主价力的共价键结合只是高分子材料中的一种作用力,其绝大部分是由相对弱得多的次价力如范德华力、氢键或偶极键力等提供的,而它们的结合能约为 40 kJ/mol。同时由于聚合物是一种黏弹性材料,其模量和强度随时间和温度而变化,且聚合物中都有一定量的自由体积,这些都造成了理论强度和实际强度有较大的差别。

塑料增强可分为外增强和自增强,外增强又称添加剂增强,指利用增强材料作为增强相,以提高材料力学性能,例如纤维增强塑料或织物增强塑料。自增强成型(self-reinforcing molding)指的是充分挖掘材料自身的潜力,利用特殊的成型方法改变聚合物的聚集态结构,构造刚性链结构或伸展链晶体,组成内在的增强相,从而提高材料力学性能。自增强材料内部大分子沿应力方向有序排列,在化学键能一定的情况下,材料的宏观强度得到大幅度提高,同时分子链的有序排列使结晶度提高,在材料受外力作用时,化学键起主要作用,从而使材料的强度和模量得到提高。自增强塑料方面最成功的例子是液晶高分子材料和聚烯烃材料。

对于自增强材料,增强相与基础相属同一化学结构,完全相容,不存在外增强的界面问题,从而自增强材料的比刚度、比模量、尺寸稳定性和耐化学腐蚀性将大大提高,有极大的发展潜力。

9.6.2 自增强成型原理

对聚合物而言,如果大分子链能够沿着作用力的方向充分地伸展,并能由这些充分伸展的链相互平行排列结晶组成体型材料的话,材料将达到理论的刚度和强度。但高分子材料实际刚度和强度跟理论值相差很大。对半结晶性和结晶性材料来说,材料的晶体结构可能就是造成这种差距最主要的原因。

以半结晶的热塑性材料为例,通过传统的成型工艺方法,当聚合物从浓溶液或熔体冷却结晶时,倾向于生成球晶。球晶的结构是起始片晶分支成次级片晶,次级片晶在生长过程中发生弯曲和扭曲,又分支成三级片晶,如此沿晶核径向向各个方向循环发展,直至相邻球晶彼此相互接触为止。显然,对于热塑性材料来说,决定它的刚度和强度的首要因素是球晶的界面区结构以及各级片晶之间的晶界区结构和非晶区结构,以及松弛卷曲的大分子构象,而不是折叠链的片晶本身。

如果改变成型加工的条件,使熔体大分子在正应变的作用下预取向,则材料的超分子结构随之发生变化,得到的将是由平行串联的片晶所组成的纤维形貌,而不再是球晶。这时的材料力学性能将因为规整平行串联的片晶结构高于由球晶组成的材料,但决定其刚度和强度的仍然是平行片晶之间的晶界区结构和非晶区结构。

提高片晶之间的晶界区结构和非晶区结构力学性能的途径:首先,使非晶区内处于松弛状态的大分子链在力的作用线上取向伸展,可以有效地提高材料的整体刚度和强度。高分子材料的冷、温、热牵引拉伸工艺的目的即在于此。其次,可以用刚性链的大分子对非晶区掺杂和强化,但这个方法的实际可行性不大,因为大多数大分子在分子水平上不相容。第三个可能性是利用其他的片晶在需增强材料的片晶之间搭接,从而加强原来的松弛态大分子非晶态的连接。片晶搭接意味着其他片晶在原片晶晶界上的外延生长。

串晶也称 Shish-kabab 结构,是高分子材料结晶的一种特殊形式,最早是在聚合物稀溶液边搅拌边结晶中形成的,从高分子稀溶液中生成的微纤针形晶在随后的热处理过程中,会从作为晶轴的微纤表面径向生长出一层层的片晶,形成溶液串晶结构。而对高分子熔体,在成型加工过程中的正应变流动状态下,伸展的分子链平行相处足够长时间后会成核,也生成微纤针形晶。而一旦生成了微纤晶体,它便承受了流场的应力,从而使周围的分子链松弛,诱发垂直于晶轴方向的晶体生长,形成沿径向的片晶,即生成熔体串晶结构。

串晶结构在体型高分子材料的自增强技术中起到了很重要的作用,串晶的晶轴是伸展链大分子的单晶晶须,晶轴方向的刚度和强度接近分子链的理论值。在一部分伸展链大分子构成晶轴的同时,也有一部分分子链从晶轴的四面发散进周围暂时还是松弛状态的非晶区域,并以晶轴表面为晶种,附晶生长为片晶。因此晶轴与片晶实质上是一个整体,具有牢固的界面结合。片晶之间的间隔十分均匀,一束平行串晶中的片晶之间相互嵌接,因此一束串晶也构成一个结构整体,单个单晶很难以晶轴为中心被扭旋。片晶之间的非晶区里的大分子也不是完全无规的,而是处于一定的张力作用之下,其中存在着数量较大的连接分子。事实上,当一束平行片晶致密嵌接时,较规整的晶界区结构甚至多于完全无规的非晶态结构。因此非晶区的变形能力也被晶界分子的结构及串晶的结构强烈地限制住了。

由于平行串晶以上的结构特点,晶区与非晶区产生自锁性质,不存在较薄弱的滑移变形面。除了晶轴方向的高模量高强度性能外,与其他纤维增强的方式相比,材料横向的模量和强度也很高。

由于串晶可以有力地提高体型高分子材料的力学性能,所以材料自增强技术研究以尽可能多地获得串晶为目标。为了获得串晶,以下条件是至关紧要的。

首先,正应变流动诱导分子链取向、成核与结晶。首先必须有一定持续时间的正应变熔体流动而不是剪切流动,以造成大分子的伸展和成核。流动诱导结晶意味着过冷熔体的成核速度和密度与流场中的应力成正比。

其次,过冷条件或压力诱导的针晶生长、附晶外延生长和串晶结构的固定。在高压作用下,高分子熔体的结晶温度提高。如这个温度提高到高于熔体当时的温度,则产生与冷却作用相似的促进晶体生长及固定晶体结构的作用。

9.6.3　自增强成型加工技术

1. 单向自增强

(1)超级拉伸

超级拉伸是在很大的拉伸比下使材料发生很大的塑性变形,促使材料内部的分子高度取向,以期获得高模量材料的传统方法。对于给定的材料,模量与拉伸比的关系几乎是线性的(见图 9-29)。而影响材料自然拉伸比(也叫最大拉伸比)的因素还有相对分子质量大小、相对分子质量分布、材质、拉伸速度、热处理历史等。

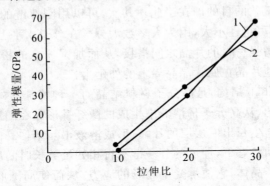

图 9-29 线性聚乙烯在 75 ℃时模量与拉伸比的关系

1—$M_n = 13\ 350$ kPa,$M_w = 67\ 800$ kPa;2—$M_n = 6\ 180$ kPa,$M_w = 101\ 450$ kPa

（2）固相挤出

聚合物固相等静压挤出是由金属压力加工演化而来,是使物料在很大的压力下通过一个收缩的锥形口模,造成很大的塑性变形,从而使材料内部分子高度取向,以达到增强的目的。与超级拉伸相似,固相等静压挤出材料的模量随挤出比的增大而增加,微观结构由片晶转化成微纤状结构。与超级拉伸相比,固相等静压挤出的材料微纤结构要更加规整、致密,弥补了超级拉伸只能加工小尺寸材料的局限,为大尺寸试样的加工提供了可能,而且此方法材料的变形度只与坯料和口模的尺寸有关,而不像超级拉伸那样还要受到材质等因素的影响。这种方法的缺点是生产不能连续化,生产效率较低。

（3）辊压拉伸

辊压拉伸成型是将一种能取向结晶的无定形热塑性塑料聚合物坯料(通常是挤出或注射的棒材或片材),强力牵引通过两个间隙大大小于坯料厚度的辊筒(公称压缩比不小于 2∶1),从而成型出取向制品的固相成型工艺。装置示意图如图 9-30 所示。

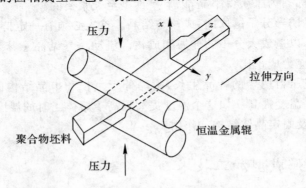

图 9-30 辊压拉伸装置

经过辊压拉伸的 HDPE 和 IPP 的杨氏模量分别提高到原来的 25 倍和 15 倍,拉伸强度分别提高到原来的 8 倍和 30 倍。拉伸比较大的 HDPE 和 IPP 试样内部晶体的分子链沿拉伸方向取向,其熔点、结晶度和熔融峰的尖锐程度都随拉伸比的增大而增大,辊压成型使聚合物双轴取向,使材料的力学性能显著提高。辊压拉伸是一种连续的成型工艺,可以成型较大的片材和棒材。缺点是必须有模塑或挤出的坯料,材料选择范围窄,工艺控制难度较大,拉伸取向度也有限。

(4)凝胶纺丝

凝胶纺丝又称为冻胶纺丝,属于溶液纺丝范畴,采用超高分子量聚合物为原料制成半稀溶液,然后经喷丝板在凝固浴中成为初生纤维,纺丝原液在凝固浴成形为初生纤维过程中基本上没有溶剂扩散,仅发生热交换,初生纤维含有大量溶剂并呈凝胶态,这种初生纤维经过溶剂萃取、多级拉伸最终成为超高模量、超高强度聚合物纤维,如图 9-31 所示。

凝胶纺丝与常规的湿法纺丝、干法纺丝相比具有如下特点:其一,以超高分子量聚合体为原料,链末端造成纤维结构的缺陷越少,越有利于纤维强度的提高,同时初生丝条能承受的拉伸倍数也越大,所得成品纤维的强度也就越高;其二,用半稀溶液作为纺丝原液,便于超高分子量原料的溶解和柔性链大分子缠结的拆开,提高了纺丝原液的流动性和可纺性;其三,进行超倍热拉伸,使大分子高度取向,并促使大分子应力诱导结晶,原折叠链结晶逐渐解体成伸直链结晶,使成品纤维具有很高的取向度和结晶度。经过凝胶纺丝的纤维具有十分典型的串晶结构;在热拉伸后串晶结构逐渐向具有更好的热力学稳定性的纤维状结构过渡,分子链被高度延伸取向。在纺丝过程中分子链缠结网络排进高度取向的纤维状晶体。只有这种几乎由伸直链组成的结晶相结构,才有可能赋予超拉伸制品接近理论值的高力学强度。目前,超高分子量聚乙烯纤维、聚丙烯腈纤维、聚乙烯醇纤维等均可采用凝胶纺丝工艺制备高模高强纤维,其中超高分子量聚乙烯纤维的模量可达 200 GPa,拉伸强度可达 6 GPa。

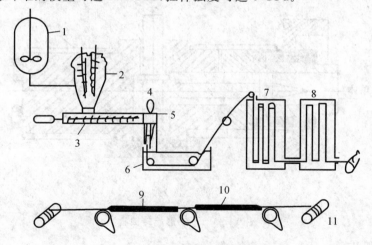

图 9-31　凝胶纺丝过程示意图

1—混合釜;2—溶解釜;3—螺杆挤出机;4—齿轮泵;5—喷丝头;6—凝固浴;
7—萃取装置;8—烘干装置;9,10—热拉伸甬道;11—卷曲装置

(5)熔体挤出

在单螺杆挤出机上安装熔体泵和锥形口模,使聚合物熔体在口模内形成拉伸流动诱导分子取向,控制口模出口冷却,保持其温度刚好高于聚合物熔点,以促使串晶生成。口模内压力的升高导致聚合物熔点上升,产生聚合物熔体过冷度,整个截面上的熔体很快固化,同时将串晶结构固定下来。这种串晶结构能够赋予挤出物以很高的强度和模量,运用这种方法挤出的

自增强 HDPE 最大拉伸强度达 160 MPa,弹性模量超过 17 GPa。图 9 - 32 所示为连续挤出有互锁串晶结构的单丝。

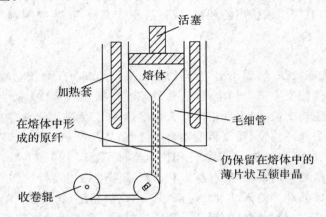

图 9 - 32　连续挤出有互锁串晶结构的单丝

(6)旋转挤出成型法

旋转挤出成型法主要是在挤出管材时,依靠成型管材内表面的芯棒旋转形成的周向剪切力场,使管材沿周向取向,从而实现管材周向自增强的方法。如图 9 - 33 所示为十字形旋转口模。自增强的 HDPE 管材分子链沿周向取向并有串晶生成,周向强度和爆破强度分别为普通未增强管的 5 倍和 1.7 倍。

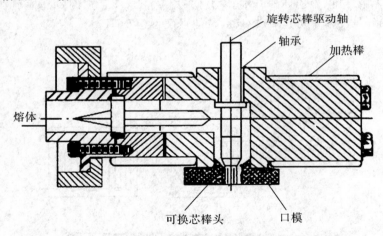

图 9 - 33　十字形旋转口模

(7)高压注射法

拉伸流动法:与连续挤出自增强采用的收敛口模相类似,拉伸流动法也是在流道上安装一个收敛部件,使聚合物熔体在充模过程中造成拉伸流动以形成分子取向,控制模具型腔的冷却温度,促使取向和串晶生成,从而达到注射件自增强的目的。如图 9 - 34 所示的拉伸流动注射成型装置成型线性聚乙烯试样,由于注射机料筒内径 b 大于喷嘴口径 a,熔体在通过长度 L 的锥形喷嘴(Ⅰ处)时形成拉伸流动;另外,流道断面也明显大于模具型腔断面,熔体在进入型腔处(Ⅱ处)也形成拉伸流动。这样,熔体在充模过程中的拉伸流动使分子取向,制得试样的拉伸强度高达 150 MPa 左右。

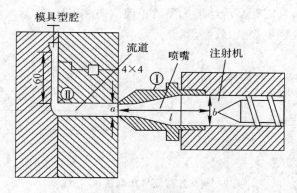

图 9 - 34 拉伸流动注射成型装置示意图

剪切控制法:剪切控制法是采用特殊的注射成型模具,在制件保压冷却阶段,使聚合物熔体往复不断地通过模腔并受到剪切力场作用,取向由表及里一层层地固化下来,以形成多层取向结构,从而使制品实现自增强的方法。如图 9 - 35,剪切控制取向注射成型装置,装置主要由注射机、双活塞动态保压头和成型模具三个基本部分构成。动作原理是注射机将预塑好的熔料注入温度较高的动态保压头,两个动作反相的活塞 A 和 B 以一定的频率进行推拉,使塑料熔体反复通过模具型腔,不断在型腔内表面冻结,使得熔体流动的芯部横截面积越来越小,直到最后芯部完全冷却,形成多层取向试样。通过控制保压频率、保压头温度和模具温度可获得在流动方向上具有较好的力学性能的自增强试样。

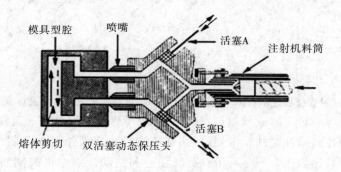

图 9 - 35 剪切控制注射成型装置示意图

2. 双向自增强

上节所述的各种自增强技术,只是从分子取向的目的出发,使分子链或结晶沿某个方向有序排列,制件在这一方向上的物理力学性能就会提高。但是在实际应用中,塑料成型制品往往不只受单方向的应力。为了全面提高注射件的整体力学性能,多方位自增强的研究就显得必要。本节介绍几种双向自增强的方法,主要有注射压制二步法、旋转注射和摆动注射、剪切控制法。

(1)注射压制二步法

将高度注射取向的 HDPE 试样作为坯料,在低于熔点的温度下在 z 方向上施加压力将坯样压成 $0.1 \sim 0.2$ mm 的双向取向薄膜,如图 9 - 36 所示,薄膜在 x,y 两个方向的拉伸强度均超过 100 MPa,是常规试样强度的 $4 \sim 5$ 倍。经 SAXS 测试发现薄膜的结构为最初注射过程中形成的 x 向取向串晶和压制过程中生成的 y 向取向微纤交织而成。这种双向自增强工艺的局限性显而易见：首先，它需要高压注射成型的单向取向注射坯样；其次，它只能制备面积很小的薄膜；此外，它成型过程不连续、效率低。

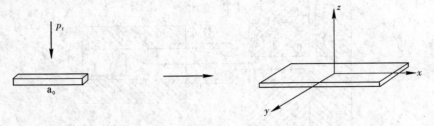

图 9 - 36 注射坯样压制过程示意图

（2）旋转注射和摆动注射

旋转注射成型模具结构如图 9 - 37 所示，浇口开在制件的中心，型腔壁可以在外部扭矩作用下旋转，模具温度刚好低于塑料熔点。合模注射完成后，型腔开始旋转，形成如图 9 - 38 所示流动取向结构的制件。制备的 HDPE 圆形件周向强度为 $0.15\sim0.2$GPa，周向和径向模量分别为 $10\sim15$GPa 和 $3\sim4$GPa。

图 9 - 37 旋转注射成型模腔示意图   **图 9 - 38 旋转注射试样表面及厚度上分子取向分布**

摆动注射成型与旋转注射成型相仿，只不过型腔不作旋转而是在一定频率下往复摆动，摆动注射成型可成型各向同性制件。常规注射、旋转注射和摆动注射成型制件在中心浇口模具型腔中的流动模式对比如图 9 - 39 所示。旋转注射和摆动注射均可控制制件分子取向，提高制件在整个平面的力学性能，其困难之处在于要实现在合模后的型腔旋转，必须克服合模力带来的摩擦力，这在模具结构设计和材料选择等方面都面临一系列的技术难题，且制件必须是圆形制件，因此该工艺难以推广应用。

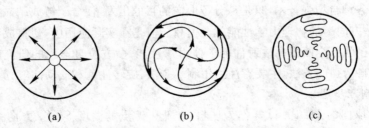

        （a）   （b）   （c）

图 9 - 39 几种注射成型制件在中心浇口模具型腔中的流动模式对比

（a）常规注射成型；（b）旋转注射成型；（c）摆动注射成型

（3）剪切控制法

剪切控制取向技术成型双向自增强注射制品的机构如图 9－40 所示。

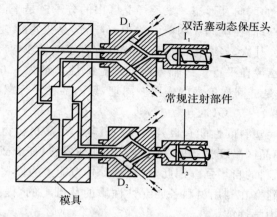

图 9－40　带有两个动态保压头和四浇口模具的双向自增强注射试样成型装置

整个机构包括带有两个常规注射单元 I_1 和 I_2 的双料筒注射机，两套双活塞动态保压头 D_1 和 D_2，一套 4 浇口模具。两组分别反相的活塞 1，2 和 3，4 交替推拉，以形成分别在两个垂直方向取向的多层结构试样。试样为 110 mm×110 mm×4 mm 的长方体样。试样的整体力学性能用落锤冲击强度表征。用这种装置成型的 IPP 均聚物和 PP/PE 共聚物试样的落锤冲击强度比常规试样分别提高了 74％和 40％。SEM 等微观结构表征手段证明，双向自增强试样的剪切层具有互锁串晶结构，正是该结构导致了聚合物的双向自增强。

3. 自增强成型的材料

自增强材料方面最成功的例子是液晶高分子材料，利用热致液晶高分子合成制造的芳纶纤维已广泛应用在高技术领域。聚烯烃自增强的研究极具应用前景，已成为人们关注的热点，其目的是利用现有通用级聚烯烃材料，通过特殊的加工方法，挖掘材料内在潜力，开发力学性能可与工程塑料相媲美的聚烯烃制品。

（1）热致液晶高分子材料

根据液晶中分子排列形式与有序性的区别，液晶可分为向列型、近晶型、胆甾型和近年来新发现的铁饼型等几种类型。热致液晶高分子的特征是其熔融相会随温度的不同出现各向异性或各向同性现象。随温度的升高，分子的有序性减小，但分子间的作用力仍限制着单个分子的旋转运动，材料表现出晶体的性质。只有当温度进一步升高时，才能观察到由于分子间作用力的进一步减弱和消失而产生的液体各向同性及透明现象。热致液晶高分子可分为侧链型和主链型两种。侧链热致液晶高分子在光学和电学上各向异性，当它含适当的中间相基团时，也会具有非线性光学性质，因此，它可以制成光盘。主链热致液晶高分子具有优异的热性能和流变性能，能自组织形成液晶畴，通过适当的流动定向可以产生分子自增强效果，从而获得优异的力学性能。将其加入到其他热塑性聚合物中，可明显改善体系的加工特性，并能"原位"生成高长径比、高模量和高强度的微纤，形成自增强的原位复合材料。

（2）聚烯烃材料

聚烯烃塑料中最具有自增强开发前景的是高密度聚乙烯，因为高密度聚乙烯的晶体结构在聚烯烃塑料中具有最高的理论弹性模量和理论拉伸强度,而它的这个潜在的力学性能,尚未得到充分地开发和利用。聚烯烃塑料的理论力学性能一方面取决于分子链的结构和晶体的结构,另一方面取决于分子的取向及形态。聚乙烯晶区中的分子链是平面锯齿形结构,其形变首先是共价键的弯曲和伸直;而在全同立构聚丙烯中,分子链是三重螺旋结构,它的形变首先是绕键的旋转和键的弯曲。其次,当结构的形变平行或垂直于链轴或螺旋轴时,所观察到的力学行为是很不一样的。聚乙烯在平行于链轴方向的理论弹性模量为 300 GPa,但在垂直方向仅为 1~10 GPa,这主要还是链间次价力的作用。同理,聚丙烯在平行螺旋轴和垂直螺旋轴方向的模量分别为 50 GPa 和 1~10 GPa。

分子的取向对聚烯烃塑料的性能有极其重要的贡献。结晶聚合物可认为是晶区和非晶区共存的复合体系,只有使晶区高度整齐地在受力方向排列成行,使分子链取向形成串晶,才能提高材料的刚度,实现材料的自增强。因此,材料承受外力能力的提高与分子链的取向程度成正比。材料的自增强是建立在利用材料各向异性性质的基础上的,提高拉伸方向的刚度意味着牺牲它在垂直方向的力学性能。

同热致液晶塑料的情况相仿,聚烯烃塑料的力学性能随成型工艺参数的变化极其敏感。半结晶聚合物自增强效果的获得,是因为它们的熔体在伸展流动中应变诱导结晶,从而破坏了分子的构象,使分子链平行于原纤成核。然后在高压的作用下,分子链沿流动方向以链轴取向附晶外延生长,产生分子自增强作用的串晶增强相。保压压力对 HDPE 在自增强注射冷却过程中的作用特别明显,几乎是一个线性关系。显然,普通注射机的压力上限是由注射机的系统压力决定的。

在正常的注射过程中,熔体充分塑化,由应变作用造成的大分子取向迅速松弛,取向基本消失,注射件基本各向同性。但在结晶温度以上的一定温度范围内注射,大分子应变诱导形成串晶,促使塑料在串晶方向自增强.这种自增强作用还因模具的流道设计得到进一步地加强。

自增强挤出和注射技术的提出与发展,突破了以往通用塑料与工程塑料之间的界限。目前所制得的自增强聚烯烃材料在模量和强度上都已超过了许多昂贵的工程塑料,显示出该技术具有十分巨大的发展潜力。随着自增强挤出技术的进一步发展,必将对高分子材料科学的理论与实践起到积极的推动作用。

9.7 快速成型

9.7.1 快速成型简介

塑料制品的生产周期一般需要的经过产品设计、模具设计、模具制造、试模、修改产品设计、修改模具和正式量产多个环节,这样制品开发过程存在周期长、费用高、修改困难等缺点,难以满足日益高速发展的市场需求。能否找到一种方法,在不投入正式模具之前,先将产品做出来,展示给设计者或投放给用户评定,评定完成后再修改产品设计,正式投入工装模具,进行正规化大规模生产。其次,如果所需的塑料制品数量比较少(几件甚至几十件),能否省去做模具或不用昂贵的金属模,将这几件甚至几十件产品在几天内制造出来。如有一个样品,需复制出几十件,其至几百件,不用加工模具就可制造出来。

　　传统制造方法根据零件成型的过程可以分为两大类型:一类是其成型过程中以材料减少为特征,通过各种方法将零件毛坯上多余材料去除掉,这种方法通常称为材料去除法,这类方法多属于金属材料加工;另外一类是材料的质量在成型过程中基本保持不变,如塑料模压、注射、挤出、压延、吹塑以及金属铸造、锻造等。随着计算机信息技术、激光技术、CAD 技术以及材料科学与技术的发展,一种所谓的材料累加法(material increase)制造技术迅速在近年来发展起来,通过完成材料的有序累加完成成型,这种技术不需要传统的加工工具,利用成型机可进行任意零件的加工,不受零件形状,复杂程度的影响,柔性加工极高,这种加工成型技术原理正是各种快速成型方法的基础思想。

　　从材料制造的全过程可以将材料累加制造技术描述为离散与堆积。对于一个实体零件,可以认为是由一些具有物质的点、线、面叠加而成的。从 CAD 快速模型中获得这些点、线、面的几何信息(离散),把它与成型参数信息结合,转化为控制成型机的代码,控制材料规整有序地、精确地叠加起来(堆积),从而构成三维实体零件,如图 9-41 所示。

　　快速成型系统应包括各截面层轮廓制作和截面层叠加制作两部分。快速成型系统根据切片处理得到的截面轮廓信息,在计算机的控制下,其成型头(激光头或喷头)在 XY 平面内,自动按截面轮廓进行固化液态光敏树脂、切割纸、烧结粉末材料、喷涂黏结剂或热熔材料,得到一层层截面轮廓。截面轮廓成型之后,快速成型系统将下一层材料送至已成型的轮廓面上,然后进行新一层截面轮廓的成型,从而将一层层的截面轮廓逐步叠加在一起,形成三维工件。

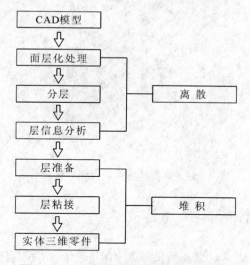

图 9-41　材料累加成型技术的基本过程

　　目前,快速成型技术主要包括液态光敏树脂固化 SLA(Stereo Lithography Apparatus)、粉末材料选择性激光烧结 SLS(Selective Laser Sintering)、薄形材料选择性切割 LOM(Laminated Object Manufacturing)、丝状材料熔覆 FDM(Fused Deposition Modeling)、三维印刷法 TDP(Three Dimensional Printing)等。这些快速成型方法都是基于"材料分层叠加"的成型原理,即由一层层的二维轮廓逐步叠加形成三维工件。其差别在于二维轮廓制作采用的原材料类型及对应的成型方法不同,还有截面层之间的连接方法不同。

　　快速成型技术的出现引起了制造业的一场革命,它不需要专门的工夹具,并且不受批量大小的限制,能够直接从 CAD 三维模型快速地转变为三维实体模型,而产品造价几乎与批量大小和零件的复杂程度无关,特别适合于复杂的带有精细内部结构的零件制造,并且制造柔性极高,随着材料种类的增加,以及材料性能的不断改进,其应用领域不断扩大。

9.7.2　液态光敏聚合物固化

SLA 系统是最早出现的一种商品化的快速成型系统,它由液槽、可升降工作台、激光器、扫描系统和计算机数控系统等组成(见图 9-42)。其中,液槽中盛满液态光敏聚合物的单体及其光引发剂。带有许多小孔洞的可升降工作台在步进电机的驱动下能沿高度 Z 方向作往复运动。激光器为紫外(UV)激光器,功率一般为 $10\sim200$ mW,波长为 $320\sim370$ nm。扫描系统为一组定位镜,它根据控制系统的指令,按照每一截面轮廓层轮廓的要求作高速往复摆动,并沿此面作 X 和 Y 方向的扫描运动,从而使激光器发出的激光束反射并聚焦于液槽中需要固化的液面的上表面,并使其固化。一系列这样被选择固化的截面轮廓叠和在一起就构成了复杂的三维工件。

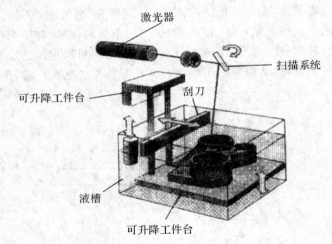

图 9-42　液态光敏聚合物固化成型系统

9.7.3　粉末材料选择性烧结

粉末材料选择性烧结快速成型系统的原理如图 9-43 所示。它采用功率为 $50\sim200$W 的 CO_2 激光器,粉末状材料可以是尼龙粉、聚碳酸酯粉、丙烯酸类聚合粉、聚氯乙烯粉、混有 50% 玻璃珠的尼龙粉、弹性体聚合物粉、热固化树脂与砂的混合粉、陶瓷或金属与黏结剂的混合粉以及金属粉等,粉粒直径为 $50\sim125\mu m$。成型时,先在工作台上用辊筒铺一层粉末材料,并将其加热至略低于它的熔融温度,然后,激光束在计算机的控制下,按照截面轮廓的信息对制件的实心部分所在的粉末进行扫描,使粉末的温度升到熔点,于是粉末颗粒交界处熔化,粉末相互黏结,逐步得到各层轮廓。在非烧结区的粉末仍是松散状,作为工件和下一层粉末的支撑。一层成型完成后,工作台下降一截面层的高度,再进行下一层的铺料和烧结,如此循环,最终形成三维工件。这种成型运行时,成型腔室部分应密闭,并充满保护气体(氮气)。

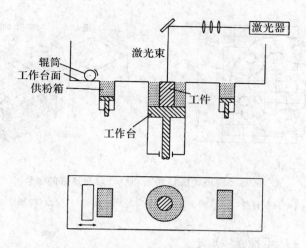

图 9 - 43　粉末材料选择性烧结快速成型系统

9.7.4　薄形材料切割

　　薄形材料切割系统是由计算机、原材料存储及送进机构、热黏压机构、激光切割系统、可升降工作台和数控系统、模型取出装置和机架等组成。图 9 - 44 所示为 LOM 型激光快速成型系统的原理图。其中，计算机用于接受和存储工件的三维模型，沿模型的高度方向提取一系列的截面轮廓线，并发出控制指令。原材料存储及送进机构将存于其中的原材料(如底面有热熔胶和添加剂的纸)，逐步送至工作台的上方。热黏压机构将一层层成型材料黏合在一起。激光切割系统按照计算机提取的截面轮廓线所发出的指令，逐一在工作台上方的材料上切割出轮廓线，并将无轮廓区切割成小方网格，如图 9 - 45 所示，这是为了在成型后能剔除废料。网格的大小根据被成型件的形状复杂程度选定，网格愈小，废料愈容易剔除，但成型花费的时间愈长。可升降工作台支承正在成型的工件，并在每层成型完毕之后，降低一层材料厚度(通常为 0.1~0.2 mm)以便送进、黏合和切割新的一层成型材料。数控系统执行计算机发出的指令，使一段段的材料逐步送至工作台的上方，然后黏合、切割，最终形成三维工件。

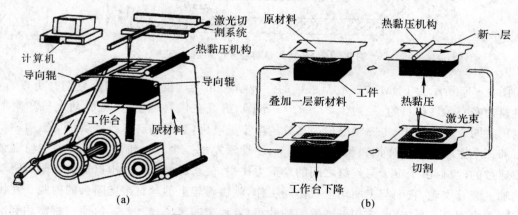

(a)　　　　　　　　　　　　　　　　(b)

图 9 - 44　LOM 型快速成型原理图
(a)原材料存储及送进机构；(b)成型过程示意图

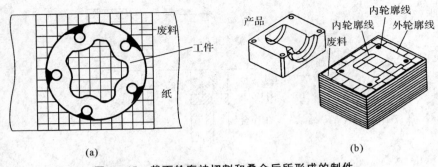

图 9 - 45　截面轮廓被切割和叠合后所形成的制件

(a)每层材料切割后的情况;(b)截向轮廓被切割和叠合后的制件

9.7.5　丝状材料熔覆成型

　　丝状材料选择性熔覆成型系统的原理如图 9 - 46 所示。这是一种不基于激光处理,而是基于加热熔融为加工方法的快速成型技术。其中,加热喷头在计算机的控制下,可根据截面轮廓的信息,作 XY 平面运动和高度 Z 方向的运动。丝状热塑性材料(如 ABS、塑料丝、蜡丝、聚丙烯丝、尼龙丝)由供丝机构送至喷头,并在喷头中加热至熔融态,然后被选择性地涂覆在工作台上,快速冷却后形成截面轮廓。一层截面完成后,喷头上升一截面层的高度,再进行下一层的涂覆。如此循环,最终形成三维产品。

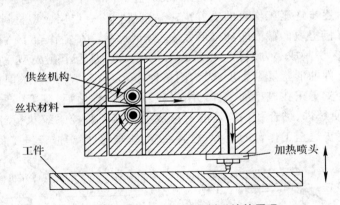

图 9 - 46　丝状材料熔覆成型系统的原理

　　图 9 - 47 所示为 FDM 快速成型系统的一种喷头和供丝机构的结构示意图。可以看出,原材料为实心柔性丝材(直径为 1.27～1.78 mm),缠绕在供料辊上,由主驱动电机和附加驱动电机共同驱动。其中,主驱动电机为高分辨率步进电机,它通过皮带或链条带动三对驱动辊的右部三个主动辊。在弹簧和压板的作用下,驱动辊左部三个从动辊与右部三个主动辊夹紧从中通过的丝材,由于辊子与丝材之间的摩擦力作用,使丝材向喷头的出口送进。附加驱动电机的轴上装有飞轮,它们与主驱动电机协同工作,将供料辊上的丝材推向喷头的内腔。在供料辊与喷头之间有一导向套,它用低摩擦因数的材料(如聚四氟乙烯)制成,以便丝材能顺利准确地由供料辊送至喷头的内腔(最大送料速度为 10～25 mm/s,推荐速度为 5～18 mm/s)。喷头

的前段有电阻丝式加热器,在其作用下,丝材被加热熔融(熔模蜡丝的熔融温度为 70～100 ℃,聚烯烃树脂丝熔融温度为 120～160 ℃,聚酰胺丝的熔融温度为 200～250 ℃,ABS 丝的熔融温度为 180～230 ℃),然后通过出口(内径为 0.25～1.32 mm,随材料的种类和送料速度而定),涂覆至工作台上,并在冷却后形成截面轮廓。由于受结构的限制,加热器的功率不可能太大,因此丝材一般为熔点不太高的热塑性塑料或蜡。

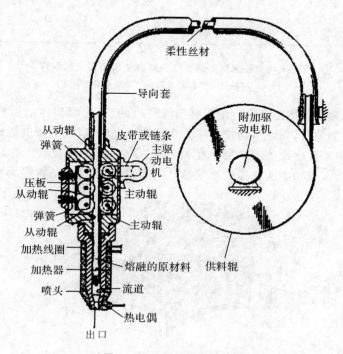

图 9-47 喷头和供丝机构

丝状材料熔覆的层厚度随喷头的运动速度(最高速度为 380 mm/s)的变化而变化,通常最大层厚为 0.15～0.5mm,推荐层厚为 0.15～0.25 mm。

9.7.6 三维打印快速成型

所谓三维打印快速成型系统,都是以某种喷头作为成型源,它的工作很像打印头,不同点在于除喷头能作 XY 平面运动外,工作台还能作 Z 方向的垂直运动;而且喷头吐出的材料不是墨水,而是熔化了的热塑性材料、蜡或黏结剂等,因此可成型三维实体。目前的三维打印快速成型系统,主要有粉末材料选择性黏结和喷墨式三维打印两类。

(1)粉末材料选择性黏结

粉末材料选择性黏结快速成型系统的原理如图 9-48 所示,在计算机的控制下,按照截面轮廓的信息,在铺好的一层层粉末材料上有选择地喷射黏结剂,使部分粉末材料黏结,形成截面轮廓,一层截面轮廓成型完成后,工作台下降一截面层的高度,再进行下一层的成型,如此循环,最终形成三维工件。一般来说,黏结得到的工件需置于加热炉中,作进一步的固化或烧结,以便提高黏结强度。

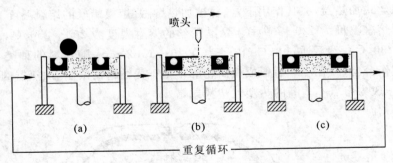

图 9－48　粉末材料选择性黏结快速成型系统的原理
(a)铺粉；(b)喷射黏结剂；(c)工作台下降

图 9-49 所示为按上述原理设计用于制作陶瓷模的 TDP 型快速成型机。它有一个陶瓷粉喷头和一个黏结剂喷头。其中,陶瓷粉喷头在直线步进电机(或伺服电机)的驱动下,能沿 Y 方向作往复运动,向工作台面喷洒一层厚度为 $100\sim200~\mu m$ 的陶瓷粉。黏结剂喷头也用步进电机驱动,以便跟随陶瓷粉喷头选择性地喷洒黏结剂,黏结剂液滴的直径为 $15\sim20~\mu m$ 。

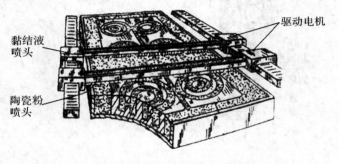

图 9－49　TDP 快速成型机

上述这种快速成型方法适合成型小型件,工件的表面也不够光洁,对整个截面都须进行扫描黏结,因此成型的时间较长。为克服这一缺点,可采用多个喷头,同时进行黏结,以提高成型效率。例如,Z Corporation 公司生产的一种 Z402 TDP 型快速成型机有 128 个黏结剂喷嘴,它喷洒水基液态黏结剂,成型速度较快,制作一个 203 mm×101 mm×25 mm 的工件仅需 32 min。

(2)喷墨式三维打印

喷墨式三维打印的喷头喷射出来的材料呈液态,很像喷墨打印头。例如,美国 3D SYS-TEM 公司多喷嘴的 Actua 2100 型 3D 打印机,其外型尺寸如同一台落地复印机,可安装在办公室的计算机旁边,成型件的最大尺寸为 250 mm×190 mm×200 mm,采用 96 个呈线性排列,总宽度为 63.5 mm 的喷嘴(打印头),此喷嘴能相对工作台沿 X 和 Y 方向作扫描运动,并在控制系统的控制下,有选择性地一层层喷射熔化的热塑性塑料(Thermo Jet),喷射液滴的直径为 0.076 mm,分辨率为 12 滴/mm^2,该材料被喷射至工作台后能迅速固化,形成工件的一层层轮廓。上述工作台能作 Z 方向的运动,从而可以在每层喷射完成后,再喷射下一层,直至得到最终的三维工件。这种成型机成型速度快,而且没有激光器,所以价格便宜,使用方便,采用的热塑性材料装在一卡盒内,能像复印粉盒那样插在机器上,成型完成后会自动清洗喷嘴。使用这种成型机,无须求助于专门的快速成型公司或快速成型实验室,产品设计人员自己就能又快又省的制作、验证概念设计所需的样品。

思考题与习题

9-1 气辅注射成型的基本原理是什么?分为哪几个阶段?有哪些优点?

9-2 反应挤出对挤出机有哪些新的要求?反应挤出有哪些用途?

9-3 熔芯注射成型产生的背景是什么?为什么易熔金属型芯在注射过程中一般不会被熔融?

9-4 注射压缩成型的特点是什么?

9-5 自增强与外增强的区别是什么?实现聚合物在成型加工过程中自增强的基本原则是什么?有哪些具体途径能够实现自增强?

9-6 快速成型与传统成型最主要的区别是什么?目前有哪些快速成型方法?试对这一新技术进行评价与分析。

主要参考文献

[1] Tadmor Z, Klein I. Engineering Principles of Plasticating Extrusion, Polymer Science and Engineering Series[M]. New York：Van Nostrand Reinhold Co. ,1970.

[2] 北京化工学院，天津轻工业学院. 塑料成型机械[M]. 北京：中国轻工业出版社，1982.

[3] 王贵恒. 高分子材料成型加工原理[M]. 北京：化学工业出版社，1982.

[4] 拉普申 B B. 热塑性塑料注射原理[M].林师沛译. 北京：中国轻工业出版社，1983.

[5] 米德尔曼 S. 聚合物加工基础[M]. 赵德禄，等，译. 北京：科学出版社，1984.

[6] 吴崇周. 塑料成型加工原理[M]. 长春：吉林科学技术出版社，1986.

[7] 布什著 G L. 涂布设备与工艺[M].安建华，等，译. 北京：中国轻工业出版社，1986.

[8] 成都科技大学. 塑料成型工艺学[M]. 北京：中国轻工业出版社，1987.

[9] 王兴天. 注射成型技术[M]. 北京：化学工业出版社，1989.

[10] 费希尔 E G. 塑料挤出[M]. 张兆贵，译.北京：中国轻工业出版社，1989.

[11] 鲍格达若夫 B B,等. 聚合物混合工艺原理[M]. 吴祉龙，译. 北京：中国石化出版社，1989.

[12] 菲恩费尔特 D,等. 注射模塑技术[M]. 徐定宇，夏延文，译.北京：中国轻工业出版社，1990.

[13] 冯少如. 塑料成型机械[M]. 西安：西北工业大学出版社，1992.

[14] 费洛里安 J. 实用热成型原理及应用[M]. 陈文英，译.北京：中国石化出版社，1992.

[15] 北京市塑料工业学校. 塑料成型设备[M]. 北京：中国轻工业出版社，1993.

[16] Progelhof R C,Throne J L. Polymer Engineering Principles[M]. Cincinnati：Hanser/Gardner Publications，Inc，1993.

[17] 邱明恒. 塑料成型工艺[M]. 西安：西北工业大学出版社，1994.

[18] 吴培熙，王祖玉. 塑料制品生产工艺手册[M]. 北京：化学工业出版社，1994.

[19] 钱知勉. 塑料成型加工手册[M]. 上海：上海科学技术文献出版社，1995.

[20] Rosato D V. Injection Molding Handbook[M]. New York：Chapman & Hall，1995.

[21] DuBois J H，Pribble W I. Plastics Mold Engineering Handbook[M]. New York：Chapman & Hall,1995.

[22] 劳温代尔 C. 塑料挤出[M].2 版. 陈文瑛，韦华，赵红玉，译.北京：中国轻工业出版社，1996.

[23] Strong A Brent. Plastics：Materials and Processing[M]. New Jersey：Prentice – Hall，1996.

[24] 张海，赵素和. 橡胶及塑料加工工艺[M]. 北京：化学工业出版社，1997.

[25] 陈昌杰，李惠康，刘汝范，等. 塑料滚塑和搪塑[M]. 北京：化学工业出版社，1997.

[26] 北京化工大学，华南理工大学. 塑料机械设计[M].2 版. 北京：中国轻工业出版社，1999.

[27] 张恒. 塑料及其复合材料的旋转模塑成型[M]. 北京：科学出版社，1999.

[28] 栾华. 塑料二次加工[M]. 北京：中国轻工业出版社，1999.

[29] 马里诺·赞索斯. 反应挤出——原理与实践[M]. 瞿金平，译. 北京：化学工业出版社，1999.

[30] 怀特 R E. 热固性塑料的注射与传递模塑[M]. 梁国正，译. 北京：化学工业出版社，1999.

[31] 沈新元，吴向东，李燕立，等. 高分子材料加工原理[M]. 北京：中国纺织出版社，2000.

[32] 赵素合，张丽叶，毛丽新. 聚合物加工工程[M]. 北京：中国轻工业出版社，2001.

[33] 刘敏江. 塑料加工技术大全[M]. 北京：中国轻工业出版社，2001.

[34] 黄汉雄. 塑料吹塑技术[M]. 北京：化学工业出版社，2001.

[35] 陈祥宝. 塑料工业手册：热固性塑料加工工艺与设备[M]. 北京：化学工业出版社 2001.

[36] 朱复华. 挤出理论及应用[M]. 北京：中国轻工业出版社，2001.

[37] 瞿金平，胡汉杰. 聚合物成型原理及成型技术[M]. 北京：化学工业出版社，2001.

[38] 张丽叶. 挤出成型[M]. 北京：化学工业出版社，2002.

[39] Todd D B. 塑料混合工艺及设备[M]. 詹茂盛，等，译. 北京：化学工业出版社，2002.

[40] 耿孝正. 双螺杆挤出机及其应用[M]. 北京：中国轻工业出版社，2003.

[41] 白培康，朱林泉，等. 快速成型与快速制造技术[M]. 北京：国防工业出版社，2003.

[42] Avery J. 气体辅助注射成型原理及应用[M]. 杨卫民，等，译. 北京：化学工业出版社，2003.

[43] Stevenson J F. 聚合物成型加工新技术[M]. 刘廷华，张弓，陈利民，等，译. 北京：化学工业出版社，2004.

[44] 黄锐. 塑料成型工艺学[M]. 2 版. 北京：中国轻工业出版社，2005.

[45] 周达飞，唐松超. 高分子材料成型加工[M]. 2 版. 北京：中国轻工业出版社，2005.

[46] 刘延华. 聚合物成型机械[M]. 北京：中国轻工业出版社，2005.

[47] 杨卫民，杨高品，丁玉梅. 塑料挤出加工新技术[M]. 北京：化学工业出版社，2006.

[48] 王小妹，阮文红. 高分子加工原理与技术[M]. 北京：化学工业出版社，2006.

[49] 于丽霞，张海河. 塑料中空吹塑成型[M]. 北京：化学工业出版社，2006.

[50] 贾润礼，李宁. 塑料成型加工新技术[M]. 北京：国防工业出版社，2006.

[51] Tadmor Z, Gogos C G. Principles of Polymer Processing[M]. 2nd ed. New Jersey：John Wiley&Sons，2006.

[52] 傅强. 聚烯烃注射成型：形态控制与性能[M]. 北京：科学出版社，2007.

[53] 吴崇周. 塑料加工原理及应用[M]. 北京：化学工业出版社，2008.

[54] 邹恩广，徐用军. 塑料制品加工技术[M]. 北京：中国纺织出版社，2008.

[55] 殷敬华，郑安呐，盛京. 高分子材料反应加工[M]. 北京：科学出版社，2008.

[56] 杨鸣波. 聚合物成型加工基础[M]. 北京：化学工业出版社，2009.

[57] 江水清，李海玲. 塑料成型加工技术[M]. 北京：化学工业出版社，2009.

[58] 沈新元. 高分子材料加工原理[M]. 北京：中国纺织出版社，2009.

[59] 杨中文. 塑料成型工艺[M]. 北京：化学工业出版社，2010.

[60] 张京珍. 塑料成型工艺[M]. 北京：中国轻工业出版社，2010.

[61] 王家龙，吴清鹤. 高分子材料基本加工工艺[M]. 北京：化学工业出版社，2010.

[62] 李光. 高分子材料加工工艺[M]. 2 版. 北京：中国纺织出版社，2010.

[63] 王贵恒. 高分子材料成型加工原理[M]. 北京：化学工业出版社，2010.

[64] 吴培熙. 塑料制品生产加工技术[M]. 北京：化学工业出版社，2011.

[65] 温变英. 高分子材料与加工[M]. 北京：中国轻工业出版社，2011.

[66] 周殿明. 塑料薄膜挤出成型加工技术[M]. 北京：机械工业出版社，2012.

[67] 孙立新，张昌松. 塑料成型基础及成型工艺[M]. 北京：化学工业出版社，2012.

[68] 王慧敏. 高分子材料加工工艺学[M]. 北京：中国石化出版社，2012.

[69] 雷文，张曙，陈泳. 高分子材料加工工艺学[M]. 北京：中国林业出版社，2013.

[70] 唐松超. 高分子材料成型加工 [M]. 3 版. 北京：中国轻工业出版社，2013.